Oracle数据库实用教程

◎ 岳国华 编著

清華大學出版社
北京

内 容 简 介

本书全面系统地介绍、论述了 Oracle 数据库的相关原理、方案对象的创建、使用、管理方法和 SQL 及 PL/SQL 程序设计、应用优化等，全书共分为 11 章。本书以实际数据库项目开发案例为驱动，将 Oracle 数据库的基本原理、技术特色和具体的软件开发案例相结合，在相关章节部分通过穿插案例的具体实现加深读者对相关知识点的理解与技术应用体验。本书主要内容包括：关系数据库概述与 Oracle 安装、数据库建模工具 ERwin、Power Designer 使用；Oracle 数据库体系结构；用户与权限管理；数据表及其管理、聚簇表、分区表、临时表；数据查询；PL/SQL 程序设计、存储过程、函数；索引、索引组织表、视图、物化视图、序列及同义词；事务与并发处理机制；触发器及应用、触发器变异的处理；Oracle 安全策略、数据库备份与恢复；数据库部署、访问接口与调优，特别是访问接口与调优部分详细地介绍了 ODBC API 和 JDBC API、OLEDB 体系结构并分别以实例代码展示了这几种接口访问 Oracle 数据库的实现，结合具体案例给出了数据库性能优化的策略与方法。

本书可作为高等学校软件工程专业、计算机科学与技术专业、信息管理与信息系统专业、电子商务专业本科生和研究生的教材，也可作为社会相关从业人员的自学和培训教材，对于从事 Oracle 数据库开发的技术人员具有较高的参考价值。

图书在版编目(CIP)数据

Oracle 数据库实用教程/岳国华编著. —北京：清华大学出版社，2018(2020.7重印)
(21 世纪高等学校计算机专业实用规划教材)
ISBN 978-7-302-51182-3

Ⅰ. ①O…　Ⅱ. ①岳…　Ⅲ. ①关系数据库系统—高等学校—教材　Ⅳ. ①TP311.138

中国版本图书馆 CIP 数据核字(2018)第 206452 号

责任编辑：贾　斌
封面设计：刘　键
责任校对：梁　毅
责任印制：宋　林

出版发行：清华大学出版社
网　　址：http://www.tup.com.cn，http://www.wqbook.com
地　　址：北京清华大学学研大厦 A 座　　**邮　　编**：100084
社 总 机：010-62770175　　**邮　　购**：010-62786544
投稿与读者服务：010-62776969，c-service@tup.tsinghua.edu.cn
质量反馈：010-62772015，zhiliang@tup.tsinghua.edu.cn
课件下载：http://www.tup.com.cn，010-83470236
印 装 者：三河市少明印务有限公司
经　　销：全国新华书店
开　　本：185mm×260mm　**印　　张**：23　**字　　数**：559 千字
版　　次：2018 年 10 月第 1 版　**印　　次**：2020 年 7 月第 3 次印刷
印　　数：2001 ～ 2500
定　　价：49.00 元

产品编号：077982-01

前　言

数据库技术自从20世纪60年代中期问世以来，在过去的半个世纪里已经形成了坚实的理论基础，实现了成熟的商业产品，具有广泛的应用领域。数据库是计算机技术发展最快的领域之一，也是应用最广的技术之一。在互联网时代，数据库又迎来前所未有的机遇和挑战。

基于数据库的应用软件系统存储和管理数据的核心技术是运用数据库管理系统软件，它具有数据定义、数据操作、数据库运行管理和数据库维护、客户端工具软件等功能。近年来为了适应信息社会快速发展的需要，各种数据库管理系统不断升级换代，新技术不断出现。

Oracle作为一个通用的数据库系统，经过多年的发展，Oracle占据着企业数据库（大型数据库）领域超过48.1%的市场份额，成为高端企业数据库软件的绝对领导者。

从Oracle 8到Oracle 9i经历了4年，再到Oracle 10g又用了2年，然后是Oracle 11g又用了3年，2013年Oracle 12c发布、将云计算融入数据库中又用了6年的时间。在这些产品版本变化的过程中，从Oracle 10g开始融入了网格计算技术，这是一款继往开来的数据库产品。

在这些产品的不同版本之间向下兼容。不可否认，Oracle每推出一个新的版本，都会有新技术在里面体现，数据库管理系统的高级应用人员应该关注新的功能。但是，这作为面向高年级本科生的教材，在有限的课时内讲述的是如何基于大型数据库技术进行数据库的设计、创建与使用，其内容是大型数据库系统中最基本、最经典的知识和技术的运用。纵观Oracle的发展变化，从Oracle 8i开始，不同版本之间除产品安装略有不同外，各个版本的主要技术兼容性、参数文件、SQL * Net、SQL * Plus、网络配置文件、内存结构、数据库实例、事务机制、用户身份识别等概念变化并不大。因此，本教材在编写过程中充分淡化了Oracle具体版本的概念，以各版本通识性理论与技术介绍为主，结合作者在数据库应用项目开发方面的实践与长期的Oracle数据库教学体会进行内容的组织，目的是把Oracle数据库最通用的、应知应会的知识点介绍给广大读者。同时我们以实际案例驱动，在教材中充分体现了会在软件企业实际数据库项目开发中使用的数据库建模工具、数据访问接口，性能调优方面的经验总结等。教材相关章节的程序代码都可在Oracle 10g以上的系统中运行。

“Oracle数据库”是本科软件工程、计算机应用、信息管理与信息系统、电子商务类专业的一门专业课程，是一门集数据管理、数据库应用技术和计算机网络等多种知识为一体的课程。它以提高数据库设计、项目开发、管理信息系统应用水平为目的，对大型网络数据库进行规划、设计和应用系统开发。其主要内容包括：关系数据库概述与Oracle安装，Oracle数据库体系结构，用户与权限管理，数据表及其管理，数据查询，PL/SQL程序设计，索引、视图、序列及同义词，事务与并发处理控制，触发器及应用，Oracle 安全策略、数据库备份与恢复，数据库部署、访问接口与调优。

通过本课程的教学，着重培养学生运用 Oracle 数据库的能力。了解 Oracle 数据库的基本概念和体系结构，熟练掌握数据库 SQL 语言应用技能和复杂操作事项处理代码的编写技能，熟练掌握扩展 SQL 语言——PL/SQL 语言及其设计方法，掌握 Oracle 数据库的管理方法和管理技术，提高大型分布式网络数据库的设计和应用水平。特别是高年级的本科生，认真研读与操练本书后可直接和软件开发企业的实际研发工作对接，至少在数据库应用方面做到学校所学知识和企业实际工作所需之间零盲区。

培养优秀的信息系统建设者和技术精湛的开发工程师是保证建设高质量、高可靠性信息系统的前提和基础。数据库技术在信息系统中有非常重要的作用，海量数据存储、数据库安全、提高访问速度等与数据库技术密切相关。软件工程专业、计算机科学与技术专业的学生是数据库技术开发、应用的生力军；信息管理与信息系统专业的学生是信息系统管理与信息技术的规划者与使用者。本书作者数十年来给软件工程专业和信息管理专业本科生和研究生主讲"Oracle 数据库"课程。同时，作为 Oracle 认证的 DBA 和高级软件构架师，在多年的教学过程中，曾选用了不少相关 Oracle 类教材作为该课程的教科书，大部分教材写得都很好，也很有特色。然而，在教学实践中发现，这些教材都存在着一定的局限性。例如，有些基本是一个操作手册，无知识的系统性；有些虽然给教材起名为 Oracle 数据库，但内容却是数据库原理的简单重复，没有反映出 Oracle 数据库独有的、各版本共同的特点，和一般的数据库原理教科书没什么区别，关键性知识点蜻蜓点水、忽略而过，无实际开发案例可言，更没有涉及大对象数据的管理与处理、图形图像、音频视频等多媒体数据的存储管理方面的内容。基于上述原因和课程教学改革与课时的限制，以大型数据库管理系统 Oracle 的基本原理和通识性技术为基础，结合软件企业实际开发所用技术自成体系、建设理论与实践兼备的"Oracle 数据库"教材以满足应用型人才的培养是本书作者想要得到的结果。

本教材的特色如下。

1. 理论与实用技术并重

以 Oracle 数据库实用技术为主，兼顾理论。尤其是教材用例的选择，按照应用技能型专业人才培训目标、岗位需求和前后续课程的衔接关系，统筹取舍，删繁就简，做到理论简练，实用技术为主。

2. 以就业技能为导向

教材突出介绍 Oracle 数据库的主要通识性、实用技术，加强操作实现技能的实例编排，以现行工程实践中所使用的新技术应用为主，为就业铺垫。

3. 教材设计采用项目任务驱动

教材设计上以项目为驱动，体现了软件企业数据库项目开发过程中的需求分析、详细设计、平台选择、接口及编码实现、部署等环节，在教材的相关章节穿插了这些内容。

4. 校企联合编写

我们联合企业一线资深软件构架师、经验丰富的开发工程师，以 Oracle 数据库在软件项目中的应用为实例，给出了 Oracle 数据库技术在具体工程中的应用实现，使学生掌握怎样编写高效的 SQL 代码，怎样进行数据建模，怎样使用相关的数据访问接口。

本书得到了西安科技大学规划教材立项基金的支持。教材的第 1～11 章由岳国华编写，全书由岳国华统稿。西安科技大学计算机学院院长，博士生导师李占利教授对本书的编写给出了指导性建议，青海民族大学翟岁显教授、西安科技大学杨君锐教授分别详细地审阅了本书的全部手稿并提出了宝贵的建议；无锡定华传感网科技有限公司资深工程师皇甫智勇提供了翔实的数据库开发案例及文档；清华大学出版社，特别是贾斌编辑，对本书的出版给予了大力支持。在此，作者对他们表示深深的感谢。

Oracle 数据库是 Oracle 公司的主打产品，Oracle“文化”可谓博大精深，本书以 Oracle 数据库通识性知识为主进行介绍，由于学时因素的限制，我们无法对一些不太常用的功能展开讨论，但有了书中的通识性知识结构可为读者进一步深入学习奠定良好的基础。

在本书的编写过程中，我们参考了众多的相关参考书、资料、Oracle 公司的文档资料、CSDN. Net 等网络资料，为了表示尊重和感谢，在本书的最后我们尽量列表说明，如有遗漏敬请谅解。另外，由于 Oracle 数据库技术发展迅速，我们虽已全面认真地对书稿进行了多次检查修改，但难免有错误和不妥之处，敬请读者批评指正。读者在使用本教材的过程中所发现的问题也可以直接和作者联系，作者电子邮箱：yueguohua@163. com。

岳国华
2017 年夏于西安

目　录

第1章 关系数据库概述与Oracle安装

数据库技术是20世纪最成功的数据管理技术，其中关系数据库是当今应用最广泛的数据库。本章主要介绍关系数据库的相关概念、常用数据建模工具及数据库逻辑模型设计、Oracle数据库介绍与安装。关系数据库基于强大的关系代数理论支撑，以二维表为基本数据存储形式，利用通用的标准SQL语句实现对数据的各种操作。E-R模型是数据库分析与设计的辅助工具，可以使数据库的设计更合理。选择合适的数据库建模工具可高效地进行数据库逻辑模型设计、物理模型设计与实现、加快数据库应用系统的设计与开发。Oracle 10g是网络关系数据库，应用广泛，具备Oracle数据库系列版本最基本的特征。本章将介绍它的安装过程、主要管理工具、启动与关闭以及连接的基础知识，在本章的内容中Oracle各版本除了安装稍有出入外，其他知识点均是通识性内容。

本章主要内容

- 关系数据库的概念及设计模型
- 常用数据库建模工具介绍与案例
- Oracle 10g的介绍与安装
- Oracle 10g的主要管理工具
- Oracle数据库的启动与关闭
- Windows 7下安装Oracle 10g案例

1.1 关系数据库概论

数据是事实或观察的结果，是对客观事物的逻辑归纳，是用于表示客观事物的未经加工的原始素材。数据是重要的无形资源，在生产和生活中起着重要的作用，尤其是今天人类已步入了信息化时代，各行各业更是离不开数据。例如，对于一个普通的企业而言，企业不仅拥有宝贵的客户数据，同样也拥有供应商数据以及内部财务、设计、制造、管理等数据。数据也是用来描述客观事物属性的重要手段，能够表达事物外在或内在的特征。例如，学生有学号、姓名、性别、生日、所在班级等属性；课程有课程编号、课程名称、课时、学分等属性；一个人的基本属性有身份证编号、姓名、性别、出生年月、工作单位、职称、职务、政治面貌、住址、联系电话号码、电子邮件、QQ号等。将这些属性表达并记录下来就成为了数据。当然，也可以用数据描述已发生事件的特征和结果。例如，考试是个事件，我们需要记录每位学生每门课的考试成绩和考试日期，这些也是数据。类似的例子还有很多，我们经常会为了生活或工作的需要收集、存储和使用数据，我们面对的数据有结构化形态也有非结构化形态(图像、视频、声音、XML文档等)。

既然数据对我们来说如此重要，那么如何收集、分析、存储和加工数据就值得我们关注，因为这些技术或方法直接影响着我们对数据的使用效率和效果。数据管理大致经历了三个阶段：人工管理阶段、文件管理阶段和数据库管理阶段。

1. 人工管理阶段

20 世纪 50 年代中期以前，计算机主要用于科学计算。当时没有磁盘，没有操作系统和管理数据的软件，数据的存储介质主要是纸，如各种档案和书面文件。这种存储介质容易损坏变质，不易长期保存，不能被有效地管理，数据是面向程序的而不具有独立性，更不能共享。

2. 文件管理阶段

20 世纪 50 年代后期到 60 年代中期，计算机硬件和软件技术取得了进步，这时有了磁盘存储器、可以持久性的存储数据，操作系统的文件系统功能不断丰富、软件系统中已经有了专门的对程序和数据进行管理的文件管理系统。早期的文件系统将数据和程序存储在一起，如 BASIC 语言等。后来发展到数据和程序单独存储，用程序的文件操作功能打开数据文件进行读写，二者实现了相对独立，如 C 语言。但是，当时的数据文件主要是受操作系统管理，数据管理功能较少，主要实现数据的存储和简单查询，不能实现更多复杂的数据操作。此阶段的特点是：数据文件可以长期保存、数据冗余度大、程序与数据依赖性强、数据处理操作单一并且数据之间没有联系、数据缺乏统一的管理和控制。

3. 数据库管理阶段

20 世纪 60 年代后期，随着计算机硬件和软件技术的长足发展，出现了数据库技术，它能非常有效地管理和存取大量的数据，克服了以上两个阶段的缺点。采用数据库技术可实现数据共享、减少数据冗余、提高数据独立性，能够对数据进行统一的数据管理和控制。

数据库管理技术的发展大致经历了三个阶段：①初级阶段；②中级阶段；③高级阶段。

- 初级阶段：主要以层次数据库和网状数据库的应用为主。以 IBM 公司的 IMS (Information Management System，信息管理系统)为代表的层次数据库发展很快，客户群庞大，直到现在，该系统仍在使用和不断发展。网状数据库系统相对来说更复杂也更具有专用性，因此没有得到广泛的应用。
- 中级阶段：主要以关系数据库的发展与应用为主。1970 年，IBM 公司的 E. F. Codd 博士(图灵奖的获得者)提出了关系数据库模式，为以后关系数据库的发展奠定了理论基础。相比以前的层次数据库和网状数据库，关系数据库实现起来更简单并且有坚实的相关代数理论支撑，因此它很快发展起来。20 世纪 80 年代初期，IBM 公司的关系数据库系统 DB2 问世。而当时的 Oracle 公司是一家专门做关系数据库的公司，它将 Oracle 数据库移植到微型计算机上，成为占主导地位的主流数据库，并逐渐取代了层次与网状数据库。关系数据库产品很多，特别是随着 PC 技术的发展，数据库从物理环境上得到了长足发展。如桌面关系数据库管理系统有 dBASE、FoxBase、Visual FoxPro、Access 等；大型关系数据库管理系统有 SQL Server、DB2、Oracle、Sybase、Informix 等。
- 高级阶段：计算机的应用从传统的科学计算、事务处理等领域逐步扩展到工程设计、人工智能、多媒体、分布式等新领域，这些新领域需要有新的数据库技术来支持。将关系数据库和其他工业技术相结合形成的高级数据库技术风起云涌，出现了对象数据库技术、时态数据库技术、主动数据库技术、空间数据库技术、移动数据库技术、网络数据库技术、多媒体数据库技术、分布式数据库技术、计算机协同数据库处理技术、对象关系数据库技术、数据仓库技术等。因此，各大数据库厂商都开始在遵循标准SQL数据库的基础上与时俱进，为关系数据库扩展了新功能。例如，Oracle数据库引入了“并行”机制，使得Oracle数据库从单纯的支持关系数据模型向支持关系数据模型兼顾对象数据模型的部分支持变迁，从而形成“对象-关系”数据库，特别是对XML数据的支持、大对象数据的支持等。特别是随着互联网、物联网应用的普及，人类已进入了云计算时代，以多种形态的数据融合形成的大数据(Big data)的处理已呈现在我们面前。大数据通常具有这样四个特征，一般称为4V特征：(1)数据量大(Volume)。TB、PB乃至EB等数据量级的数据需要分析处理。(2)要求快速响应(Velocity)。市场变化快，要求能及时快速地响应变化，这样对数据的分析也要快速，在性能上有更高要求，所以数据量显得对速度要求有些“大”。(3)数据多样性(Variety)。不同的数据源，非结构化数据越来越多，需要进行清洗、整理、筛选等操作，将其变为结构化数据。(4)价值密度低(Value)。由于数据采集的不及时，数据样本不全面，数据可能不连续等，数据可能会失真，但当数据量达到一定规模时，可以通过更多的数据达到更真实全面地反映事物发展趋势。很多行业都会有大数据需求，例如电信行业、互联网行业等容易产生大量数据的行业，很多传统行业，例如医药、教育、采矿、石油勘探、电力等行业，都会有大数据需求。

1.1.1 关系数据库的相关概念

1. 表(关系)、记录、字段

所谓关系数据库，是指采用关系模型来组织数据的数据库。关系模型是在1970年由IBM公司的研究员E. F. Codd博士提出的，在之后的几十年中，关系模型的概念得到了充分的发展并逐渐成为数据库架构的主流模型。简单来说，关系模型指的就是二维表格模型，而一个关系数据库就是由二维表及其之间的关系组成的一个数据组织。

在关系数据库中，标准二维表是基本的数据存储单元，里边存储了实体的属性和实体间的关系。标准二维表在数据库中通常称为表(Table)，表中的任一行或一列都是单一的，不能被继续拆分，并且任意两行或两列都不能被合并。表中的每一行保存一个实体的所有属性值，称为一条记录。表中的每一列保存所有实体的同一个属性值，称为一个字段；该字段的首行是实体的属性名，称为字段名；该字段的其他所有行是属性值，称为字段值。如图1-1所示，为了便于读者理解，我们仅以学生信息方面的实体数据作为例子。

在图1-1的学生信息表中有5个字段(学号、姓名、性别、出生日期、所在班级)，每个字段存储所有学生的某一方面属性值，如“姓名”字段存储了所有学生的姓名。该表中有五条记录，每条记录存储了某个学生的所有属性值，如第一条记录是学生魏红的所有信息。

2. 主键(Primary Key)

实体是客观世界中能物理存在或逻辑存在的事物，一个人、一辆车、开设一门课等都是一个实体。二维表中的每一行记录恰好存储了每个实体的属性，为了减少数据的冗余，要求表中的记录不能重复存储。也就是说，表中的任意两行记录中的数据不能完全相同，因为它们分别代表了不同的实体。为了达到这个目的，在表中一般都有一个叫做主键的字段，该字

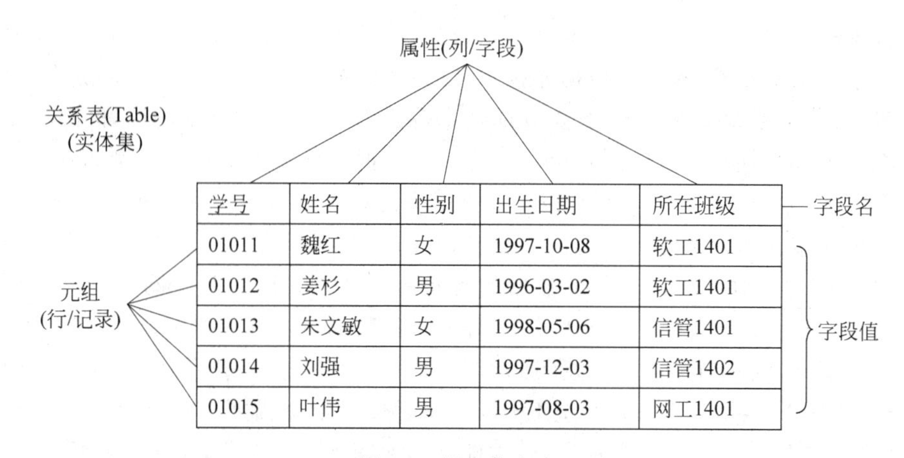

学号	姓名	性别	出生日期	所在班级
01011	魏红	女	1997-10-08	软工1401
01012	姜杉	男	1996-03-02	软工1401
01013	朱文敏	女	1998-05-06	信管1401
01014	刘强	男	1997-12-03	信管1402
01015	叶伟	男	1997-08-03	网工1401

图 1-1 学生信息表

段的值在整个表中都不能重复，也就是表中任意两行的主键字段的值都不能相同，并且主键字段的值也不允许为空。这样，即使表中的其他所有字段值都相同，主键字段值也不同，因此可以保证表中的任意两行数据不完全相同。

在工作和实际生产环境中，我们用到的表通常会包含一些代表不同数据的字段，如学生信息表的“学号”字段、课程信息表的“课程编号”字段、职工表的“职工编号”、用户信息表的“用户 ID”字段等。实际上，这样的字段并不是实体与生俱来的属性，而是为了管理的需要而为实体增加的属性，其目的就是区分两个实体的不同。这些字段就是表中的主键。每个表只能有一个主键，如图 1-2 所示。

在某些情况下，表中的每个字段都有可能重复或者必须重复，这样该表中的单个字段就不能区分任意两行记录，不能充当主键。在这种情况下，需要将多个字段组合在一起充当主键，即复合主键。在复合主键中，字段的组合值不能重复，组合中的任意一个字段值不能为空。例如，学生课程成绩表有“学号”“课程编号”和“成绩”三个字段。如果一个学生可以考多门课程，一门课程可以被多个学生参加考试，那么表中的所有字段值都有可能重复，因此它们都不能独自当主键。但是将“学号”和“课程编号”组合在一起就不会产生重复，也不应该重复，因此该表的主键是由“学号”和“课程编号”组成的复合主键，如图 1-3 所示。

主键 →

课程编号		学时	学分
C1101		48	3
C1102		64	4
C1103		48	3

图 1-2 课程信息表

复合主键

学号	课程编号	成绩
01011	C1101	70
01011	C1103	80
01012	C1101	75

图 1-3 学生课程成绩表

3. 外键(Foreign Key)

在一些情况下，一个表中会包含另一个表的主键字段，作为本表中所描述实体的一个属性。例如，学生表中包含系部信息表的系部编号、雇员表中包含部门表的部门编号、产品表中包含产品分类号等，这样的字段在本表中叫做外键，是联系另外一个表的渠道，可以通过这个字段深入另一个表中发现更多的数据。某个字段在表 A 中当作外键，在表 B 中当作主键或唯一键，那么相对来说，表 A 称表 B 的子表，表 B 称做表 A 的父表。子表中的外键受父表中主键或唯一键的约束，如图 1-4 所示。

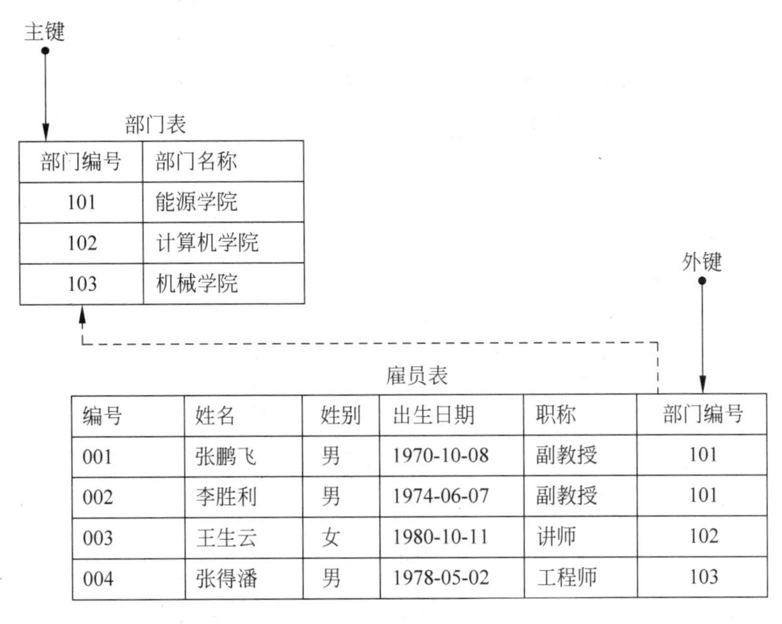

部门编号	部门名称
101	能源学院
102	计算机学院
103	机械学院

编号	姓名	姓别	出生日期	职称	部门编号
001	张鹏飞	男	1970-10-08	副教授	101
002	李胜利	男	1974-06-07	副教授	101
003	王生云	女	1980-10-11	讲师	102
004	张得潘	男	1978-05-02	工程师	103

图 1-4　父表与子表

4. 表间关系(Relationship)

在关系数据库中不仅可以存储数据，而且还可以存储两张表之间的关系(联系)，如果两张表之间具有相同的字段(字段值和含义相同，字段名不一定相同)，那么这两张表之间就具有了关系。表和表之间有下列关系：

- 一对一关系(1∶1)：有两个表，表 A 和表 B，表 A 中的一条记录在表 B 中也仅有一条记录与之对应；反过来，表 B 中的一条记录在表 A 中也仅有一条记录与之对应，则称表 A 与表 B 之间有一对一关系。例如，对于雇员表和工资表，一个雇员只有一个工资，而一个工资只能属于一个雇员，则雇员表和工资表之间具有一对一关系。
- 一对多关系(1∶N)：有两个表，表 A 和表 B，表 A 中的一条记录在表 B 中有多条记录与之对应；反过来，表 B 中的一条记录在表 A 中仅有一条记录与之对应，则称表 A 与表 B 之间有一对多关系。例如，对于部门表和雇员表，一个部门有多个雇员，而一个雇员只能属于一个部门，则部门表和雇员表之间具有一对多关系。
- 多对多关系(M∶N)：有两个表，表 A 和表 B，表 A 中的一条记录在表 B 中有多条记录与之对应；反过来，表 B 中的一条记录在表 A 中也有多条记录与之对应，则称表 A 与表 B 之间有多对多关系。例如，对于学生表和课程表，一个学生可以选修多门课程，而一门课程可以被多个学生选修，则学生表和课程表之间具有多对多关系。

由于关系数据库不能实现多对多的关系，所以在数据库设计时，必须通过增加第三张表将一个多对多关系转换为两个一对多关系。如前面提到的学生表和课程表之间需要增加学生课程成绩表，将原来的多对多关系转换为两个一对多关系，如图 1-5 所示。

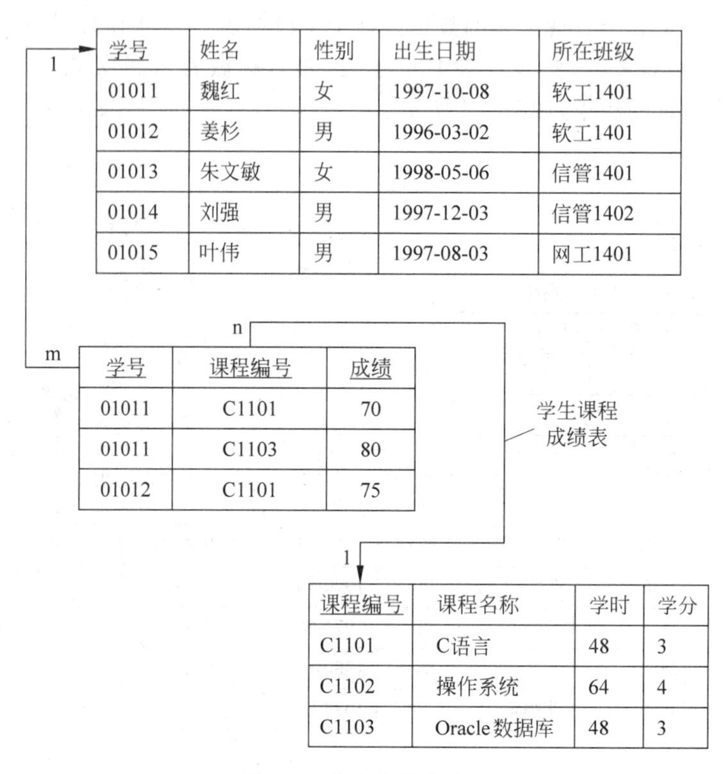

学号	姓名	性别	出生日期	所在班级
01011	魏红	女	1997-10-08	软工1401
01012	姜杉	男	1996-03-02	软工1401
01013	朱文敏	女	1998-05-06	信管1401
01014	刘强	男	1997-12-03	信管1402
01015	叶伟	男	1997-08-03	网工1401

学号	课程编号	成绩
01011	C1101	70
01011	C1103	80
01012	C1101	75

课程编号	课程名称	学时	学分
C1101	C语言	48	3
C1102	操作系统	64	4
C1103	Oracle数据库	48	3

图 1-5　学生成绩关系图

5. 关系数据库的完整性约束(Integrity Constraint)

关系数据库的完整性是为了保证数据库中数据的正确性和相容性而对关系模型提出的某种约束条件或规则。完整性通常包括实体完整性、域完整性、参照完整性和用户自定义完整性,其中实体完整性、域完整性和参照完整性,是关系模型必须满足的完整性约束条件。

- 实体完整性:实体完整性是指表中的主键字段值不能重复也不能为空。表中的每一行描述了一个实体,因此表就是由多个实体构成的实体集。现实世界中的实体是可以相互区分标识的,因为它们具有某种唯一性标识。在表中,也要区分任意两行记录,因为它们分别代表了不同的实体。表中的主键字段作为唯一标识,不能重复且其值不能为空值(NULL);反之,说明关系模式中存在着不可确定或不可标识的实体,因为空值(NULL)是"不确定的"或"不知道",这显然和现实世界的实际情况相矛盾,这样的实体就不是一个完整实体。
- 域完整性:域完整性是指字段(列)值域的完整性。例如,从数据类型、格式、值域范围、是否允许空值等进行约束。域完整性限制了某些属性中出现的值,把属性限制在一个有限的集合中。
- 参照完整性:参照完整性是指子表中的外键字段值受父表中主键字段或唯一键字段取值的约束或限制,也就是表的外键约束。在一个工程的具体实现中,关系数据库中通常包含多个表,它们之间是有关系的,关系是通过两个表的相同字段(又称两表的公共字段)实现的,并且子表中公共字段的值应参照父表中公共字段的值。
- 用户自定义完整性:实体完整性和参照完整性适用于任何关系数据库系统,它们主要是针对关系的主键字段和外键字段的取值做出必须而有效的约束；而用户自定义完整性则是根据应用环境的要求和实际需要，对某一业务规则提出数据约束条件。用户自定义完整性主要是针对字段或记录的有效取值范围进行约束，如性别字段值只能是“男”或“女”、学生的成绩为 0～100、电子邮箱地址中必须包含“@”符号、中国境内车牌号码首个字符均为一个汉字，如“陕”等。

1.1.2 SQL 语言概述

SQL(Structured Query Language，结构化查询语言)是一种数据库查询和数据库操作编程用程序设计语言，用于查询、更新和管理关系数据库中的数据，为 RDBMS 广泛支持。SQL 语言是非过程化数据库查询语言，允许用户以通用的方式对关系数据库进行访问。它不要求用户指定对数据的存储方法，也不需要用户了解具体的数据存放方式，所以具有完全不同底层结构的不同关系数据库系统，可以使用相同的 SQL 语言作为数据访问与管理的接口。

SQL 语言最早是 IBM 的圣约瑟研究实验室为其关系数据库管理系统 System R 开发的一种查询语言，它的前身是 SQUARE 语言。SQL 语言结构简洁、功能强大、简单易学，所以自 IBM 公司于 1981 年推出以来，SQL 语言就得到了广泛应用。美国国家标准化协会(ANSI)与国际标准化组织(ISO)已经制定了 SQL 标准。1992 年，ISO 和 IEC 发布了 SQL 国际标准，称为 SQL-92。ANSI 随之发布的相应标准是 ANSI SQL-92(它也被称为 ANSI SQL)。尽管不同的关系数据库使用的 SQL 版本会有一些差异，但大多数都遵循 ANSI SQL 标准。标准的 SQL 语言由 4 个部分构成：

① 数据定义语言(Data Definition Language，DDL)。用于定义和管理数据库以及数据库中的各种对象，例如数据库、数据表以及视图。DDL 语言通常包括对每个对象的 CREATE、ALTER、DROP 操作。

② 数据操纵语言(Data Manipulation Language，DML)。用于对数据库中存储的数据进行插入、修改和删除。DML 语言包括 INSERT、UPDATE、DELETE 命令。

③ 数据查询语言(Data Query Language，DQL)。用于对数据库中存储的数据执行各种查询操作，主要是 SELECT 命令。

④ 数据控制语言(Data Control Language，DCL)。用于在数据库中授予或回收对某对象的相关访问权限、控制数据库操纵事务发生的时间及效果，对数据库实行监视等。DCL 语言通常包括 COMMIT、ROLLBACK、SAVEPOINT、GRANT、REVOKE 等语句。

1.2 数据库的设计与规范化

数据库设计的主要任务是通过对现实世界中的数据进行抽象，得到符合现实世界要求的、能被 DBMS 支持的数据库模型。在数据库设计阶段应该对需要存储的数据进行详细的调查、分析，识别出真正需要存储的原始数据，并根据这些数据设计出合理的表结构、表间关系以及其他数据库对象。

1.2.1 数据库设计的具体步骤

(1) 数据需求调研。根据系统的业务需求，对用户需要存储和处理的数据进行详细调查。可以从用户日常的工作入手，调查用户实际工作中填写的各种表格、编制的文档资料、上交的报表、传递的各类文件、保存的各类档案等。

（2）数据需求分析。根据数据需求调研阶段获取的资料进行分析，找出用户真正需要存储和处理的原始数据。数据确定后，可以请相关用户确认，查找遗漏的、不准确的数据，进一步完善数据资料。

（3）概念设计。通过数据抽象，设计系统概念模型。将数据需求分析阶段获得的数据按照物理实体和属性进行分类、归纳，绘制数据库的 E-R 模型来表达数据库的概念模型。在生产环境中一般使用 Erwin 等建模工具以可视化的方式，概要性地描述概念设计。

（4）逻辑结构设计。设计系统的模式和外模式，对于关系模型主要是基本表和视图。可以利用前面设计的 E-R 模型导出表结构及其表间关系。并且根据系统的业务处理要求，设计以表结构为基础的视图结构。在生产环境中一般使用 Erwin 等建模工具以可视化的方式详细描述实体及其之间的关系，形成数据库建模的逻辑视图。

（5）优化数据库结构。以数据库 xNF 理论优化数据库结构，降低数据冗余，同时根据效率的需要设计合理的索引结构，增强数据共享、提高查询效率。

（6）物理结构设计。使用 DBMS 系统建立数据库、表、表间关系、视图、存储过程等多种数据库对象来满足系统的业务需求。

1.2.2 数据库设计的范式理论（xNF）

利用 E-R 模型设计好数据库的表结构及其表间关系后，还要考虑结构是否合理，是否存在数据冗余、数据依赖等问题。如果存在这些问题，将来对数据库执行存储、插入、更新和删除操作时有可能出现异常。因此，数据库设计完成后要对数据库进行规范化处理，尽量减少数据冗余和依赖，最大程度地增加数据共享。可以凭经验和一些常规的理念来规范数据库，也可以使用系统方法如数据库设计范式理论来规范数据库。

范式的英文名称是 Normal Form，E. F. Codd 博士在 20 世纪 70 年代提出关系数据库模型后总结出了这套理论。范式是关系数据库理论的基础，也是我们在设计数据库结构过程中所要遵循的规则和指导方法。目前有迹可循的共有 8 种范式，依次是：1NF，2NF，3NF，BCNF，4NF，5NF，DKNF，6NF。通常所用到的只是前三个范式，即第一范式（1NF），第二范式（2NF），第三范式（3NF），满足最低要求的范式是第一范式（1NF）。在第一范式的基础上进一步满足更多要求的称为第二范式，其余范式依此类推。一般说来，数据库只需满足第三范式就行了。

1. 第一范式（1NF）

在任何一个关系数据库中，第一范式是对关系模式的基本要求，不满足第一范式的数据库就不是关系数据库。第一范式要求数据库表具有如下特性：

① 表中的每一列都是不可分割的基本数据项，任一列都不能再拆分。在每一行中的任何一列最多有一个值，不能有多个值。如果该列确实需要多个值，那么就将该列分成多个字段在表中建模。例如，在设计用户信息表时，每个用户都有联系电话这一列，该列在每一行都只能有一个电话号码。在实际工作中，如果一个用户有多个联系电话，那么只能将联系电话分为多个字段来分别保存每一个电话号码，例如手机、电话 1、电话 2。

② 表中不能出现重复的列。如果出现重复的列，就可能需要定义一个新的表，新表由

重复的列构成，将来通过新表与原表的连接可以还原成最原始的数据。

③ 表中的一行只包含一个实体的全部属性信息。

2. 第二范式(2NF)

第二范式是在第一范式的基础上建立起来的，即满足第二范式的前提是首先要满足第一范式。第二范式主要用来消除表中的部分依赖，它要求数据库中的表具有如下特性：

① 表中的任意一行必须被唯一地区分。由于表中的每一行都是描述唯一一个实体的信息，所以表中任意一行数据不能和其他任意一行数据完全相同。因此，第二范式要求表中包含一个唯一标识列。这个列被称为主关键字或主键、主码。例如，在用户表中包含用户编号列，在雇员信息表中包含员工编号列，这些编号的属性值都是唯一的，可以用来区分表中的每一行，这样的列被称为主键列。

② 第二范式要求实体的所有非主键属性必须完全依赖于主关键字，不能出现部分依赖，即不能只依赖于主关键字中的部分属性(一般是复合关键字)。如果表中的主关键字是复合关键字，即该关键字是由多个字段组合而成，那么有可能发生部分依赖，也就违反了第二范式。例如，学生选课信息表中包括学号、姓名、年龄、课程名称、成绩、学分字段。该表的主关键字为组合关键字：学号＋课程名称。在表中只有成绩字段完全依赖于组合主键，而姓名和年龄字段依赖于组合主键的部分属性"学号"字段，而学分只依赖于组合主键中的另一个字段"课程名称"。选课信息表这样设计就违反了第二范式。

如果一个关系表的结构违反了第二范式，那么如何分解使其满足第二范式的要求呢？

- 将表中所有出现部分依赖的非主键字段从原表中分离。
- 将这些字段与它们所依赖的组合主键中的部分主属性放在一起形成一张新表。

例如，上面的学生选课信息表要满足第二范式，应该拆分为以下三张表：

选课信息表：(学号，课程名称，成绩)

学生信息表：(学号，姓名，年龄)

课程信息表：(课程名称，学分)

3. 第三范式(3NF)

和第二范式类似，第三范式也是在满足第二范式的基础上建立起来的，主要用于消除表中的传递依赖。第三范式要求表具有如下特性：

① 一个表中不能包含已在其他表中包含的非主关键字段。例如，在部门信息表中包含每个部门的部门编号、部门名称、部门办公地点等信息，其中部门编号是主键。那么在雇员信息表中列出部门编号后就不能再将部门名称、部门办公地点等信息加入到雇员信息表中，这样会出现大量的数据冗余。

② 表中的非主关键字段都应该直接依赖于主关键字，不能传递依赖主关键字，即不能直接依赖其他非主关键字段。所谓传递依赖，是指关键字段 A→非关键字段 B→非关键字段 C，其中字段 B 直接依赖主关键字 A，而字段 C 又直接依赖字段 B，那么字段 C 就是传递依赖主关键字 A。表中如存在传递依赖，那么将会出现大量的冗余数据。

例如，学生信息表中包括学号、姓名、年龄、所在学院、学院地点、学院电话这些字段。其中学号是主键字段，姓名、年龄、所在学院三个字段直接依赖于主键字段，而学院地点、学院电话两个字段传递依赖于所在学院，也就是本表中的学院字段。该表出现了传递依赖，不符合第三范式的要求。

如果一个表结构违反了第三范式，那么该如何分解使其满足第三范式呢？

将所有不直接依赖主关键的字段从原始表中分离。

如果这些字段已经在其他的表中存在，那么就直接将这些字段舍弃；如果这些字段没有被包含在其他的表中，那么找一个已存在的合适的表添加这些字段，并且检查添加后这个表是否违反了第二和第三范式的要求；如果目前没有合适的表存放这些字段，那么将这些字段和被它们直接依赖的原表中非主键字段组合起来，形成一张新表。

例如，上面的学生信息表要满足第三范式，就应该分解成以下两个表：

学生信息表：(学号，姓名，年龄，所在学院)

学院信息表：(学院名称，学院地点，学院电话)

其中，学生信息表中的“所在学院”和学院信息表中的“学院名称”分别在两张表中，但它们的取值是相同的，是连接两个表的纽带，这两张表之间是一对多的关系。

1.3 常用数据库建模工具介绍与案例

在设计数据库时，对现实世界进行分析、抽象，并从中找出内在联系，进而确定数据库的结构，这一过程就称为数据库建模。它主要包括两部分内容：①确定最基本的数据结构；②建立数据之间的约束关系。通过数据建模要达到的目的是要在逻辑层面清楚地表达数据库中数据的存储结构以及它们之间的关系，进而达到优化数据库设计的目标，构造最优的数据库模式，建立数据库及其应用系统，使之能够有效地存储数据，满足各种用户的应用需求(信息要求和处理要求)。

在实际生产环境中，为了提高数据建模的效率，一般通过数据建模工具进行可视化的数据建模设计，常用的建模工具有 ERwin 和 PowerDesigner。

1.3.1 ERwin 简介

ERwin 全称是 AllFusion ERwin Data Modeler，是 CA 公司 AllFusion 品牌下的建模套件之一，我们以 ERwin4.14 为例进行介绍。ERwin 不仅可以帮助用户设计逻辑数据模型、捕获业务规则和要求，它也支持为目标服务器设计相应的物理数据模型。这使得用户能够转换物理数据模型为对应 SQL 代码的具体实现，也可以自动生成物理数据库结构到用户所选定的目标数据库系统中。ERwin 支持对现有数据库进行逆向工程，并提供物理数据模型，以便用户可以维护现有数据库，或从当前目标服务器迁移到另一个数据库中。此外，ERwin 的突破性的 Complete Compare(完全比较)技术通过将用户的模型与数据库进行比较，显示和分析差异，自动执行模型和数据库同步。这使得用户能够选择性地将差异移动到模型中或将其生成到数据库中。图 1-6 所示为 ERwin 建模功能概览图。

数据库设计师和信息管理员在提出数据建模解决方案期望的“愿景”时，所要求的就是需要一个支持完整的应用程序开发周期的工具。通常，收集业务规则→创建逻辑结构→进行物理设计→建造支持一个或多个应用程序的数据库，显然是一个迭代过程。因此，他们想要一种灵活易用的工具。支持多个平台，重用对象的工具，以及跨企业数据模型之间同步更改的功能。ERwin 提供了可用性和灵活性，以新的和动态的方式支持应用程序开发过程。图 1-7 所示为基于 ERwin 工具的应用开发生命周期图。

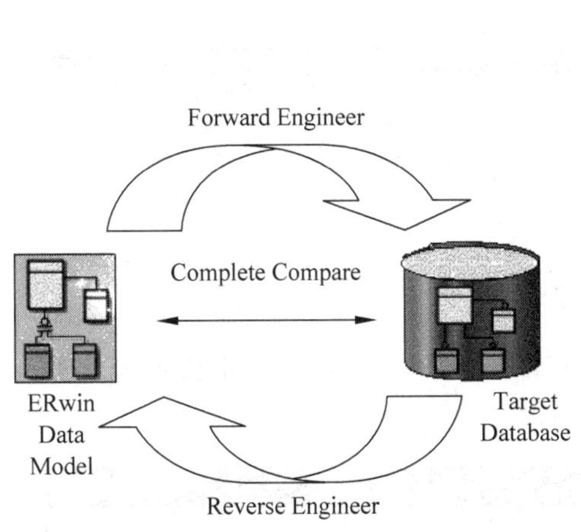

图 1-6　ERwin 建模功能概览图

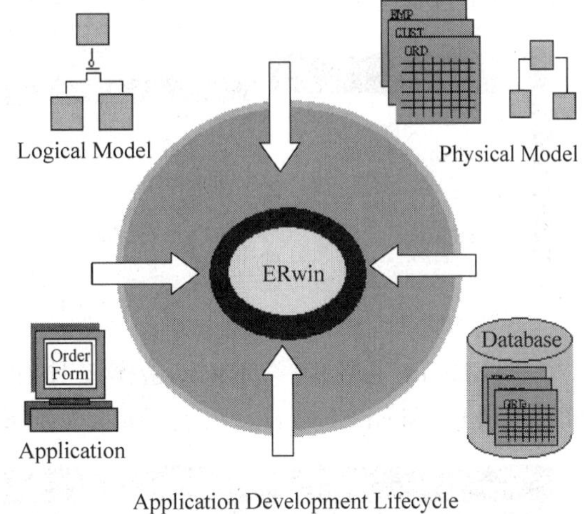

图 1-7　基于 ERwin 工具的应用开发生命周期图

(1) ERwin 运行所需环境与支持的目标数据库

表 1-1、表 1-2 所示为 ERwin 运行所要求的最低硬件配置、操作系统要求和所支持的目标数据库类型。

表 1-1　ERwin 最低硬件配置和操作系统要求

硬件最低配置要求	操作系统要求
内存至少 512MB 硬盘可用空间至少 1GB	Microsoft Windows XP Microsoft Windows NT 4.0 (Service Pack 5 or 6) Microsoft Windows 2003 Microsoft Windows 2000

表 1-2　ERwin 所支持的目标数据库

桌面数据库	SQL 数据库	
Microsoft Access	Oracle	AS/400
Clipper	SQL Server	HiRDB
dBASE Ⅳ	Sybase	Ingres Ⅱ
FoxPro	DB2/390	InterBase
Paradox	DB2/UDB	ODBC Generic
	INFORMIX	OpenIngres
		PROGRESS
		RDB
		Red Brick Warehouse
		SAS
		SQL Anywhere
		SQLBase

(2) ERwin 简单操作

① 进入 ERwin。安装完 ERwin 后，如图 1-8 所示，在程序组中找到 ERwin 的快捷执行

菜单，单击进入主界面。

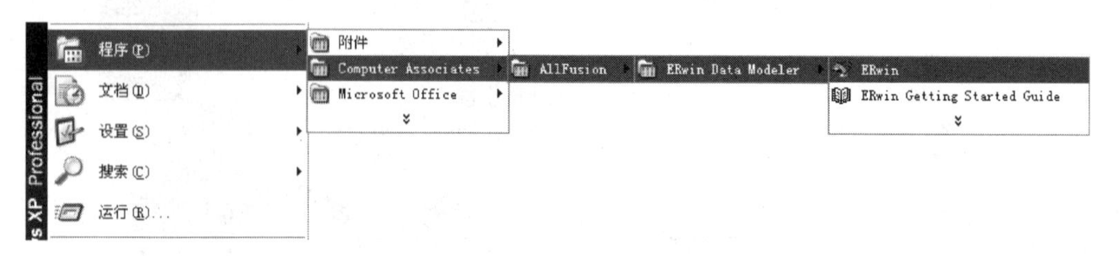

图 1-8　执行 Erwin 程序组菜单

② ERwin 主界面。ERwin 建模工具有两种工作视图：逻辑视图和物理视图模式(Logical/Physical Model)。图 1-9 所示为逻辑视图。

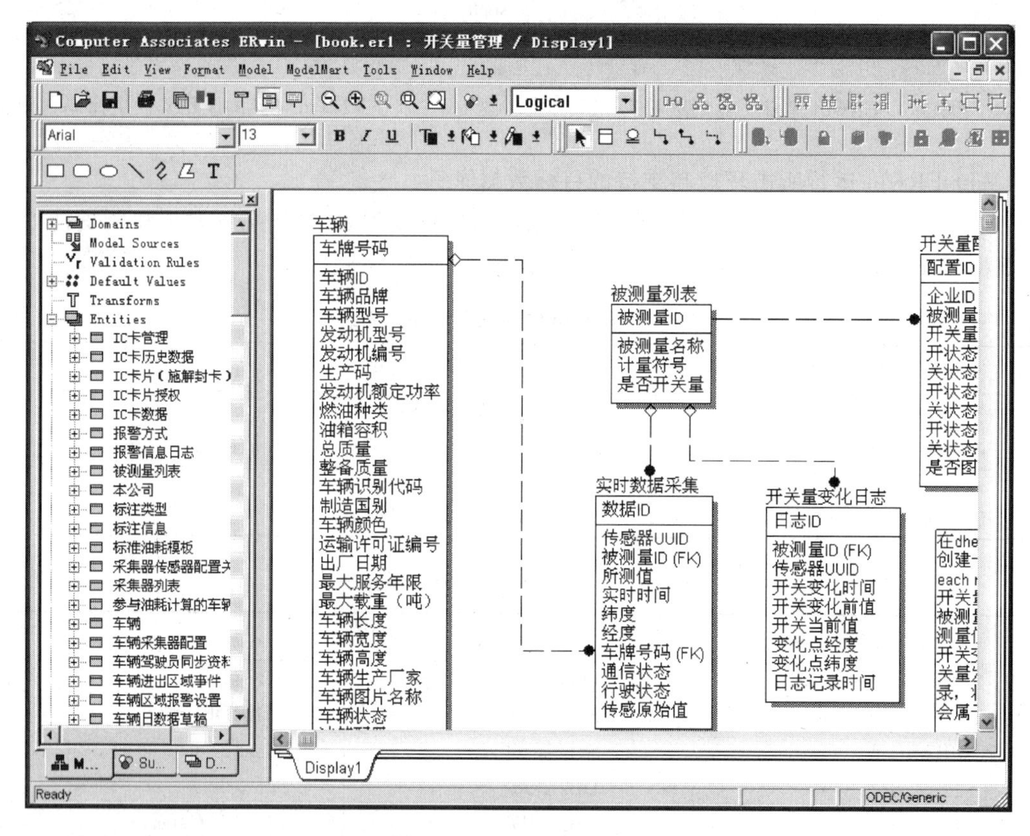

图 1-9　ERwin 逻辑视图

③ ERwin 中逻辑视图和物理视图模式下的实体/对象及其关系。实体在 ERwin 中用一个巨型框表示，在实体上单击右键可以给实体中增加属性，同时指定哪些是主键属性、哪些是非主键属性，如图 1-10 所示。实体和实体之间的关系有：

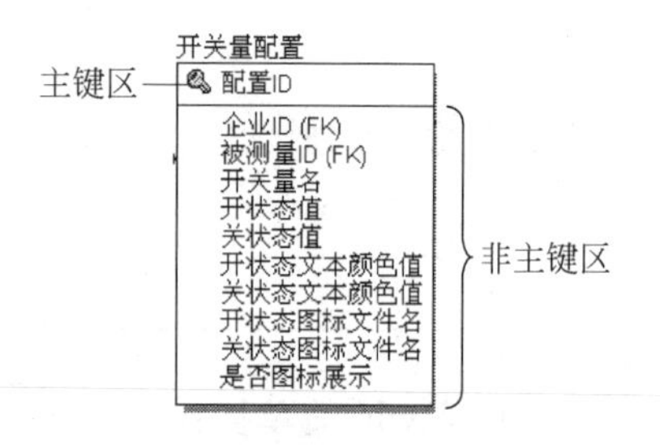

图 1-10　ERwin 中的实体与属性

标识型关系(Identifying Relationship)：父实体主键是子实体中的主键和外键；

非标识型关系(Non-identifying Relationship)：父

实体中的主键是子实体中的外键；

分类关系(Subtype Relationship)：父实体的主键分别是多个分类子实体中的外键；

递归关系(Recursive Relationship)：一个实体的非主键属性的取值受主键属性值的约束；

多对多关系(Many-to-many Relationship)：两个实体之间是多对多的关系。

如图 1-11 为逻辑视图模式下的逻辑数据建模工具箱，图 1-12 为物理视图模式下的物理数据建模工具箱，图 1-13 为 ERwin 中涵盖的实体关系示意图。

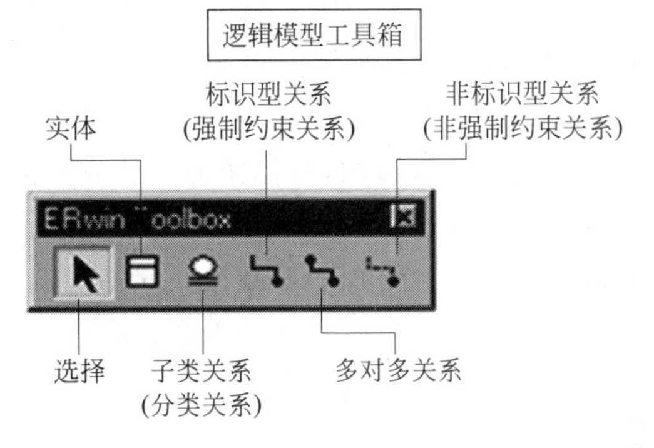

图 1-11　ERwin 逻辑数据模型中的工具箱

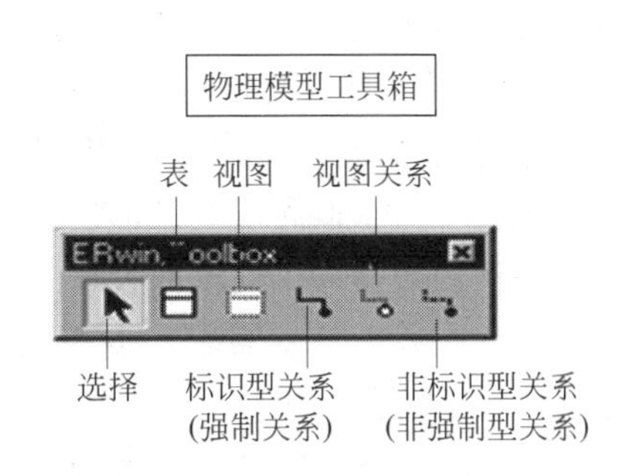

图 1-12　ERwin 物理数据模型中的工具箱

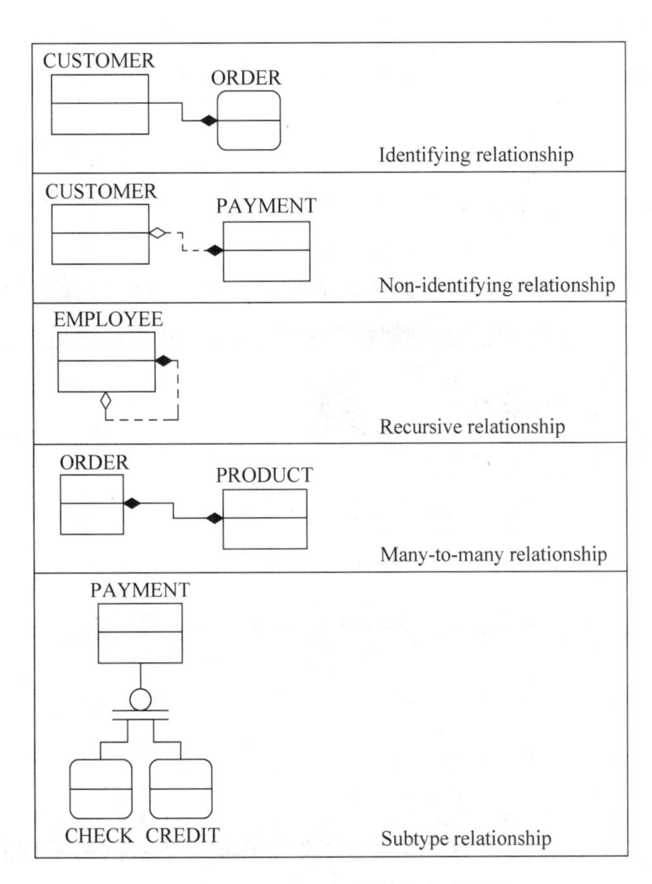

图 1-13　ERwin 中实体关系示意图

1.3.2 Power Designer 简介

Power Designer 是 Sybase 公司的 CASE 工具集，使用它可以方便地对企业信息系统进行分析设计，它几乎包括了数据库模型设计的全过程。利用 Power Designer 可以制作数据流程图、概念数据模型、物理数据模型，还可以为数据仓库制作结构模型（星形模型、雪花模型），也能对项目团队设计模型进行控制。它可以与许多流行的软件开发工具，例如 PowerBuilder、Delphi、VB 等相配合，使开发时间缩短和使系统设计更优化。Power designer 是进行数据库设计的强大的软件，是一款开发人员常用的数据库建模工具。使用它可以分别从概念数据模型（Conceptual Data Model）和物理数据模型（Physical Data Model）两个层次对数据库进行设计。

① 概念数据模型（CDM）。CDM 表现数据库的全部逻辑结构，与任何的软件或数据存储结构无关。一个概念模型经常包括在物理数据库中仍然不实现的数据对象。它给运行计划或业务活动数据一个规范的表现方式。概念数据模型是最终用户对数据存储的看法，反映了用户的综合性信息需求。不考虑物理实现细节，只考虑实体之间的关系。CDM 是适合于系统分析阶段的工具。

② 物理数据模型（PDM）。PDM 涉及数据库的物理实现。从 PDM 的角度看，它考虑真实的物理实现的细节。它涉及数据库用户和数据存储结构实现的细节。在 PDM 中实现数据之间的物理约束。它的主要目的是将 CDM 中建立的现实世界模型生成特定的 DBMS 脚本，产生数据库中保存数据的存储结构，保证数据在数据库中的完整性和一致性。PDM 是适合于系统设计阶段的工具。

当成功安装 Power designer 后，在程序组中找到相关的快捷方式，启动 Power designer。如图 1-14 所示为在 Power designer 启动后，在 File 菜单下选择 New→Model 子菜单后系统弹出对话，可从中选择建立概念模型、逻辑模型、物理模型等。

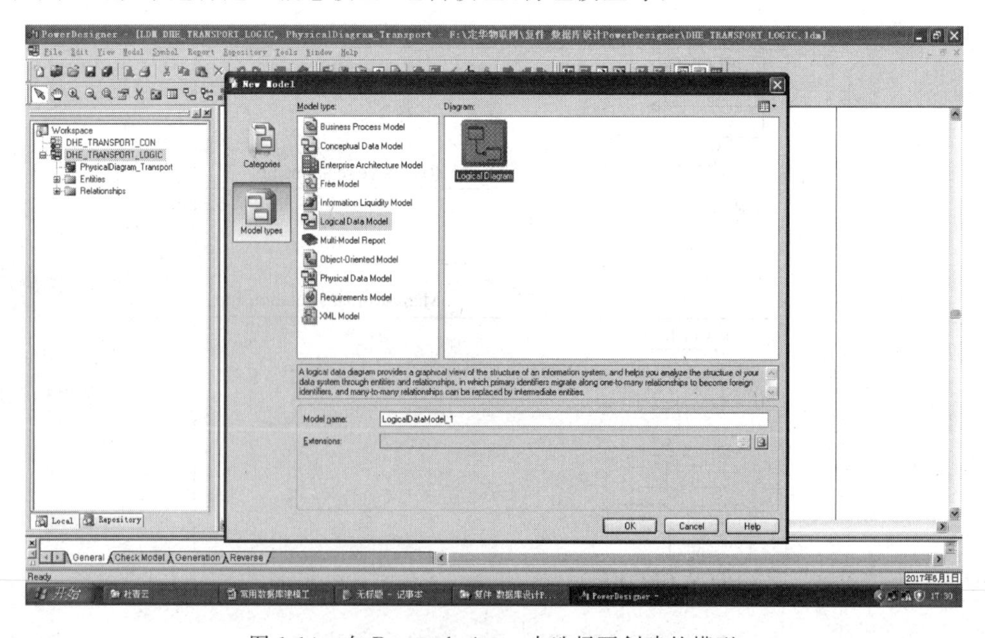

图 1-14　在 Power designer 中选择要创建的模型

具体操作时在相关界面上都有可视化工具箱 ToolBox 供使用。在理解基本概念后，操作很简单。图 1-15 为一个开关量管理应用程序模块进行数据库建模时的逻辑模型图样例。

选用优秀的建模工具、设计健壮的数据库逻辑模型与物理模型是基于数据库的计算机应用系统程序设计、开发的重要环节，为软件开发的迭代过程提供有力的支持。

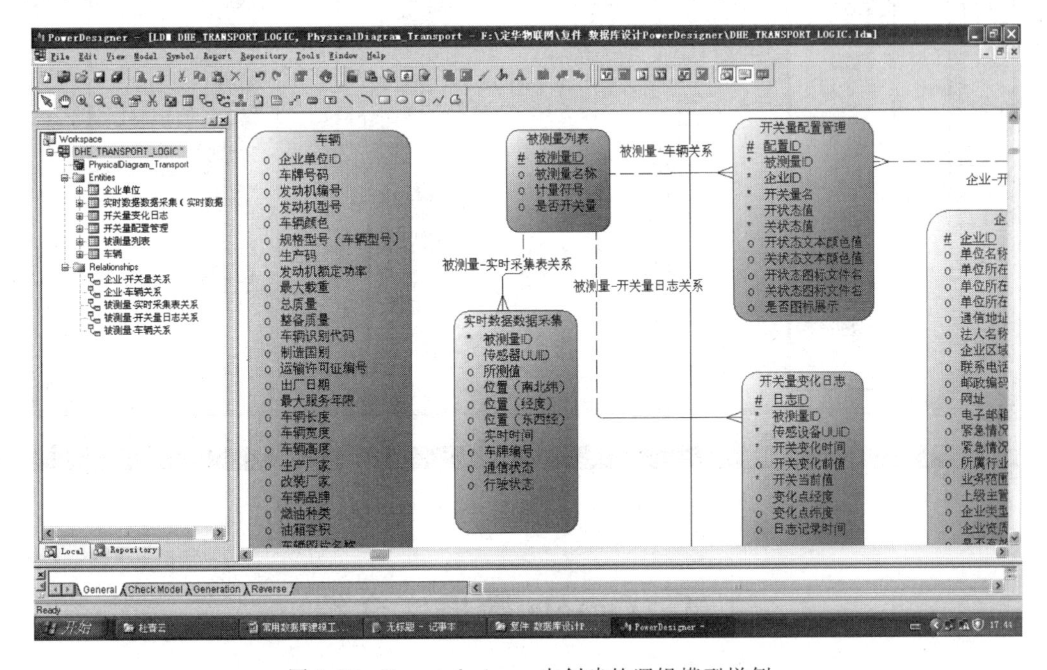

图 1-15　Power designer 中创建的逻辑模型样例

1.3.3　数据库建模案例(ERwin 模型)

随着物联网技术应用的深入，建设危化品运输安全物联网监控平台，对危化品运输槽罐车中运输介质进行全方位的监控，为危化品运输安全提供良好的技术监测手段被国家相关部门提上了重要的议事日程并设立了专项研究。危化品运输是一种动态危险源，发生事故后涉及面广，危害严重，对社会公共安全会构成重大威胁，危化品运输过程中如果发生被盗、泄漏等事件，非常容易引起爆炸，将会给国家和人民财产造成巨大的损失。因此借助现代传感技术，连续实时采集槽罐车的阀门状态、对阀门打开与关闭事件进行预警是减少事故发生的必要手段。通过在槽罐车的进料、出料口阀门上安装传感器，实时地采集阀门状态开关量(打开 1，关闭 0)，这些开关量被连续地传输并存储到数据库中，然后借助于监控平台的快速监测与计算，实现事件预报、预警，同时也为危化品流失事后跟踪监督提供分析依据。开关量是一种只有两种状态的量值(开/关)，开关量可以采用数值表示(0/1)，也可以采用颜色表示、图标表示等。开关量属于传感网中所能监测的被测量之一，为了全面地对开关量进行表达，可在软件中通过配置数据灵活地设置开关量的展示方式；将开关变化信息、变化的时间、变化前状态值、当前值、事件发生地点的经、纬度等记录完整保存。基于这些需求，运用数据库建模工具 ERwin 为开关量配置、开关量变化日志记录管理需求进行数据库建模，所建立的逻辑模型如图 1-16 所示。

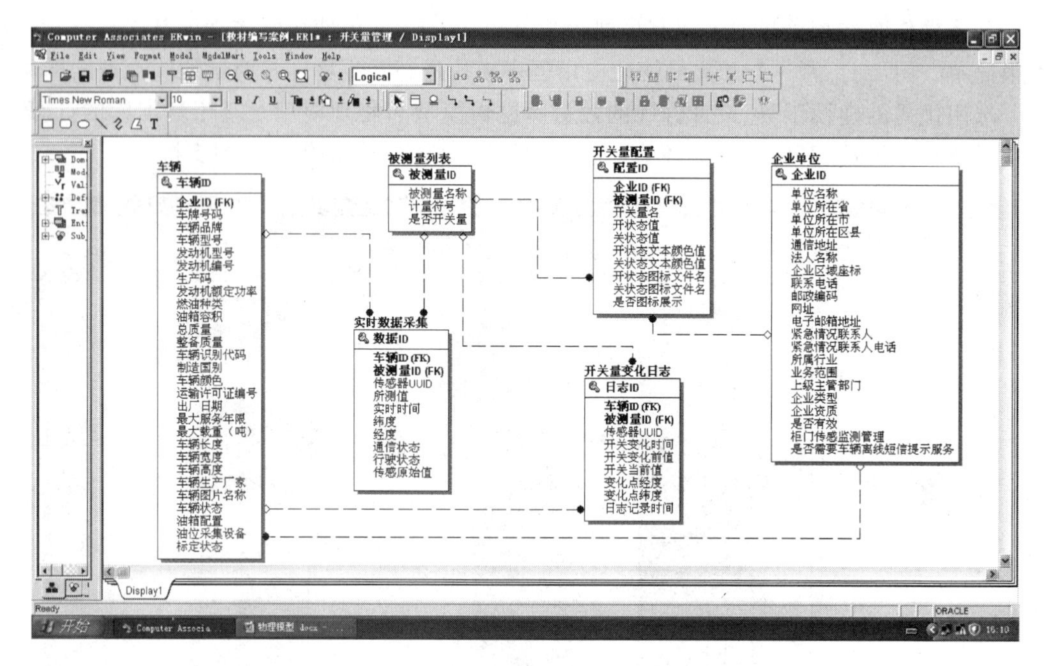

图 1-16　开关量数据管理逻辑模型建模案例

1.4　Oracle 数据库介绍

Oracle 是一种 RDBMS(Relational Database Management System，关系数据库管理系统)，是 Oracle 公司的核心产品，目前在市场上占有大量的份额，来自国外权威机构 DBEngine 发布的数据库排名报告如图 1-17 所示，足以说明这一点。作为一种大型网络数据库管理系统，Oracle 数据库功能非常强大，能够管理大量的数据，主要应用于商业和政府部门，Oracle 数据库的发展在关系数据库开发、生产领域起到引领技术与市场的作用，不断推动技术进步。

204 systems in ranking, November 2013

Rank	Last Month	DBMS	Database Model	Score	Changes
1.	1.	Oracle	Relational DBMS	1617.19	+33.35
2.	2.	MySQL	Relational DBMS	1254.27	-77.07
3.	3.	Microsoft SQL Server	Relational DBMS	1234.46	+27.45
4.	4.	PostgreSQL	Relational DBMS	190.83	+13.82
5.	5.	DB2	Relational DBMS	165.90	-9.93
6.	6.	MongoDB	Document store	161.87	+12.40
7.	7.	Microsoft Access	Relational DBMS	141.60	-0.89
8.	8.	SQLite	Relational DBMS	78.78	+0.90
9.	9.	Sybase	Relational DBMS	77.75	+4.09
10.	10.	Teradata	Relational DBMS	60.12	+5.70
11.	11.	Cassandra	Wide column store	57.58	+4.66
12.	12.	Solr	Search engine	46.53	+3.20
13.	13.	Redis	Key-value store	40.57	+4.56
14.	14.	FileMaker	Relational DBMS	35.10	-0.21
15.	↑ 17.	Memcached	Key-value store	28.50	+0.38
16.	16.	HBase	Wide column store	27.58	-0.74

图 1-17　Oracle 数据库在国际上的排名

1.4.1 Oracle 数据库的发展

Oracle 公司又称甲骨文公司，它成立于 1979 年，是一家世界领先的信息管理软件开发商。该公司的开始与 IBM 公司有关。在 1970 年 6 月，IBM 公司的研究员埃德加·考特(Edgar Frank Codd)在 *Communications of ACM* 上发表了一篇著名的《大型共享数据库数据的关系模型》(*A Relational Model of Data for Large Shared Data Banks*)的论文。该论文成为数据库发展史上的重要里程碑，它结束了数据库的层次模型和网状模型时代，开创了关系模型的新纪元，为以后关系型数据库的产生与发展提供了重要的理论支撑。

1977 年 6 月，Larry Ellison、Bob Miner 和 Ed Oates 在硅谷共同创办了一家名为软件开发实验室(Software Development Laboratories，SDL)的计算机公司(Oracle 公司的前身)，不久 Bruce Scott 又加盟进来。Oates 等人在阅读了埃德加·考特(E. F. Codd 博士)的那篇著名论文后，开始策划构建可商用的关系数据库管理系统。不久，SDL 公司开发出第一款不太成熟的关系型数据库产品，命名为 Oracle。

1979 年，SDL 更名为关系软件有限公司(Relational Software Inc.，RSI)。同年夏季，RSI 发布了商用的 Oracle 产品(第 2 版)，这个数据库产品整合了比较完整的 SQL 实现，其中包括子查询、连接及其他特性。1983 年 3 月，RSI 发布了 Oracle 第 3 版。在该版本中，Oracle 推出了 SQL 语句和事务处理的"原子性"，并引入了非阻塞查询，有效避免了读锁定带来的问题。同一年，为了突出公司的核心产品，RSI 公司再次更名为 Oracle 公司。

1984 年，Oracle 发布了第 4 版产品，产品的稳定性得到了一定的增强，并且增加了读一致性(read consistency)，这是数据库的一个关键特性。

1985 年，Oracle 发布了 5.0 版，这个版本算得上是 Oracle 数据库的稳定版本。这也是首批可以在 Client/Server 模式下运行的 RDBMS 产品。

1986 年，Oracle 发布了 5.1 版，该版本还支持分布式查询，允许通过一次性查询访问存储在多个位置的数据，可运行在 UNIX 和 DOS 操作系统下。

1988 年，Oracle 发布了第 6 版，该版本引入了行级锁这个重要的特性，同时还引入了联机热备份功能。

1992 年，Oracle 发布了第 7 版，该版本增加了许多新的性能特性：分布式事务处理功能、增强的管理功能、用于应用程序开发的新工具以及安全性方法。

1997 年 6 月，Oracle 第 8 版发布，Oracle8 支持面向对象的开发及新的多媒体应用，这个版本也为支持 Internet、网络计算等奠定了基础。

1998 年 9 月，Oracle 公司正式发布的 Oracle 8i 这一版本中添加了大量为支持 Internet 而设计的特性，同时这一版本为数据库用户提供了全方位的 Java 支持。

2001 年，Oracle 公司正式发布了 Oracle 9i，在 Oracle 9i 的诸多新特性中，最重要的就是 Real Application Clusters(RAC)了。

2003 年，Oracle 发布了 Oracle 10g，这一版的最大的特性就是加入了网格计算的功能，从这个版本开始，Oracle 数据库有了一个新的后缀：g (即 grid，网格)，主打网格计算，这是一款继往开来的数据库产品，目前还有大量的用户继续使用这款产品管理着公司的数据。

2007 年 7 月 11 日，Oracle 发布了 Oracle 11g，Oracle 11g 是 30 年来发布的最重要的数据库版本，根据用户的需求实现了信息生命周期管理(Informations Life Cycle

Management)等多项创新。

2013 年 7 月 8 日,Oracle 12c 专门针对云计算(Cloud)而设计的数据库发布。Oracle 数据库已扩展了云计算与大数据处理的功能。

纵观 Oracle 的发展变化,这些产品的不同版本之间向下兼容、新功能的增加是在已有技术上的扩展,保护用户已有投资。从 Oracle 8i 开始,不同版本之间除产品安装略有不同外,各个版本的主要技术兼容性、参数文件、SQL * Net、SQL * Plus、网络配置文件、内存结构、数据库实例、事务机制、用户身份识别等概念变化并不大,特别是客户端工具 SQL * Plus 各版本均持续支持。

1.4.2 Oracle 数据库的系统结构

根据服务器和客户端的分布与访问形式,Oracle 数据库的系统结构可以分为分布式数据库系统结构、客户机/服务器系统结构和浏览器/服务群系统结构三种类型。

1. Oracle 分布式数据库系统结构

分布式数据库系统是在集中式数据库系统的基础上发展起来的,是数据库技术与网络技术相结合的产物。分布式数据库系统(DDBS)包含分布式数据库管理系统(DDBMS)和分布式数据库(DDB)两个部分。其中,DDBMS 是一个集中式的应用程序,用来管理分布在各个节点上的数据库,负责阶段性地同步所有的数据,并在多个用户必须同时访问同一数据的时候进行同步,以此确保在同一地点的数据的更新和删除会自动映射到其他存储数据的地方。DDBMS 又包括全局数据库管理系统(GDBMS)、局部数据库管理系统(LDBMS)和通信管理系统(CM)。分布式数据库系统的另一个部分 DDB 在逻辑上是一个统一的整体,而物理上则是分别存储在不同的物理节点上。一个应用程序通过网络的连接可以访问分布在不同地理位置的数据库,对用户来说就像访问存储在同一台计算机上的数据一样。

Oracle 数据库支持分布式数据库系统结构,它是一个客户机/服务器体系结构,其结构如图 1-18 所示。在网络环境中,每个具有多用户处理能力的硬件平台都可以成为服务器,也可以作为客户机。多个服务器上的数据库对用户来说是逻辑上单一的数据库整体,数据一致性、完整性及安全性都是对这一逻辑上单一的数据库进行的控制。用户通过 SQL * NET 实现了客户机与服务器、服务器与服务器之间的通信。

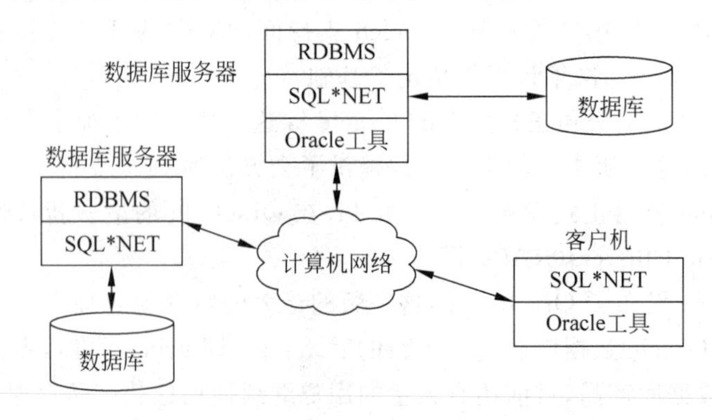

图 1-18 Oracle 分布式数据库系统结构

2. Oracle 客户机/服务器系统结构(Client/Server)

客户机/服务器系统结构,简称 C/S 结构,是软件系统的一种体系结构,它可以发挥服务器和客户机的不同硬件环境优势,将处理任务合理分配。客户机程序的任务是将用户的要求提交给服务器程序,再将服务器程序返回的结果以特定的形式显示给用户。服务器程序的任务是接受客户程序提出的服务请求,进行相应的处理,再将结果返回给客户程序。但是,C/S 结构的软件在使用与维护上存在一些不足：C/S 结构的软件比较适合局域网；客户端需要安装专用的客户端软件；对客户端软件的维护比较麻烦；对客户端的操作系统一般也会有限制。

Oracle 数据库支持客户机/服务器系统结构,其结构如图 1-19 所示。数据库和数据库管理系统运行在服务器端,各种 Oracle 管理工具运行在客户机上,二者之间通过 SQL * NET 进行通信。它的工作过程是：运行在客户端的应用程序将 SQL 命令或 PL/SQL 程序通过网络传输工具 SQL * NET 将数据处理请求发送到服务器端,Oracle 服务器同样使 SQL * NET 接受客户端的请求,并根据 SQL 语言处理客户端的请求,最后将结果再传递到客户端。

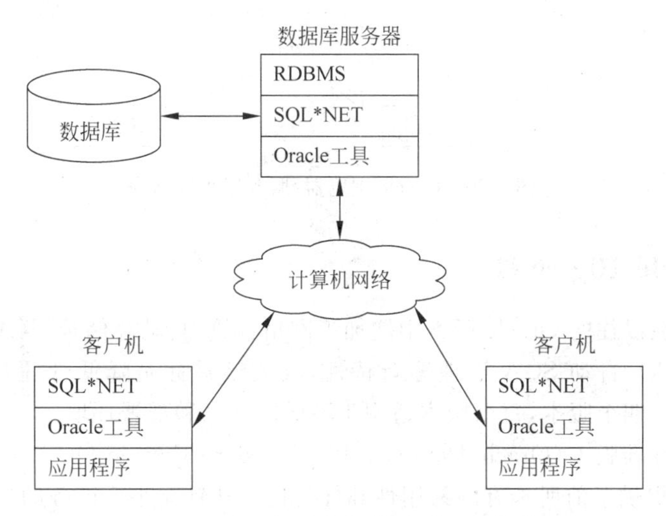

图 1-19 Oracle 客户机/服务器系统结构

3. Oracle 浏览器/服务器系统结构(Browser/Server)

浏览器/服务器系统结构,简称 B/S 结构,是随着 Web 技术兴起的一种新型软件系统结构,它通常分为三层,即：数据库服务器、应用服务器、客户浏览器。数据库服务器,用来存储和管理数据库；应用程序服务器与数据库服务器进行交互完成各种数据处理工作；客户端浏览器与应用程序服务器进行交互,负责提交数据处理请求并获得和显示结果。当然这种划分是逻辑上的,实际实施过程中可以将数据库服务器和应用程序服务器放到一台计算机上实现,也可能在系统中存在多台备用服务器。B/S 模式统一了客户端,将系统功能实现的核心部分集中到服务器上,简化了系统的开发、维护和使用。客户机上只要安装一个浏览器(Browser),如 Netscape Navigator 或 Internet Explorer,服务器上安装 Oracle、Sybase、Informix 或 SQL Server 等数据库,就可组成浏览器/服务器体系结构。

B/S 体系结构的优点包括：维护和升级方式简单；成本降低,选择方案更多；局域网和广域网都可以使用。但是这种结构也有一定的缺点，如服务器运行数据负荷较重时容易崩溃宕机。

Oracle 数据库支持浏览器/服务器系统结构，其结构如图 1-20 所示，它是将整个数据库系统分为数据库服务器、Web 应用程序服务器和数据浏览器三层。在 Oracle 10g 系统中既可以实现 C/S 系统结构，如常用的 SQL * Plus 工具和各种数据库及网络配置工具；又可以实现 B/S 系统结构，如常用的 OEM 工具和 iSQL * Plus 工具、基于 Oracle 的网上交易系统。

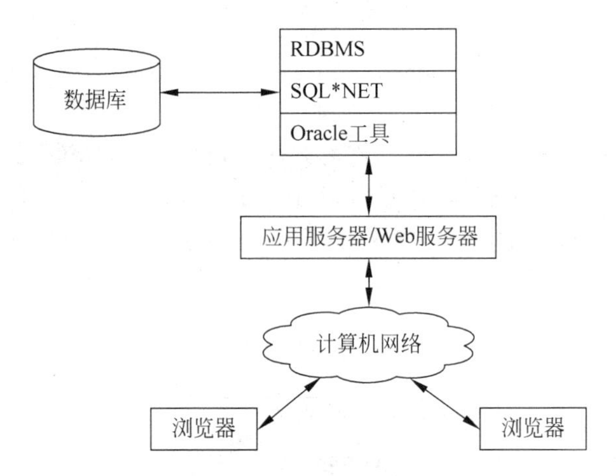

图 1-20 Oracle 浏览器/服务器系统结构

1.4.3 Oracle 10g 介绍

Oracle 10g 在以往的 Oracle 版本中增加了网格计算、自动存储管理(ASM)、RAC、闪回数据库(Flashback)、自动 SGA 管理等新特性，其关键目标是降低管理开销和提高性能。Oracle 10g 提供了四个版本，每个版本适用于不同的开发和部署环境。

Oracle 10g 标准版 1 (Oracle Database 10g Standard Edition One)为工作组、部门级和互联网应用程序提供了前所未有的易用性和性价比。从针对小型商务的单服务器环境到大型的分布式部门环境，Oracle 10g 包含了构建关键商务的应用程序所必需的全部工具。但是，标准版 1 仅许在最高容量为两个处理器的服务器上使用。

Oracle 10g 标准版(Oracle Database 10g Standard Edition)提供了标准版 1 的所有功能，并且利用集群技术提供了对更大型的计算机和服务集群的支持。它可以在最高容量为四个处理器的单台服务器上或者在一个支持最多四个处理器的服务器集群上使用。

Oracle 10g 企业版(Oracle Database 10g Enterprise Edition)为关键任务的应用程序(如大业务量的在线事务处理(即 OLTP)环境、查询密集型的数据仓库和要求苛刻的互联网应用程序)提供了高效、可靠、安全的数据管理，Oracle 数据库企业版为企业提供了满足当今关键任务应用程序的可用性和可伸缩性需要的工具和功能。它包含了 Oracle 数据库的所有组件，并且能够通过购买选项和程序包来进一步得到扩展。

Oracle 10g 个人版(Oracle Database 10g Personal Edition)支持需要与 Oracle 10g 标准版 1、Oracle 10g 标准版和 Oracle 10g 企业版完全兼容的单用户开发和部署。通过将 Oracle 10g 的功能引入到个人工作站中，Oracle 提供了通常流行的数据库功能，并且该数据库具有桌面产品通常具有的易用性和简单性。

Oracle 10g 个人版、标准版、标准版 1 和企业版包含了一系列常用的应用程序开发功能(包括与 SQL 对象相关的功能、用于编写存储过程和触发器的 PL/SQL 和 Java 编程接口)。在 Oracle 数据库这些版本中的任意一个版本下编写的应用程序都可以在其他版本下运行(只要授权适当)。

1.5 Oracle 的安装

Oracle 数据库具有良好的跨平台性,可以在多种操作系统下运行。它的安装程序采用基于 Java 的图形界面向导,可以使用户在 Windows 或 UNIX/Linux 等操作系统环境下方便地完成安装过程。本节以 Windows 平台下 Oracle 10g 的安装为例,介绍 Oracle 的安装过程,Oracle 10g 以上版本的安装可根据具体产品的安装手册进行,这里主要是让读者体会一下 Oracle 的安装过程。

1.5.1 安装 Oracle 10g 的环境要求

Oracle 10g 数据库功能强大,对运行的软硬件也有一定的要求,因此在安装之前应首先检查软硬件环境是否符合安装要求。从硬件要求来说目前市场上的个人计算机、笔记本电脑等计算机设备都可以满足要求,只要操作系统满足 Oracle 的安装要求,在能理解安装过程中相关提示信息并能正确作答的情况下,安装 Oracle 是较容易的。

其硬件环境要求如表 1-3 所示,软件环境要求如表 1-4 所示。

表 1-3 安装 Oracle 10g 的硬件要求

物 理 环 境	最 低 配 置	建 议 配 置
物理内存	至少 256MB	2GB 以上
虚拟内存	大小为物理内存的两倍	物理内存的 2～3 倍
临时磁盘空间	100MB 以上	1GB
可用硬盘空间	1.5GB 以上	5GB 以上
CPU 要求	主频至少 550MHz	2.0GHz 以上

表 1-4 安装 Oracle 10g 的软件要求

软 件 环 境	要 求 说 明
操作系统	Windows 2000、Windows XP、Windows 2003、Windows 7(XP 兼容模式)
网络协议	TCP/IP、TCP/IP WITH SSL、命名管道
浏览器	IE 6.0 以上、火狐、以 IE 为内核的兼容浏览器,如 360 浏览器等

Oracle 10g 安装程序盘下载地址(本下载地址仅以教学为目的而提供):

① http://pan.baidu.com/s/1dFiuLfN(Windows 2003/Windows XP(SP3))

② http://pan.baidu.com/s/1i5tHVhF(Windows 7)

1.5.2 安装 Oracle 10g

Oracle 10g 的安装源程序只有 1 张盘。将安装盘复制到硬盘的某个文件夹下,直接运行安装包中的 setup. exe 文件,用户就可以进入图形界面安装向导完成后续的安装过程。我们以 Windows XP SP3 操作系统下安装 Oracle 10g 为例引导其安装过程。

Oracle 10g 安装过程中,会检查网络配置,在未正确设置网络的情况下,请开启 Windows 回环网络,具体过程:控制面板→添加硬件→是→添加新硬件设备→安装→手动列表选择硬件(高级)→网络适配器→厂商→Microsoft→Microsoft Loopback Adapter。

当在服务器上安装 Oracle 数据库时,在网络环境已设置好的情况下,可以不安装回环网络,因为本机的网络已配置好了。

因 Oracle 数据库版本的不同,安装过程可能有一定的差异,本节考虑到课程教学环境与实验环境的限制,仅以 Oracle 10g 的安装为例介绍 Oracle 10g 数据库的安装。对于其他版本的安装可参考相关版本的帮助文档中的硬件、软件环境要求,在条件符合的情况下一般可顺利安装。如图 1-21 所示为安装盘复制到硬盘上的文件目录结构,单击其中的 setup . exe 文件。

accessbridge	2013/9/2 20:46	文件夹	
asmtool	2013/9/2 20:46	文件夹	
autorun	2013/9/2 20:46	文件夹	
doc	2013/9/2 20:45	文件夹	
install	2013/9/2 20:45	文件夹	
response	2013/9/2 20:45	文件夹	
stage	2013/9/2 20:36	文件夹	
autorun	2005/9/7 13:01	安装信息	1 KB
oraparam	2005/9/7 13:01	配置设置	3 KB
setup	2005/9/7 13:01	应用程序	68 KB
welcome	2005/9/7 13:02	HTML 文件	6 KB

图 1-21　Oracle 安装盘内的文件目录结构

(1) 进入安装程序后,首先检查 Oracle 10g 的安装需求,例如操作系统、监视器等软硬件环境是否符合最低要求,在每一项检查后将提示用户 Passed (通过)或 Failed(未通过),如图 1-22 所示。

图 1-22　进入安装前的系统检查

(2) 检查通过后将提示用户选择安装方式,安装方式包括"基本安装"和"高级安装"两种,如图 1-23 所示。在基本安装模式下,系统已经设置了大部分安装选项,用户只需给出安装的主目录、数据库名称和数据库口令就可以直接进入安装过程。而在高级安装模式下,用户可以设置更多的选项。本次安装选择"高级安装",完成选择后单击"下一步"按钮继续。

(3) 系统要求用户选择安装类型。Oracle 10g 的安装类型有:企业版安装;标准版安装;个人版安装;定制安装。其中企业版涵盖了 Oracle 10g 的全方位功能,在硬件条件允许的情况下建议选择企业版安装。如图 1-24 所示。

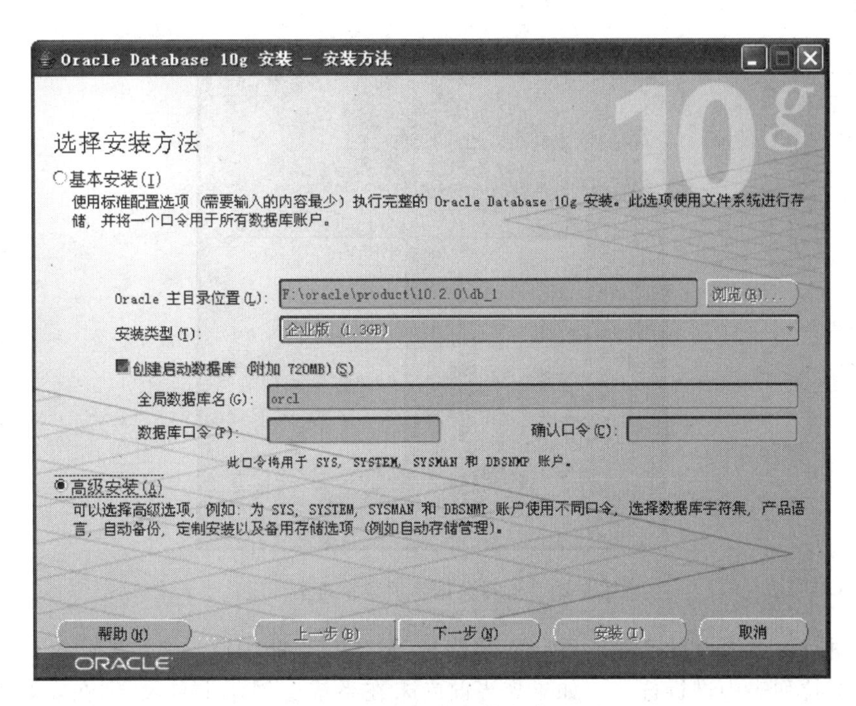

图 1-23　选择安装方式

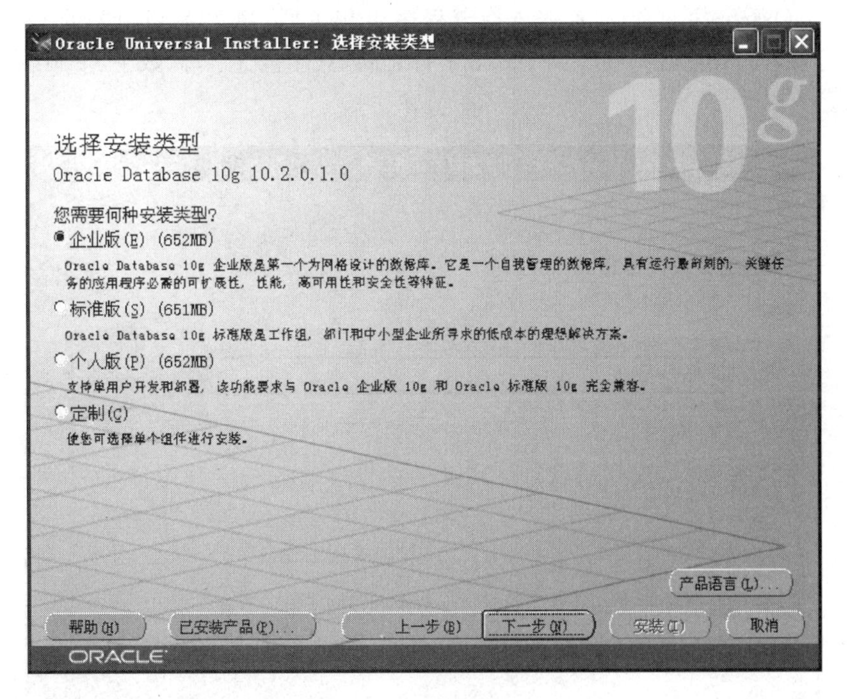

图 1-24　选择安装类型

Oracle 10g 提供了广泛的国际化语言支持，可通过图 1-24 所示的界面上的“产品语言(L)”按钮，选择数据库系统支持的语言字符集环境，如图 1-25 所示。

(4) 用户可以重新设置安装程序的主目录详细信息。主目录指出了安装产品的位置。

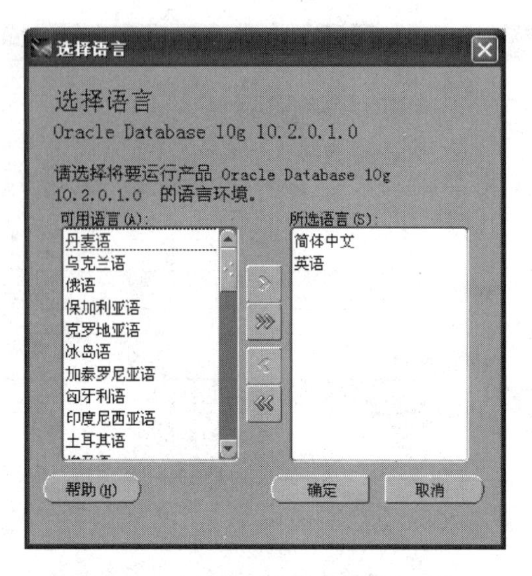

图 1-25 选择数据库语言字符集环境

如图 1-26 所示,必须设置产品名称与安装路径,输入项不能为空。名称:输入 Oracle 主目录名或从下拉列表中进行选择。如果您当前尚未在系统上创建主目录,则在安装过程中将自动创建它。可以在名称字段中指定主目录名称。Oracle 主目录通过名称进行识别。在 Windows 上,Oracle 主目录的名称与特定程序组相关联,也关系到相关的 Oracle 服务。Oracle 主目录名的长度必须在 1 到 128 个字符之间,只能包含字母、数字、下画线,但不能有空格。

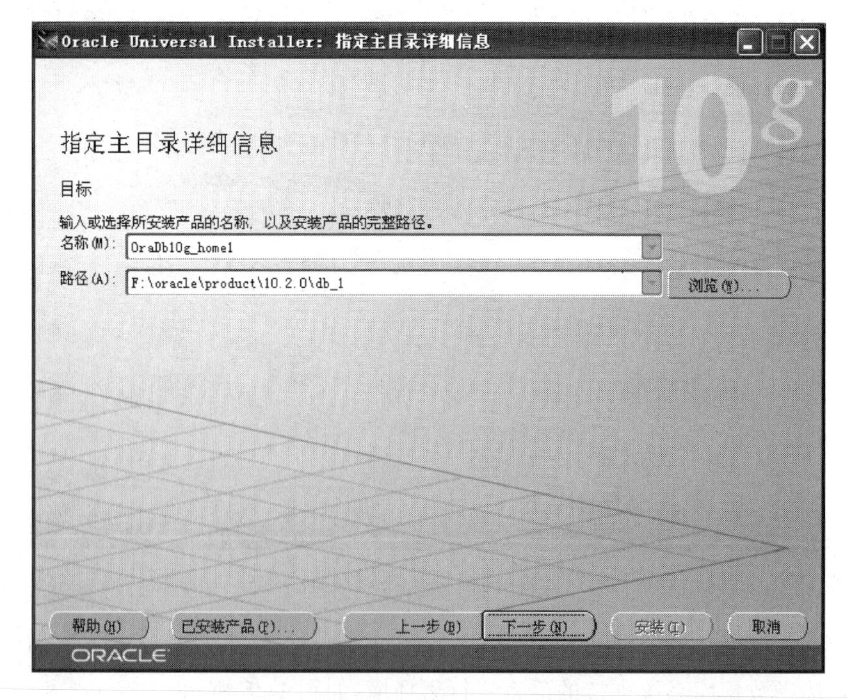

图 1-26 选择产品名称与安装位置

(5) 安装程序检查当前的硬件与软件环境是否符合所选择的要安装产品的最低要求，对于网络配置未通过的项，可用户手工标识为验证通过，如图 1-27 所示。

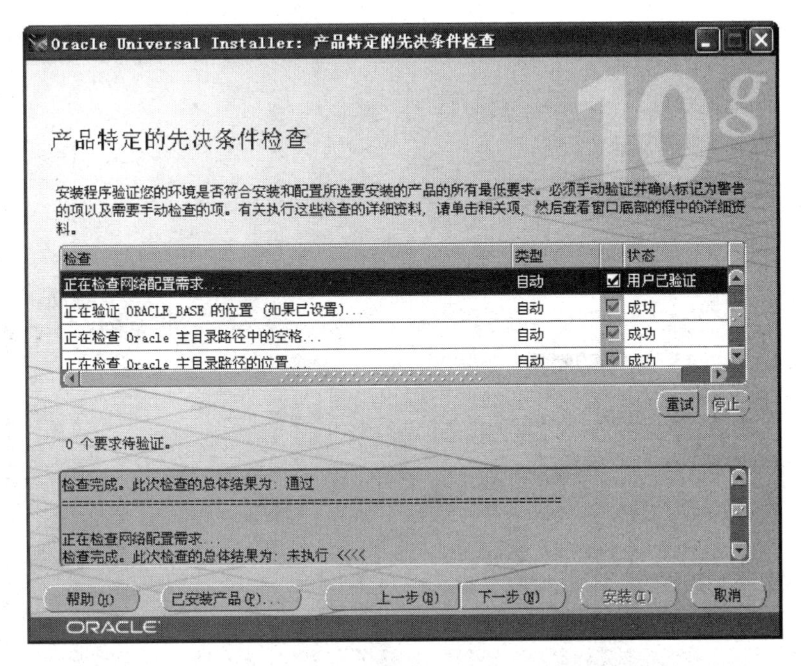

图 1-27　产品安装特定条件检查

(6) 可以根据需要选择在安装过程中是否创建数据库，如果需要创建数据库还可以选择新建数据库的类型，当然，也可以在程序安装成功后利用“Database Configuration Assistant”（数据库配置助手）图形化工具创建数据库，如图 1-28 所示。

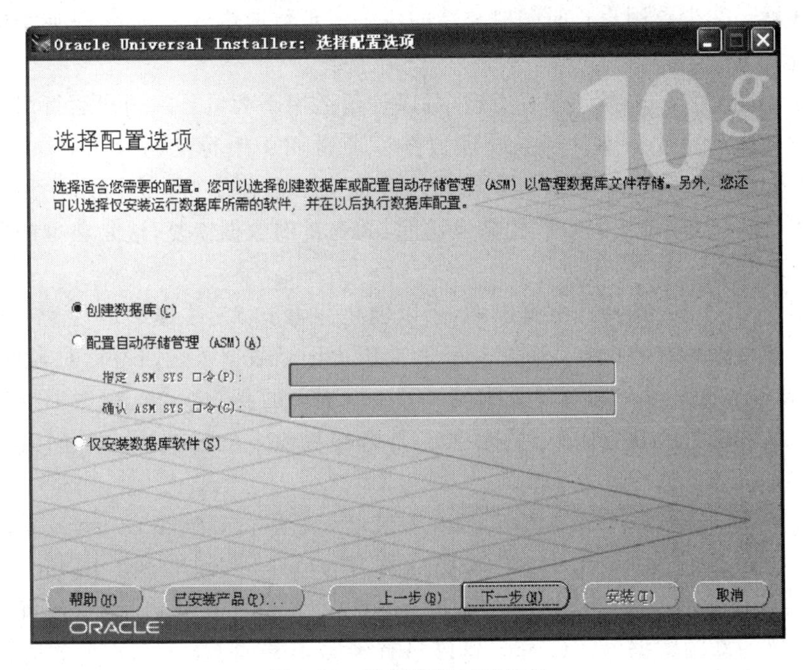

图 1-28　数据库配置项选择

(7) 可以根据需要选择要创建的数据库类型。数据库类型分为：一般用途；事务处理(OLTP)；数据仓库(OLAP)；高级。如图 1-29 所示为创建数据库类型选择。

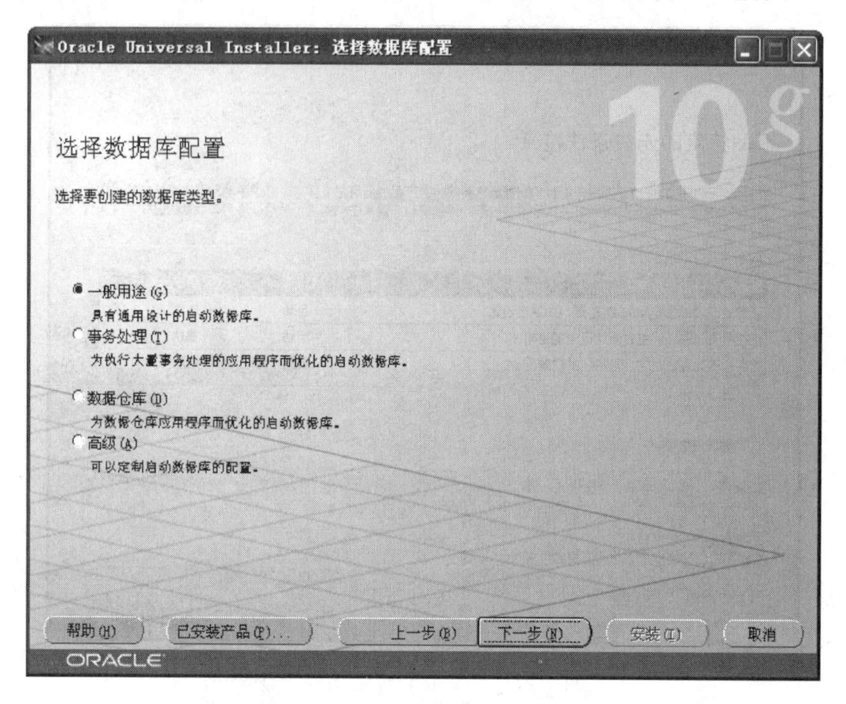

图 1-29　创建数据库类型配置选择

- 一般用途配置。可以创建适合于各种用途(从简单的事务处理到复杂的查询)的预配置数据库。此配置支持：①大量并发用户对数据的快速访问，这是典型的事务处理环境。②少数用户长时间对复杂的历史记录数据执行查询，这是典型的决策支持系统(DSS)。
- 事务处理配置。选择此配置类型，可以创建适用于大量并发用户运行简单事务处理环境的预配置数据库。事务处理数据库通常用于银行交易或 Internet 电子商务。这种配置为具有以下要求的数据库环境提供了最佳支持：高可用性和高事务处理性能、许多用户对相同数据的并发访问、大容量的数据恢复，这是典型的联机事务处理(OLTP)。
- 数据仓库配置。选择此配置类型，可以创建适用于特定主题的运行复杂查询环境的预配置数据库。数据仓库通常用于存储历史记录数据。在回答针对客户订单，服务呼叫，销售人员预测和客户采购模式等主题提出的商业战略问题时需要用到这些数据。这种配置为具有以下要求的数据库环境提供了最佳支持：快速访问大量数据，支持联机分析处理(OLAP)。
- 高级选项。选择此配置类型，可以在安装结束后运行 Oracle Database Configuration Assistant 的完整版本。如果选择此选项，Oracle Universal Installer 在运行该 Assistant 之前不会提示您输入数据库信息。该 Assistant 启动后，便可以指定您希望配置的新的数据库。Oracle 建议只有经验丰富的 Oracle DBA 才应使用此配置类型。

值得注意的是，这些预配置数据库类型仅在为某些初始化参数指定的值方面存在差异。每种数据库类型创建和使用的数据文件都是相同的，并且所要求的磁盘空间也是相同的。

(8) 进行的数据库配置选项包括数据库的名称、SID、字符集，如图 1-30 所示。其中数据库的 SID 定义了 Oracle 数据库实例的名称。Oracle 数据库实例是由一组用于管理数据库的进程和内存结构组成的。对于单实例数据库(仅由一个系统访问的数据库)而言，其 SID 通常与数据库名相同；对于 Oracle Real Application Clusters (RAC)数据库(Oracle 数据库集群)，每个集群节点上的实例名必须是唯一的。因此，对于这种情况应指定 SID 前缀而不是 SID 本身。与单实例数据库类似，SID 前缀通常与数据库同名。在每个节点上，将节点编号(线程 ID)添加到 SID 前缀后面，便形成了结构化 SID。对于名为“Sales”的数据库，节点 1 和节点 2 上的 SID 分别为 Sales1 和 Sales2。如果在启动 Oracle Universal Installer 时定义了 ORACLE_SID 环境变量，则此字段中将显示该变量所指定的值。指定 SID 或 SID 前缀的原则为：您指定的值通常应与数据库同名，但也可以不同。指定的值必须以字母开头，并且长度不能超过 64 个字符(对于单实例安装)和 61 个字符(对于 Oracle Real Application Clusters 安装)。数据库字符集决定了数据库中要支持哪些语言组，如果希望支持简体中文，则选“简体中文 ZHS16GBK”。数据库示例，指定是否要在数据库中包含样本方案。Oracle 提供了与产品和文档示例一起使用的样本方案。

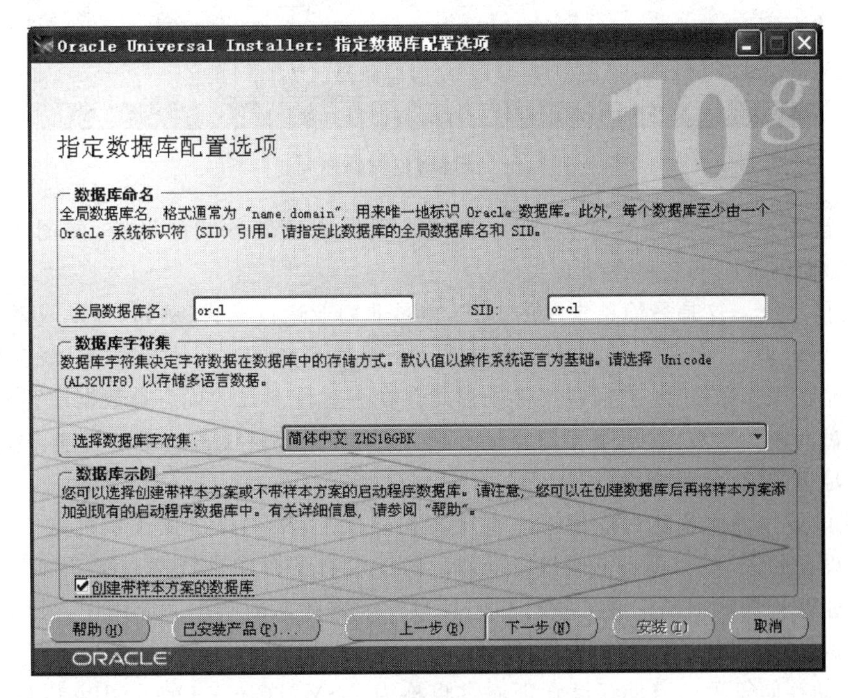

图 1-30　指定数据库配置选项

注：如果选择安装样本方案，Oracle Database Configuration Assistant 将在数据库中创建 EXAMPLES 表空间，它需要 150MB 磁盘空间。

如果将裸设备用于存储数据库，则必须为此表空间创建并指定独立的裸设备。如果选择不安装样本方案，可在安装后在数据库中手动创建。

(9) 单击“下一步”按钮，进入图 1-31 所示的窗口。在该窗口中，用户可以设置数据库的管理方式，包括 Grid Control 管理数据库和 Database Control 管理数据库。其中 Grid Control 管理数据库和 Oracle Management Agent 有关，如果安装程序在此系统中未检测到正在运行的 Oracle Management Agent，则不能选择使用 Grid Control。

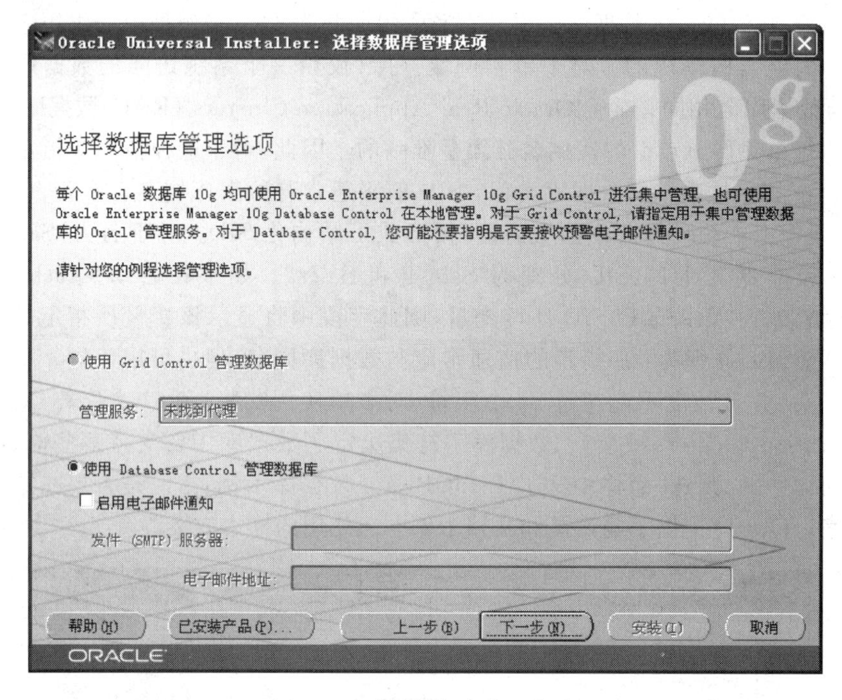

图 1-31　选择数据库管理方式

(10) 设置完数据库的管理方式后，将进入数据库存储方式的设置，如图 1-32 所示。Oracle 10g 提供了以下 3 种存储方式：

① 文件系统。这是最简单常见的方式，也是非商业运行模式(例如，开发或者开发阶段的测试、实验环境)下最常用的形式。如果选用了操作系统的文件存储形式，就会把 Oracle 的数据存储在操作系统中，它们以文件的形式存在。这种形式的优点是数据库容易移动、降低了对磁盘的读写次数，缺点是存储容量有限，但随着磁记录设备技术的进步，这个缺点将会是微不足道的。

② 裸设备。裸设备就是把数据库直接写在磁盘上，不再经过操作系统这一层，Oracle 直接操作设备的读写、对设备分区进行操作。由于没有了操作系统这一层，因此，这种存储方式读写速度和性能很高。在某些对 Oracle 读写非常频繁的数据库应用中，采用裸设备形式存储数据甚至可以提高 30%以上的性能。

③ 自动存储管理。自动存储管理通常也称为 ASM，这是在 Oracle 10g 以后才提供的一种新的存储形式。这种存储形式可以看成是前两种存储形式的折中，它既不用操作系统的文件系统，也不用裸设备的直接由 Oracle 读写的形式，而是采用一种 Oracle 特有的文件系统形式。在 ASM 上可以存储数据文件、控制文件、日志文件等，它们也是以文件形式存在，但文件格式是 Oracle 自有的 ASM 形式。

要注意的是，如果要将数据库文件存储在裸设备(裸分区或裸卷)上，所需的裸设备必须已经存在。对于 RAC 安装，必须在集群中所有节点共享的磁盘设备上创建裸设备。与现在的文件系统或自动存储管理相比,裸设备几乎不具备性能优势。由于自动存储管理和文件系统存储更加易于管理,Oracle 建议您优先选择这两个选项之一,其次再考虑裸设备。

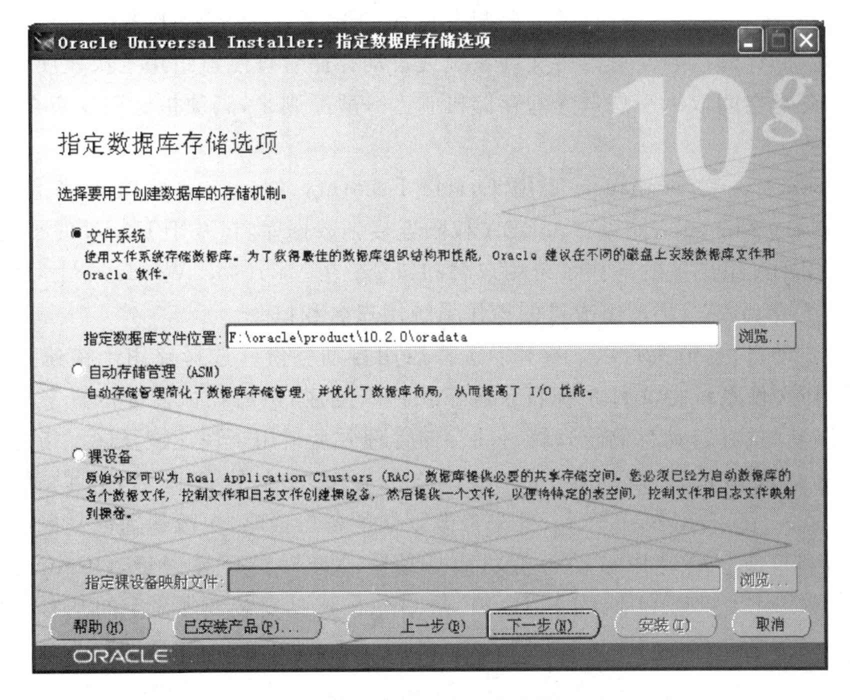

图 1-32　指定数据库文件存储选项

(11) 单击“下一步”按钮,进入数据库备份和恢复方式设置,如图 1-33 所示。如果选“启用自动备份”单选按钮,用户需要设置恢复区域的存储方式和备份用户与口令。

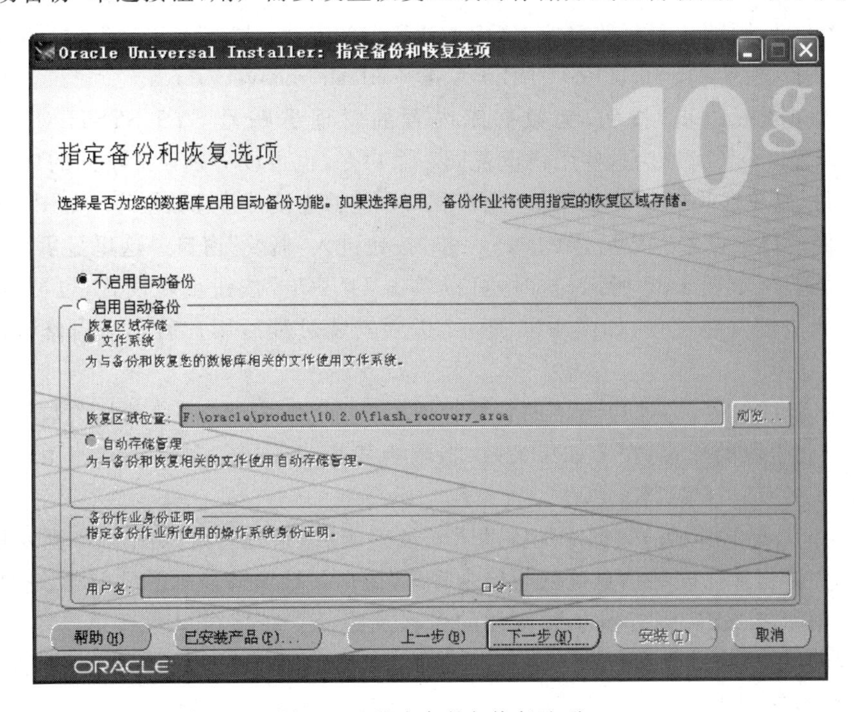

图 1-33　指定备份与恢复选项

在启用自动备份之前，请确保有足够的磁盘空间用于存储备份文件。如果选择配置自动备份，Oracle Enterprise Manager 将安排数据库备份在每天的同一时间进行。默认情况下，备份作业安排在凌晨 2:00 运行。要配置自动备份，必须在磁盘上为备份文件指定名为"快速恢复区"的存储区域。可以将文件系统或自动存储管理磁盘组用于快速恢复区。备份文件所需的磁盘空间取决于您选择的存储机制。一般原则是，必须指定至少有 2GB 磁盘空间的存储位置。

Oracle Enterprise Manager 使用 Oracle Recovery Manager 来执行备份。为了使 Oracle Recovery Manager 能以 SYSDBA 权限连接到数据库，在基于 UNIX 的平台上，必须指定作为 OSDBA 组成员的操作系统用户名和口令；在 Microsoft Windows 上，必须指定作为"管理员"组或 ORA_DBA 组成员的操作系统用户名和口令。

要配置自动备份，请执行以下操作：选择启用自动备份。选择要用于快速恢复区的存储机制：选择文件系统将文件系统目录用于快速恢复区，然后在恢复区位置字段中指定快速恢复区路径。选择自动存储管理将自动存储管理磁盘组用于快速恢复区。指定作为正确的操作系统组成员的用户的用户名和口令。在安装完软件以后，可以使用 Oracle Enterprise Manager Database Control 来修改默认的备份策略，更改快速恢复区或更改备份作业用户名和口令。要使用自动备份功能必须正确地设置环境变量，ORACLE_BASE、ORACLE_HOME。这里 ORACLE_BASE 是 Oracle 产品安装到硬盘上的基本目录，例如，如果 Oracle 安装在硬盘的 F:\oracle\product\10.2.0，则：ORACLE_BASE= F:\oracle\product\10.2.0，ORACLE_HOME=F:\oracle\product\10.2.0\db_1，本教材中我们用"$ORACLE_BASE"和"$ORACLE_HOME"分别表示具体的绝对路径串值。

Oracle Universal Installer 提供的默认快速恢复区的默认目录路径是根据以下情况选定的：在基于 UNIX 的系统上，如果在启动 Oracle Universal Installer 时定义了 ORACLE_BASE 环境变量，则默认目录路径为 $ORACLE_BASE/flash_recovery_area；在 Windows 系统上，默认目录的路径为%ORACLE_BASE%\flash_recovery_area。

(12) 单击"下一步"按钮，为数据库内置的管理员账号 SYS、SYSTEM、SYSMAN、DBSNMP 设置口令。可以为这些用户设置同一个口令，也可以分别设置不同的口令，程序安装完成后可以修改这些口令。使用这些用户和口令能够连接并管理数据库。如图 1-34 所示。

(13) 用户口令设置完成后，单击"下一步"按钮进入"概要"窗口。这里显示了前面设置的所有安装选项，如图 1-35 所示，这时，可以单击"上一步"按钮重新设置，也可以单击"安装"按钮进入自动安装过程，如图 1-36 所示，进入安装过程后用户就不能再修改前面的设置了。

(14) 安装过程中，将对 Oracle 的各种管理工具进行配置，同时启动相关数据库服务及其他组件。此阶段的配置、安装如果失败，将影响某些 Oracle 工具的正常使用。如图 1-37 所示。

(15) 图 1-38 中所示的数据库配置助手安装完成后，系统将进入图 1-39 所示的数据库配置助手之"数据库已安装信息确认与口令管理"窗口。该窗口显示了已创建数据库的相关信息，如数据库名、SID、服务器参数文件的名称及路径。在该窗口中还可以单击"口令管理"按钮，修改用户的口令和状态。注意，建议此处只为将来要使用的用户解锁，否则系统安全性将降低。

Oracle Universal Installer: 指定数据库方案的口令

正在处理 Precompiler Required Support Files 10....

98%

指定数据库方案的口令

启动数据库中包含预加载的方案，这些方案的大多数口令将在安装结束后失效并被锁定。安装完成后必须为要使用的那些账户解锁并设置新口令。有些方案将用于管理数据库和执行其他安装后功能，因此保持解锁状态，并且这些方案的口令不会失效。请指定这些账户的口令。

○ 这些账户都使用不同的口令

用户名	输入口令	确认口令
SYS	******	
SYSTEM		
SYSMAN		
DBSNMP		

◉ 所有的账户都使用同一个口令

输入口令：****** 确认口令：******

帮助(H) 已安装产品(P)... 上一步(B) 下一步(N) 安装(I) 取消

ORACLE

图 1-34 指定数据库方案的口令

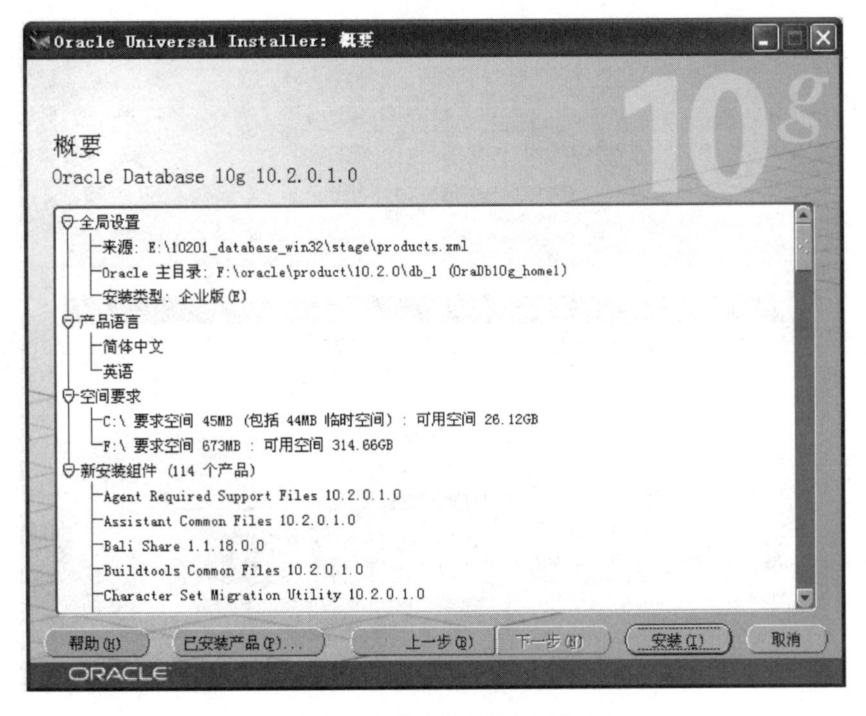

图 1-35 安装前设置的概要信息

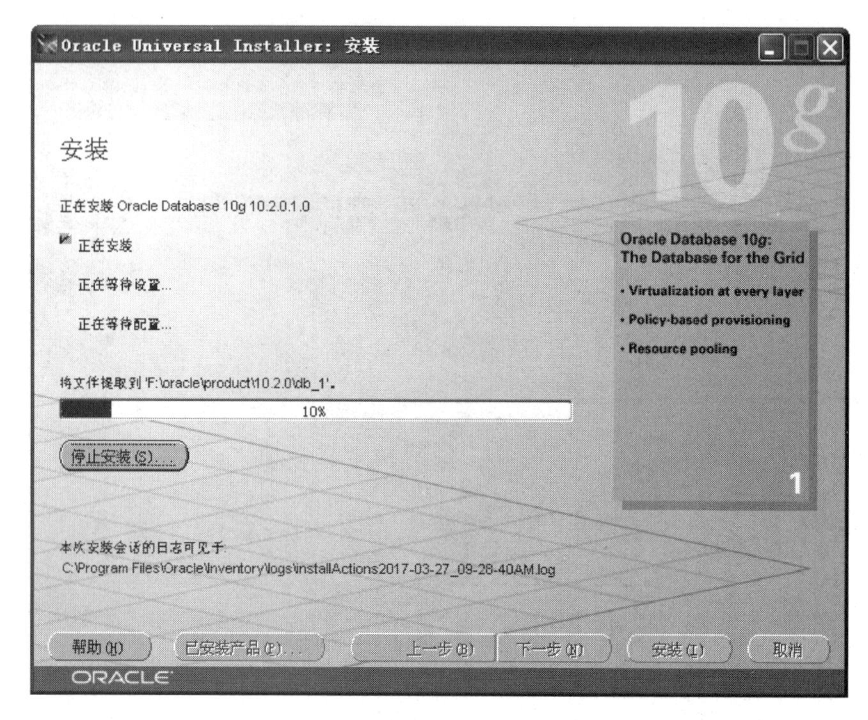

图 1-36　安装过程进行中

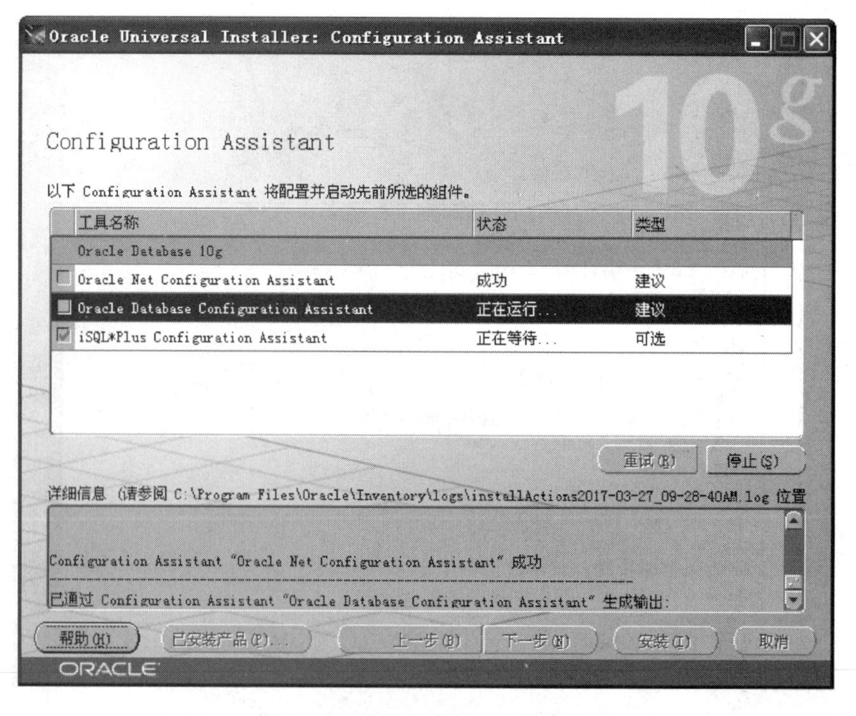

图 1-37　数据库管理工具的配置

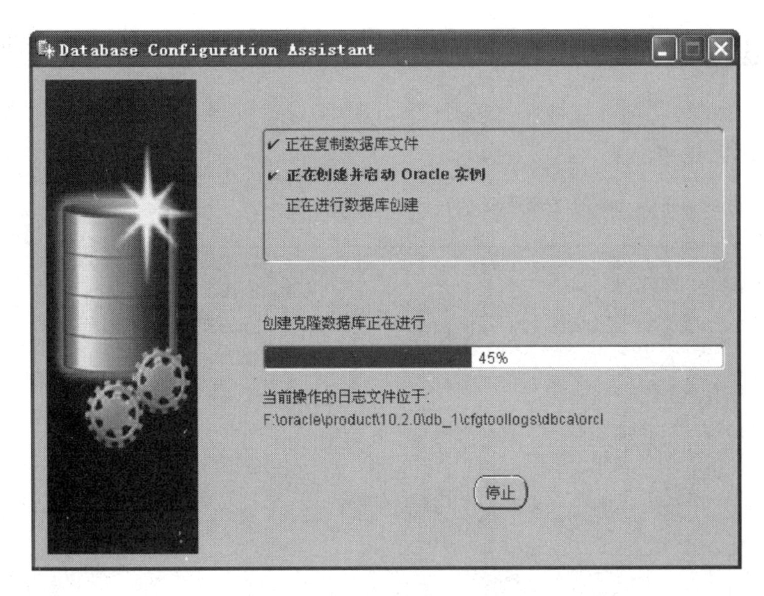

图 1-38　创建数据库

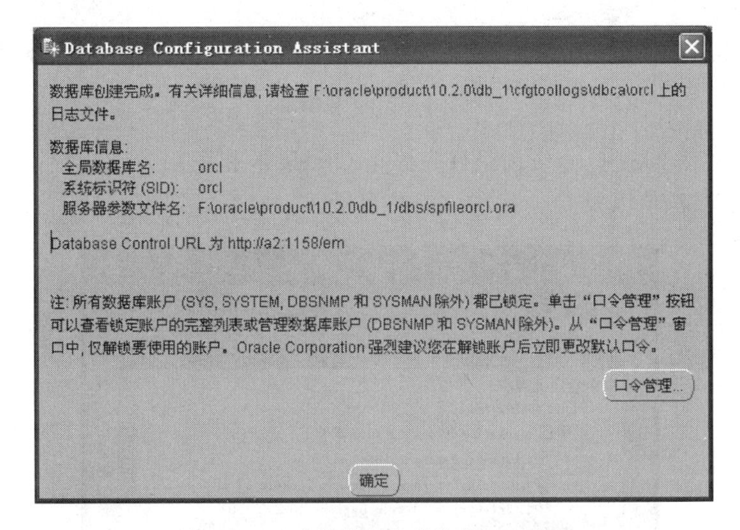

图 1-39　已安装数据库信息与口令管理

(16) 单击“确定”按钮后，程序安装结束，如图 1-40 所示。该图中列出了多个 Oracle 数据库管理和应用工具的 URL 地址。最好对这些地址进行备份保存，特别是以后经常使用的企业管理器 OEM 和 iSQL * Plus 工具的地址。

1.5.3　检验安装是否成功

Oracle 安装完成后，用户可以使用以下几种方法检验本次安装是否成功。

1. 查看已安装的产品

打开 Oracle 安装源程序包，再次运行 setup. exe 文件，点击“高级安装”后，将出现图 1-26 所示的窗口，在该窗口中单击“已安装产品”按钮，将弹出一个窗口在其中显示所有已安装的 Oracle 产品，也可以在图 1-41 中选中某些不需要的 Oracle 主目录，单击“删除”按钮卸载

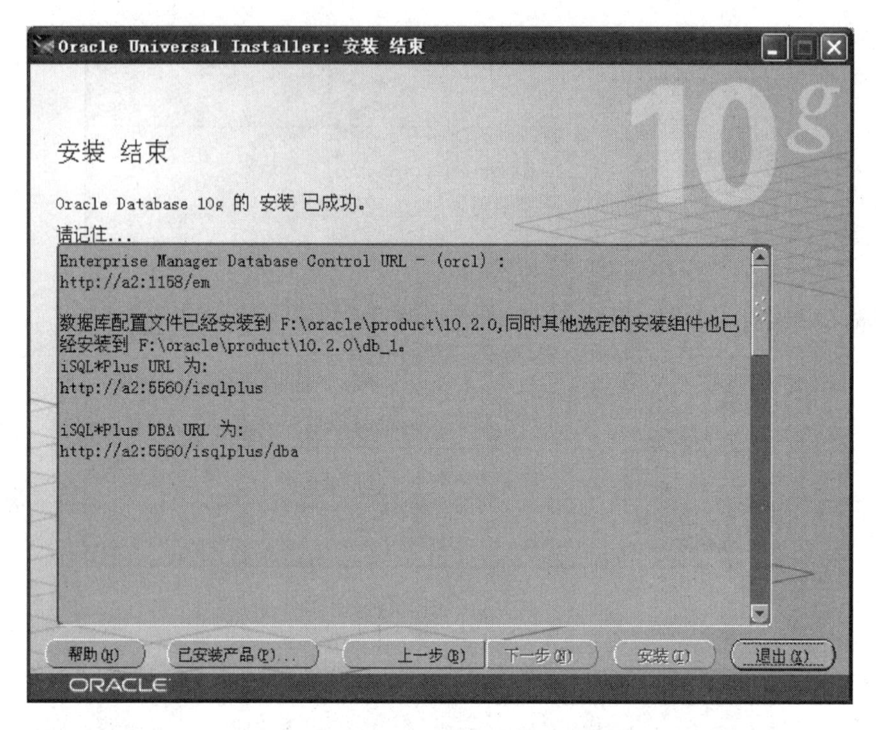

图 1-40　安装结束

Oracle 产品。注意，卸载 Oracle 前最好先停止 Oracle 的相关服务，卸载后手动删除注册表中 Oracle 的相关键、值以及 Oracle 的主安装目录。

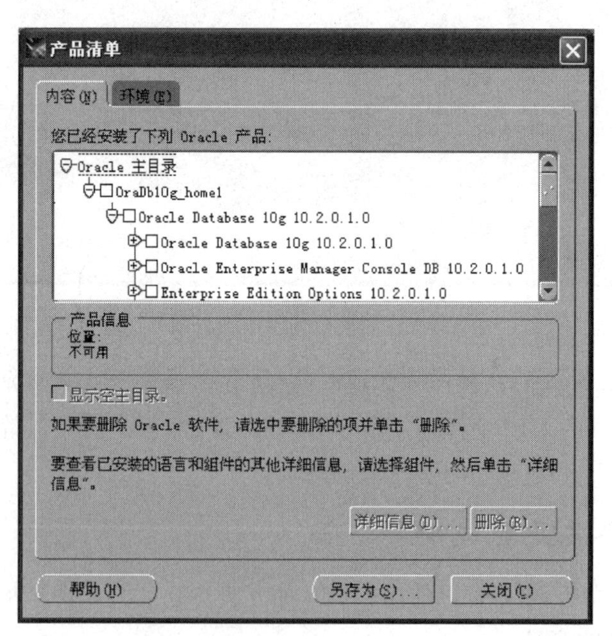

图 1-41　查看已安装的 Oracle 产品

2. 查看程序组

Oracle 安装成功后将在开始菜单的程序中进行注册，具体操作是：单击“开始”→“程序”→Oracle-OraDb10g_home1，其中 Oracle-OraDb10g_home1 是安装时给定的 Oracle 主目录名，其前缀“Oracle-”不变，其后的字符串可能变化，如图 1-42 所示。

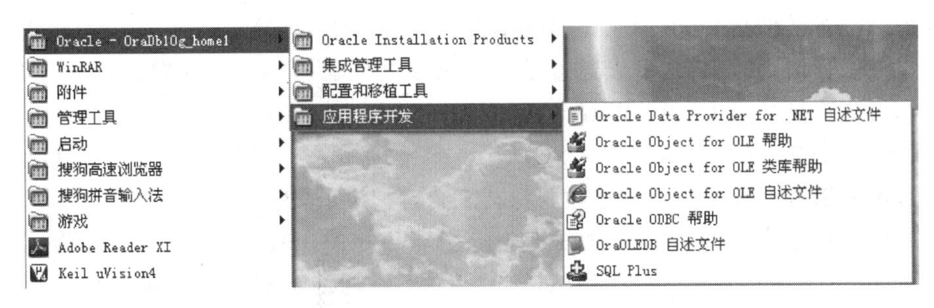

图 1-42　在程序组中查看已安装的 Oracle 产品

3. 查看服务

Oracle 安装成功后，一些以 Oracle 字样开头的相关服务被写入“服务”窗口中。单击“开始”→“控制面板”→“管理工具”→“服务”即可打开“服务”窗口，从中找到相关 Oracle 为前缀的服务名，如图 1-43 所示。

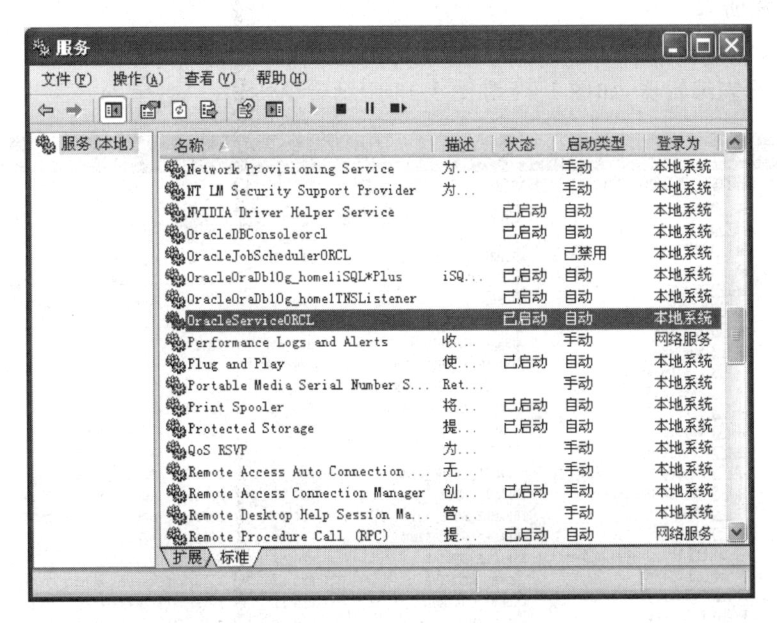

图 1-43　在服务窗口中查看已安装的 Oracle 产品

用户可以在该窗口中启动/停止某些服务，也可以更改某项服务的启动方式。当 Oracle 安装成功后一些必要的服务将被启动。Oracle 服务启动后会占用很多资源而影响计算机的运行速度，因此可以将这些服务设置为“手动”启动方式，只有在使用时才启动它们(特别是一机多用的教学用计算机)。

常用的 Oracle 服务如下：

- OracleService<数据库的 SID>：数据库实例服务，是 Oracle 的重要服务，所有对数据库的管理和应用操作都由它支持。因此，如果该服务没有启动，那么将无法访问数据库。

- Oracle<Oracle 主目录名称>TNSListener：数据库监听服务，负责监听来自客户机对服务器的请求。若该服务没有启动，那么客户机将无法连接并访问服务器。该服务的配置文件是$ORACLE_HOME\NETWORK\ADMIN\listener.ora 文件。如果该服务启动时出错，可以通过手工编辑该文件的内容重新配置监听，也可以使用图形化工具“Net Configuration Assistant”进行监听器的配置。
- Oracle<Oracle 主目录名称>iSQL * Plus：数据库查询分析服务（Oracle 11g 及以后版本取消该服务了），负责接收并执行来自客户端的 SQL 命令与 PL/SQL 程序。如果这个服务没有启动，将无法使用基于 Web 的 iSQL * Plus 工具（如，http://localhost:5560/isqlplus）。当然，该服务并不影响基于 C/S 结构的其他客户端程序 SQL * Plus 工具的使用。
- OracleDBConsole<数据库的 SID>：数据库控制台服务，负责接收并处理来自客户机对数据库的各项管理工作。该服务将影响基于 Web 的 OEM 工具的使用，如果该服务没启动则以 B/S 模式管理数据库服务器，类似于 http://localhost:1158/em 的网页无法打开。

4. 查看注册表

Oracle 安装后，将在注册表中写入一些键值信息。单击“开始”→“运行”，输入 regedit 命令，打开注册表编辑器，如图 1-44 和图 1-45 所示。

图 1-44　注册表 HKEY_LOCAL_MACHINE\SOFTWARE\ORACLE 中的相关项

HKEY_LOCAL_MACHINE\SOFTWARE\ORACLE，记录着主目录和控制台等相关信息。HKEY_LOCAL_MACHINE\SYSTEM\ControlSet001、ControlSet002 或 ControlSet00n 下一级的 Services 键中记录着机器备份的目前或最近一次成功启动时的服务列表项，如果 Oracle 安装成功，它的服务名也在此有记录。

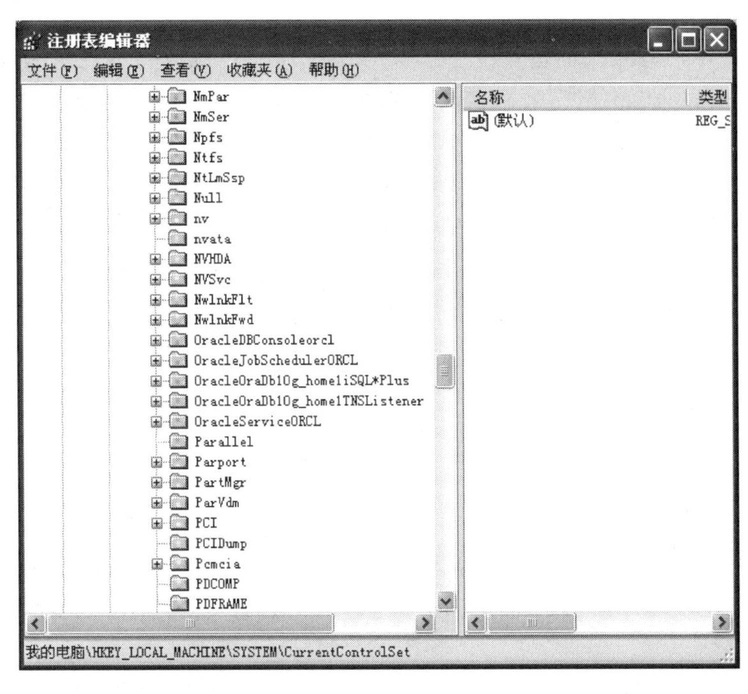

图 1-45　注册表 HKEY_LOCAL_MACHINE\SYSTEM 中的相关项

同时在 HKEY_LOCAL_MACHINE\SYSTEM\CurrentControlSet 中记录了机器当前启动时的服务列表项，这决定着“服务”窗口中的服务列表项的内容。

如果多次安装 Oracle，在这里将出现许多无用的键值信息，若不删除可能会影响新的安装，在“服务”窗口的列表中也会有许多无用的服务项。因此，必要时可以将这些无用的键值删除。当首次安装 Oracle 失败后，再次安装之前最好先清理注册表中的与 Oracle 有关的注册项。

5. 尝试运行 Oracle 工具

对于初学者来说，检查 Oracle 是否已成功安装的最简单方法是启动一些 Oracle 的常用工具，看是否能够正常使用，如果不能够正常使用可以利用上面的几种方法检查问题出在哪里。例如，单击“开始”→“程序”→“Oracle 主目录”→Application Development→SQL Plus。登录时可以使用 SYSTEM 用户和创建数据库时给出的密码，主机字符串可以为空，也可以输入前面给出的数据库 SID，初次安装时默认为 orcl。当然，主机字符串和数据库的 SID 名称相同，但是意义不同，关于这些内容，后面章节将详细介绍。

在 Oracle 数据库的一些版本中，可以在操作系统命令提示符下直接输入 sqlplus，回答用户名、密码后登录进入 SQLPLUS 工作窗口。

1.5.4　Oracle 数据库的默认用户

在 Oracle 数据库中，通过用户、权限或角色来保证数据库的安全性，因此连接和操作数据库前必须拥有连接和操作数据库的权限。对于新创建的数据库，系统自动创建了几个默认用户，这些用户都拥有一定的访问权限，可以利用后面 1.6 节介绍的几种 Oracle 工具连接并操作数据库。系统自动创建的默认用户包括以下几个(管理数据库使用最频繁的是

SYS 和 SYSTEM 用户)：

- SYS：该用户被默认创建并授予 DBA 角色，它是 Oracle 数据库中权限最大的管理员账号。数据库中所有数据字典的基本表和视图都被存储在 SYS 的方案中，这些基本表和视图对于 Oracle 数据库的操作非常重要。为了维护数据字典的正确性和完整性，SYS 方案中的表只能由系统维护，不能被任何用户或数据库管理员修改，而且任何用户不能在 SYS 方案中创建表。
- SYSTEM：该用户被默认创建并授予 DBA 角色，权限仅次于 SYS。它用来创建和管理数据库中可显示管理信息的表或视图，以及被 Oracle 数据库应用和工具使用的各种数据库对象。
- SYSMAN：该用户是企业管理的超级管理员账号，该账号能够创建和修改其他管理员账号，同时也能管理数据库实例。
- DBSNMP：这是 Oracle 数据库中用于智能代理(Intelligent Agent)的用户，用来监控和管理数据库相关性能。

这些用户的初始密码是在创建数据库时设置的。为了进一步保证数据库的安全，可以在登录后修改密码，或者在创建新用户时分配合适的权限，尽量少用这些默认用户登录数据库。

- SCOTT：这是 Oracle 数据库中的供实验用的样例用户，其中的数据表是学习 Oracle 数据库的理想数据源。

1.6 Oracle 系统配置与客户端工具

1.6.1 数据库配置助手

数据库配置助手(DataBase Configuration Assistant，DBCA)是 Oracle 提供的一种图形化管理工具，能够创建数据库、配置数据库选项、删除数据库和管理数据库模板，它提供的向导机制大大降低了操作的难度。当启动此程序后，会出现如图 1-46 所示的界面。

Oracle 建议在执行图 1-46 所示的这些任务之前，先关闭其他应用程序。

1. 创建数据库

选择此选项将指导您完成创建新数据库或模板的步骤。选择模板时，既可以选择定制的数据库模板，也可以选择带有数据文件的模板。如果选择定制的数据库模板(不带数据文件)，则可以将数据库创建信息保存为脚本，以后可以使用此脚本来创建类似的数据库。

2. 配置数据库选项

选择此选项将指导您完成将配置从专用服务器更改为共享服务器的步骤，还可以添加以前没有为您的数据库配置的数据库选项。

3. 删除数据库

选择此选项将删除与所选数据库关联的所有文件。

4. 管理模板

选择此选项将指导您完成创建和管理数据库模板的步骤。数据库模板将数据库定义以 XML 文件格式保存到您的本地硬盘，从而节省时间。数据库配置助手提供了几种预定义

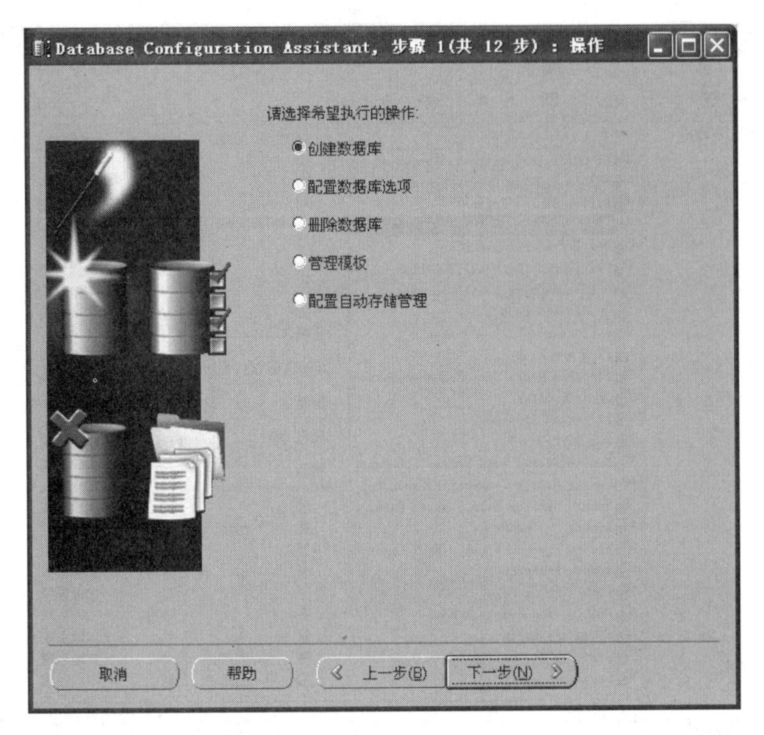

图 1-46　数据库配置助手

的模板,您可以使用这些模板创建数据库。

如果选择“管理模板”选项,则可使用三种方法创建模板:从现有模板创建;从现有数据库(仅限结构)创建;从现有数据库(结构及数据)创建。

用户有两种方法启动 DBCA 工具:

方法一:单击“开始”→“运行”,输入命令 DBCA (注:在此不需要输入命令的路径,系统安装时已经建立了有关 Oracle 命令的环境变量)。

方法二:单击“开始”→“程序”→“Oracle-< Oracle 主目录名称>”→Configuration and Migration Tools→Database Configuration Assistant。

1.6.2　Oracle 企业管理器(OEM)

Oracle 10g 中增加了基于 Web 技术的数据库管理工具,Oracle Enterprise Manager (OEM)。数据库管理员使用该工具以了解数据库的结构和性能、启动和关闭数据库实例、管理各种数据库对象、维护数据库等。

使用该工具要先启动 OracleDBConaole <数据库的 SID >服务,若该服务没有启动则 OEM 工具无法使用,启动或停止该服务有两种方法:

方法一:在“服务”窗口中选中该服务名,右击,在快捷菜单中选择“启动”,或者单击工具栏上的“▶”按钮,都可以启动该服务;选择快捷菜单中的“停止”或工具栏上的“■”按钮就可以停止服务。如图 1-47 所示。

方法二:在 DOS 环境下执行 emctl start→stop dbconsole 命令启动或停止 OracleDBConsole <数据库的 SID >服务。这种方法的好处是,如果服务不能正常启动,它能够给出错误提示

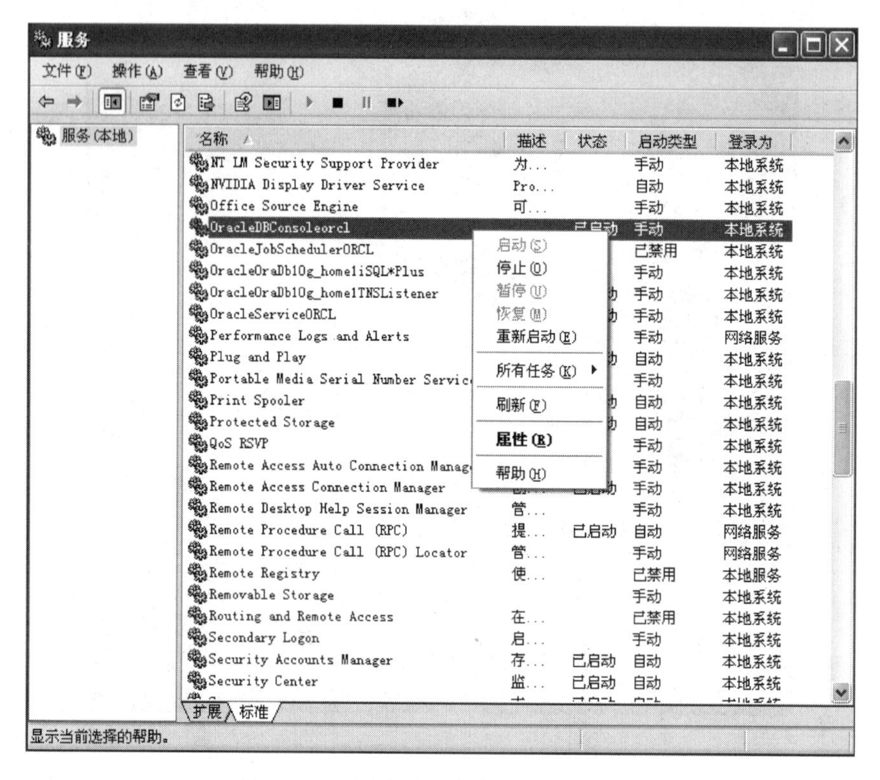

图 1-47 在服务窗口中启动或停止服务

信息。需要注意的是,OracleDBConsole<数据库的 SID>服务是作用于某一个数据库实例的,而 emctl start→stop dbconsole 命令中并未要求提供数据库 SID,因此该命令只是启动环境变量中指定的当前数据库实例。

在 Windows 操作系统下,指定当前数据库实例的方法有两种方法:

方法一:在 DOS 环境下运行 set 命令设置当前数据库 SID,格式为:

```
SET ORACLE_SID = 指定的数据库 SID。如,设置当前数据库的 SID 是 orcl,命令是:
SSET   ORACLE_SID = orcl
```

这种方式指定的数据库 SID 是临时性的,关闭 DOS 窗口后不再起作用。

方法二:在系统环境变量中指定当前数据库 SID,这种方式指定的数据库 SID 是永久性的,具体操作如下:

(1) 在桌面上右击“我的电脑”图标,在快捷菜单中选择“属性”,进入“系统属性”对话框,单击“高级”选项卡,如图 1-48 所示。

(2) 单击“高级”选项卡中的“环境变量”按钮,进入“环境变量”对话框,如图 1-49 所示。

(3) 单击“新建”按钮,出现如图 1-50 所示的对话框。在“变量名”输入框中输入 ORACLE_SID,“变量值”输入框中输入要指定的数据库的 SID,例如:orcl。最后单击“确定”按钮。

利用上面两种方法都可以指定当前操作的数据库的 SID 值,然后进入 DOS 环境执行下面命令:emctl start dbconsole,就可以启动 OracleDBConsole<数据库的 SID>服务了,如图 1-51 所示。

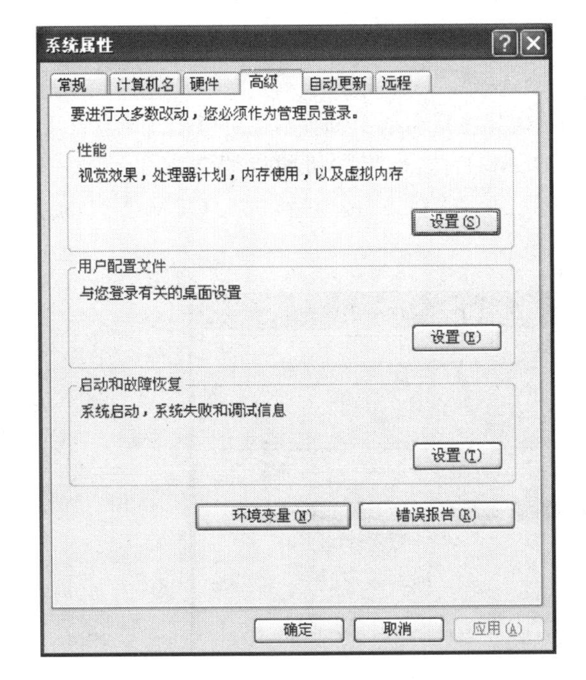

图 1-48 “系统属性”对话框

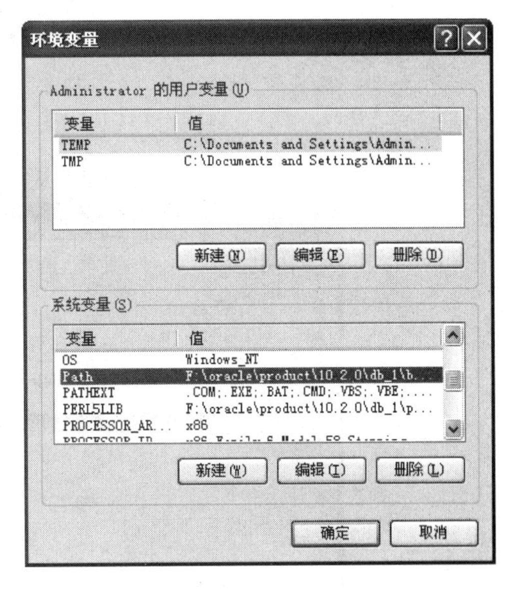

图 1-49 “环境变量”对话框

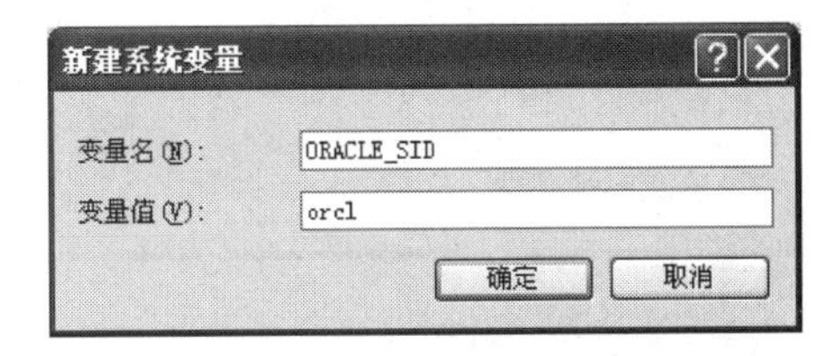

图 1-50 “新建系统变量”对话框

图 1-51 emctl start dbconsole 启动控制台服务

OracleDBConsole <数据库的 SID>服务启动后，用户在客户端机器上输入 OEM 工具的 URL 地址，就可以打开并使用数据库管理工具了。该工具的地址格式如下：

```
http://主机名:端口号/em  或者  http://主机 IP 地址:端口号/em
```

其中端口号如图 1-40 中的提示信息所示,默认为 1158。

如果访问本机的 OEM 工具可以用 localhost 代替主机名或 IP 地址,也可以用 127.0.0.1。

例 1.1 使用 system 用户登录到本机的 OEM 工具,如果本机的机器名为 a2,则输入下面 URL: http://a2:1158/em,如图 1-52 所示。单击“登录”按钮后,进入 OEM 工具的主界面,如图 1-53 和图 1-54 所示。

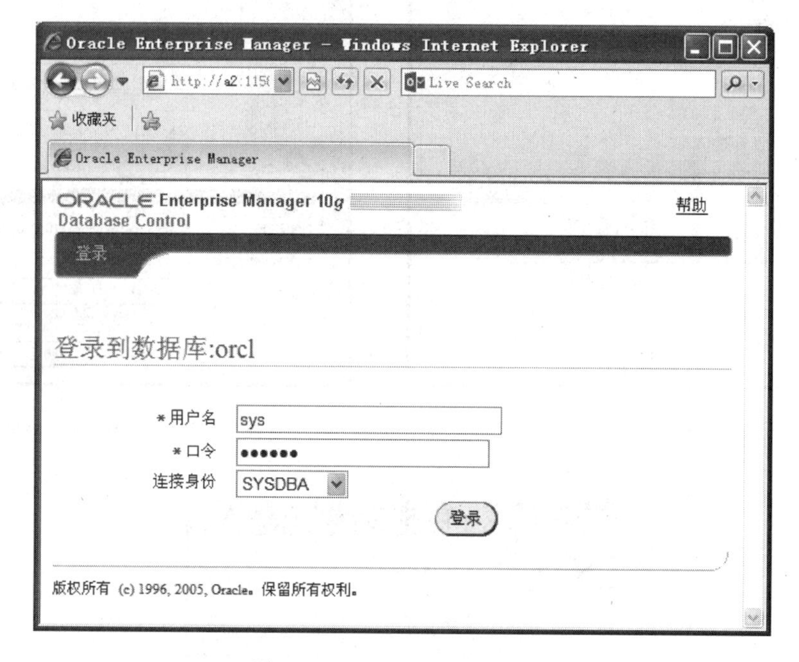

图 1-52 OEM 工具登录界面

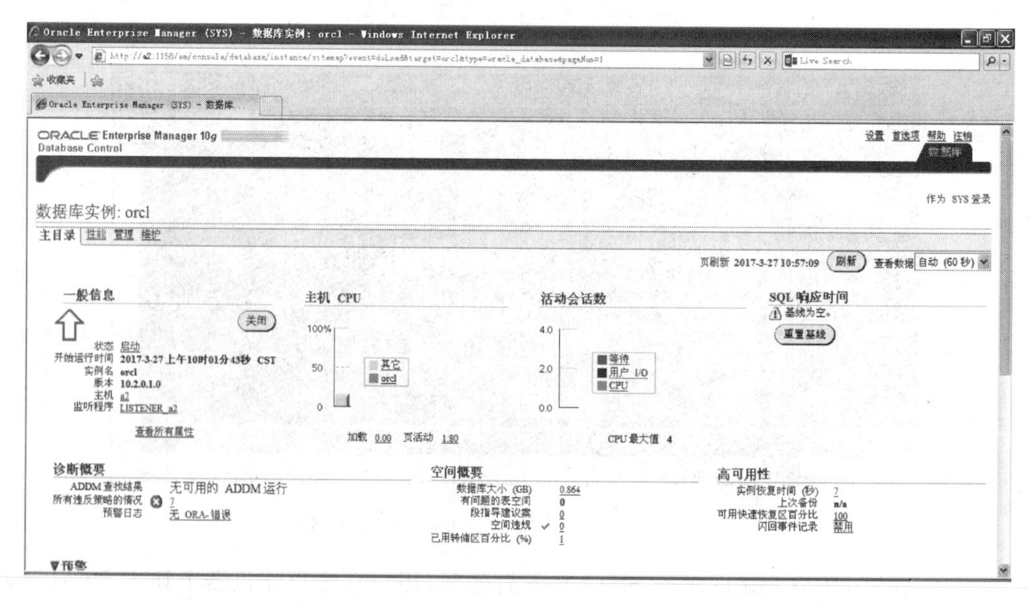

图 1-53 OEM 工具的主目录界面

图 1-54　OEM 工具的管理界面

该工具中包括四个选项卡："主目录"选项卡中描述了数据库的当前状态、结构，还允许 DBA 执行数据库的启动和关闭操作；"性能"选项卡可以监视数据库的各项性能指标；"管理"选项卡中允许用户执行各种数据库对象的管理工作，使用最频繁；"维护"选项卡为数据库高级管理人员提供了对数据库的日常维护功能，如备份和恢复数据库、导入和导出数据库等。

1.6.3　SQL * Plus 与 iSQL * Plus

SQL * Plus 是 Oracle 公司提供的一个客户端应用开发工具，可以编写、调试和执行 SQL 命令或 PL/SQL 程序，还可以执行某些数据库的管理工作。Oracle 10g 之前是 C/S 结构的客户端应用程序，Oracle 10g 增加了基于 B/S 结构的 Web 应用程序，所以该工具有两种形式，它们分别是 SQL * Plus 与 iSQL * Plus。SQL * Plus 分为视窗环境(sqlplusw. exe)和操作系统命令行(sqlplus. exe)两种形式，从 Oracle 11g 开始命令行级 SQL * Plus 将持续被支持，iSQL * Plus、sqlplusw 已被废弃。

1. SQL * Plus 工具的使用

方法一：单击"开始"→"程序"→"Oracle-< Oracle 主目录名称>"→Application Development→SQL Plus 进入 Windows 环境下的图形窗口，如图 1-55 所示。

在 SQL 提示符下可以输入 SQL 命令或 PL/SQL 程序。而且该窗口的"选项"菜单下的"环境"菜单项中还提供了对 SQL * Plus 执行环境的设置，如每行显示的字符数、是否自动提交等。

方法二：单击"开始"→"运行"，输入 cmd 命令，进入 DOS 环境下执行 SQLPLUS 命令，这样也可以打开 SQL * Plus 工具。SQLPLUS 命令的使用格式如下：

```
SQLPLUS [用户名]/[密码][@主机字符串][AS SYSDBA | SYSOPBR]
SOLPLUS 用户名/密码 @主机名|主机 IP 地址:端口号/数据库实例 [AS SYSDBA|SYSOPER]
```

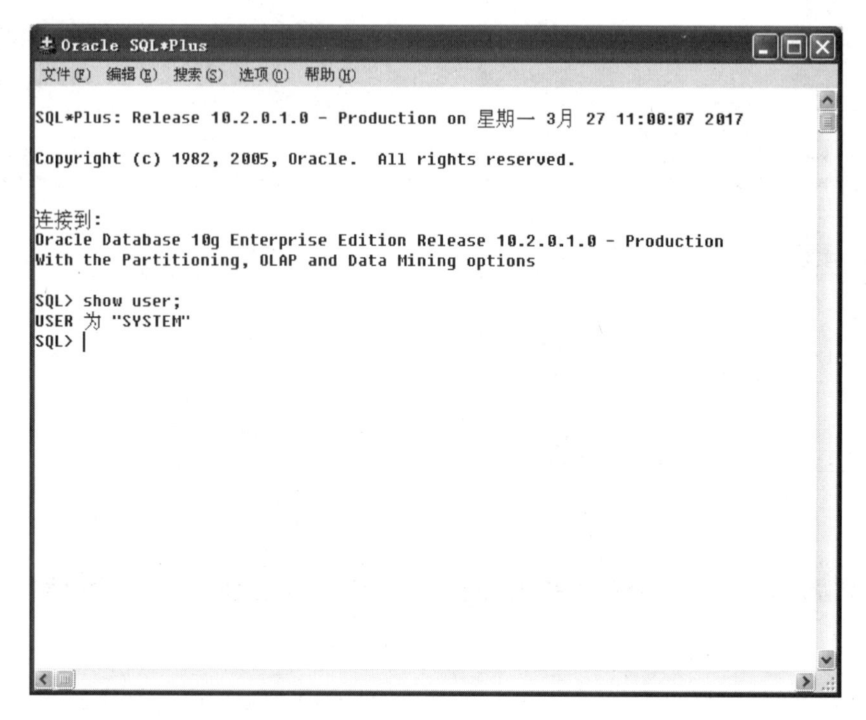

图 1-55 Windows 环境下的 SQL * Plus 工作窗口

操作系统命令行方式的 SQLPLUS 作为一种客户端工具在各个 Oracle 数据库版本中，均得到很好的支持。其中各参数的意义如下：

- 用户名：是指具有连接数据库权限或 CONNECT 角色的合法数据库账号。
- 密码：是指该用户连接数据库的口令。
- 主机字符串：是指要连接的数据库服务的详细定义。包括连接协议、主机名、端口号、服务名等。该字符串在 $ORACLE_HOME\NETWORK\ADMIN\tnsnames.ora 文件里有定义，默认为 orcl。详细内容参见本书 2.4 节。
- AS SYSDBA | SYSOPER：是指以 SYSDBA 或 SYSOPER 特权登录。SYSDBA 和 SYSOPER 是 Oracle 数据库的超级用户权限，即使数据库没有打开，Oracle 也允许具有这两种特权的用户登录实例。SYSDBA 是 Oracle 中级别最高的权限，可以执行启动数据库、关闭数据库、建立数据库备份和恢复数据库，以及其他的数据库管理操作。SYSOPER 是 Oracle 数据库的另一个特权，可以执行启动数据库和关闭数据库，不能建立数据库，也不能执行不完全恢复，可以进行一些基本的操作而不能查看用户数据，不具备 DBA 角色的任何特权。

特别要说明的是，用户以 SYSDBA 或 SYSOPER 特权登录数据库时，用户登录到指定的方案中，而不是用户自己的方案。以 SYSDBA 特权登录到 sys 方案中，以 SYSOPER 特权登录到 public 方案中。如，用户 erpuser 以下面的方式登录数据库并创建数据表 table1，代码如下：

```
SQLPLUS erpuser/a12345 AS SYSDBA;
CREATE TABLE table1 (uid NUMBER (4),name varchar2(30));
```

此时表 table1 属于方案 sys，而不属于方案 erpuser。

下面的例子给出了用户在 DOS 操作系统环境下使用 SQLPLUS 命令，分别使用 system 用户和 sys 用户登录数据库的代码，其中以 sys 用户登录时必须指定连接特权 SYSDBA 或 SYSOPER，而以 system 登录可以不指定特权（操作系统命令方式下的 SQLPLUS 各版本都支持）。

例 1.2 以 system 用户登录数据库，如图 1-56 所示。

```
SQLPLUS system/a12345
SQLPLUS system/a12345@orcl
```

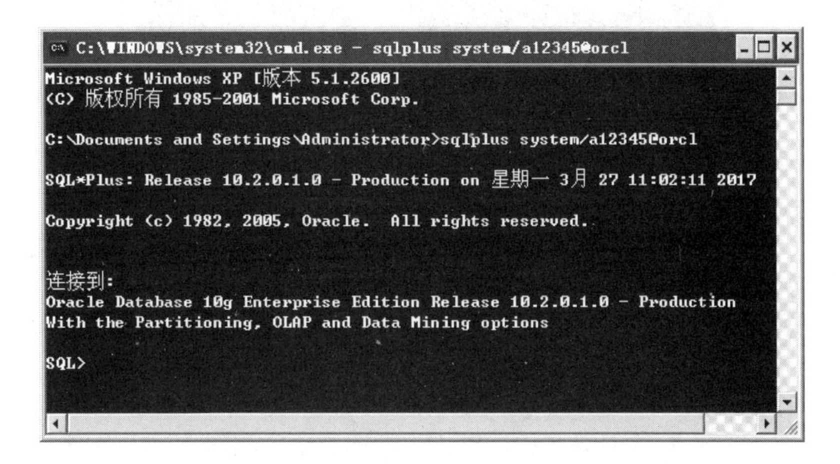

图 1-56　DOS 环境下的 SQL * Plus 窗口

例 1.3 以 sys 用户登录数据库。

```
SQLPLUS sys/a12345 AS SYSDBA | SQLPLUS sys/a12345 @orcl AS SYSOPER
```

例 1.4 不使用已定义的主机字符串，直接指定要连接的主机名、端口号和数据库实例。

```
SQLPLUS system/a12345@ localhost :1521/orcl
```

在 SQL * Plus 的提示符下输入 EXIT/QUIT 命令可以退出该运行环境，返回 DOS 或 Windows 操作系统。如果希望不退出 SQL * Plus 的开发环境，并且想要切换到其他的用户该怎么办呢？这时，可以使用另一个连接数据库的命令 CONNECT 命令（可用前 4 个字符的缩写 CONN），该命令的格式与 SQLPLUS 命令的格式相同，但二者的运行环境不同：SQLPLUS 命令在 DOS 环境下运行，CONNECT 命令在 SQL * Plus 环境下运行（SQL >提示符）。

例 1.5 在 SQL * Plus 环境下，使用 CONNECT 命令将当前用户分别切换到 system 用户和 sys 用户。

```
CONNECT system/a12345@ orcl
CONNECT sys/a12345@ orcl as sysdba
```

2. iSQL * Plus 工具的使用

iSQL * Plus 是一种基于 Web 技术的 SQL * Plus 工具，在客户端机器上直接输入它的

URL 地址就可以使用该工具，但要保证服务 Oracle <Oracle 主目录名称> iSQL * Plus 已启动。启动或停止服务有两种方法：

方法一：在"服务"窗口中启动或停止该服务，具体操作与 OracleDBConsole <数据库的 SID >服务相同。

方法二：在 DOS 环境下执行 isqlplusctl start→stop 命令也可以启动或停止服务，如图 1-57 所示。

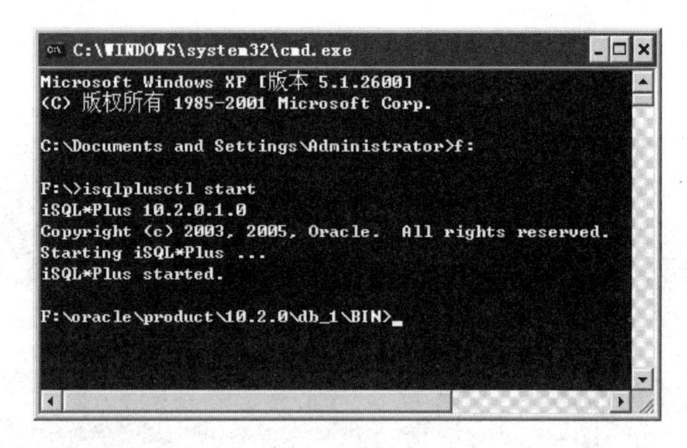

图 1-57　以命令方式启动 iSQL * Plus 相关服务

要注意的是在有些版本中，Oracle 并不支持 iSQL * Plus，建议使用 SQL * Plus。

服务 Oracle <Oracle 主目录名称> iSQL * Plus 启动后，用户就可以在客户端机器上输入 iSQL * Plus 工具的 URL 地址来操作数据库了。该工具的地址格式如下：

```
http://主机名:端口号/isqlplus
http://主机 IP 地址:端口号/isqlplus
```

其中默认的端口号为 5560，见图 1-39 所示的安装结束提示窗口。如果要访问本机的 iSQL * Pluse 工具，可以用 localhost 代替主机名或 IP 地址。

例 1.6　使用 system 用户登录到本机的 iSQL * Plus 工具 http://localhost:5560/isqlplus，如图 1-58 和图 1-59 所示。

1.6.4　网络配置助手

网络配置助手(Net Configuration Assistant, NETCA)是 Oracle 提供的一种专门管理与配置网络环境的图形化工具。主要对监听程序、命名方法、本地 NET 服务、目录等进行管理。特别是当监听服务(OracleOraDb10g_home1TNSListener)失效时，经常使用该工具对监听程序重新配置或创建新的监听程序，如图 1-60 所示。

用户有两种方法启动 NETCA 工具：

方法一：单击"开始"→"运行"，输入 NETCA 命令。

方法二：单击"开始"→"程序"→"Oracle－< Oracle 主目录名称>"→"配置和移植工具"→Net Configuration Assistant。

例如，如果要配置连接主机的字符串，可通过配置"本地 Net 服务名"进行配置。配置完成后 NETCA 将在 D:\oracle\product\10.2.0\db_1\NETWORK\ADMIN\tnsnames.

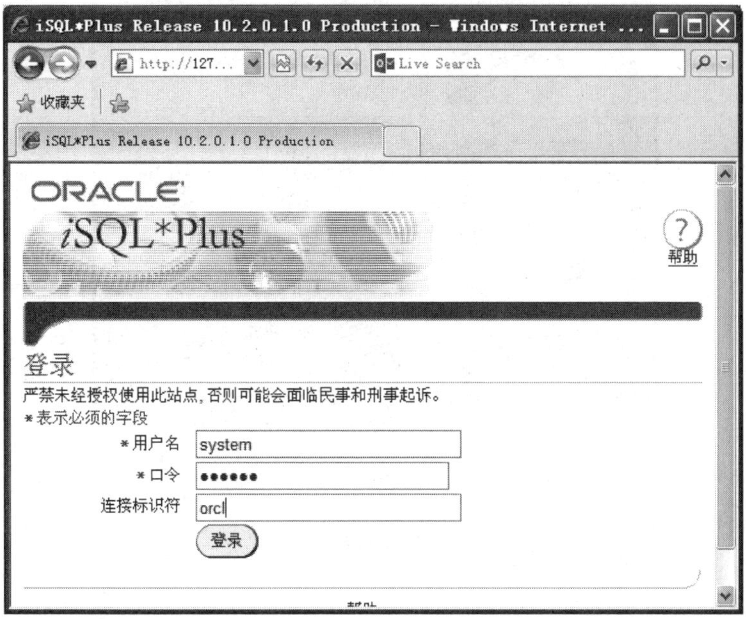

iSQL*Plus Release 10.2.0.1.0 Production - Windows Internet ...

http://127...

Live Search

收藏夹

iSQL*Plus Release 10.2.0.1.0 Production

ORACLE

iSQL*Plus

帮助

登录

严禁未经授权使用此站点，否则可能会面临民事和刑事起诉。

＊表示必须的字段

＊用户名 system

＊口令 ●●●●●●

连接标识符 orcl

登录

图 1-58　iSQL＊Plus 登录窗口

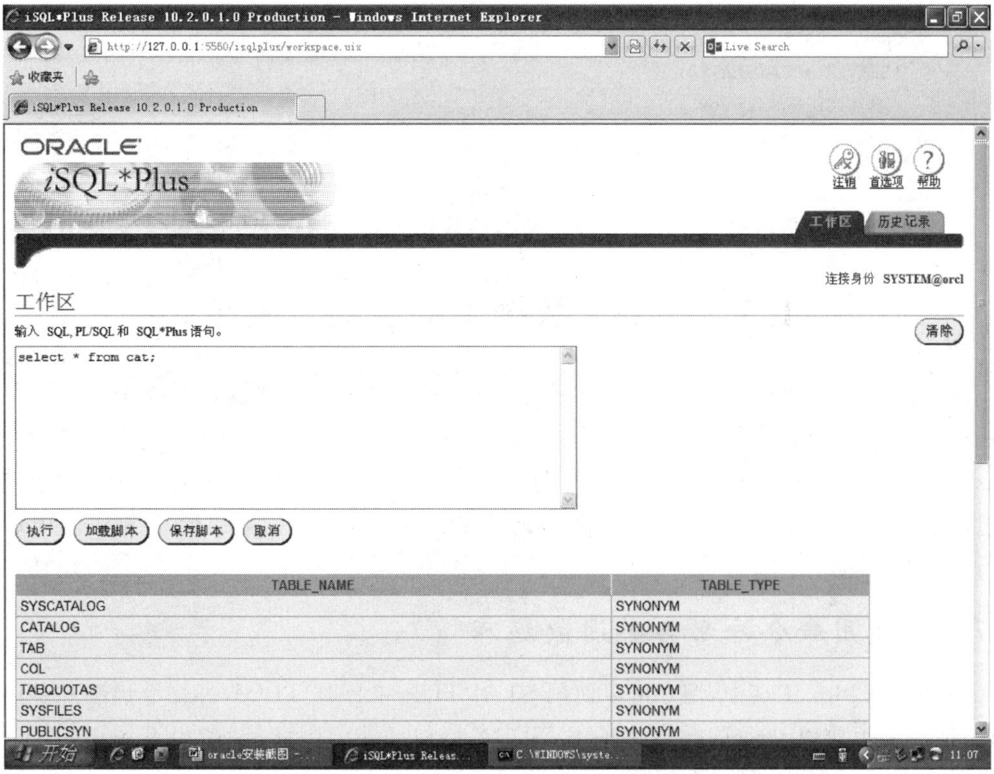

iSQL*Plus Release 10.2.0.1.0 Production - Windows Internet Explorer

http://127.0.0.1:5560/isqlplus/workspace.uix

Live Search

收藏夹

iSQL*Plus Release 10.2.0.1.0 Production

ORACLE

iSQL*Plus

注销　首选项　帮助

工作区　历史记录

连接身份 SYSTEM@orcl

工作区

输入 SQL, PL/SQL 和 SQL*Plus 语句。

清除

```
select * from cat;
```

执行　加载脚本　保存脚本　取消

TABLE_NAME	TABLE_TYPE
SYSCATALOG	SYNONYM
CATALOG	SYNONYM
TAB	SYNONYM
COL	SYNONYM
TABQUOTAS	SYNONYM
SYSFILES	SYNONYM
PUBLICSYN	SYNONYM

开始　oracle安装截图 -...　iSQL*Plus Releas...　C:\WINDOWS\syste...　11:07

图 1-59　iSQL＊Plus 脚本执行与展示窗口

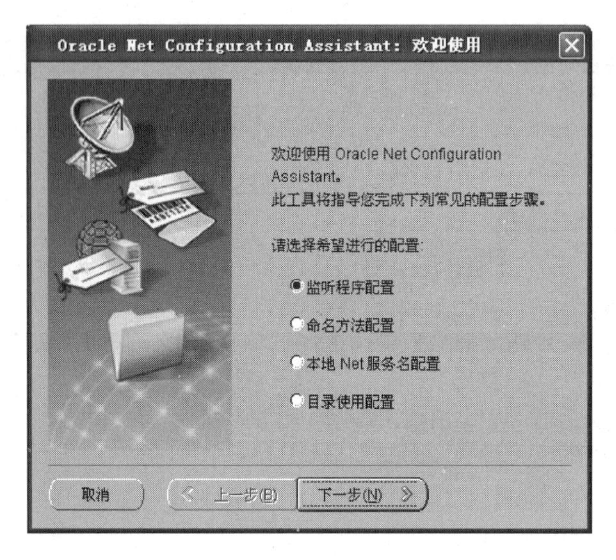

图 1-60　Oracle 网络配置助手

ora 文件中写入下列描述片段：

```
ORCL =
  (DESCRIPTION =
    (ADDRESS = (PROTOCOL = TCP)(HOST = A2)(PORT = 1521))
    (CONNECT_DATA =
      (SERVER = DEDICATED)
      (SERVICE_NAME = orcl)
    )
  )
```

其中 ORCL 就是主机连接字符串，它和本地数据库实例服务名 orcl 的含义是不同的。

1.7　Oracle 数据库的启动与关闭

Oracle 8i 之前，DBA 启动和关闭 Oracle 数据库最常用的方式就是在命令行方式下的 Server Manager。但 Oracle 8i 以后，系统将 Server Manager 的所有功能都集中到了 SQL * Plus 中，可以直接通过 SQL * Plus 工具完成数据库的启动与关闭。在 Oracle 10g 中也可以通过图形化工具、企业管理器（OEM）来完成系统的启动和关闭。建议使用 SQL * Plus 命令行启动、关闭数据库。

1.7.1　使用命令启动与关闭数据库

在 SQL * Plus 工具中，用户可以使用 STARTUP 和 SHUTDOWN 命令启动和关闭数据库，但需要用户以 Oracle 数据库的 SYSDBA 特权登录。因此，一般由系统用户 sys 以 SYSDBA 的特权登录，进行数据的启动与关闭。

启动 Oracle 数据库主要包括三个阶段：首先，启动一个 Oracle 实例；其次，实例启动后，Oracle 将此实例与指定的数据库建立起关系，也就是由该实例安装（或称为挂载 mount）

数据库，只打开控制文件；最后是打开数据库阶段(包括打开数据文件和重做日志文件)已挂载的数据库可以被打开(open)，供授权用户访问。

1. 用 STARTUP 命令启动数据库

该命令可带上不同的选项，完成不同的启动阶段，具体格式是：

```
STARTUP [NOMOUNT | MOUNT | OPEN] [ pfile = <初始化参数文件路径>]
```

其中各参数的意义如下：

• pfile：指出创建 Oracle 实例需要的初始化参数文件及路径，该参数可省略。

初始化参数文件位于：＄ORACLE_BASE\admin\pfilc\<数据库服务名>\init.ora.nnnnn 文件。该文件定义了 Oracle 实例的配置，包括内存结构的大小、启动后台进程的数量和类型、数据块的设置、缓冲池的大小、游标打开数量等。

• NOMOUNT：表示只启动一个 Oracle 实例。

系统通过读取 pfile 参数指定的初始化参数文件来启动 Oracle 实例。在这种方式下，只完成了数据库启动的第一个阶段，因此，用户不能访问数据库。

• MOUNT：启动一个 Oracle 实例并打开控制文件。

系统首先启动 Oracle 实例，然后读取控制文件中的内容，但并不打开数据文件和重做日志文件。在这种方式下，完成了数据库启动的前两个阶段，因此，用户不能访问数据库中的数据，但可以对数据库执行维护操作，如对数据文件的更名、改变重做日志文件或归档方式等。

• OPEN：启动一个 Oracle 实例，并依次打开控制文件、数据文件和重做日志文件。

该方式完成了数据库启动的所有阶段，此时数据库的数据文件和重做日志文件在线，通常还会请求一个或多个回滚段。这种方式下用户才能正常访问数据库中的数据。在省略了所有参数的情况下，STARTUP 命令表示以 OPEN 方式启动数据库(这也是默认方式)。

例 1.7 系统用户 sys 以 SYSDBA 的特权登录 SQL * Plus 工具，并以 NOMOUNT 方式启动数据库。执行结果如图 1-61 所示。

图 1-61 NOMOUNT 状态启动数据库

操作步骤如下：

(1) 单击“开始”→“运行”，输入命令 cmd。

(2) 在 DOS 环境下输入命令：sqlplus sys/a12345 as sysdba。

(3) 在 SQL * Plus 环境下输入命令：STARTUP NOMOUNT。

在这里，执行该命令前必须先用 SHUTDOWN IMMEDIATE 命令关闭数据库。

例 1.8 系统用户 sys 以 SYSDBA 的特权登录 SQL * Plus 工具，并以 MOUNT 方式启动数据库，执行结果如图 1-62 所示。

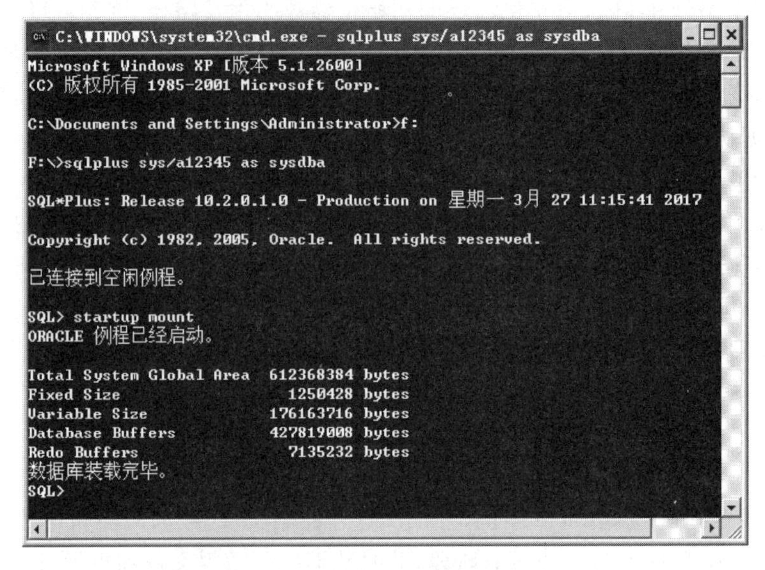

图 1-62 MOUNT 状态启动数据库

例 1.9 系统用户 sys 以 SYSDBA 的特权登录 SQL * Plus 工具，并以 OPEN 方式启动数据库，执行结果如图 1-63 所示。

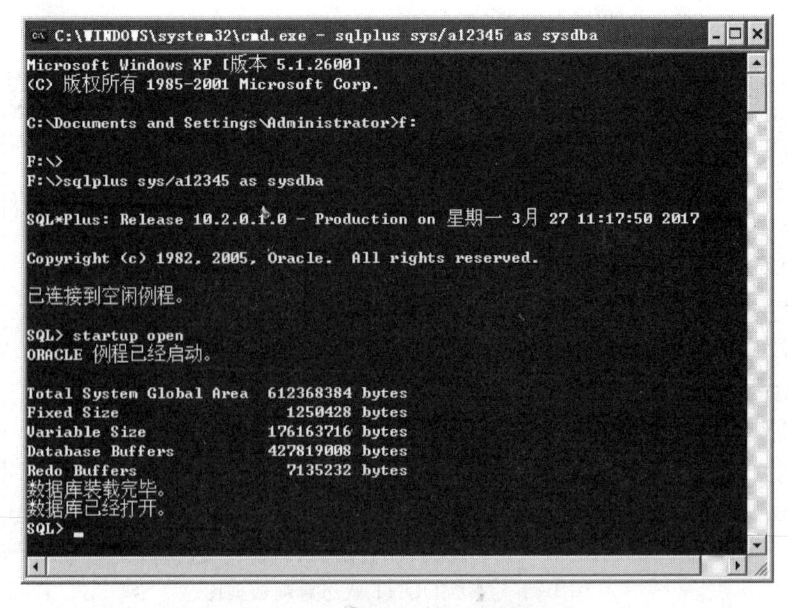

图 1-63 OPEN 状态启动数据库

STARTUP 命令常用的三个选项，NOMOUNT、MOUNT 和 OPEN 是各自独立的，它们之间无任何前后连带关系，每一个的正确执行都是以数据库处于已关闭状态为前提的。要正确理解它们各自所具有的特定用途。

STARTUP 命令除了前面介绍的三种数据库打开方式外，还有一些其他的选项。如：

- STARTUP RESTRICT：在这种方式下，数据库将被成功打开，但仅允许一些特权用户(具有 DBA 角色的用户)使用。
- STARTUP FORCE：该命令是强行关闭数据库(SHUTDOWN ABORT)和启动数据库(STARTUP)两条命令的综合，仅在关闭数据库遇到问题不能关闭时采用。
- ALTER DATABASE OPEN READONLY：该命令在创建实例以及安装数据库后，以只读方式打开数据库，对于那些仅仅执行查询功能的数据库可以采用这种方式打开。

2. 用 SHUTDOWN 命令关闭数据库

该命令的格式是：

```
SHUTDOWN [IMMEDIATE | TRANSACTIONAL | ABORT]
```

其中各参数的意义如下：

- NORMAL：这是数据库关闭命令的默认选项。发出该命令后，任何新的连接请求都将不再连接到数据库，而且在数据库关闭之前，Oracle 将等待所有用户都从数据库中退出后才开始关闭数据库。采用这种方式关闭数据库，在下一次启动时不需要进行任何实例恢复，但需要的时间较长，有时需要几天的时间甚至更长。出于系统维护的目的时用此法关闭数据库是不可取的。
- IMMEDIATE：这是使用频率最高的关闭数据库的方式。使用该命令后，当前正在被 Oracle 处理的 SQL 语句立即中断，系统中任何没有提交的事务全部回滚。而且系统不等待连接到数据库的所有用户退出系统，强行回滚当前所有的活动事务，然后断开所有的连接用户。如果系统中存在一个很长的未提交的事务，采用这种方式关闭数据库也需要一段时间(事务回滚时间)。
- TRANSACTIONAL：该选项仅在 Oracle 8i 后才可以使用。该命令常用来计划关闭数据库，它使当前连接到系统且正在活动的事务执行完毕。运行该命令后，任何新的连接和事务都是不允许的。在所有活动的事务完成后，数据库将关闭。
- ABORT：在无法正常关闭数据库时才使用这种方式。使用该命令后，所有正在运行的 SQL 语句都将立即中止，所有未提交的事务将不回滚，Oracle 也不等待目前连接到数据库的用户退出系统。但是，用这种方式关闭数据库在下一次启动数据库时需要恢复实例，启动时间较长。

SHUTDOWN 命令常用的三个选项，NORMAL、IMMEDIATE 和 ABORT 是各自独立的，它们之间无任何前后连带关系，每一个的正确执行都是以数据库处于已启动状态为前提的。

例 1.10 系统用户 sys 以 SYSDBA 的特权登录 SQL * Plus 工具，并以 IMMEDIATE 方式关闭数据库，执行结果如图 1-64 所示。

图 1-64　IMMEDIATE 状态关闭数据库

操作步骤如下：

(1) 单击“开始”→“运行”，输入命令 cmd。

(2) 在 DOS 环境下输入命令：SQLPLUS sys/a12345 AS SYSDBA。

(3) 在 SQL * Plus 环境下输入命令：SHUTDOWN IMMEDIATE。

1.7.2　使用 OEM 工具启动与关闭数据库

使用 OEM 工具(企业管理器)启动与关闭数据库时需要提供数据库服务器的主机身份验证，也就是需要给出服务器操作系统的用户名和密码，但是给出的操作系统用户必须具有“作为批处理作业登录”的权利。因此，使用 OEM 工具启动或关闭数据库包括以下两个步骤：

(1) 指派“作为批处理作业登录”权利。

单击“开始”→“程序”→“管理工具”→“本地安全策略”→“本地策略”→“用户权利指派”，在打开的窗口右侧找到“作为批处理作业登录”，右击选择“属性”，如图 1-65 和图 1-66 所示。在图 1-66 中单击“添加用户或组”按钮，出现如图 1-67 所示的选择窗口，选中一个合法的操作系统用户或组后单击“确定”按钮。

(2) 在图 1-68 所示的窗口中，输入具有“作为批处理作业登录”权利的用户名和密码，以及 Oracle 系统用户 sys，最后单击“确定”按钮就可以执行启动或关闭数据库的操作了。如图 1-69 所示，为使用 OEM 工具进行数据库关闭确认窗口。图 1-70 为关闭操作 SQL 显示窗口，图 1-71 为关闭操作执行过程信息提示窗口。

1.7.3　开机后自动启动与关闭数据库

数据库管理员可以在注册表中设置开机后自动启动或关闭 Oracle 数据库，具体操作如下：

图 1-65　本地安全设置

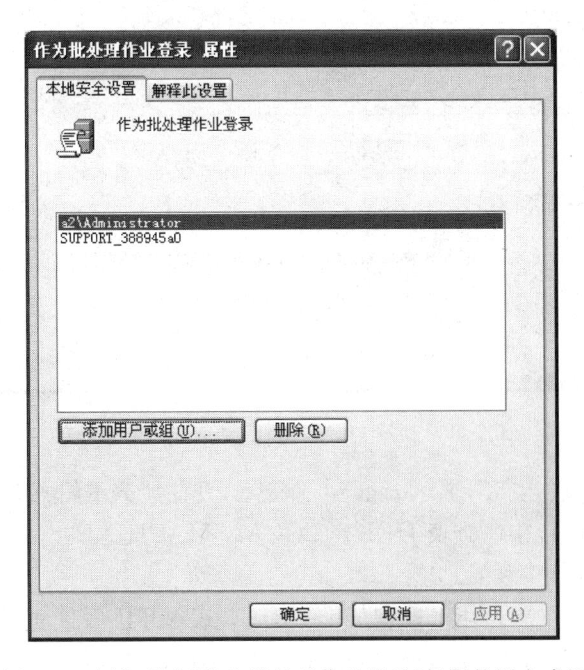

图 1-66　添加具有“作为批处理作业登录”权限的用户或组

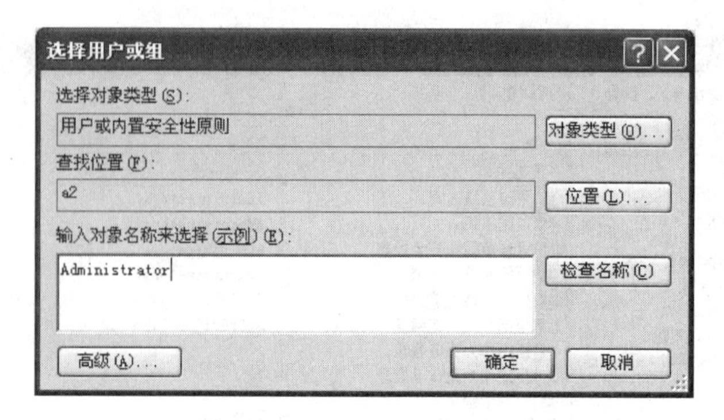

图 1-67　选择用户或组

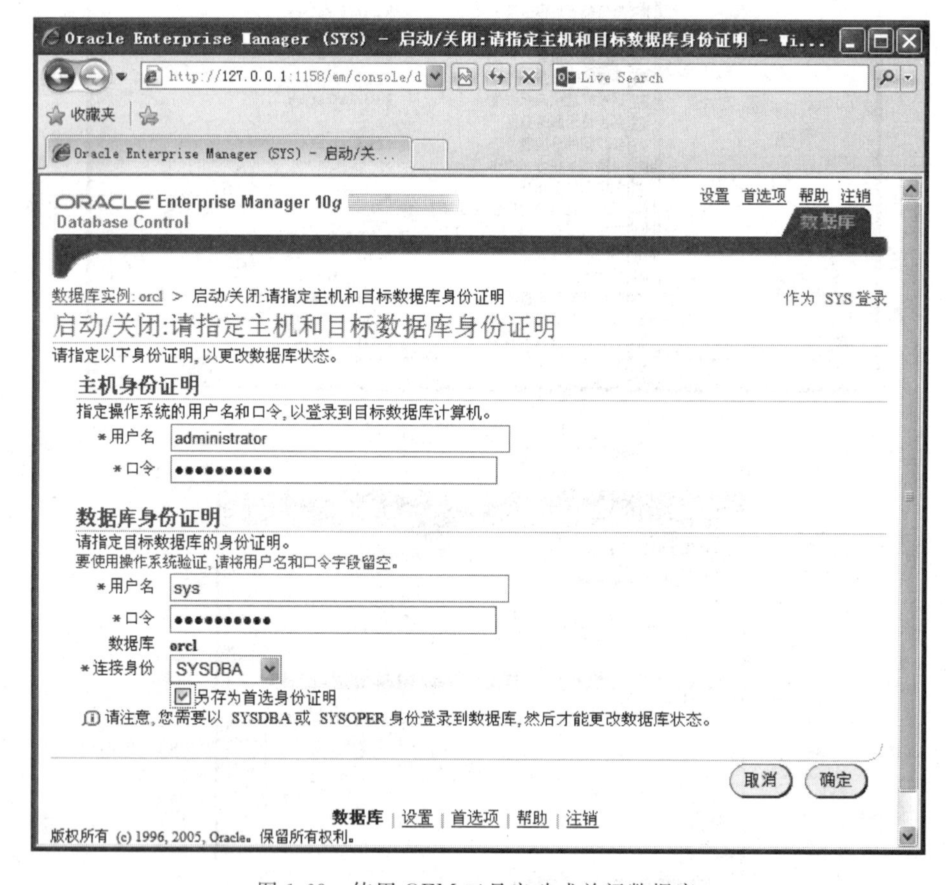

图 1-68　使用 OEM 工具启动或关闭数据库

(1) 单击“开始”→“运行”,输入 regedit 命令,打开注册表编辑器。

(2) 如图 1-72 所示,在注册表 HKEY_LOCAL_MACHINE\SOFTWARE\ORACLE\KEY_OraDb10g_homel 中设置:

ORA_ORCL_AUTOSTART 的键值是 TRUE,实现开机后自动启动数据库。

ORA_ORCL_SHUTDOWN 的键值是 TRUE,实现自动关闭数据库。

图 1-69　使用 OEM 工具进行数据库关闭确认窗口

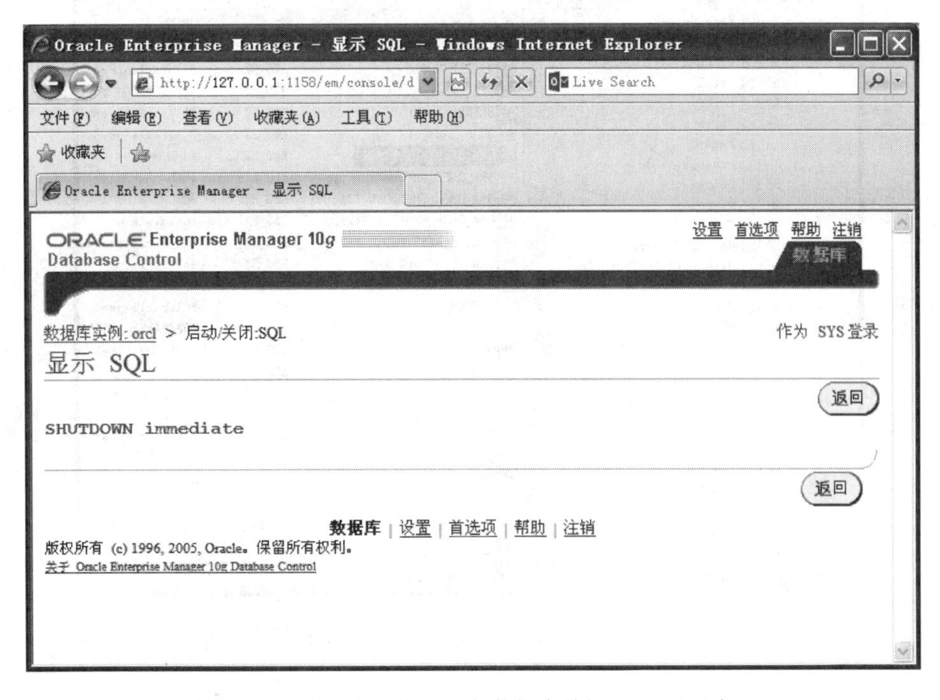

图 1-70　使用 OEM 工具进行数据库关闭 SQL 显示窗口

图 1-71 使用 OEM 工具进行数据库关闭操作信息提示窗口

图 1-72 在注册表中设置自动启动与关闭数据库键值

1.8 Windows 7 操作系统下安装 Oracle 10g 案例

Oracle 10g 是在 Windows 7 操作系统发布之前的数据库产品，系统性能稳定，对计算机资源开销较小，响应速度快，深受广大 Oracle 数据库使用者，特别是初学者的青睐。它在 Windows 系列的 Windows/NT、XP、2003/Server 操作系统下安装与使用表现稳定。然而，当前国内大部分组织，包括院校，开始安装与部署 Windows 7 操作系统，形成了 Windows XP、Windows 7 同时并用的格局，但 Windows 7 操作系统与 Windows XP 的兼容性又不是很好，大部分在 Windows XP 下运行的应用程序在 Windows 7 下安装、运行时或多或少都会出现问题；充分利用新、旧设备与操作系统，使 Oracle 10g 既能运行在 WindowsXP 操作系统下又能运行在 Windows 7 操作系统下这一现实需求是 Oracle 数据库教学、实验应解决的首要问题。

作为实用型企业级数据库 Oracle 10g，它兼顾了 Oracle 数据库新、旧版本的所有特点，功能齐全、短小精悍，是教学、开发的最好选择。从实际应用出发、本案例以 Windows 7 操作系统为背景，诠释 Oracle 10g 的安装方法。

1. 修改 Oracle 10g 安装盘上的资源描述文件

由于 Oracle 10g 是在 Windows 7 操作系统发布之前推出的产品，很显然 Oracle 10g 在安装的资源描述文件中没有考虑 Windows 7 操作系统的支持。将安装盘复制到硬盘的一个文件夹下(在本案例中假设在：G:\10201_database_win7 下)，如图 1-73 所示，为 Oracle 10g 安装盘文件结构图。

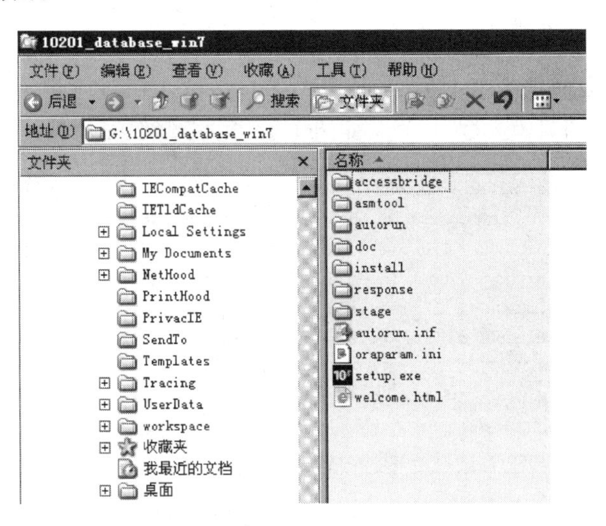

图 1-73　Oracle 10g 安装盘文件结构图

(1) 修改 refhost. xml 文件

在安装盘的 stage\prereq\db 目录下找到 refhost. xml 文件，用记事本打开，在其中的 <CERTIFIED_SYSTEMS>标记段增加对 Windows 7 操作系统的支持说明，如图 1-74 所示，加粗斜体字部分为新增内容。

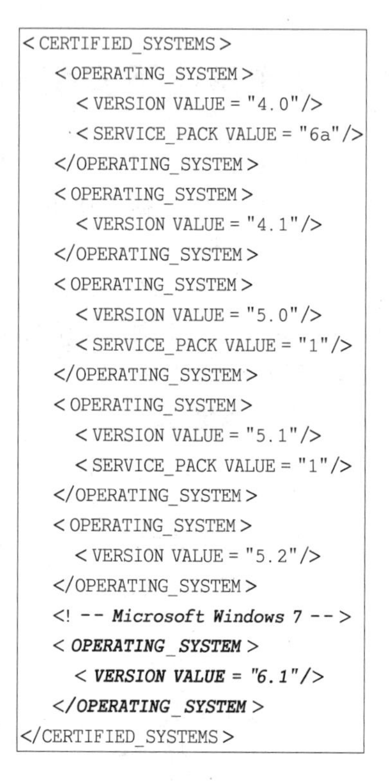

```
<CERTIFIED_SYSTEMS>
  <OPERATING_SYSTEM>
    <VERSION VALUE="4.0"/>
    <SERVICE_PACK VALUE="6a"/>
  </OPERATING_SYSTEM>
  <OPERATING_SYSTEM>
    <VERSION VALUE="4.1"/>
  </OPERATING_SYSTEM>
  <OPERATING_SYSTEM>
    <VERSION VALUE="5.0"/>
    <SERVICE_PACK VALUE="1"/>
  </OPERATING_SYSTEM>
  <OPERATING_SYSTEM>
    <VERSION VALUE="5.1"/>
    <SERVICE_PACK VALUE="1"/>
  </OPERATING_SYSTEM>
  <OPERATING_SYSTEM>
    <VERSION VALUE="5.2"/>
  </OPERATING_SYSTEM>
  <!--Microsoft Windows 7-->
  <OPERATING_SYSTEM>
    <VERSION VALUE="6.1"/>
  </OPERATING_SYSTEM>
</CERTIFIED_SYSTEMS>
```

图 1-74　refhost.xml 文件中增补的内容

(2) 修改 oraparam.ini 文件

打开 G:\10201_database_win7\install\oraparam.ini 文件，找到[Certified Versions]标记后，扩展其内容，进而使安装程序可识别 Windows 7。在对应位置增加[Windows-6.1-required]、[Windows-6.1-optional]节。如图 1-75 所示，修改完后保存。

```
[Certified Versions]
#You can customise error message shown for failure,...
#Windows=4.0,5.0,5.1,5.2,6.0,6.1
#Windows 7 use winver.exe to find version
[Windows-6.1-required]
#Minimum display colours for OUI to run
MIN_DISPLAY_COLORS=256
#Minimum CPU speed required for OUI
#CPU=300
[Windows-6.1-optional]
```

图 1-75　oraparam.ini 文件中修改的内容

2. 添加 Microsoft Loopback Adapter 回环网络

在 Windows 7 中，添加 Microsoft LoopBack Adapter 回环网络并为其分配一个本地网络的 IP 地址：192.168.0.1。

3. 设置 setup.exe 的兼容性属性，然后执行安装

在图 1-73 所示的安装盘文件夹内找到 setup.exe 文件，右击后选择“属性”，再选择“以兼容模式运行这个程序”单选框，选择“Windowsxp(SP3)”，同时选中“以管理员身份运行此程序”单选框，单击“确定”按钮；然后双击开始进入安装过程。

4. Windows 7 下 Oracle 10g 工具程序使用异常问题解决方法

Oracle 10g 在 Windows 7 下安装后，由于操作系统的兼容性和权限问题，部分 Oracle 10g 工具程序可能使用不正常，处理方法如下：

(1) SQLPLUS 不能正常使用的解决方法

进入 $ORACLE_HOME\BIN 目录，找到 sqlplus.exe、sqlplusw.exe 文件，分别右击后选择“属性”，再选择“以兼容模式运行这个程序”单选框，选择“Windowsxp(SP3)”，同时选中“以管理员身份运行此程序”单选框，确定后故障问题可排除(注：Oracle11g 中已不支持 sqlplusw.exe)。

(2) NetCA 无法正常使用的解决方法

进入 $ORACLE_HOME\BIN 目录，找到 launch.exe 分别右击后选择“属性”，再选择“以兼容模式运行这个程序”单选框，选择“Windowsxp(SP3)”，同时选中“以管理员身份运行此程序”单选框，确定后故障问题可排除。

(3) Oracle Enterprise Manager(OEM)无法正常使用

当以 http://localhost:1158/em 方式登录后台企业管理器出现异常时：

进入 $ORACLE_HOME\<ServerName>_<ORACLE_SID>\sysman\config 目录下找到 emd.properties 文件；用记事本打开这个文件，修改其中的 agentTZRegion，这个属性的默认值是 GMT，将其修改为你所在的时区：agentTZRegion=Asia/Shanghai；

进入 $ORACLE_HOME\BIN 目录下找到 emctl.bat 文件，对其编辑，在 setlocal 之后加入：

```
Set ORACLE_SID = orcl (根据你的 ORACLE_SID 设置)
Set ORACLE_HOSTNAME = <Your ComputerName>
```

保存文件后重启 OracleDBConsole<ORACLE_SID>服务，这样 OEM 可正常使用了。

1.9 习　　题

1. 什么是关系数据库管理系统？在关系数据库管理系统中什么是数据的基本组织单元？

2. 简述数据库表之间的三种关系。

3. 常用的数据库建模工具有哪些？

4. ERwin 中实体之间的关系有哪些表现形式？

5. Oracle 10g 提供了哪些版本？

6. 简述 Oracle 数据库系统的客户机/服务器结构、浏览器/服务器结构。

7. 简述 Oracle 中的安装的几个默认用户及作用。

8. 用 SQL * Plus 以 sys 用户登录数据库时，使用 SYSDBA，SYSOPER 保留字的作用是什么？

9. 检验 Oracle 数据库安装是否成功的主要标志有哪些？

10. 安装 Oracle 数据库时，如果只安装客户端程序需要注意什么？

11. 作为初学者，由于各种原因在安装 Oracle 数据库时如果安装失败了，再次重新安装之前应预先采取怎样的措施为后续安装扫清障碍？

12. 登录 SQL * Plus 工具有哪几种方式？

13. Oracle 环境下 ORACLE_BASE 和 ORACLE_HOME 有何区别？

14. Oracle 10g 在 Windows 7 操作系统下安装要做哪些技术准备工作？

15. 为什么命令行启动、关闭数据库用的是 sys 用户而不使用 system 用户？

16. 在 Oracle 数据库的各版本中，通用的客户端工具是哪种形式的 SQL * Plus？

第2章 Oracle 数据库体系结构

所谓的体系结构指的是一组部件以及部件之间的联系。1964 年 G. Amdahl 首次提出体系结构这个概念，从此人们对计算机系统开始有了统一而清晰的认识，为以后计算机系统的设计与开发奠定了良好的基础。数据库的体系结构是指数据库的组成与工作原理，了解数据库的体系结构对使用、管理与优化数据库有很大的帮助。本章主要从操作系统的角度介绍数据库的物理结构；从 Oracle 管理系统的角度介绍数据库的逻辑结构；从访问与控制数据库的角度介绍数据库的实例结构。最后将介绍网络客户访问数据库服务器的过程及其相关的配置文件。

本章主要内容

- Oracle 数据库的物理存储结构
- Oracle 数据库的逻辑存储结构
- Oracle 数据库的实例与进程结构
- Oracle 网络配置文件

2.1 Oracle 数据库物理存储结构

Oracle 数据库的物理存储结构是从物理组成的角度分析一个数据库在存储介质上(操作系统的文件系统中的物理文件)的实际构成，它是由操作系统组织和管理的，是 Oracle 数据库的外部存储结构。由于操作系统组织和管理数据的基本单元是文件，因此 Oracle 数据库的物理存储结构是由它使用的多个操作系统文件组成。每一个数据库主要包括 4 种类型的文件：数据文件、日志文件、控制文件和初始化参数文件。如图 2-1 所示，为 Windows XP 下成功安装 Oracle 10g 后，数据库的数据文件、控制文件、日志文件在操作系统文件系统中的呈现。

它们位于 $ORACLE_BASE\oradata\ $ORACLE_SID 文件夹内。可见对于不同的安装位置和具体的数据库实例，这些文件默认情况下总是处于同一个文件夹内。

2.1.1 数据文件

数据文件是 Oracle 数据库用来存储各种数据的地方，如表中的记录、索引数据、系统数据和临时数据等。数据文件丢失或损坏后，存储在数据库中的数据就不能再使用了，因此它们对用户数据的稳定性和完整性十分重要。一个数据库有一个或多个数据文件，但一个数据文件只能属于一个数据库。可以在创建数据库或表空间的同时创建数据文件，也可以在现有的表空间中创建(增加)新数据文件。在创建数据文件时可以指定它的初始大小、是否

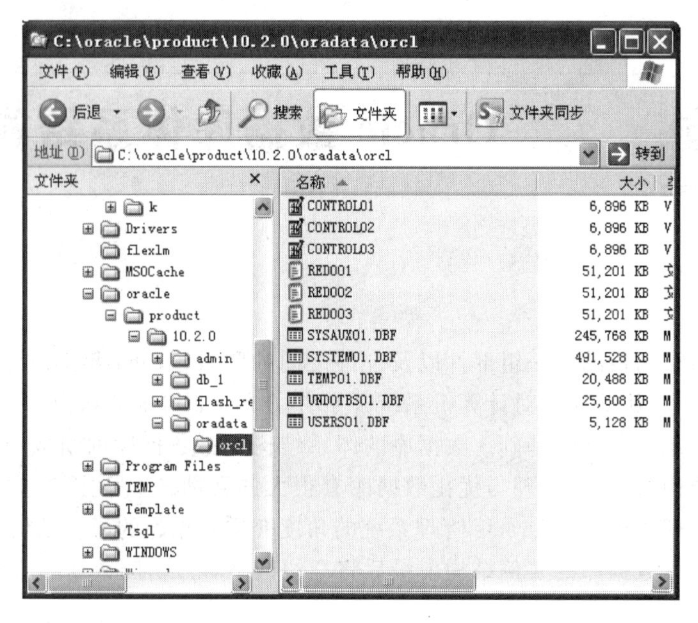

图 2-1 数据文件、控制文件、日志文件在操作系统文件系统中的呈现

允许自动扩展等属性。

数据文件中存储了各种系统和用户的数据，但它和数据库中的表没有一对一的关系。也就是说，一个数据库的表并不一定对应着一个数据文件，若表中的数据比较多，这些数据会存储在多个数据文件中，若表中的数据较少，多个表的数据将存储在同一个数据文件中。数据文件的扩展名是.DBF，主要包括持久数据文件和临时数据文件。如表 2-1 所示的数据字典视图（V$开头的视图为动态视图，其他为静态视图）可提供与数据库的数据文件相关的非常有用的信息。

表 2-1 与数据库数据文件有关的系统数据字典视图

视 图 名	描 述
DBA_DATA_FILES	提供每一个数据文件的描述信息，包括每个数据文件属于的表空间、文件 ID 等；文件 ID 是每一个数据文件的唯一标识（表空间等概念见下节，逻辑存储结构）
DBA_EXTENTS USER_EXTENTS	“DBA_”开头的视图描述了包含数据库中所有段的盘区。包含数据文件的文件 ID、段名、盘区 ID 等 “USER_”开头的视图描述了属于当前用户拥有的对象的区段的盘区（盘区等概念见逻辑存储结构一节）
DBA_FREE_SPACE USER_FREE_SPACE	“DBA_”开头的视图列出所有表空间中的空闲区段 “USER_”开头的视图列出了表空间中和当前用户相关的空闲盘区
V$DATAFILE	包含来自控制文件中的数据文件信息
V$DATAFILE_HEADER	包含数据文件头信息

打开 SQL * Plus 工具或 iSQL * Plus 工具，在提示符下输入下面的查询命令，可以看到当前数据库的数据文件信息。

- 查看永久数据文件信息：

```
SELECT * FROM DBA_DATA_FILES 或 SELECT * FROM v$datafile
```

以 system 用户登录，执行查询 SELECT FILE_ID，FILE_NAME from DBA_DATA_FILES；或者 SELECT file#，name FROM v$datafile；出现如图 2-2 所示的文件 ID 和文件名信息。

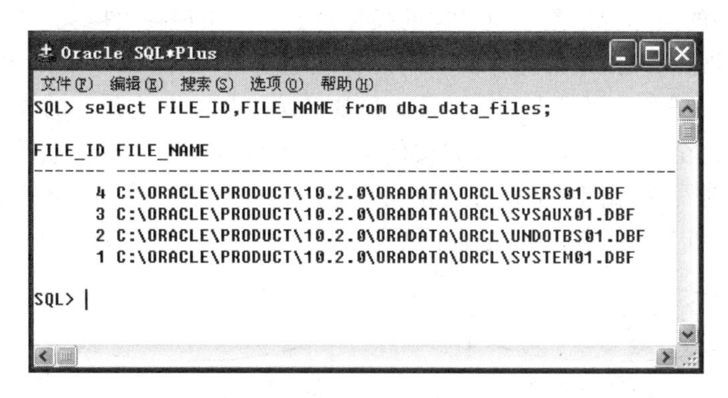

图 2-2　数据库物理数据文件查询

• 查看临时数据文件信息：

```
SELECT * FROM DBA_TEMP_FILES;
SELECT * FROM v$tempfile;
```

从执行结果可以看出系统中存储的数据文件的文件名及路径、占用的表空间、当前状态、存储空间的大小、已占用空间等信息。并且根据存储的数据不同，数据文件又可以分为以下几种：

(1) 系统数据文件：文件名以 SYSTEM 开头，主要存放系统表和数据字典，一般不存放用户的数据，但是用户脚本，如过程、函数、包等却是保存在数据字典中的，它们存放在系统数据文件中。

(2) 回滚数据文件：文件名以 UNDOTBS 开头，组成回滚表空间，用于存放用户修改前的旧数据，主要支持用户的回滚操作。

(3) 临时数据文件：文件名以 TEMP 开头，主要存放执行排序等操作时产生的临时数据，组成临时表空间。

(4) 用户数据文件：文件名以 USERS 开头，主要存放用户的数据，如表中的记录、索引信息等。

(5) 系统辅助数据文件：文件名以 SYSAUX 开头，是 system 文件的辅助文件，代替 system 存储某些独立的数据库组件，减少 system 文件的负荷和磁盘碎片问题。

(6) 示例数据文件：文件名以 EXAMPLE 开头，主要存放数据库的示例方案中的数据(有无此项取决于安装数据库时是否选择了安装样例数据库)。

2.1.2　日志文件

在 Oracle 中，日志文件记录了用户对数据库的修改信息(如增加、删除、修改)，名字通常为 REDO*.LOG 格式。对数据库执行查询操作不会产生日志。当数据库出现故障，用户可以利用日志文件中记录的修改信息，重新对数据库副本执行修改操作，使数据库恢复到出故障之前的状态。因此，日志文件也叫重做日志文件或重演日志文件。与日志文件有关的另一个概念是日志组，日志组是日志文件的逻辑组织单元，每个日志组中有一个或多个日志文件。一个数据库中至少要有两个日志组，一组写完后再切换到另一日志组继续写。同一个日志组中的多个日志文件具有相同的信息，它们是镜像关系，这样有利于日志文件的保护，因为日志文件的损坏特别是联机日志的损坏对数据库来说损失巨大。因此，同一个日志组中的日志文件被保存时，最好保存到不同的物理磁盘上，如图 2-3 所示，在图中 A_LOG1 和 B_LOG1 属于日志组 1 的成员、A_LOG2 和 B_LOG2 属于日志组 2 的成员。日志组中的每个成员必须是完全相同的大小。日志文件组的每个成员同时处于活动状态，即由 LGWR（日志写进程）同时写入，由 LGWR 分配相同日志序列号标识。在图 2-3 中，LGWR 首先同时写入 A_LOG1 和 B_LOG1，然后它同时写入 A_LOG2 和 B_LOG2，依此类推。

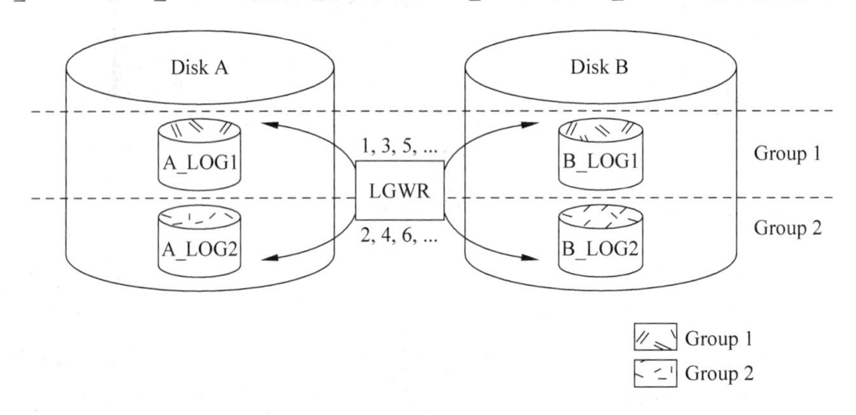

图 2-3　同一日志组中的文件保存到不同的磁盘上

如果所有的日志文件组都被填满，系统将从第一个日志组重新写，而原来存储到日志组中的日志信息将被覆盖。覆盖后的日志信息是否就意味着不能再使用了呢？这取决于数据库的工作模式。在 Oracle 中，数据库有两种工作模式：①归档日志模式（archivelog）；②非归档日志模式（noarchivelog）。通常，在数据库的开发环境和测试环境中，数据库设置为非归档日志模式，这样有利于系统应用的调整，也避免生成大量的归档日志文件消耗存储空间。但是当系统上线投入到生产环境下使用时，将其设置为归档日志模式就很有必要了，因为这是保证系统安全、有效预防灾难的重要措施。

在归档日志模式下，当进行日志切换时，归档进程（ARCn 进程，本章 2.3 节详细介绍）会将重做日志的内容复制到归档日志文件中，如图 2-4 所示。假设数据库只包含两个日志组，日志写进程（LGWR 进程）首先将日志信息写入日志组一，此时日志序列号为 1；当日志信息填满日志组一时，系统将自动切换到日志组二，并将日志信息写入日志组二，此时日志序列号变为 2，同时后台归档进程（ARC）会将日志组一的内容保存到归档日志文件 1 中；而当日志信息填满日志组二时，系统自动切换回日志组一，并将日志信息写入日志组一，此时日志序列号变为 3，同时后台归档进程会将日志组二的内容保存到归档日志文件 2 中，依此类推。因此，在归档模式下，日志信息被覆盖前就已经复制到归档日志文件中了，所以这些日志信息即使被覆盖，将来也能够在归档日志文件中找到。

在非归档模式下，当进行日志切换时不会启动归档进程将日志保存到归档日志文件中。这种日志操作模式只能用于保护实例失败（如系统断电），而不能用于保护介质失败（数据库

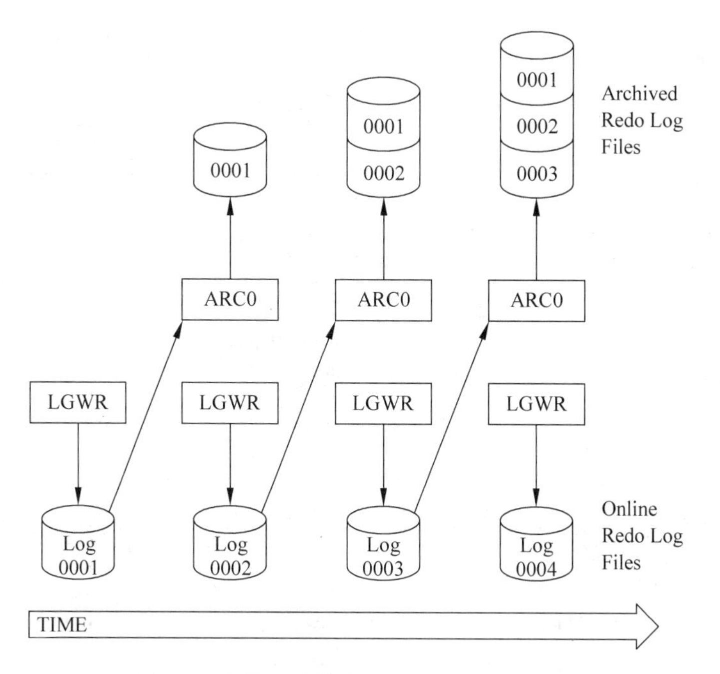

图 2-4 归档日志模式下的日志保存与切换

物理文件损坏)。非归档模式的工作过程如图 2-5 所示。假设数据库只有三个日志组,且当前日志组为日志组一,日志序列号为 1。当日志信息填满日志组一时,系统会切换到日志组二,并且日志写进程将日志信息写入该日志组,日志序列号变为 2;而当日志信息填满日志组二时,系统会切换到日志组三,并且日志写进程将日志信息写入该日志组,日志序列号变为 3;进一步,当日志信息填满日志组三时,系统又自动切换回日志组一,此时日志序列号变为 4,并且日志序列号 4 所对应的日志信息会覆盖日志序列号 1 所对应的日志信息,依此类推。因此,在非归档模式下,重新向某个日志组中写入日志信息会将原来的日志覆盖掉,并且不能再使用。

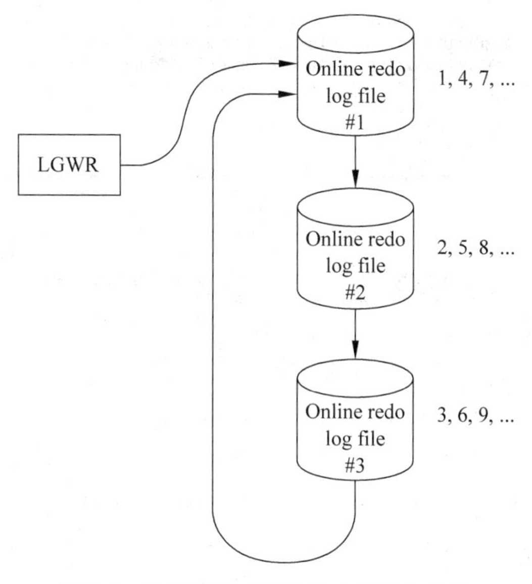

图 2-5 非归档模式下的日志保存与切换

在 Oracle 数据库中，有三个动态系统视图可查看重做日志信息，如下表 2-2 所示。

表 2-2　与重做日志信息相关的动态视图

视　图　名	描　　述
V$LOG	从控制文件中动态显示重做日志信息
V$LOGFILE	标识重做日志组和成员以及成员状态
V$LOG_HISTORY	包含日志历史信息

以下查询从控制文件中返回数据库重做日志文件信息。

在 SQLPLUS 中，以 SYSTEM 用户登录，执行查询 SELECT * FROM V$LOG；出现如图 2-6 所示的信息。执行查询 SELECT * FROM V$LOGFILE；出现如图 2-7 所示的信息。

```
Oracle SQL*Plus
文件(F) 编辑(E) 搜索(S) 选项(O) 帮助(H)
SQL> SELECT * FROM V$LOG;

    GROUP#    THREAD#  SEQUENCE#      BYTES    MEMBERS ARC STATUS           FIRST_CHANGE# FIRST_TIME
---------- ---------- ---------- ---------- ---------- --- ---------------- ------------- ----------
         1          1          5   52428800          1 NO  INACTIVE                614161 01-9月 -16
         2          1          6   52428800          1 NO  CURRENT                 636907 07-6月 -17
         3          1          4   52428800          1 NO  INACTIVE                593307 01-9月 -16

SQL> |
```

图 2-6　V$LOG 日志信息查询

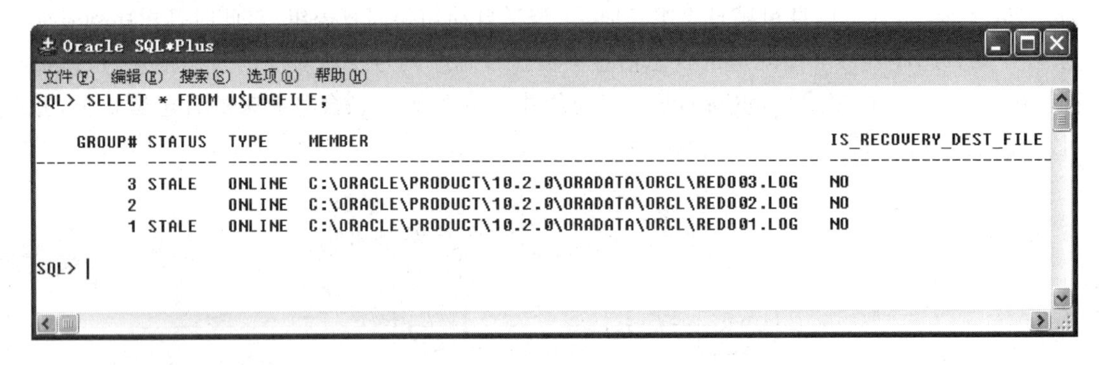

```
Oracle SQL*Plus
文件(F) 编辑(E) 搜索(S) 选项(O) 帮助(H)
SQL> SELECT * FROM V$LOGFILE;

    GROUP# STATUS  TYPE    MEMBER                                             IS_RECOVERY_DEST_FILE
---------- ------- ------- -------------------------------------------------- ---------------------
         3 STALE   ONLINE  C:\ORACLE\PRODUCT\10.2.0\ORADATA\ORCL\REDO03.LOG   NO
         2         ONLINE  C:\ORACLE\PRODUCT\10.2.0\ORADATA\ORCL\REDO02.LOG   NO
         1 STALE   ONLINE  C:\ORACLE\PRODUCT\10.2.0\ORADATA\ORCL\REDO01.LOG   NO

SQL> |
```

图 2-7　V$LOGFILE 日志信息查询

从执行结果可以看到，日志组包括编号、状态、组中的成员数、是否归档、大小等属性。

- 成员数：指该组中包含的日志文件个数。
- 状态：指该日志组的当前状态，包括三种：Current，当前正在使用状态；Active，不在使用状态中，而这个组的日志切换引发的检查点（checkpoint）事件还没做完；InActive，不在使用状态中，而这个组的日志切换引发的检查点事件已经做完。
- 是否归档：指该日志组中的日志是否已被归档，即是否被复制到归档日志文件中。

以 SYSDBA 身份登录到 SQL * Plus 工具，执行 ARCHIVE LOG LIST；命令可以查看

数据库当前的运行模式，如图 2-8 所示。

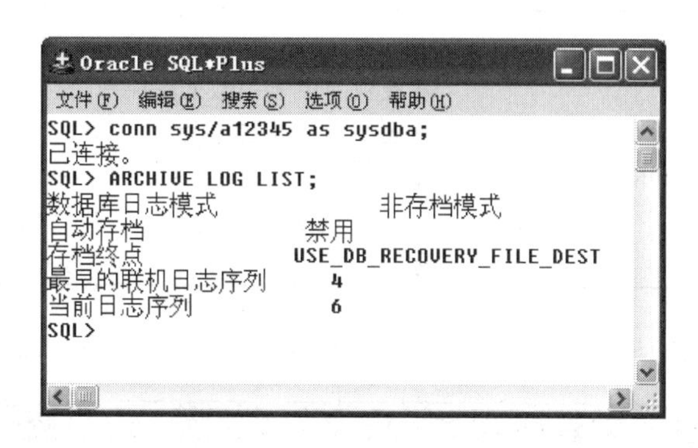

图 2-8 查看数据库运行模式

用户也可以执行 ALTER DATABASE ARCHIVELOG|NOARCHIVELOG 命令修改数据库的日志模式。具体步骤如下：

(1) 关闭运行的数据库实例：执行 SHUTDOWN 命令，如 SHUTDOWN IMMEDIATE。

(2) 备份数据库(可选，但最好进行备份，用操作系统复制命令即可)。

(3) 启动数据库实例到 mount 状态，但不要打开数据库：STARTUP MOUNT。

(4) 修改数据库的日志模式：ALTER DATABASE ARCHIVELOG|NOARCHIVELOG。

(5) 打开数据：ALTER DATABASE OPEN。

(6) 查看数据库当前的日志模式：ARCHIVE LOG LIST。

2.1.3 控制文件

控制文件(Control File)是 Oracle 数据库的物理文件之一，它是一个很小的二进制文件，记录了数据库的名称、数据文件和联机日志文件的名称及位置、当前的日志序列号(log sequence number)、表空间等信息。控制文件一般在创建数据库时自动创建，并且其存放路径由参数文件中的 CONTROL_FILES 参数值确定。

```
CONTROL_FILES = ("C:\oracle\product\10.2.0\oradata\orcl\control01.ctl",
                 "C:\oracle\product\10.2.0\oradata\orcl\control02.ctl",
                 "C:\oracle\product\10.2.0\oradata\orcl\control03.ctl")
```

对于 Oracle 数据库来说，数据文件就像一个仓库，重做日志文件就像该仓库的货物进出流水账，控制文件就像该仓库的管理中心，记录着整个数据库的结构。所以，当数据库的物理结构改变时，Oracle 会自动更新控制文件。

控制文件对数据库来说很重要。因为在启动数据库时，Oracle 首先从初始化参数文件中获得控制文件的名称及位置，然后打开控制文件，再从控制文件中读取数据文件和联机日志文件的信息及其他相关信息，最后打开数据库。如果控制文件被损坏，存储的数据库结构丢失，数据库将无法启动。因此，一般采用多路镜像控制文件(multiplex control file)，并把每个镜像的控制文件分布在不同的物理磁盘上保存。

如表 2-3 所示是与控制文件相关的系统视图信息。

表 2-3　与控制文件相关的系统视图信息

视图名称	描　述
V $ DATABASE	从此视图中显示数据库控制信息
V $ CONTROLFILE	列表控制文件名
V $ CONTROLFILE_RECORD_SECTION	显示控制文件记录段信息
V $ PARAMETER	显示在 CONTROL_FILES 初始化参数中的控制文件的名称、相关参数值等

为了获取控制文件信息，可以查询数据字典视图 v $ controlfile，如图 2-9 所示。

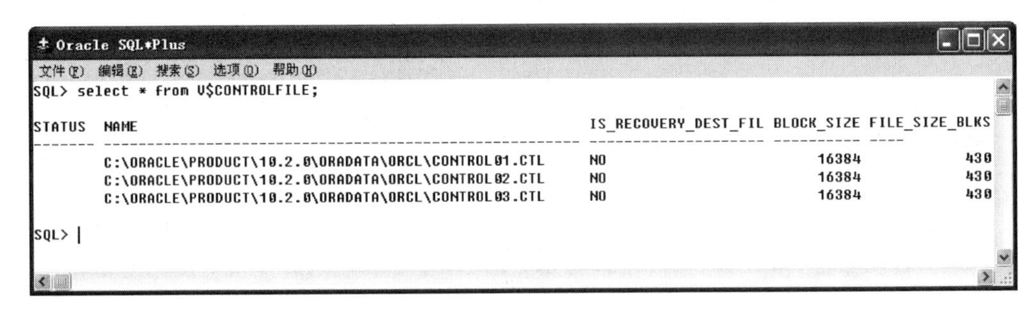

图 2-9　控制文件信息查询

2.1.4　参数文件

除了前面介绍的三种物理文件外，Oracle 数据库中还有一种很重要的物理文件就是参数文件。参数文件中记录数据库名称、控制文件的路径、SGA 的内存结构、可选的 Oracle 特性和后台进程的配置参数等信息。在启动数据库实例时需要读取参数文件中的信息，因此它是第一个被访问的物理文件。

参数文件分为文本参数文件(pfile)和服务器参数文件(spfile)两种。在 Oracle 9i 之前，参数文件只有一种，它是文本格式的，pfile 又称初始化参数文件。在 Oracle 9i 及以后的版本中，新增了服务器参数文件，称为 spfile，它是二进制格式的。这两种参数文件都用来存储数据库实例启动时需要的配置信息，内容大致相同，但也有以下几点区别：

- 名称及路径不同。pfile 文件的命名格式为 init.ora，存储位置是 $ ORACLE_BASE\admin\ $ ORACLE_SID\pfile 目录下；spfile 的命名格式为 spfile < $ ORACLE_SID >.ora，存储位置是 $ ORACLE_HOME\dbs 目录下(如 C:\oracle\product\10.2.0\db_1\dbs\SPFILEORCL.ORA)。
- 编辑方式不同。pfile 是文本文件，可以直接使用文本编辑器打开并手工修改；spfile 是二进制文件，只能在数据库启动后通过 ALTER SESSION 命令或 ALTER SYSTEM 命令修改。
- 修改后的生效时限不同。pfile 被修改后，必须重新启动数据库才能生效；spfile 被修改后，生效时限和作用域可以在修改 spfile 的 SQL 命令中指定，可以立即生效，也可以重启数据库时再生效。
- 启动次序上 spfile 优先于 pfile。

现在 ORACLE 启动时优先寻找 spfile 文件，对于不同的操作系统平台，参数文件存放的位置可能不同，如表 2-4 所示，为 Windows 平台和 Linux 平台下 spfile 默认的安装位置。

表 2-4　UNIX/Linux/Windows 操作系统下 spfile 的默认文件名与安装位置

操作系统	spfile 默认文件名	默认安装位置
UNIX Linux	spfile$ORACLE_SID.ora	$ORACLE_HOME/dbs 或者相同位置的数据文件
Windows	spfile%ORACLE_SID%.ora	%ORACLE_HOME%\database 或者%ORACLE_HOME%\dbs

pfile 文件和 spfile 是可以相互转换的，sys 用户以 sysdba 权利登录后，可以从 pfile 文件中创建 spfile 文件，例如：

```
CREATE SPFILE = 'D:\oracle\dbs\test_spfile.ora' FROM PFILE = 'C:\oracle\dbs\test_init.ora';
```

这条命令从 pfile 文件中生成了一个 spfile，下面一条命令则由 spfile 文件生成 pfile 文件。

```
CREATE PFILE  = 'C:\oracle\test\init.ora' FROM SPFILE = 'D:\oracle\dbs\test_spfile.ora';
```

作为 DBA，可能会遇到在不停止服务器的情况下动态修改 ORACLE 的工作参数，这个需求可以通过 sys 用户以 sysdba 的权利来进行。

例如，如果在工程中需要修改 ORACLE 内核的工作参数，使处理作业队列的进程数达到 50 个，并且包含一个备注性信息，使修改的参数只在当前服务器运行状态有效（是一个临时的举措，当服务器重启后，设置失效）。命令如下：

```
ALTER SYSTEM SET JOB_QUEUE_PROCESSES = 50
      COMMENT = 'temporary change on July 20'
      SCOPE = MEMORY;
```

同样的修改参数功能，如果运用下述命令：

```
ALTER SYSTEM SET JOB_QUEUE_PROCESSES = 50
      COMMENT = 'change on July 20 to spfile'
      SCOPE = SPFILE;
```

则参数的改变仅对 spfile 文件有效，修改后的参数只记录在了 spfile 中，只有当下次重新启动服务器后被修改的参数值才能起作用。如果想使参数立即起作用并且也修改 spfile 中的内容，可用“SCOPE = BOTH”选项。当然，动态参数可用这个选项立即生效；静态参数是不允许使用这个选项修改的。Oracle 的工作参数可以通过表 2-5 列出的方法或视图查看、必须以 system 用户登录方可使用这些方法或视图。

表 2-5　能够查看服务器参数设置的几种方法

视图或方法	描　　述
SHOW PARAMETERS	用此 SQL*Plus 命令显示目前在使用的参数值
V$PARAMETER	此视图显示当前有效的参数值
V$PARAMETER2	此视图显示当前有效的参数值。在此视图中更容易区分列表参数值，因为每个列表参数值显示为一行
V$SPPARAMETER	此视图显示服务器参数文件的当前内容。如果一个服务器参数文件未被实例使用，该视图在 ISSPECIFIED 列中返回 FALSE 值

2.2 Oracle数据库逻辑存储结构

数据库的物理存储结构是一系列的操作系统文件,是真正存储数据的地方。如果把直接的物理文件作为数据库管理者和开发工程师维护与使用数据库的对象的话,对于数据库的维护与使用就太过琐碎。因为操作系统不同,物理文件的命名与维护方式等可能不同,这样无形中增加了用户对数据库操作使用的复杂度。因此,在使用层面,Oracle中用户是不直接操作物理文件的。

Oracle对存储空间的管理和分配并不是以物理文件为单位的,而是在逻辑上定义了一组存储单元,以逐层细分与抽象的思想将数据库对象占用的存储空间依次划分为表空间、段、盘区和数据块。表空间是最大的逻辑存储单元,一个数据库从逻辑结构上划分为多个表空间;一个表空间继续划分为多个段;一个段又被划分为多个盘区,盘区是最小的磁盘空间分配单元;一个盘区又被划分为多个数据块,数据块是Oracle最小的数据读写单元。因此,Oracle对存储空间的管理和分配是在数据库的逻辑存储结构上进行的,如图2-10所示。

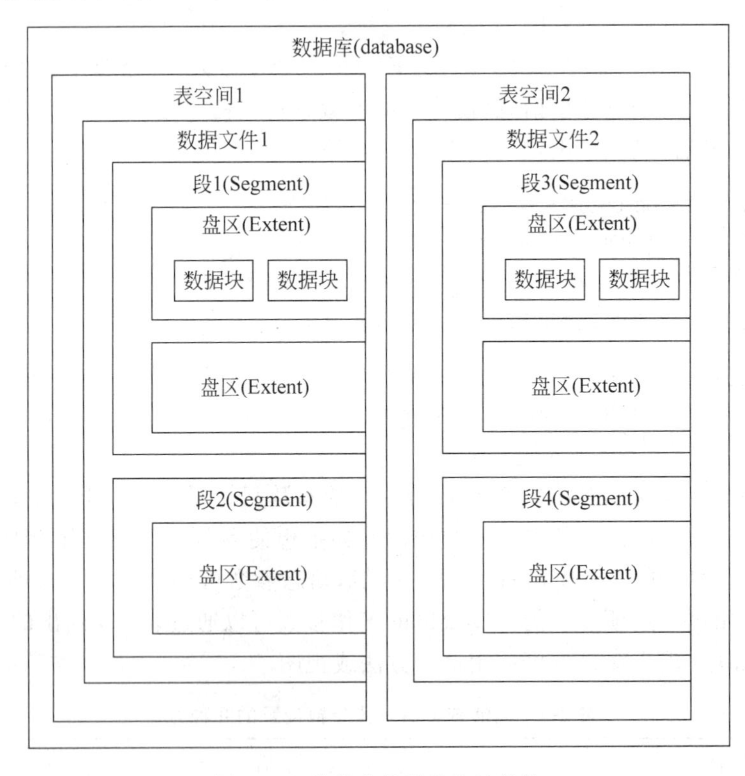

图2-10 数据库的逻辑存储结构

2.2.1 表空间

表空间(Tablespace)是Oracle数据库中最大的逻辑存储结构。一个数据库被划分为一个或多个表空间,数据库中所有的数据都被存储在表空间中。从物理存储结构上说,数据库中的所有数据都被存储在数据文件中。所以,逻辑结构上的表空间与物理结构上的数据文件是相关联的：数据库中的一个表空间至少包含一个或多个数据文件，而一个数据文件只能属于一个表空间。这种关联实现了数据库的逻辑存储结构和物理存储结构的统一。

如图 2-11 所示，一个表空间中包含了多个数据文件，多个方案对象被指定存储在该表空间中，实际上它们是存储在表空间的一个或多个数据文件中。一个表空间的大小就等于它包含的所有数据文件大小之和。图 2-11 描述了表空间、数据文件和方案对象的存储结构。

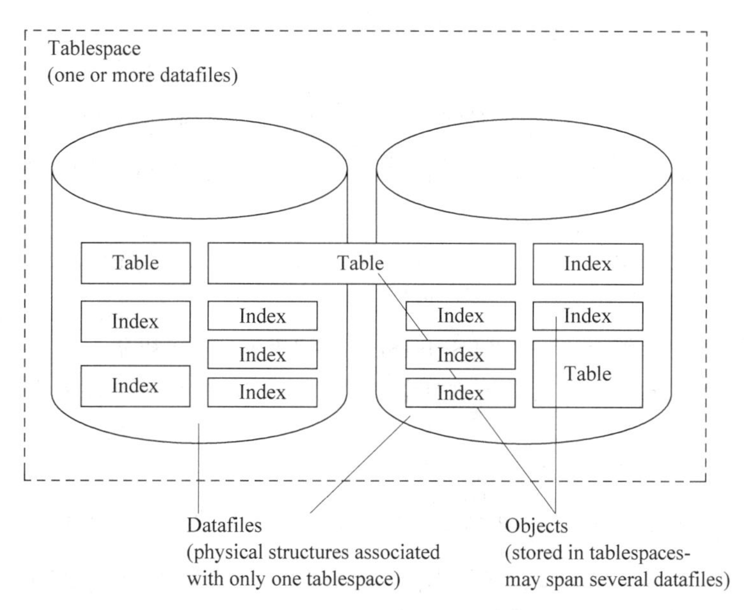

图 2-11　数据库中的表空间、数据文件与方案对象的存储结构

对于新建的数据库，系统自动添加了 system 表空间、sysaux 表空间、temp 表空间、users 表空间、undotbs1 表空间等。其中 system 是系统表空间，默认包含“system01. dbf”数据文件，用于存储系统的数据字典以及系统的管理信息等。sysaux 是系统辅助表空间，默认包括“sysaux01. dbf”数据文件，一般不存储用户数据，由系统自动维护。temp 是临时表空间，默认包括“temp01. dbf”数据文件，用于存储数据库运行过程中产生的临时数据（主要是排序和汇总操作产生的临时数据）。users 是用户表空间，默认包括“user01. dbf”数据文件，用于存储一般用户方案中的表和索引数据。undotbs1 是回滚表空间，默认包括“undotbs01. dbf”数据文件，用于存储修改之前的旧数据（这些物理文件名的 01 后缀，是出于后续扩充表空间的管理需要）。

随着数据库中新数据的不断增加，数据库的存储容量可能不够容纳新数据，这时可以通过以下三种方式增加数据库的容量（只允许 DBA 角色的用户来完成此项操作，如 system 用户）：

① 为已有的表空间追加新的数据文件：

```
ALTER TABLESPACE TS_TEST ADD
DATAFILE 'F:\ORACLE\PRODUCT\10.2.0\ORADATA\ORCL\TS_TEST2.DBF' SIZE 100M;
```

上述命令给已有的表空间“TS_TEST”扩展 100MB 的存储空间。

```
ALTER TABLESPACE TS_TEST ADD
DATAFILE 'F:\ORACLE\PRODUCT\10.2.0\ORADATA\ORCL\TS_TEST3.DBF'
SIZE 10M AUTOEXTEND ON NEXT 5M MAXSIZE UNLIMITED;
```


上述命令为已有的表空间“TS_TEST”扩展10MB的存储空间，当10M表空间用完后，系统再为其自动扩展5MB的空间，数据文件最大无限制（只受操作系统文件系统限制）。为表空间扩容时，支撑表空间的物理文件可以位于磁盘上空间充裕的任何位置。

② 为数据库创建新的表空间：

```
CREATE TABLESPACE TS_CRM
DATAFILE 'F:\ORACLE\PRODUCT\10.2.0\ORADATA\ORCL\TS_CRM.DBF' SIZE 100M;
```

上述命令为数据库创建了一个新的表空间“TS_CRM”，其大小为100MB。

```
CREATE TABLESPACE TS_HISDATA
DATAFILE 'F:\ORACLE\PRODUCT\10.2.0\ORADATA\ORa10g\TS_HISDATA01.DBF'
SIZE 10M AUTOEXTEND ON NEXT 5M MAXSIZE UNLIMITED;
```

上述命令为数据库创建了一个“TS_HISDATA”表空间，其初始大小为10MB，表空间用满后，每次以5MB的步长为其扩张磁盘空间，支撑表空间的数据文件大小无限制。

③ 增大现有数据文件的容量：

```
ALTER DATABASE
DATAFILE 'F:\ORACLE\PRODUCT\10.2.0\ORADATA\ORCL\TS_CRM.DBF' RESIZE 500M;
```

上述命令将表空间文件“F:\ORACLE\PRODUCT\10.2.0\ORADATA\ORCL\TS_CRM.DBF”的大小进行了增加，增大到500MB。

2.2.2 段

一个表空间可以被划分为若干个段（segment），一个段又可以被划分为若干个盘区。段虽然不是存储空间的分配单位，但系统会为每一个被存储的方案对象分配一个段。Oracle为段分配磁盘空间是以盘区为单位，当段内已有的盘区没有可用空间时，Oracle会为此段分配一个新的盘区。由于盘区是随需分配的，所以一个段内的盘区在磁盘上不一定是连续的。

一个段以及属于它的所有盘区必须被包含在同一个表空间中。但同一个段的不同盘区可以分布在多个数据文件上，如图2-10所示，即段可以跨文件存储。但是每个盘区的空间只能在同一个数据文件内。根据段中存储的数据特征，段可以分为以下几种类型：

- 数据段：用于存储表中的数据。当用户创建表的时候，系统会在指定的或默认的表空间中为该表创建一个数据段，并指定盘区的初始大小。一个表空间中包含了多少个表就会有多少个数据段，而且数据段的名字与表名相同。
- 索引段：用于存储在表中创建的索引数据。非分区索引（not partitioned index）使用一个索引段（index segment）来存储数据。而对于分区索引（partitioned index），每个分区使用一个索引段来容纳其数据。执行CREATE INDEX命令时，系统将为索引或索引的分区创建索引段，并且可以指定索引段的存储参数。
- 临时段：当Oracle处理一个查询时，经常需要为SQL语句的解析与执行的中间结果创建临时段。例如,Oracle 在进行排序操作、内联视图时就需要使用临时段。

- 回滚段：回滚段用于存放数据修改之前的值(包括数据修改之前的位置和值),以备用户执行回滚操作时使用(类似草稿纸)。回滚段的头部包含正在使用的该回滚段事务的信息。一个事务只能使用一个回滚段来存放它的回滚信息。
- LOB 段：当数据库中需要存储 CLOB 或 BLOB 等大对象类型的数据时,系统将创建 LOB 段,该段独立于表中的其他数据段。

2.2.3 盘区

盘区(extent)是逻辑存储结构中的一个重要概念,因为它是 Oracle 最小的磁盘空间分配单元。一个或多个数据块组成一个盘区,一个或多个盘区组成一个段。当一个段没有可利用的空间时,系统会以盘区为单位给段分配新的磁盘空间。

每当用户创建新表时,Oracle 会为此表的数据段分配一个包含若干个数据块的初始盘区：虽然此时数据表中还没有数据,但是初始始盘区中的数据块已经为插入新数据做好了准备,可以在创建表的命令(CREATE TABLE)中的 storage 子句中设定存储参数,决定创建表时为其数据段分配多少初始空间、最多包含多少盘区、盘区的增长量等。如果用户没有为表设定这些存储参数,那么在创建表时将使用所在表空间的默认存储参数(DBA_TABLESPACES 记录着表空间的默认存储参数)。

Oracle 在创建新的盘区时,根据所在表空间的管理方式(本地管理或数据字典管理,建议采用本地管理方式)选择磁盘空间的分配算法。当采用本地磁盘管理时,Oracle 首先为该新盘区选择一个属于此表空间的数据文件,再根据此数据文件的位图(bitmap)来查找空闲的数据块,若该数据文件中没有足够的连续可用空间,那么 Oracle 将在其他的数据文件中查找并创建新盘区。也就是说,一个段的不同盘区可能会分布在不同的数据文件中。当用户将一个段中存储的方案对象彻底删除时,该段中的盘区也将被回收,同时 Oracle 修改该盘区占用的数据文件的位图,将这些回收的盘区标记为可用状态。

在为数据存储对象分配盘区时相关的几个主要参数,如表 2-6 所示。

表 2-6 与数据对象存储相关的存数参数

参 数 名	描 述
INITIAL	分配给 Segment 的第一个 Extent 的大小,以字节为单位,这个参数不能在 ALTER 语句中改变,如果指定的值小于最小值,则按最小值创建。最小值：2,默认值：5,最大值：受操作系统限定
NEXT	第二个 Extent 的大小等于 NEXT 的初值(最小值：1,默认值：5),以后的 NEXT=前一 NEXT *(1+PCTINCREASE/100),如果指定的值小于最小值,则按最小值创建。如果在 ALTER 语句中改变 NEXT 的值,则下一个分配的 Extent 将具有指定的大小,而不管上一次分配的 Extent 大小和 PCTINCREASE 参数值。在默认情况下以字节为单位,可用 K/M 等显式表示
MINEXTENTS	Segment 第一次创建时分配的 Extent 数量。最小值：1,默认值：1,最大值：受操作系统限定(对于回滚段,默认值与最小值均为 2)
MAXEXTENTS	随着 Segment 中数据量的增长,最多可分配的 Extent 数量 最小值：根据数据块大小而定,默认值：1(Extent)、回滚段为 2 个 Extent,最大值：无限制

续表

参数名	描述
PCTINCREASE	指定第三个及其后的 Extent 相对于上一个 Extent 所增加的百分比，如果 PCTINCREASE 为 0，则 Segment 中所有新增加的 Extent 的大小都相同，等于 NEXT 的值，如果 PCTINCREASE 大于 0，则每次计算 NEXT 的值(用上面的公式)，PCTINCREASE 不能为负数。创建回滚段时，不可指定此参数，回滚段中此参数固定为 0。此项默认值：50，最小值：0，最大值：受操作系统限定
BUFFER POOL	给模式对象定义默认缓冲池(高速缓存)，该对象的所有块都存储在指定的高速缓存中，对于表空间或回滚段无效

例如：创建一个表 his_data 并指定其存储参数，所用的语句如下：

```
CREATE TABLE his_data(Hid number(10),Huuid number(12),Msgdata number(11,5),Rtime date,
  CONSTRAINT xPK Primary Key(Hid))
  STORAGE(
  INITIAL 100K
  NEXT 100K
  MINEXTENTS 2
  MAXEXTENTS 100
  PCTINCREASE 100);
```

说明：初始给 his_data 表分配两个 Extent，第一个 Extent 是 100K，因 INITIAL＝100K；第二个 Extent 是 100K，因 NEXT＝100K；假如因表内数据增长，需要分配第三个 Extent，因 PCTINCREASE 是 100，则：

第三个 Extent＝100 * (1＋100/100)K＝200K。

第四个 Extent＝200 * (1＋100/100)K＋200K＝400K。

2.2.4 数据块

数据块是 Oracle 最小的逻辑存储单元，是最基本的数据存取单位。Oracle 从数据文件中存取数据时以数据块为单位进行输入输出操作。一个数据块是包括数据库中多个字节的物理空间，其默认大小由该数据库的参数文件中的 db_block_size 值指定，可以是 2KB、4KB、8KB、16KB 或者 32KB。在 Oracle 9i 以前的版本中，所有表空间的数据块大小都是相同的，都是 db_block_size 指定的值。但是在 Oracle 9i、Oracle 10g 以后的版本中，创建表空间时可以使用 db_block_size 参数单独指定该表空间的数据块大小。Oracle 10g 默认 db_block_size 的大小是 8K。

值得注意的是，数据在操作系统级别被访问的最小物理存储单位是字节(Byte)。每种操作系统都有一个被称为块的参数，但它与数据库中的数据块不同。Oracle 每次获取数据时，总是以数据块的整数倍访问数据，而不是按照操作系统块的大小访问数据。一般情况下，数据库中数据块的大小设为操作系统块大小的整数倍。

数据块中可以存储表(Table)、索引(Index)或簇表(Clustered data)，但其内部结构都是类似的，如图 2-12 所示为数据块结构。

主要包括以下部分：

• 数据块头(Header)：记录了此数据块的概要信息，如数据块的物理地址、所属段的

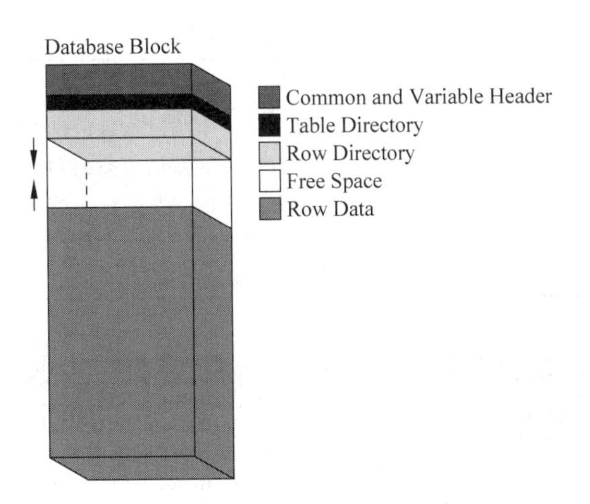

图 2-12　数据块结构

类型(数据段、索引段)等。

- 表目录区(Table Directory)：记录了该数据块中存储的表的相关信息。
- 行目录区(Row Directory)：记录了该数据块中存储的数据行的概要信息，如数据行的地址，或数据行片段的地址(因为一个数据块中可能保存一个完整的数据行，也可能保存数据行的一部分，也就是行片段)。
- 可用空间区(Free Space)：没有存储数据的空闲空间。
- 行数据区(Row Data)：记录了表或索引的实际数据。一个数据行可以跨多个数据块。

2.2.5　逻辑存储结构相关视图

表空间、段、盘区、数据块是 Oracle 数据库的逻辑存储结构的组成部分。如表 2-7 所示为 Oracle 数据库提供的有用的静态数据字典和动态实现视图，用户从中可利用相关数据对数据库进行分管理。如图 2-13 所示为利用视图查询表空间的示例(system 用户登录)。

表 2-7　与表空间、段、盘区相关的视图

视　　图	描　　述
V$TABLESPACE	表空间的编号和名字，数据来自控制文件
DBA_TABLESPACES, USER_TABLESPACES	所有表空间的描述信息
DBA_TABLESPACE_GROUPS	表空间分组信息
DBA_SEGMENTS, USER_SEGMENTS	关于和表空间相关的段的信息
DBA_EXTENTS, USER_EXTENTS	所有表空间内的相关盘区信息
DBA_FREE_SPACE, USER_FREE_SPACE	所有表空间内的空闲盘区信息
V$DATAFILE	和表空间相关的所有物理文件
V$TEMPFILE	临时表空间文件
DBA_DATA_FILES	属于表空间的物理文件
DBA_TEMP_FILES	属于临时表空间的物理文件
V$TEMP_EXTENT_MAP	所有本地管理的临时表空间相关的盘区信息
V$TEMP_EXTENT_POOL	所有本地管理的临时表空间的被每个实例使用的缓存

续表

视　　图	描　　述
V$TEMP_SPACE_HEADER	显示每一个临时文件中已使用的和空闲的空间
DBA_USERS	所有用户的默认表空间和临时表空间
DBA_TS_QUOTAS	所有用户的表空间配额列表
V$SORT_SEGMENT	一个实例的任何一个排序段信息
V$TEMPSEG_USAGE	用户使用的临时表空间或者持久性表空间的描述信息

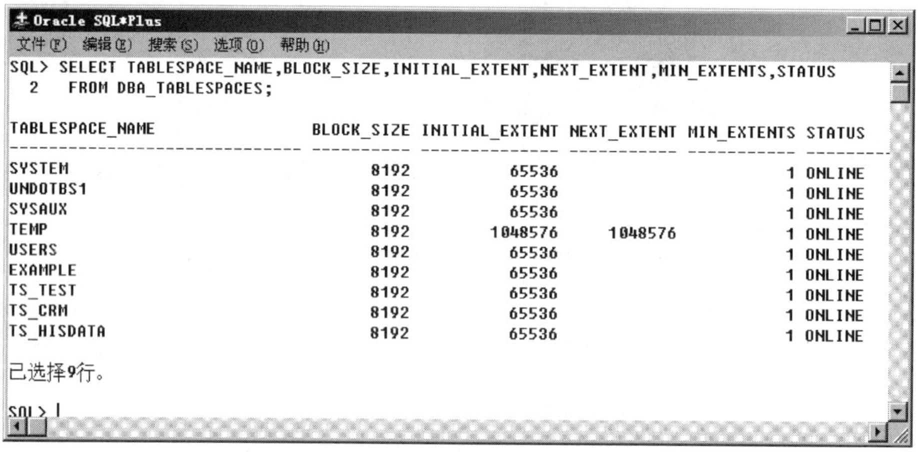

```
Oracle SQL*Plus
文件(F) 编辑(E) 搜索(S) 选项(O) 帮助(H)
SQL> SELECT TABLESPACE_NAME,BLOCK_SIZE,INITIAL_EXTENT,NEXT_EXTENT,MIN_EXTENTS,STATUS
  2    FROM DBA_TABLESPACES;

TABLESPACE_NAME                 BLOCK_SIZE INITIAL_EXTENT NEXT_EXTENT MIN_EXTENTS STATUS
------------------------------ ---------- -------------- ----------- ----------- ---------
SYSTEM                               8192          65536                        1 ONLINE
UNDOTBS1                             8192          65536                        1 ONLINE
SYSAUX                               8192          65536                        1 ONLINE
TEMP                                 8192        1048576     1048576            1 ONLINE
USERS                                8192          65536                        1 ONLINE
EXAMPLE                              8192          65536                        1 ONLINE
TS_TEST                              8192          65536                        1 ONLINE
TS_CRM                               8192          65536                        1 ONLINE
TS_HISDATA                           8192          65536                        1 ONLINE

已选择9行。

SQL>
```

图 2-13　表空间信息查询

2.3　Oracle 数据库实例与结构

一个完整的数据库包括两个部分：数据库和数据库实例(Instance)。数据库是存储数据的多个物理文件的集合，如前面讲的数据文件、重做日志文件、控制文件等，它是静态的、永久的。数据库实例是用户访问数据库的中间层，是使用数据库的手段，它为用户访问数据库提供了必要的内存空间和多个 Oracle 进程，它是动态的、临时的。一个 Oracle 实例由内存空间和 Oracle 进程两部分组成。但是这些内存空间和 Oracle 进程必须在数据库实例启动后才能被分配和运行。一旦用户关闭了数据库实例，系统将回收内存，终止进程的运行。

对于数据库的应用来说，数据库和数据库实例是相辅相成、缺一不可的。如果只有数据库的物理文件，只能说明有数据被存储在数据库中，但是用户无法直接访问。如果只有数据库实例，说明已为数据库的使用做好了准备，可以访问数据库，但不知道要操作的数据在哪里。因此，用户要访问数据库中的数据必须首先启动一个与该数据库对应的实例，然后由该实例加载(mount)和打开(open)数据库的物理文件。这样构成数据库实例的内存区和 Oracle 进程才能对数据库中的数据进行管理和使用。一台计算机上可以同时运行多个数据库实例，每个实例都有一个与之相关的数据库共同工作。Oracle 实例的结构如图 2-14 所示。

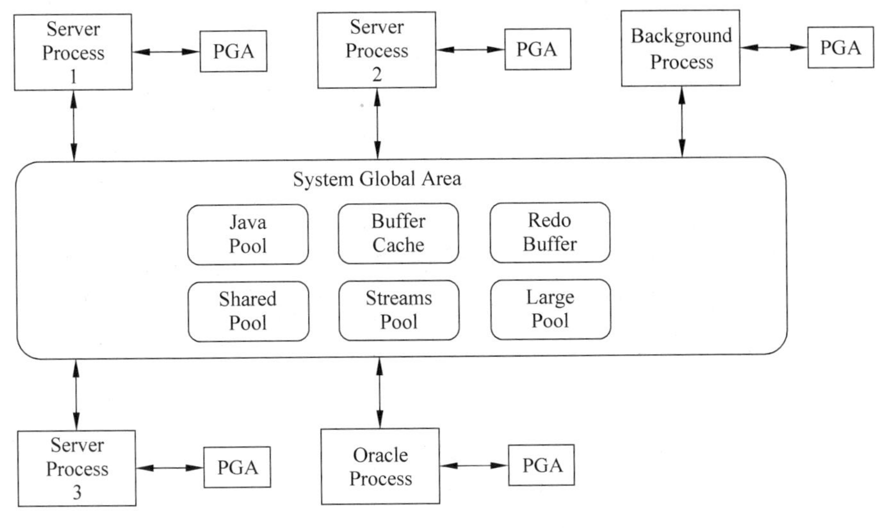

图 2-14 Oracle 实例结构

2.3.1 进程结构

当一个 Oracle 实例被启动时，系统将为该实例启动一系列进程来满足用户对数据库的操作要求。进程是操作系统的基本执行单元，它是具有独立数据处理功能的正在执行的程序，是一系列操作的集合，有时也被称为作业(job)或任务(task)。Oracle 系统的进程包括三种类型：用户进程、服务进程和后台进程。

1. 用户进程(user process)

当用户在客户端运行一个应用程序(如 Pro * C 程序)或 Oracle 工具(如 SQL * Plus)时，系统将为该用户创建一个用户进程。一旦上述程序运行结束，用户进程也将被撤销。用户进程负责与 Oracle 服务器建立连接和会话，并向服务器发出数据处理请求，得到处理结果后再输出给用户。

为了建立与数据库服务器的连接，Oracle 提供了一组网络服务，使数据库操作人员和数据库管理员能够很容易地连接到服务器。对这些网络服务的配置比较方便，用户使用 Oracle 提供的 Net Configuration Assistant (网络配置助手)或 Net Manager (网络管理器)进行配置，对于熟练的用户还可以直接编辑各个网络配置文件，如 listener.ora 文件和 tnsnames.ora 文件(见 2.4 节)。

当用户进程与数据库服务器建立了连接后，Oracle 将为该用户建立一个会话。例如，当用户启动 SQL * Plus 时必须提供有效的用户名和密码，之后 Oracle 为此用户建立一个会话。从用户开始连接直到用户断开连接(或退出数据库应用程序)之前，会话将一直持续。Oracle 允许为一个用户同时创建多个会话，例如 system 用户可以多次连接到同一个 Oracle 实例。

2. 服务进程(server process)

当用户进程提交了数据处理请求后，Oracle 服务器为了响应这种请求，将为该用户进程创建一个服务进程或分配一个空闲的服务进程。服务进程负责在用户进程和 Oracle 实例之间调度请求和响应，主要完成以下工作：解析与运行应用程序提交的 SQL 语句；数据处理时用到的数据如果不在系统全局区(SGA),负责将所需的数据块从磁盘上的数据文件读入 SGA 的数据缓存区;以用户进程能理解的形式返回 SQL 语句的执行结果。

用户进程和服务进程之间的对应关系是由 Oracle 数据库的工作模式决定的。Oracle 数据库通常有两种工作模式:专用服务器模式和共享服务器模式。

(1) 专用服务器模式

专用服务器模式是用户创建 Oracle 数据库时的默认方式,也是多数数据库管理员所选择的运行数据库的方式,它为用户进程和服务进程之间提供了一对一的服务关系。在专用服务器模式中,系统会为每个要与数据库进行连接的用户进程创建它自己的专用服务进程,当用户进程断开连接时,属于它的服务进程被撤销。专用服务器的工作过程如图 2-15 所示。

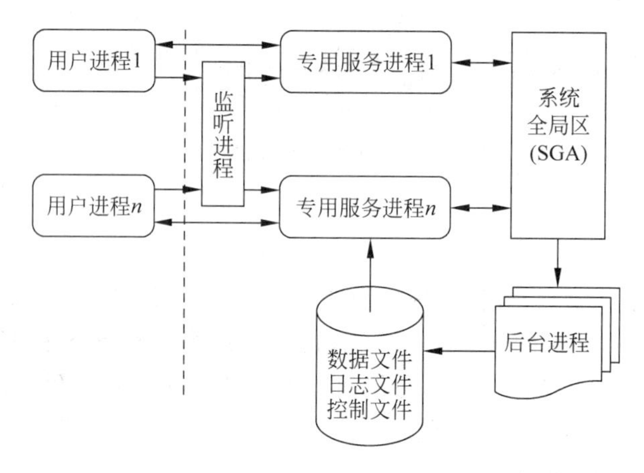

图 2-15　专用服务器模式

从图 2-15 中可以看出专用服务器的工作过程是:当用户进程向数据库服务器提交处理请求时,先由服务器的监听程序(进程)接受请求并检查用户进程提供的连接账号是否合法(用户名/密码)。如果合法,系统将建立一个专用服务进程为该用户进程提供服务。专用服务进程与该用户进程建立连接后,获取要进行处理的命令和数据。服务进程首先去系统全局区中查找需要的数据,如果没有找到要访问的数据,再去数据文件中将数据读取到系统全局区并进行处理,最后将处理的结果返回给用户进程。

(2) 共享服务器模式

共享服务器模式是指当数据库启动时首先创建几个共享服务进程,这些服务进程可以为多个用户进程提供服务,它们之间是一对多的关系。当用户进程向服务器发出请求后,首先由服务器中的监听程序接受请求并检查连接的合法性。如果连接合法,监听程序再将请求传递给一个被称为调度进程的后台进程。该调度进程为用户进程选择服务进程,若没有空闲的服务进程可用,则该请求被放入 SGA 中的一个先进先出的请求队列中。当有空闲的服务进程时,该服务进程从请求队列中取出一个"请求"进行处理,并将处理后的结果放入 SGA 中的一个响应队列中(一个调度进程对应一个响应队列)。最后调度进程从自己的响应队列中取出处理结果返回给用户进程。

共享服务器的工作过程如图 2-16 所示。

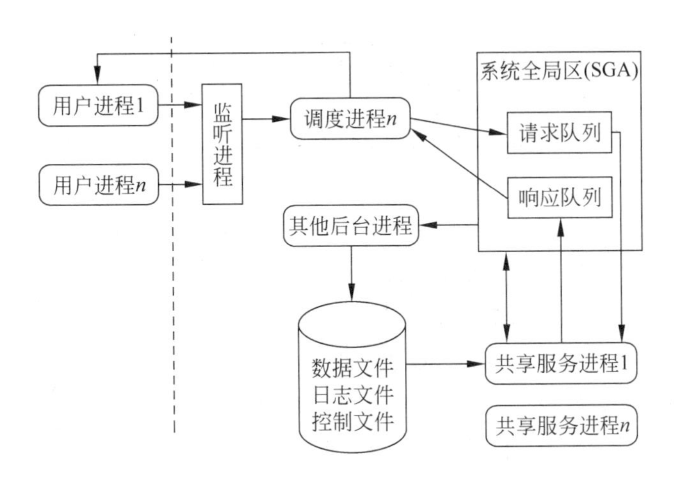

图 2-16　共享服务器模式

3. 后台进程(background process)

Oracle 实例启动时,为了保证该实例的正常使用,系统将为该实例启动一些后台进程。这些进程是操作数据库的基础,不管有没有用户连接数据库,这些进程都会被启动。后台进程为所有连接该实例的用户共享,可以实现对数据库的输入/输出、系统监视、日志归档、进程监控等功能。Oracle 后台进程结构如图 2-17 所示。

(1) 数据写进程

数据写进程(database writer process,DBWn)的功能是将数据缓冲区内修改过的数据(脏数据)写入数据文件。其中 *n* 代表任意整数,表示可以同时启动多个数据写进程,但对于大多数的数据库系统来说,使用一个数据写进程就够了,所以通常该进程被称作 DBWR。如果对数据库中的数据修改比较频繁或者是在多处理器系统中,DBA 可以考虑配置多个数据写进程(DBW1 到 DBW9 与 DBWa 到 DBWj)来提高数据写入的性能。

DBWn 进程通常在以下几种情况下被触发:当一个服务进程将一缓冲区移入"弄脏"列表,该弄脏列表达到临界长度时,该服务进程将通知 DBWn 进程;当一个服务进程在 LRU 列表中查找可用缓冲区时,没有找到合适空间大小的未用缓冲区,该服务进程将通知 DBWn 进程;出现超时(每次 3 秒),DBWn 将通知自身;出现检查点时,LGWR 进程指定某一个已修改的缓冲区表必须写入磁盘。

(2) 日志写进程

日志写进程(log writer process,LGWR)负责将重做日志缓冲区内的日志信息写入磁盘上的重做日志文件中。LGWR 进程将上次写入之后进入缓冲区的所有重做条目写入磁盘中。重做日志缓冲区是一个循环使用的缓冲区,当 LGWR 进程将重做条目写入重做日志文件后,服务进程就可以用新产生的重做条目覆盖原有的日志条目。

LGWR 进程通常在以下几种情况下被触发:当用户进程提交一事务时被触发;每 3 秒触发一次;当重做日志缓冲区的使用容量超过总容量的 1/3;在 DBWn 进程向磁盘写入脏缓冲区之前,所有与被修改数据相关的重做日志记录必须先被写入磁盘,即 DBWn 进程通知 LGWR 进程先进行写入。

(3) 检查点进程

检查点进程(checkpoint process,CKPT)在一个检查点事件发生后被激活。它负责更

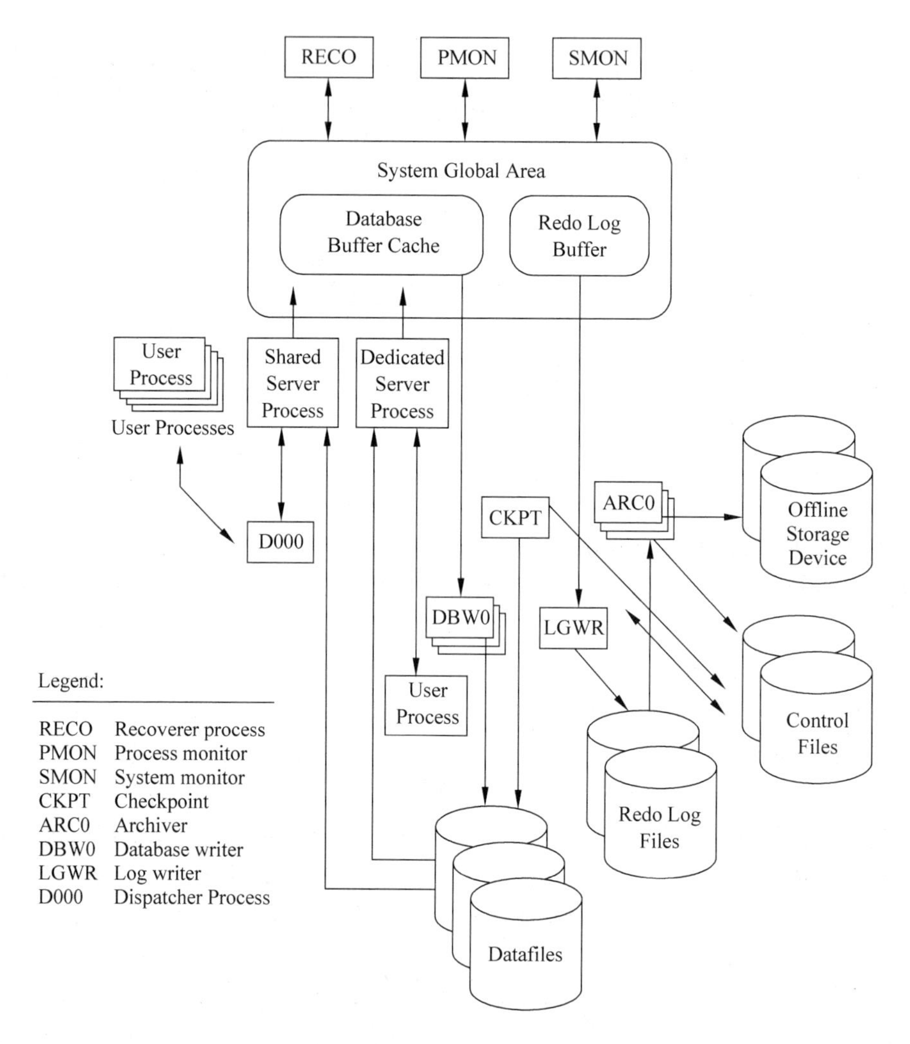

图 2-17 Oracle 后台进程结构

新所有控制文件和数据文件的文件头来记录检查点事件的详细信息。检查点的处理过程是：获取当前数据库实例的状态。确保检查点执行期间数据库处于打开状态；获取当前检查点信息，如当前检查点时间、活动线程、日志文件中恢复截止点的地址信息等；标识所有脏缓冲区，当检查点找到一个脏缓冲区就将其标识为需进行刷新标志，并通知 DBWn 进程写入数据文件；将检查点信息写入控制文件和数据文件的头部。

(4) 系统监控进程

系统监控进程(system monitor process，SMON)负责在数据库实例启动时进行数据库的恢复操作。如果上次关闭时数据库是非正常关闭的，则在下次启动时需要 SMON 进程根据重做日志的内容恢复数据库。此外，SMON 还负责清除系统中不再使用的临时段，以及为表空间合并相邻的可用盘区。在实例恢复过程中，如果由于文件读取错误或所需文件处于脱机状态而导致某些异常终止的事务未被恢复，SMON 将继续在表空间或文件联机后再次恢复这些事务。SMON 进程将被定期启动或由其他进程根据需要来调用。

(5) 用户进程的监控进程

用户进程的监控进程(process monitor,PMON)负责监视用户进程,当发现某个用户进程失败后,负责释放该用户进程所占用的资源。操作过程中,用户可能在没有退出数据库时就直接关闭了某个客户端程序,或者由于网络突然中断造成一个数据库连接异常终止。此时,PMON 进程清除中断或失败的用户进程,包括清除该进程留下的游离态失控进程,回退未提交的事务,重置活动事务表,释放会话所占用的锁、SGA 区、PGA 区等资源,并从活动进程列表中删除出错进程的 ID。除此之外,PMON 进程还会周期性地对调度进程和服务进程进行状态检查与恢复。与 SMON 相似,PMON 也是被定期启动或由其他进程根据需要调用。

(6) 归档进程

归档进程(archiver process, ARCn)在发生日志切换时将重做日志文件中的日志条目复制到指定的归档日志设备中。日志切换是指当前在线日志组被切换到另一个在线日志组的过程。当前在线日志被写满,或者达到某些条件,或者人为切换日志时,都会发生日志切换,实现日志文件的循环使用。只有当数据库运行在归档日志模式下,且自动归档功能被开启时,系统才会启动归档进程。一个 Oracle 实例最多可以运行 10 个 ARCn 进程(ARC0 到 ARC9)。如果当前所有的归档进程还不能满足工作负载的需要,LGWR 进程将启动新的 ARCn 进程,并记录警告日志信息。

(7) 恢复进程

恢复进程(recoverer process, REC0)是在分布式数据库系统中自动解决分布式事务错误的后台进程。只有数据库实例允许分布式事务时才会启动该进程。分布式数据库系统中包含多个数据库实例,这些实例协同工作,能够修改任何一个数据库中的数据,对于用户来说就像一个实例一样。REC0 进程负责检查分布式网络中出现故障的事务,并在多次尝试连接到与故障事务相关的数据库后,负责对该事务进行处理,并从相关数据库的活动事务表中移除和此事务相关的数据。

(8) 调度进程

调度进程(dispatcher process, Dnnn)是数据库运行在共享服务器模式下时需要的一个后台进程。如图 2-16 所示在共享服务器模式中,有限的几个服务进程将为所有连接到数据库的用户进程提供服务,这时需要调度进程在服务进程和用户进程之间进行协调。

在 Oracle 数据库中,数据库实例也可以看做是一组构成 DBMS 的程序运行所需要的内存工作空间和程序运行所形成的进程。这些进程为数据库系统的运行提供了有力的支撑,客户端进程与后台进程、各后台进程之间相互协作,保证了数据库操作正确进行。如表 2-8 所示,为用于监视 Oracle 数据库实例的一些数据字典视图,sys 或者 system 用户可以通过这些视图了解数据库进程及资源使用的一些统计信息。

表 2-8　监视 Oracle 数据库实例的数据字典视图

视　　图	描　　述
V $ PROCESS	包含有关当前活动进程的信息
V $ LOCKED_OBJECT	列出系统中每个事务获取的所有锁
V $ SESSION	列出每个当前会话的会话信息

续表

视　　图	描　　述
V$SESS_IO	包含每个用户会话的 I/O 统计信息
V$SESSION_LONGOPS	显示运行时间超过 6 秒(绝对时间)的各种操作的状态。这些操作目前包括许多备份和恢复功能,统计信息收集和查询执行
V$SESSION_WAIT	列出活动会话正在等待的资源或事件
V$SYSSTAT	包含会话统计信息
V$RESOURCE_LIMIT	提供有关某些系统资源的当前和最大全局资源利用率的信息
V$SQLAREA	包含有关共享 SQL 区域的统计信息,并为每个 SQL 字符串包含一行。还提供有关内存,解析和准备执行的 SQL 语句的统计信息
V$LATCH	包含非父锁存器的统计信息和父锁存器的汇总统计信息

2.3.2 内存结构

如图 2-14 所示,数据库实例被启动后,系统将分配若干个内存区域来存储运行时需要的各种信息,如程序代码、连接的会话信息、进程间共享的通信信息、常用数据和日志的缓存等。Oracle 中的基本内存结构包括:系统全局区(System Global Area, SGA)和程序全局区(Program Global Area, PGA)。其中 SGA 中存储的信息被所有服务进程和后台进程共享,而 PGA 中的信息是每个服务进程和后台进程私有的,只能被该进程自己访问。

1. 系统全局区

SGA 是所有 Oracle 进程都能访问的一组内存区域的集合,包含了 Oracle 服务器的数据和控制信息。当多个用户并发地连接到同一个数据库实例后,这些用户将共享该实例 SGA 中的数据。因此 SGA 也被称为共享全局区(shared global area)。每个实例都有自己的 SGA。当用户启动数据库实例时 Oracle 分配 SGA 内存空间,当用户关闭数据库实例时操作系统回收这些内存空间。

SGA 中主要包括以下内存结构:

(1) 数据缓存区(data buffer cache)

该内存区域存储了数据库中最近使用过的数据,包括从数据文件中读出的数据和写入数据文件的新数据。当 Oracle 的用户进程查询某块数据时,先在数据缓存区内进行搜索。如果在数据缓存区内找到了所需的数据,就可以直接从内存中访问数据;如果找不到,则需要从磁盘中的数据文件里将相应的数据块复制到数据缓存区中再进行访问。

数据缓存区中内存空间的管理和分配是通过待写列表(write list)和最近最少使用列表(Least Recently Used list, LRU)完成的。待写列表中记录的是脏缓冲区,其中的数据已被修改但未写入磁盘。LRU 列表中记录的是可用缓冲区、锁定缓冲区和还没被移入待写列表的脏缓冲区。可用缓冲区内的数据无须继续保留,可用于存储新数据;锁定缓冲区内保存的是正在被访问的数据,该区域不能被重写。系统在查找可用数据缓存区时,将从 LRU 列表中的 LRU 头端开始搜索。

(2) 重做日志缓冲区(redo log buffer)

记录了用户对数据库执行的操作,如 INSERT、UPDATE、CREATE、ALTER 等,是 SGA 中被循环使用的区域。这些信息以重做日志条目的形式进行存储,在重做日志缓冲区内占用连续的内存空间。后台进程 LGWR 负责将该区域的信息写入磁盘的当前重做日志文件中。

(3) 共享池(shared pool)

SGA的共享池内包含库缓存区(library cache)、数据字典缓存区(dictionary cache)、并行执行消息缓冲区(buffers for parallel execution messages),以及用于系统控制的各种内存结构。其中,库缓存区中存储了经常使用的SQL语句的解析树和该语句的执行计划。当一个新的SQL语句被解析后,Oracle会从共享池中分配一块内存空间保存它的解析结果,以后再次执行该语句时可以直接运行。数据字典缓存区用于存储经常被访问的各种数据库对象的解释信息,如数据文件、表、视图、索引、用户等。由于该缓存区中的数据是以数据行形式存储的,所以也被称为行缓存。

(4) java池(Java pool)

SGA中的Java池用来存储会话中执行的Java代码和JVM内的数据,如果不用Java程序就不需要分配该内存空间。系统中的Java池监视器用来收集库缓存区中与Java相关的内存使用情况,并预测java池容量改变对解析性能的影响。

(5) 大型池(Large pool)

数据管理员可以配置一个称为大型池的可选内存区域,供一次性分配大量内存空间时使用,如共享服务器使用的会话内存、I/O服务进程、Oracle备份与恢复操作等都需要数百千字节(KB)的内存空间。与共享池相比,使用大型池更能满足此类操作的要求。

2. 程序全局区

PGA是供各服务进程存储自己的数据及控制信息的内存区域,与SGA相比,PGA是私有的。当服务进程启动时,Oracle将创建属于该进程的PGA区域,并由Oracle代码实现对它的读写操作。

PGA中主要包括以下内存结构:

(1) 私有SQL区

该区域中包含了SQL语句的绑定信息及运行时的内存结构等数据。每个被提交的SQL语句会话都有一个私有SQL区,即使几个会话提交了相同的SQL语句,系统也会为它们单独分配私有SQL区。但是对于SGA来说,它们却共享同一个SQL区。

(2) 游标及SQL区

Oracle预编译程序或者OCI程序的应用开发人员可以显式地打开具体的私有SQL区域的游标或句柄,在程序执行期间使用它们。Oracle隐式执行的一些SQL语句的递归游标使用共享SQL区域。游标关闭或者语句句柄被释放后这些SQL区域才被释放。

(3) 会话内存

该内存用于存储连接数据库用户的当前会话信息,如会话所具有的权限、角色、性能统计信息以及其他与会话有关的信息。该内存空间的分配与服务器运行的模式有关。当服务器运行在共享模式中,会话内存空间是共享的,在SGA中的大型池中分配;当运行在专用服务器模式中,会话内存空间是私有的,在PGA中分配。

2.4 Oracle网络配置文件

Oracle客户端工具或程序对远程数据库服务器进行网络连接时,在客户端需要指定验证方式、连接字符串的解析方式、连接字符串的定义等;在服务器端需要配置监听程序,确保能够接受客户端的连接请求。完成以上网络连接主要使用三个文件：listener. ora、tnsnames. ora 和 sqlnet. ora，它们都是放在 $ORACLE_HOME\NETWORK\ADMIN 目录下。其中 listener. ora 为数据库服务器监听程序工作时需要知道的参数描述文件，在服务器端配置；而 tnsnames. ora 和 sqlnet. ora 包含了客户端的网络连接请求描述文件，在客户端配置。

2.4.1 客户端配置

1. sqlnet. ora 文件

该文件用于指定数据库连接账号的验证方式以及连接字符串的解析方式，也就是说通过该文件决定怎样查找一个连接中出现的连接字符串的定义。该文件中的主要内容包括以下语句：

(1) SQLNET. AUTHENTICATION_SERVICES = (NONE,NTS)

该语句表明用户连接 Oracle 服务器时使用哪种验证方式：NONE 表示 Oracle 数据库身份验证，NTS 表示操作系统身份验证，两种方式可以并用。如果采用操作系统验证方式，连接语句可以写作：SQLPLUS /as sysdba，命令中省略了连接账号和密码。

(2) NAMES. DIRECTOR _ PATH = (TNSNAMES, HOSTNAME, ONAMES, EZCONNECT)

其中各参数意义如下：

- TNSNAMES：表示利用 tnsmames. ora 文件来解析命令中的连接字符串。
- HOSTNAME：表示使用 host 文件、DNS、NIS 等来解析连接字符串。
- ONAMES：表示 Oracle 使用自己的名字服务器(Oracle Name Server)来解析连接字符串。
- EZCONNECT：表示 Oracle 的简单连接命名方法，不需要事先在 tnsnames. ora 文件中或目录系统中定义主机连接字符串，而是直接在命令中指定要连接的主机名、端口号、数据库实例等信息。

例如，命令 SQLPLUS sys/a12345@orcl 中的 orcl 在 TNSNAMES 解析方式下被认为是 tnsnames. ora 文件中定义的连接字符串；在 HOSTNAME 解析方式下被认为是一个主机名；在 ONAMES 解析方式下被认为是 Oracle 名字服务器中已定义的服务器名称(Oracle 不建议采用该方式)。又如，命令 SQLPLUS system/a12345@ localhost:1521/orc 中的"@localhost:1521/orcl"部分就没有使用事先定义好的连接字符串，而是直接指定所连接服务器，这就采用了 EZCONNECT 解析方式，在 localhost 也可以替换成 IP 地址，如：@127.0.0.1:1521/orcl。

2. tnsnames. ora 文件

该文件是 Oracle 客户端配置的另一个重要文件，用来定义客户端连接远程服务器时的主机字符串。只有在 sqlnet. ora 文件中定义 NAMES. DIRECTORY_PATH =(TNSNAMES)时，tnsnames. ora 中定义的连接串才起作用。该文件中一般会有一个或多个这样的条目，用来描述可以连接的远程数据库服务，如图 2-18 所示。

其中的主要内容如下：

- ORCL：表示要连接的远程主机字符串的名称，将用在 SQLPLUS 或 CONNECT 命

```
tnsnames.ora - 记事本
文件(F) 编辑(E) 格式(O) 查看(V) 帮助(H)
# tnsnames.ora Network Configuration File: D:\oracle\product\10.2.0\db_1
\network\admin\tnsnames.ora
# Generated by Oracle configuration tools.

ORCL =
  (DESCRIPTION =
    (ADDRESS = (PROTOCOL = TCP)(HOST = A-DC0DA24E9EFC4)(PORT = 1521))
    (CONNECT_DATA =
      (SERVER = DEDICATED)
      (SERVICE_NAME = orcl)
    )
  )
```

图 2-18　tnsnames.ora 中主机连接字符串的定义

令中的“@”符号后边；或者用在 SQL * Plus 工具的视窗登录界面的“主机字符串(H)：”中。

- ADDRESS：表示要连接的主机名称或 IP 地址、连接协议、要访问的端口号。
- SERVER：表示 Oracle 服务进程的工作模式是专用服务进程工作模式还是共享服务进程工作模式，“DEDICATED”表示专用服务进程工作模式，“SHARE”表示共享服务进程工作模式。
- SERVICE_NAME：表示要连接的远程数据库服务器上的数据库服务名($ORACLE_SID)。

2.4.2　服务器端配置

Oracle 数据库服务器端配置文件是 listener.ora 文件，是 Oracle 监听服务的配置文件。当客户端向服务器提出连接请求时，由监听服务接收并对连接账号进行有效性验证，验证通过后将用户进程转交给服务进程处理。若该文件被破坏，将影响监听服务的正常使用。如图 2-19 所示，该文件中主要定义了监听器的名字、网络协议、服务器主机名或 IP 地址、数据库的端口号等信息。

```
listener.ora - 记事本
文件(F) 编辑(E) 格式(O) 查看(V) 帮助(H)
# listener.ora Network Configuration File: D:\oracle\product\10.2.0\db_1
\network\admin\listener.ora
# Generated by Oracle configuration tools.

SID_LIST_LISTENER =
  (SID_LIST =
    (SID_DESC =
      (SID_NAME = PLSExtProc)
      (ORACLE_HOME = D:\oracle\product\10.2.0\db_1)
      (PROGRAM = extproc)
    )
  )

LISTENER =
  (DESCRIPTION_LIST =
    (DESCRIPTION =
      (ADDRESS = (PROTOCOL = IPC)(KEY = EXTPROC1))
      (ADDRESS = (PROTOCOL = TCP)(HOST = A-DC0DA24E9EFC4)(PORT = 1521))
    )
  )
```

图 2-19　服务器端配置文件 listener.ora 中定义信息

2.5 习　题

一、填空题

1. Oracle 数据库的物理存储结构主要包括 4 类文件，分别是(　　)文件、(　　)文件、(　　)文件和(　　)文件。其中(　　)文件是存储用户数据的地方，(　　)文件存储了数据库的结构，(　　)文件在启动数据库时第一个被访问。

2. 数据库的逻辑存储结构从大到小包括(　　)、(　　)、(　　)、(　　)。其中(　　)是磁盘间的最小分配单元，(　　)是数据存取的最小单元。

3. 一个表空间物理上对应一个或多个(　　)文件。表空间中的某个(　　)可以被包含在两个数据文件中，但是它里边的每个(　　)只能属于一个数据文件。

4. Oracle 的进程结构包括(　　)、(　　)、(　　)。当在客户端运行一个程序或 Oracle 工具时，系统将为用户运行的应用程序建立一个(　　)进程，在服务器端(　　)进程将为它服务。

5. 在 SGA 中(　　)缓冲区是存储用户最新使用过的数据，(　　)缓冲区是循环使用。

6. DBWR 进程负责将(　　)数据写入(　　)中。

7. LGWR 进程负责将(　　)信息写入(　　)中。

8. ARCn 进程负责将(　　)信息写入(　　)中，只有数据库工作在(　　)日志模式下该进程才起作用。

9. 数据库服务进程的工作模式分为：专用服务器模式和(　　)两种，在(　　)模式中用户进程和服务进程是一对一的，在(　　)模式中用户进程和服务进程是一对多的，Dnnn 进程在(　　)模式中起作用。

二、简答题

1. 简述数据库的物理存储结构，并说出每种物理文件的作用。

2. 简述数据库的逻辑存储结构，并说出表空间和数据文件的关系。

3. 简述数据库实例的定义和组成，并说明它与数据库之间的关系。

4. 客户端和服务器端常用的配置文件是什么？它们的作用分别是什么？

5. 通过哪些系统提供的视图可以了解到表空间的物理文件构成？

6. Oracle 逻辑存储结构中的数据块和操作系统文件系统中的数据块是一回事吗？

第3章 用户与权限管理

所谓的数据库用户即使用和共享数据库资源的人。在用户看来,数据库中的数据是以表、视图等方式存储的。另外,用户可以通过为表创建索引来提高查询执行的速度。而Oracle则是通过方案的概念来组织和维护表、视图、索引等数据库对象的。在本章,我们将初步接触用户和方案的概念,并同时介绍用户、方案的创建与管理、用户的授权、用户角色、数据库概要文件等。

本章主要内容

- 用户与方案的概念
- 创建用户
- 系统权限与对象权限
- 角色及其管理
- 管理用户
- 数据库概要文件

3.1 用户与方案

在逻辑存储结构中,包含了只能存储几千字节数据的块,以及可以容纳整个数据库的表空间等多个级别的逻辑存储单元,但是这些逻辑存储单元都不是数据库用户能够直接进行操作的对象,它们只是数据库对象的逻辑存储基础。用户需要直接操作的是类似表、索引、视图这样的对象。在Oracle数据库中,表、索引、视图等对象并不是随意保存在数据库中的,而是通过称作“方案”(Schema)的数据库对象进行组织和管理的。

3.1.1 用户与方案的概念

1. 用户的概念

Oracle用户,通俗地讲就是访问Oracle数据库的“人”,如DBA、开发工程师等。在Oracle中,可以利用各种数据库安全访问机制来控制数据库访问的安全性,这些手段包括用户、权限、角色、存储参数设置、空间配额限制、存取资源限制、数据库审计等。每个用户都有一个用户名、口令和相应的权限,使用正确的用户名、口令才能登录到数据库中进行数据的存取操作。

2. 方案的概念

方案(Schema)是一系列逻辑数据结构或对象的集合。一个方案只能够被一个数据库用户拥有,并且方案的名称与这个用户的名称相同,当创建新用户时,系统自动创建该用户的方案。Oracle 数据库的每一个用户都拥有一个唯一的方案,该用户创建的方案对象默认被保存在自己的方案中。当然,如果该用户有足够的权限,他也可以指定自己建的方案对象保存到其他用户的方案中。

从数据库理论的角度讲,方案是数据库中存储数据的一个逻辑表示或描述,是一系列数据结构和数据对象的组织单元,它既可以是数据库的全局逻辑描述,也可以是数据库的局部逻辑描述。Oracle 中的方案是对数据库的局部逻辑描述。有这样一种情况:数据库用户 A 和数据库用户 B 都想要在数据库中创建一个名为 TEMP 的表,Oracle 允许这种情况发生。因为用户 A 和 B 分别拥有自己的方案,数据库中的对象名只需要在同一个方案中唯一,不同方案中可以具有相同的数据库对象名。两个 TEMP 表需要使用点表示法来进行区分,它们完整的名称分别是 A. TEMP 和 B. TEMP,其中表名前面的 A 和 B 分别表示该表所在的方案名。如果数据库用户 B 要使用 A 创建的 TEMP 表,必须使用 A. TEMP。如果用户 B 要使用自己创建的 TEMP 表,则可以直接使用表名 TEMP 访问。换句话说,当一个用户访问某一个数据库对象时,如果在对象名前省略了方案名,那么系统将去该用户自己的方案下查找要访问的数据库对象。

从以上示例可以看出,方案中的对象是 Oracle 数据库所有对象的一个子集。根据用户的不同需求,可以将整个 Oracle 数据库按照不同方案划分成不同部分。方案对象是一种逻辑数据存储结构,与物理存储结构的数据文件并不存在一一对应关系。Oracle 将方案对象逻辑上存储在某个表空间中,但一个表空间可能包含多个数据文件,因此同一个方案对象在物理上可能被存储在同一个表空间的多个数据文件中。在 Oracle 数据库中所有的方案都可以使用 SQL 创建和操作。

3.1.2 方案对象与非方案对象

1. 方案对象

方案对象是指属于某个方案中的数据库对象。在 Oracle 中,方案对象的类型有表(Table)、索引(Index)、索引组织化表(Index Organized Tables)、簇(Cluster)、触发器(Trigger)、PL/SQL 包(PL/SQLPackage)、序列(Sequence)、同义词(Synonym)、视图(View)、存储函数与存储过程(Stored Function,Procedure)、Java 类与其他 Java 资源(注意,当用户在数据库中创建一个方案对象后,这个方案对象默认属于该用户自己的方案)。用户可以在 OEM 工具的管理选项卡界面上看到方案对象和非方案对象的列表。

2. 非方案对象

Oracle 数据库中并不是所有的对象都是方案对象,还有一些数据库对象不属于任何方案,而属于整个数据库,这些对象被称为非方案对象。非方案对象的类型有表空间(Tablespace)、用户(User)、角色(Role)、目录(Directory)、概要文件(Profile)等。

如图 3-1 所示为方案对象、表空间和数据文件的关系。

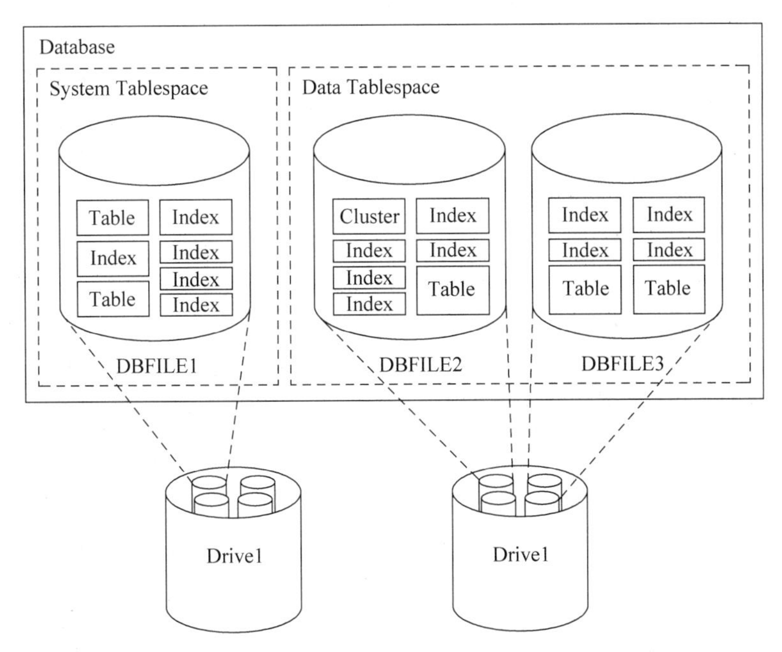

图 3-1　方案对象、表空间和数据文件的关系

3.2　创建用户

使用 SQL * Plus 或 OEM 工具都可以创建用户，创建用户的任务是由 DBA 完成的，也就是说要以 system 用户登录进入 SQL * Plus 来创建用户。一般作为数据库管理员，SQL * Plus 是进行数据库管理的效率最高的工具，经常被 DBA 用来本地或远程连接管理数据库，创建用户、管理用户属性等。SQL * Plus 是 Oracle 数据库中使用最广泛的客户端工具。

3.2.1　用 SQL 命令创建用户

使用 CREATE USER 语句可以创建一个新的数据库用户，需注意的是执行该语句的用户必须具有 CREATE USER 系统权限。CREATE USER 语句的语法格式如下：

```
CREATE USER user_name
IDENTIFIED BY password
[DEFAULT TABLESPACE tablespace_name]
[TEMPORARY TABLESPACE tablespace_name]
[QUOTA quota_number [K | M] | UNLIMITED ON tablespace_name]
[PROFILE profile_name]
[PASSWORD expire]
[ACCOUNT LOCK | UNLOCK]
```

其中各参数的意义如下：

- user_name：新创建的用户名称。
- password：为新用户指定的密码。
- DEFAULT TABLESPACE：为新用户指定默认表空间，用来存储该用户创建的方案对象。

其中 tablespace_name 为指定的表空间名称。省略该参数时默认表空间为 system 表空间,这是应该尽量避免的,因为 system 表空间要用来存放系统数据。通常使用该选项将 users 表空间分配给普通用户使用,在 Oracle 9i 后出于安全考虑,创建用户时若没有指定默认表空间,系统自动设置新创建的用户为 users 表空间。

- TEMPORARY TABLESPACE:为新用户指定临时表空间,存储操作过程中产生的临时数据,其中 tablespace_name 为指定的表空间名称。省略该参数时临时表空间为 temp 表空间。
- QUOTA:为新用户指定磁盘配额,表示该用户在指定的表空间中可以占用的最大磁盘空间。其中,quota_number 表示分配的空间大小,单位可以是 K 或者是 M;UNLIMITED 表示该用户可以使用无限大的空间;ON tablespace_name 指定分配磁盘配额的表空间。在创建用户时如果没有指定 QUOTA 子句,虽然能创建成功并且在授权后也能正常操作,但建议还是加上该子句以明确用户在表空间上的配额。因此,建议在创建用户时一定要指定用户在表空间上的配额。另外,不可以使用该子句限定用户在临时表空间上的配额。
- PROFILE:指定新用户使用的配置文件,profile_name 表示配置文件的名称。省略该项时,将数据库的默认配置文件分配给新用户。
- PASSWORD expire:该选项表示新用户的密码已过期,登录后需要给出新密码。
- ACCOUNT LOCK | UNLOCK:其中 LOCK 表示用户为加锁状态,不能用于连接数据库;UNLOCK 表示用户为解锁状态,允许连接数据库。省略该项时,用户为解锁状态。

例 3.1 创建新用户 zhangsan,密码为 a12345。

```
CREATE USER zhangsan IDENTIFIED BY a12345;
```

例 3.2 创建新用户 lisi,密码为 a12345,表空间为 users,并且在 users 表空间上可以使用 10MB 的磁盘表空间。

```
CREATE USER lisi IDENTIFIED BY a12345
DEFAULT TABLESPACE users QUOTA 10M ON   users;
```

例 3.3 创建新用户 tom,密码为 a12345,并且设置密码已过期,用户的状态为加锁。

```
CREATE USER tom IDENTIFIED BY a12345
PASSWORD expire ACCOUNT lock;
```

如图 3-2 所示,以 system 用户登录 SQL * Plus,用 SQL 命令创建了三个用户。通过数据字典视图 DBA_USERS 可以查看系统中有哪些用户,如图 3-3 所示为通过数据字典视图查询有哪些用户。

3.2.2 权限与角色

连接数据库是对数据库执行各种操作的前提和基础,只有用户能够连接到数据库,才能向数据库发送 SQL 命令,执行对数据库的操作。但是,新创建的用户对数据库是没有任何

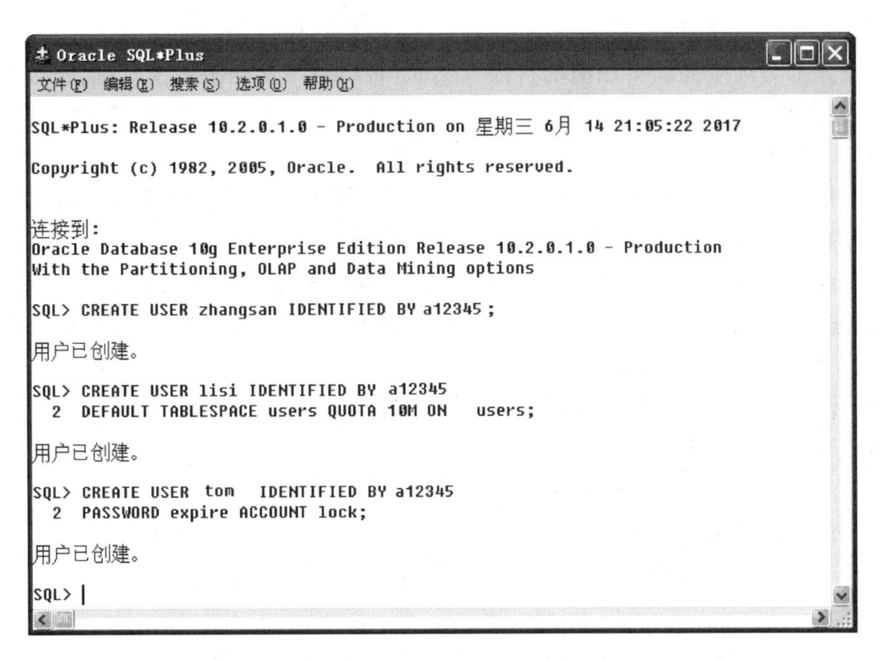

```
Oracle SQL*Plus
文件(F) 编辑(E) 搜索(S) 选项(O) 帮助(H)

SQL*Plus: Release 10.2.0.1.0 - Production on 星期三 6月 14 21:05:22 2017

Copyright (c) 1982, 2005, Oracle.  All rights reserved.


连接到:
Oracle Database 10g Enterprise Edition Release 10.2.0.1.0 - Production
With the Partitioning, OLAP and Data Mining options

SQL> CREATE USER zhangsan IDENTIFIED BY a12345 ;

用户已创建。

SQL> CREATE USER lisi IDENTIFIED BY a12345
  2  DEFAULT TABLESPACE users QUOTA 10M ON   users;

用户已创建。

SQL> CREATE USER tom   IDENTIFIED BY a12345
  2  PASSWORD expire ACCOUNT lock;

用户已创建。

SQL> |
```

图 3-2　用 SQL 命令创建用户

```
Oracle SQL*Plus
文件(F) 编辑(E) 搜索(S) 选项(O) 帮助(H)
SQL> select username,account_status,DEFAULT_TABLESPACE from dba_users;

USERNAME                       ACCOUNT_STATUS                   DEFAULT_TABLESPAC
------------------------------ -------------------------------- -----------------
MGMT_VIEW                      OPEN                             SYSTEM
SYS                            OPEN                             SYSTEM
SYSTEM                         OPEN                             SYSTEM
DBSNMP                         OPEN                             SYSAUX
SYSMAN                         OPEN                             SYSAUX
LISI                           OPEN                             USERS
ZHANGSAN                       OPEN                             USERS
SCOTT                          OPEN                             USERS
REP_USER                       OPEN                             USERS
REP_OWNER                      OPEN                             USERS
TAR_USER                       OPEN                             USERS
SRC_USER                       OPEN                             USERS
OWBRT_SYS                      OPEN                             USERS
OUTLN                          EXPIRED & LOCKED                 SYSTEM
MDSYS                          EXPIRED & LOCKED                 SYSAUX
ORDSYS                         EXPIRED & LOCKED                 SYSAUX
EXFSYS                         EXPIRED & LOCKED                 SYSAUX
DMSYS                          EXPIRED & LOCKED                 SYSAUX
WMSYS                          EXPIRED & LOCKED                 SYSAUX
CTXSYS                         EXPIRED & LOCKED                 SYSAUX
ANONYMOUS                      EXPIRED & LOCKED                 SYSAUX
XDB                            EXPIRED & LOCKED                 SYSAUX
ORDPLUGINS                     EXPIRED & LOCKED                 SYSAUX
SI_INFORMTN_SCHEMA             EXPIRED & LOCKED                 SYSAUX
OLAPSYS                        EXPIRED & LOCKED                 SYSAUX
TSMSYS                         EXPIRED & LOCKED                 USERS
TOM                            EXPIRED & LOCKED                 USERS
MDDATA                         EXPIRED & LOCKED                 USERS
DIP                            EXPIRED & LOCKED                 USERS

已选择29行。
```

图 3-3　通过 DBA_USERS 视图查看所有数据库用户

操作权限的，即使是连接数据库也是不可行的。可以说新用户在数据库中是寸步难行，他想执行任何操作都必须事先获得相应的权限。例如，希望新用户连接数据库，他就必须获得和数据库建立会话的系统权限（CREATE SESSION 权限）或者是连接数据库的角色（CONNECT）。

权限是用户对一项功能的执行权利。在 Oracle 中，根据权限影响的范围，将权限分为系统权限和对象权限两种。

系统权限是指用户在整个数据库中执行某种操作时需要获得的权利，如连接数据库、创建用户、创建表等系统权限。可以在数据字典视图 SYSTEM_PRIVILEGE_ MAP 上执行 SELECT 操作，查看完整的系统权限。

对象权限是指用户对数据库中某个对象操作时需要的权利，主要针对数据库中的表、视图和存储过程等方案对象而言。Oracle 系统权限和对象权限都对用户的操作起到了限制作用，这也在很大程度上保护了数据库的安全性。

在 Oracle 中可以使用 GRANT 命令为用户授予一个或多个对象权限或系统权限，它们只是在语法上稍有不同，详见后面的 3.3 节；使用 REVOKE 命令可以为用户撤销对象权限或系统权限。

在 Oracle 中与权限有关的另一个概念就是角色，使用角色为用户分配权限比较简单、快捷。角色本质上就是一个或多个权限的集合体，将具有相同权限的用户归为同一个角色，这些用户就拥有了该角色中的所有权限。

3.3 系统权限管理

3.3.1 系统权限分类

系统权限是指对整个数据库进行操作时需要获得的权利，系统权限有多项，我们将常用的系统权限列出，如表 3-1 所示。

表 3-1 Oracle 中常用的系统权限

系统权限	说明	系统权限	说明
CREATE [ANY] CLUSTER	创建聚簇	GRANT ANY PRIVLEGE	授予系统任何权限
CREATE [ANY] TABLE	创建表	GRANT ANY ROLE	授予任何角色
CREATE [ANY] INDEX	创建索引	INSERT ANY TABLE	插入任何表
CREATE [ANY] PROCEDURE	创建存储过程	LOCK ANY TABLE	锁定任何表
CREATE [ANY] SEQUENCE	创建序列	RESTRICTED SESSION	限制会话
CREATE [ANY] SNAPSHOT	创建快照	SELECT ANY DICTIONARY	查询任何数据字典
CREATE [ANY] SYNONYM	创建同义词	SELECT ANY SEQUENCE	查询任何序列
CREATE [ANY] TRIGGER	创建触发器	SYSDBA	超级系统管理员
CREATE [ANY] TYPE	创建类型	SYSOPER	普通系统管理员
CREATE [ANY] VIEW	创建视图	UNLIMITED TABLESPACE	无限制表空间
CREATE ROLE	创建角色	BACKUP ANY TABLE	备份任何表
CREATE SESSION	创建会话	ANALYZE ANY	分析任何数据库对象

续表

系统权限	说明	系统权限	说明
CREATE TABLESPACE	创建表空间	ALTER ANY CLUSTER	修改任何聚簇
CREATE USER	创建用户	ALTER ANY INDEX	修改任何索引
DEBUG ANY PROCEDURE	调试任何过程	ALTER ANY PROCEDURE	修改任何过程
DELETE ANY TABLE	删除任何表	ALTER ANY ROLE	修改任何角色
DROP ANY CLUSTER	删除任何聚簇	ALTER ANY TYPE	修改任何类型
DROP ANY INDEX	删除任何索引	ALTER ANY TRIGGER	修改任何触发器
DROP ANY PROCEDURE	删除任何过程	ALTER ANY TABLE	修改任何表
DROP ANY ROLE	删除任何角色	ALTER ANY SNAPSHOT	修改任何快照
DROP ANY SEQUENCE	删除任何序列	ALTER ANY SEQUENCE	修改任何序列
DROP ANY SNAPSHOT	删除任何快照	ALTER RESOURCE COST	修改资源代价
DROP ANY SYNONYM	删除任何同义词	ALTER PROFILE	修改概要文件
DROP ANY TABLE	删除任何表	ALTER DATABASE	修改数据库
DROP ANY TRIGGER	删除任何触发器	ALTER SYSTEM	修改系统环境
DROP ANY TYPE	删除任何类型	ALTER USER	修改用户
DROP ANY VIEW	删除任何视图	ALTER TABLESPACE	修改表空间
DROP PROFILE	删除概要文件	ALTER SESSION	修改会话
DROP USER	删除用户	AUDIT ANY	审计任何对象
EXECUTE ANY PROCEDURE	执行存储过程		

3.3.2 系统权限的授权

如果用户需要在数据库中执行某种操作，那么事先应具有该操作对应的系统权限。系统权限可以由具有 DBA 角色的用户授权，通常由 sys 或 system 用户执行授权操作；也可以由对该权限具有 WITH ADMIN OPTION 选项的用户授权。授权的命令格式如下：

```
GRANT system_privilege [,system_privilege] TO user_name [,user_name]
[WITH ADMIN OPTION]
```

其中各参数的意义如下：

- system_privilege：表示要授予的系统权限的名称，该选项允许为用户同时授予多个系统权限，这些权限之间用逗号隔开。
- user_name：表示获得该系统权限的用户名称，该选项允许同时为多个用户授予相同的权限，这些用户之间用逗号隔开。
- WITH ADMIN OPTION：它是可选项，表示将系统权限授予某个用户后，该用户不仅获得该权限的使用权，还获得该权限的管理权，包括可以将该权限继续授予其他用户，或从其他用户处回收该权限。该选项的影响力较大，建议慎重使用。

例 3.4 以 system 用户连接数据库后，创建新用户 zhangsan 和 lisi，并为他们授予 CREATE SESSION 的系统权限。

```
CONNECT system/a12345;
-- 创建新用户 zhangsan 和 lisi
CREATE USER zhangsan IDENTIFIED BY a12345;
```

```
CREATE USER lisi IDENTIFIED BY a12345;
-- 为新用户 zhangsan 授予 CREATE SESSION 系统权限及管理该系统权限的权利
GRANT CREATE SESSION TO zhangsan WITH ADMIN OPTION;
-- 以新用户 zhangsan 连接数据库,并继续为 lisi 授予 CREATE SESSION 权限
CONNECT zhangsan /a12345;
GRANT CREATE SESSION TO lisi;
-- 由于 zhangsan 具有对该权限的管理权利,所以授权成功
-- 以 lisi 连接数据库
CONNECT lisi/a12345;
```

以上语句验证了 GRANT 命令的使用过程和 WITH ADMIN OPTION 选项的作用，新用户 zhangsan 和 lisi 都获得了 CREATE SESSION 权限，都能够成功地连接到数据库。但是，连接到数据库后，两个用户是不是就可以对数据库执行任何操作呢？答案是否定的。因为，对数据库执行任何操作都必须事先获得相应的权限才可以。比如，让 lisi 执行 CREATE TABLE 命令将被拒绝，必须由具有 DBA 角色的用户或具有 WITH ADMIN OPTION 选项的用户事先为 lisi 分配系统权限 CREATE TABLE，操作才可以成功。

3.3.3 系统权限的回收

当某个用户不再需要系统权限时可以将该权限回收，而且回收系统权限的用户不一定是原来分配该权限的用户，只要是具有 DBA 角色或对该系统权限具有 WITH ADMIN OPTION 选项的用户都可以执行回收该系统权限的操作。另外，系统权限无级联关系。比如，用户 A 授予用户 B 权限，用户 B 授予用户 C 权限，如果 A 收回了 B 的权限，C 的权限不受影响。系统权限可以跨用户回收，即 A 可以直接收回 C 用户的权限。

回收系统权限的命令格式如下：

```
REVOKE system_privilege [,system_privilege] FROM user_name [, user_name]
```

该命令可以同时回收多个用户的多个系统权限。

例 3.5 以 system 用户连接数据库，回收 zhangsan 和 lisi 的 CREATE SESSION 系统权限。

```
CONNECT system/a12345;
REVOKE CREATE SESSION FROM zhangsan, lisi;
```

3.4 对象权限管理

Oracle 对象权限是指用户在某个方案(schema)对象上进行操作的权利。例如对表或视图对象执行 INSERT、DELETE、UPDATE、SELECT 操作时，都需要获得相应的权限 Oracle 才允许用户执行。在数据库中，系统权限或对象权限的名称都与其对应的操作名称相同，只是在授权操作和回收操作时命令格式上稍有不同。

3.4.1 对象权限分类

相对于数量众多的系统权限而言，对象权限数量较少，而且容易理解。Oracle 中常见

的对象权限如表 3-2 所示。

表 3-2 Oracle 中常见的对象权限

权限名称	适应的对象类型				
	表	视图	序列	进程	快照
SELECT	*	*	*		*
INSERT	*	*			
UPDATE	*	*			
DELETE	*	*		*	
EXECUTE				*	
ALTER	*		*		
INDEX	*				
REFERENCES	*				

3.4.2 对象权限的授权

如果用户需要对数据库中某个对象执行操作，那么事先应具有该操作对应的对象权限。对象权限可以由具有 DBA 角色的用户授权，通常由 sys 或 system 用户执行授权操作；也可以由对该权限具有 WITH GRANT OPTION 选项的用户授权；还可以由该对象的所有者授权。其命令格式如下：

```
GRANT object_privilege [,object_privilege] ON object_name TO user_name [, user_name]
[WITH GRANT OPTION]
```

其中各参数的意义如下：

- object_privilege：表示要授予的对象权限的名称，该选项允许授予一个对象的多项权限，它们之间用逗号隔开。
- object_name：表示权限操作的对象名称。
- user_name：表示获得对象权限的用户名称，该选项允许同时为多个用户授予相同的权限，他们之间用逗号隔开。
- WITH GRANT OPTION：它是可选项，表示将对象权限授予某个用户后，该用户不仅获得该权限的使用权，还获得该权限的管理权，包括可以将该权限继续授予其他用户，或从其他用户处回收该权限。该选项的影响力较大，建议慎重使用。

例 3.6 将 scott.emp 表的 SELECT 权限和 UPDATE 权限授予新用户 zhangsan 和 lisi。

可以用三种方式实现这一需求：

方式一：以 syntem 用户登录执行授权操作。

```
CONNECT system/a12345;
GRANT SELECT, UPDATE ON scott.emp TO zhangsan, lisi;
```

方式二：以 scott 用户登录执行授权操作。

```
CONNECT scott/tiger; --假设 scott 用户的登录密码是 tiger
```

```
GRANT SELECT,UPDATE ON emp TO zhangsan, lisi;
```

方式三：先将权限授予 zhangsan，再由 zhangsan 继续授予 lisi。

```
CONNECT scott/tiger; -- 假设 scott 用户的登录密码是 tiger
GRANT SELECT,UPDATE ON emp TO zhangsan WITH GRANT OPTION;
CONNECT zhangsan/a12345 ;
GRANT SELECT,UPDATE ON scott.emp TO lisi;
```

3.4.3 对象权限的回收

若不再允许用户操作某个数据库对象，那么应该将分配给该用户的权限回收，格式如下：

```
REVOKE object_privilege [,object_privilege] ON object_name FROM user_name [, user_name];
```

在使用 REVOKE 命令执行回收权限的操作时，需要注意两点：

- 回收权限的用户不一定是授予权限的用户，可以是任一个具有 DBA 角色的用户；也可以是该数据库对象的所有者；还可以是对该权限具有 WITH GRANT OPTION 选项的用户。
- 对象权限的回收具有级联的特性，也就是说如果取消了某个用户的对象权限，那么由该用户使用 WITH GRANT OPTION 选项授予其他用户的权限一同被回收。

例 3.7 如果按照例 3.6 中的第三种方式先给用户 zhangsan 授权，然后 zhangsan 再给 lisi 继续授权，那么如果将 zhangsan 的权限回收，根据对象权限的级联特性，lisi 的权限也应该被一同回收，如下所示：

```
CONNECT system/a12345;
REVOKE select on scott .emp FROM zhangsan;
-- 以 lisi 连接数据库，检验 SELECT 权限是否被回收
CONNECT lisi/a12345;
SELECT * FROM scott.emp;
第 1 行出现错误：
ORA - 01031:权限不足
```

由以上执行结果可以看出，在回收了 zhangsan 的 SELECT 权限后，由他分配给 lisi 的 SELECT 权限也一并被回收，从而验证了对象权限在回收时的级联特性。

3.5 角色管理

3.5.1 角色概述

在日常工作中，经常会用到“角色”这个概念，实际上角色就是一组权利的集合，如果某个人充当了某种角色，那么这个人就能够行使该角色赋予他的权利。在数据库管理系统中也使用“角色”管理用户权限。角色能够为用户一次性分配一组权限，而这组权限就是事先分配给该角色的。

角色通常授予一类具有相同权限的用户。当这些用户具有相同角色时，他们具有的权

限就完全相同,通过角色来管理多个用户的多项权限的授予与回收工作,不仅操作简单,而且安全有效。另外,当这些用户的权限发生变化时,我们只需要修改其角色具有的权限就可以了。

在 Oracle 中,角色分为两类:系统预定义角色和用户自定义角色。系统预定义角色是指 Oracle 系统事先创建好的角色,可以直接授予数据库用户。而用户自定义角色是由用户根据业务需要自己创建并授权,然后再将角色授予数据库用户使用。

3.5.2 系统预定义角色

系统预定义角色是在数据库安装后系统自动创建的一些常用角色,如 DBA、RESOURCE 和 CONNECT 等。用户可以通过 SQL * Plus 或 OEM 工具查询或修改系统角色具有的权限。下面简单介绍一下这些系统预定义角色中常用的几个预定义角色的功能。

1. DBA 数据库管理员角色

该角色拥有全部特权,是系统中拥有最高权限的角色,只有 DBA 才可以创建数据库结构,而且在数据库中拥有无限制的空间限额。DBA 用户可以操作全体用户的任意基表而无须授权,包括删除权限,还具有对其他用户授予和回收权限的能力。经常使用的 system 用户就拥有 DBA 角色。DBA 角色的用户权限很高,可以撤销任何其他用户甚至别的 DBA 的权限。当然,这样做很危险,一般不将 DBA 角色随便授予用户。

2. RESOURCE 数据库资源角色

拥有该角色的用户只可以在自己的方案下创建各种数据库对象,如表、序列、存储过程、触发器等,但不可以在其他用户方案下创建这些对象,更不可以创建数据库结构。同时,该角色也没有与数据库创建会话的权限。一般情况下,经核准的、正式的数据库用户可以授予 RESOURCE 角色。

3. CONNECT 数据库连接角色

拥有该角色的用户具有连接数据库和在自己的方案下创建各种数据库对象的系统权限。对其他用户的数据库对象,默认没有任何操作权限。

一般情况下,普通用户应该授予 CONNECT 和 RESOURCE 角色。对于 DBA 管理用户应该授予 CONNECT、RESOURCE 和 DBA 角色。

3.5.3 用户自定义角色

当系统预定义角色不能满足要求时,用户可以根据业务需要自己创建具有某些权限的角色,然后为角色授权,最后再将角色分配给用户。

1. 创建角色

创建角色的命令比较简单,其格式如下:

```
CREATE ROLE role_name;
```

其中,role_name 表示新创建的角色名称。

例 3.8 创建用户角色 testrole。

```
CREATE ROLE testrole;
```

2. 为角色授予权限和回收权限

对于新创建的角色,如果未被授予任何权限,那么该角色即使分配给用户也不起作用,因此,对于新建的角色首先为其授予权限。为角色授予权限和回收权限的命令与对用户的授权操作基本相同,格式如下:

(1) 为角色授予系统权限

```
GRANT system_privilege [,system_privilege] TO role_name
```

(2) 为角色授予对象权限

```
GRANT object_privilege [,object_privilege] ON object_name TO role_name
```

(3) 回收角色的系统权限

```
REVOKE system_privilege [,system_privilege] FROM role_name
```

(4) 回收角色的对象权限

```
REVOKE object_privilege [,object_privilege] ON object_name FROM role_name
```

例 3.9 为上例中创建的角色 testrole 分别授予 CREATE SESSION 系统权限和在 scott. emp 表中执行查询操作的对象权限。

```
GRANT CREATE SESSION TO testrole;
GRANT SELECT ON scott. emp TO testrole;
```

3. 将角色授予用户

将角色授予用户的命令与授予权限的命令基本相同,格式如下:

```
GRANT role_name   TO   user_name
```

例 3.10 在数据库中创建新用户 alien,并将系统角色 RESOURCE 和用户自定义角色 testrole 授予该用户。

```
CONNECT system / abedef ;
CREATE USER alien IDENTIFIED BY abedef;
GRANT RESOURCE, testrole TO alien;
```

例 3.11 为新用户 zhangsan 授予和数据库建立会话的权限,并用 zhangsan 身份连接数据库。

```
-- 以 system 身份连接数据库,并使用 GRANT 命令为新用户授权
CONNECT system/a12345;
GRANT CREATE SESSION TO zhangsan;
-- 授权后,再用 zhangsan 身份连接数据库,操作成功
CONNECT zhangsan /a12345;
```

例 3.12 为新用户 lisi 授予 CONNECT 的角色。

```
GRANT CONNECT TO lisi;
CONNECT lisi/a12345;
```

3.5.4 删除角色

在数据库中，如果不再需要某个用户自定义角色，那么可以通过 SQL 命令删除该角色，命令格式如下：

```
DROP ROLE role_name
```

角色删除后，原来拥有该角色的用户就不再拥有该角色了，相应的权限也就没有了。

例 3.13 删除上例中创建的角色 testrole，并以用户 alien 连接数据库，检验操作是否成功。

```
CONNECT system/abedef;
DROP ROLE testrole;
CONNECT alien/abedef; -- 由于 testrole 角色已被删除,所以 alien 失去了创建会话的权限
```

3.6 管理用户

3.6.1 使用 SQL 命令修改用户

system 用户登录 SQL * Plus 后，使用 ALTER USER 语句修改用户，要求执行该语句的用户必须有 ALTER USER 系统权限。

ALTER USER 语句的格式与 CREATE USER 语句的格式相似，所有在 CREATE USER 语句中用到的选项都可以用在 ALTER USER 语句中，作为被修改的内容。

例 3.14 修改用户 zhangsan 的密码为 ora，并设置默认表空间为 users 表空间，在该表空间中可以使用无限大的磁盘空间。

```
ALTER USER zhangsan IDENTIFIED BY ora
DEFAULT TABLESPACE users
QUOTA UNLIMITED ON users;
```

3.6.2 启用与禁用用户

在 Oracle 中可以禁用用户账户，使它们不能再使用。使用以下语句可以禁用用户账户：

```
ALTER USER user_name   ACCOUNT LOCK;
```

同样使用 ALTER USER 语句也可以启用用户账户：

```
ALTER USER user_name   ACCOUNT   UNLOCK;
```

例 3.15 为数据库中内置的用户账号 scott 解锁，启用该账号，并适当授权后连接数据库。

```
ALTER   USER   scott   IDENTIFIED   BY   tiger   ACCOUNT   UNLOCK;
GRANT   CONNECT,RESOURCE   TO   scott;
CONNECT   scott/tiger;
```

3.6.3 删除用户

某个用户被禁用后，虽然这个用户账户不能被使用，但它还是存在。如果某个用户真的不需要了，可以使用 DROP USER 语句来删除该用户。另外，如果该用户方案中已存在方案对象，则需要带有 CASCADE 子句。DROP USER 语句的命令格式如下：

```
DROP USER user_name [CASCADE]
```

例 3.16 删除用户 zhangsan。

```
DROP USER  zhangsan;
```

3.7 数据库概要文件

3.7.1 数据库概要文件概述

概要文件(profile)是一种对用户能够使用的数据和系统资源进行限制的文件。把概要文件分配给用户，Oracle 就可以对该用户使用的资源进行限制，Oracle 中有一个默认概要文件 DEFAULT，该概要文件对资源的使用进行了一定的限制，但限制比较少，如果创建新用户时没有分配概要文件，那么 Oracle 将自动把默认的概要文件分配给他。多数情况下，系统管理员需要创建一个特定的概要文件，以限制用户所使用的资源，使 Oracle 数据库更安全。

Oracle 可以在两个级别上限制用户对系统资源的使用，一种是在会话级上，另一种是在调用级上。在会话级上，如果用户在一个会话时间段内超过了资源限制参数的最大值，Oracle 将停止当前的操作，回退未提交的事务，并断开连接；在调用级上，如果用户在一条 SQL 执行中超过了资源参数的限制，Oracle 将终止并回退该语句的执行，但当前事务中已执行的所有语句不受影响，且用户会话仍然连接。

对数据库概要文件的使用主要包括三个阶段(以 system 用户登录 SQL * Plus)：

(1) 使用 ALTER SYSTEM 命令修改初始化参数 resource_limit，使资源限制生效。

命令格式如下：

```
ALTER SYSTEM set resource_limit = true;
```

注意：该改变对密码资源无效，密码资源总是可用。

(2) 使用 CREATE PROFILE 命令创建一个对数据库资源进行限制的概要文件。

(3) 使用 CREATE USER 命令或 ALTER USER 命令把概要文件分配给用户。

3.7.2 创建数据库概要文件

使用 CREATE PROFILE 命令在数据库中创建概要文件，其命令格式如下：

```
CREATE PROFILE profile_name
LIMIT
        resource_parameters | password_parameters
```

其中各参数的意义如下：

- profile_name：概要文件的名称。
- resource_parameters：对一个用户指定资源限制的参数。
- password_parameters：口令参数。

1. resource_parameters 部分主要包括的参数

- session_per_user：指定限制用户的并发会话的数目。
- cpu_per_session：指定会话的 CPU 时间限制，单位为百分之一秒。
- cpu_per_call：指定一次调用（解析、执行和提取）的 CPU 时间限制，单位为百分之一秒。
- connect_time：指定会话的总的连接时间，以分钟为单位。
- idle_time：指定会话允许连续不活动的总时间，以分钟为单位，超过该时间，会话将断开。但是长时间运行查询和其他操作的会话不受此限制。
- logical_reads_per_session：指定一个会话允许读的数据块的数目，包括从内存和磁盘读的所有数据块。
- logical_read_per_call：指定一次执行 SQL（解析、执行和提取）调用所允许读的数据块的最大数目。
- private_sga：指定一个会话可以在共享池（SGA）中所允许分配的最大空间，以字节为单位（该限制只在使用共享服务器结构时才有效，会话在 SGA 中的私有空间包括私有的 SQL 和 PL/SQL 使用的空间，但不包括共享的 SQL 和 PL/SQL）。
- composite_limit：指定一个会话的总资源消耗，以 service units 单位表示。Oracle 数据库以有利的方式计算 cpu_per_session、connect_tirne、logical_reads_per_session 和 private_sga 的总 service units。

2. password_parameters 部分主要包括的参数

- failed _login_attempts：指定在用户被锁定之前所允许尝试登录的最大次数。
- password_life_time：指定同一密码所允许使用的天数。
- password_reuse_time 和 password_reuse_max：这两个参数必须互相关联设置，password_reuse_time 指定了密码不能重用前的天数，而 password_reuse_max 则指定了当前密码被重用之前密码改变的次数。两个参数都必须被设置为整数。
- password_lock_time：指定登录尝试失败次数到达后用户的锁定时间，以天为单位。
- password_grace_time：指定宽限天数，从数据库发出警告到登录失效前的天数。如果数据库密码在这中间没有被修改，则过期会失效。
- password_verify_function：该字段允许将复杂的 PL/SQL 密码验证脚本作为参数传递到 CREATE PROFILE 语句。Oracle 数据库提供了一个默认的脚本，但是用户可以创建自己的验证规则或使用第三方软件验证。

例 3.17 创建一个必须改变密码 10 次并于 30 天后才能重新使用该密码的概要文件 new_profile，并将其分配给用户 user1。

```
--创建概要文件
CREATE PROFILE new_profile
LIMIT
```

```
  password _reuse_max 10          -- 在使用之前,密码必须被改变 10 次
  password_reuse_time 30;         -- 30 天内不能使用
-- 创建新用户 user1
CREATE USER user1 IDENTIFIED BY expw1;
-- 将概要文件 new_prof ile 分配给用户 user1
ALTER USER user1 PROFILE new_profile;
```

例 3.18 创建概要文件 pro_userf,包括如下命令中的限制,并将该概要文件分配给用户 user2。

```
CREATE PROFILE pro_userf
LIMIT
sessions_per_user unlimited
cpu_per_session unlimited
cpu_per_call 3000
connect_ time 45
logical_reads_per_session default
logical_reads_per_call 1000
private_sga 15k
composite_limit 5000000;
-- 创建新用户 user2,并将概要文件分配给他
CREATE USER user2 IDENTIFIED BY expw2 PROFILE pro_userf;
```

例 3.19 创建概要文件以对用户的密码进行详细的限制,并将该概要文件分配给用户 user3。

```
CREATE PROFILE pro_userf1
LIMIT
 failed _login_attempts 3
 password_life_tim 60
 password_reuse_t ime 60
 password_reuse_max 5
 password_lock_time 3/1440      -- 为了测试方便设立了 3 分钟后的锁定时间(一天 1440 分钟)
 password_grace_time 10;
 -- 创建新用户 user3,并将概要文件分配给他
 CREATE USER user3 IDENTIFIED BY userc PROFILE pro_userf1;
```

3.7.3 管理数据库概要文件

数据库概要文件创建完成后,可以将其分配给用户使用,也可以对其执行修改或删除操作。

1. 将概要文件分配给用户使用

将概要文件分配给用户使用的方法很简单,可以使用 CREATE USER 命令或 ALTER USER 命令中的 PROFILE 参数指定。

- 在创建用户时指定概要文件。

```
CREATE USER user_name IDENTIFIED BY user_password PROFILE profile_name;
```

- 在修改用户时指定概要文件。

```
ALTER USER user_name PROFILE profile_name;
```

2. 修改概要文件

修改概要文件的命令是 ALTER PROFILE profile_name LIMIT…后面的参数与创建概要文件相同，若某个参数没有明确给出，系统将分配默认值 DEFAULT。

3. 删除概要文件

删除概要文件的命令是 DROP PROFILE profile_name [CASCADE]，其中，CASCADE 表示在删除该概要文件的同时从用户中回收该概要文件，并且 Oracle 会自动把默认的概要文件 DEFAULT 分配给该用户。如果已经将概要文件分配给用户，但在删除时没有使用 CASCADE 选项，则删除失败。

3.7.4 查看概要文件的信息

管理员可以从 OEM 图形化工具中查看概要文件的信息，也可以用 SQL * Plus 从表 3-3 所列的视图中查看与概要文件、用户、资源相关的详细信息。

表 3-3 与用户、概要文件、资源参数相关的视图

视图	描述
DBA_USERS	描述了数据库中用户的信息，包括为用户分配的概要文件
ALL_USERS	列出数据库中的所有用户，但不对其进行描述
USER_USERS	描述了数据库中当前用户的信息，包括为用户分配的概要文件
DBA_TS_QUOTAS USER_TS_QUOTAS	描述表空间的配额分配情况
USER_PASSWORD_LIMITS	描述分配给用户的密码配置文件参数
USER_RESOURCE_LIMITS	描述了资源限制参数信息
DBA_PROFILES	描述了所有概要文件的基本信息
RESOURCE_COST	列出每个资源的成本
V$SESSION	列出每个当前会话的会话信息，包括用户名
V$SESSTAT	列表用户会话统计信息
V$STATNAME	显示 V$SESSTAT 视图中显示的统计信息的解码统计信息名称
PROXY_USERS	描述可以承担其他用户身份的用户

3.8 习题

一、选择题

1. 下列选项中(　　)的表述是不正确的。

   A. 表或索引等对象一定属于某一个方案

   B. 在 Oracle 数据中，方案与数据库用户一一对应

   C. 一个表可以属于多个方案

   D. 一个方案可以拥有多个表

2. 下列(　　)对象属于方案对象。

   A. 数据段　　　　B. 盘区

C. 表　　D. 表空间

3. 以下(　　)命令用来连接 Oracle 数据库。

A. CREATE　　B. CONNECT

C. ALTER　　D. SELECT

二、简答题

1. 简要介绍方案与用户之间的关系。
2. 在 CREATE USER 命令中各个选项的作用是什么？哪些是必须有的？
3. GRANT 命令为用户授予系统权限和对象权限的区别是什么？
4. Oracle 数据库中几个常用的系统预定义角色是什么？它们分别具有什么样的权限？
5. 如何使用数据库概要文件设置系统的安全性？具体步骤有哪些？
6. 创建用户时为什么要指定用户在表空间上的配额？
7. 创建用户时，如果没有指定将来用户数据保存的默认表空间时，默认表空间是哪个？
8. 怎样了解 Oracle 数据库下有哪些用户、用户账号的状态、默认表空间信息？
9. 怎样了解 Oracle 数据库中与用户会话有关的参数详细信息？
10. Oracle 中用户和会话(SESSION)之间的关系是什么？

三、操作题(用命令正确书写)

1. 创建用户 ora_temp，密码为 tem。
2. 将用户 ora_temp 的密码改为 ora。
3. 将用户 ora_temp 的账号锁定。

第 4 章 数据表及其管理

表是 Oracle 数据库应用必不可少的方案对象之一。数据表是用于组织和管理数据的最基本的对象。数据表中的数据是持久化存储的，是非易失的。用户在使用 Oracle 进行信息管理系统的设计与实现时首先就是要设计和实现数据的表示与存储，即表的创建。创建表是 Oracle 最基本的工作。合理地组织与设计数据表对于数据的存储效率与查询效率至关重要。

本章主要内容

- 数据表与存储的数据类型
- 表中数据的增、删、改
- 表结构修改与表摘除
- 数据完整性与实现方法
- 聚簇表、分区表、临时表
- 数据表中数据行结构
- 数据表物理设计案例

4.1 数据表与其存储的数据类型

表是数据库中最基本的操作对象，是实际存放数据的地方。表由行和列组成，表中的一行(ROW)称为一条记录，表中的一列(COLUMN)称为一个字段。在 Oracle 中，表分为系统表和用户表。系统表是创建数据库时就创建好的，用于存放系统自身的相关数据。用户表是用户创建的，用于存放用户数据。系统表中存放的数据也被称为元数据(Metadata)。按照数据保存时间的长短，Oracle 中表又分为永久表和临时表两种。永久表用于长期保存数据，一般意义上的表即指永久表。临时表是指暂时存放在内存中的表，当临时表不再使用时，系统自动把临时表中的数据删除。

4.1.1 基本数据类型

在创建表时，首先需要确定表的结构，即每个表中包含哪些列，每列的数据类型等。数据类型决定了数据的取值范围和存储格式。在 Oracle 系统中，提供了多种数据类型，包括基本数据类型和用户自定义数据类型。基本数据类型大致可分为字符、数值、日期、LOB 和 ROWID 等类型。

1. 字符数据类型

字符数据类型用来存储字母、数字和符号数据。字符数据类型包括 CHAR、

VARCHAR2、NCHAR、NVARCHAR2 和 LONG 等。

- CHAR(*n*)：用于存储长度为 *n* 的定长字符串，最大长度为 2000 字节，未指定长度时默认为 1。当创建一个 CHAR 类型字段时，数据库将保证在这个字段中的所有数据是定义的长度。如果某个数据比定义长度短，那么将用空格在数据的右边补足到定义的长度。如果长度大于定义长度将会触发错误信息。
- VARCHAR2(*n*)：用于存储长度为 *n* 的变长字符串，最大长度为 4000 字节，该类型没有默认长度，使用时必须指定。如果某个数据比定义长度短，那么该字段的长度是实际数据的长度，而不会使用空格填充。
- NCHAR(*n*)：用于存储长度为 *n* 的定长的 Unicode 字符集数据，最大长度为 2000 字节。NCHAR 类型的 1 位既可存储一个字母(或其他符号)，也可以存储一个汉字，这一点和 CHAR 类型不同。
- NVARCHAR2(*n*)：用于存储长度为 *n* 的变长的 Unicode 字符集数据，最大长度为 4000 字节。
- LONG：存储最大长度为 2GB 的变长字符数据。但是有一些限制，一个表中只有一列可以定义为 LONG 型，LONG 列不能定义为主键或唯一约束，不能建立索引，存储过程或函数不能接受 LONG 数据类型的参数。提供 LONG 类型只是为了保证向后兼容性，所以强烈建议新应用中不要使用 LONG 类型，而且在现有的应用中也要尽可能将 LONG 类型转换为 CLOB 类型。

2. 数值数据类型

数值类型最常用的是 NUMBER 类型，也可以使用 INT、INTEGER、SMALLINT、FLOAT、REAL 等。NUMBER 类型可用于存储 0、负数、正数和浮点数，精度可达 38 位。NUMBER 可以通过下列三种方式之一来定义。

- NUMBER(p, s)：其中 p 是精度，表示总的有效数字的个数；s 是小数位数。精度范围可以从 1 到 38，小数位数范围可以在－84 到 127 之间。
- NUMBER(p)：精度为 p 的整数。
- NUMBER：如果没有指明精度和小数位数，则表示精度为 38 的浮点数。

如表 4-1 所示，为数值的精度与小数有效位的存储格式实例。

3. 日期数据类型

- DATE：用于存储日期和时间格式的数据。可以使用函数 SYSDATE 获得当前的日期和时间。每个数据库系统都在初始参数 NLS_DATE_FORMAT 中定义了默认日期格式，通常为 DD-MON-YY 格式表示。
- TIMESTAMP：时间戳类型。与 DATE 数据类型不同，TIMESTAMP 可以包含小数秒(fractional second)，带小数秒的 TIMESTAMP 在小数点右边最多可以保留 9 位。
- TIMESTAMP WITH TIME ZONE：与前一种类型类似，不过它还提供了时区(TIME ZONE)支持。数据中会随 TIMESTAMP 存储有关时区的额外信息，所以原先插入的 TIME ZONE 会与数据一同保留。

4. LOB 数据类型

LOB (Large Object)数据类型存储非结构化数据，比如二进制文件、图形文件或其他外部文件。LOB 可以存储 4GB 大小的数据。数据可以存储到数据库中也可以存储到外部数据文件中。LOB 数据类型有以下几种：

- BLOB：一个二进制大对象。最大大小为(4GB-1) *（数据库块大小）。通常存储二进制大对象,可以是图像、音频文件以及视频文件。
- CLOB：包含单字节或多字节字符的字符大对象。支持固定宽度和可变宽度字符集,均使用数据库字符集。最大大小为(4GB-1) *（数据库块大小）。
- BFILE：包含存储在数据库外部的大型二进制文件的定位器。启用对位于数据库服务器上的外部 LOB 的字节流 I/O 访问。最大大小为 4GB。

5. 其他数据类型

- ROWID：数据库中的每一行都有一个地址,ROWID 数据类型用于存储表中每条记录的物理地址。ROWID 数据类型是 ORACLE 数据表中的一个伪列,它是数据表中每行数据内在的唯一标识。ROWID 值唯一标识数据库中的一行。

  ORACLE10g 中 ROWID 的格式如下：OOOOOOFFFBBBBBBRRR：

  OOOOOO：标识数据库段中的数据对象编号(如 AAAAao)。同一片段中的模式对象(如聚簇表)具有相同的数据对象编号。

  FFF：和包含该行数据的表空间相关的、数据存储于其中的数据文件的编号(如 AAT)。

  BBBBBB：包含行的数据块(如 AAABrX)。块号相对于它们的数据文件,而不是相对于表空间。因此,具有相同块号的两行可以驻留在相同表空间的两个不同的数据文件中。

  RRR：块中的行号。

  ROWID 使用 BASE64 编码对行的物理地址进行编码,编码字符包含 A～Z、a～z、0～9、+和/。
- RAW：这是一种变长二进制数据类型,采用这种数据类型存储的数据不会发生字符集转换,可以把它看做是由数据库存储的信息的二进制字节串。这种类型最多可以存储 2000 字节的信息。
- LONG RAW：能存储多达 2GB 的二进制信息。由于与 LONG 同样的原因,建议在将来的所有开发中都使用 BLOB 类型,另外现有的应用中也应尽可能将 LONG RAW 转换为 BLOB 类型。
- BINARY_FLOAT：32 位浮点数。该数据类型需要 5 个字节,包括长度字节。
- BINARY_DOUBLE：64 位浮点数。该数据类型需要 9 个字节,包括长度字节。

表 4-1　实际数据、数据类型定义和存储数值实例

实际数据	数据类型定义	存储数据
123.89	NUMBER	123.89
123.89	NUMBER(3)	124
123.89	NUMBER(6,2)	123.89
123.89	NUMBER(6,1)	123.9
123.89	NUMBER(3)	出错：超出精度
123.89	NUMBER(4,2)	出错：超出精度

续表

实 际 数 据	数据类型定义	存 储 数 据
123.89	NUMBER(6,-2)	100
0.01234	NUMBER(4,5)	0.01234
0.00012	NUMBER(4,5)	0.00012
0.000127	NUMBER(4,5)	0.00013
0.0000012	NUMBER(2,7)	0.0000012
0.00000123	NUMBER(2,7)	0.0000012
1.2e-4	NUMBER(2,5)	0.00012
1.2e-5	NUMBER(2,5)	0.00001

4.1.2 数据表的创建

创建表可以使用OEM工具,也可以使用SQL命令行CREATE TABLE命令创建新表,作为ORACLE数据库应用与开发者,一般使用SQL命令行创建表是最佳的选择。因为在应用程序产品部署安装时,应用程序的数据库表存储结构是自动安装到数据库中的,所以编写并调试好SQL脚本,并将脚本打包到安装盘后,由应用程序管理配置工具自动完成数据库存储结构的安装。

创建数据库表结构是非常重要的。不过需要该用户具有CREATE TABLE系统权限。如果想在其他用户的方案中创建新表,需要有CREATE ANY TABLE的系统权限。另外,表的创建者还必须具有该表所属的表空间的磁盘空间配额,或UNLIMITED TABLESPACE系统权限。使用SQL命令创建表的语法格式如下:

```
CREATE TABLE  [ schema. ] table_name
(column_name datatype [ DEFAULT expression] [ column_constraint] ,...n)
[PCTFREE integer]
[PCTUSED integer]
[INITRANS integer]
[MAXTRANS integer]
[TABLESPACE tablespace_name]
[STORAGE storage_clause]
```

其中各参数的意义如下:

- schema:新表所属的方案名称。
- table_name:表名称。表名必须遵守数据库对象的命名规范。
- column_name:表中列的名称,列名在表中必须唯一,列名必须遵守数据库对象的命名规范。
- datatype:该列数据所采用的数据类型,有时也包括对数据长度的设置。
- DEFAULT expression:指定所定义的列的默认值为expression表达式的值。
- column_constraint:定义列的完整性约束,详见4.4节。
- PCTFREE:指定表或者分区的每一个数据块为将来更新表行所保留的空间百分比。PCTFREE的值必须是1~99的正整数。0值允许插入新行时整个块都被填充。默认值为10,每块保留10%的空间用于更新现有行,允许插入新行时每块填满到 90%。

- PCTUSED：指定 Oracle 维持表的每个数据块已用空间的最小百分比。PCTUSED 的值必须是 1～99 的正整数，默认值为 40。
- INITRANS：指定分配给表的每一个数据块中的事务条目的初值。该值范围为 1～255，默认值为 1。通常不必改变 INITRANS 的默认值。
- MAXTRANS：指定可更新分配给表的数据块的最大并发事务数。该限制不适用于查询，其值的范围为 1～255，默认值是数据块大小的函数。一般不应更改 MAXTRANS 的默认值。
- TABLESPACE：指定新表所属的表空间。如果省略，系统将表放到用户的默认表空间。
- STORAGE：指定表的存储特征，具体见 2.2.3 节。

例 4.1 在当前方案中创建一个名为 student 的表，包括学号（studentid）、姓名（name）、性别（sex）、出生日期（birthday）四个字段，使用默认的数据表存储特征。

```
CREATE TABLE student
(studentid CHAR(6) ,
name VARCHAR2 (8),
sex CHAR (2),
birthday DATE )
TABLESPACE users;
```

4.1.3 从原始表创建新表

在 CREATE TABLE 语句中使用子查询（SELECT）就可以基于已有的表来创建新表。语法格式如下：

```
CREATE TABLE table_name
[(column_name1, column_name2 ,...)]
AS subquery
```

其中各参数的意义如下：

- column_name：新表的字段名，可以省略。若省略，则新表的字段名与查询结果集中包含的字段同名。用户也可以修改新表中的字段名，但不能修改字段的数据类型和宽度。
- subquery：是指子查询的 SELECT 语句。

例 4.2 将 scott 方案下的 emp 表复制到当前方案中的 emp_new 表。

```
CREATE TABLE emp_new AS SELECT * FROM scott.emp;
```

例 4.3 在当前方案中创建新的雇员表，包括雇员编号（employee_id）、姓名（employee_name）、工作（employee_job）三个字段，内容来源于 scott 方案中的 emp 表的 empno、ename、job 三个字段。

```
CREATE TABLE employee(employee_id,employee_name,employee_job)
AS
SELECT empno, ename, job FROM scott .emp;
```

4.1.4　为表中字段指定默认值

在使用 CREATE TABLE 命令创建新表时可以指定字段的默认值。字段指定了默认值后，当使用 INSERT 语句向表中插入新数据时，若该字段未指定值，那么 Oracle 将自动为该字段插入默认值。每个字段只能设置一个默认值。

例 4.4　重新创建 student 表，并为性别(sex)字段设置默认值'男'。

```
CREATE TABLE student
(studentid CHAR(6) ,
name VARCHAR2 (8),
sex CHAR (2)  DEFAULT  '男',
birthday DATE )
TABLESPACE users;
```

4.1.5　查看表结构的命令 DESCRIBE

表创建完成后，用户可以使用 SQLPLUS 下的 DESCRIBE 命令(可简写为 DESC)查看表结构，其语法格式如下：

```
DESC[RIBE] [schema.]object_ name
```

例 4.5　显示 student 表的表结构。

如图 4-1 所示，在 SQLPLUS 环境下输入 DESC student;显示表结构。

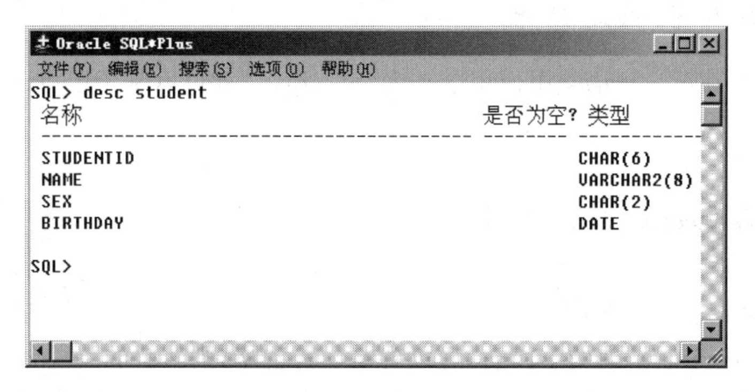

图 4-1　利用 SQLPLUS 的 DESCRIBE 命令显示表结构

4.2　表中数据增、删、改

创建表的目的是利用表来存储和管理数据。实现数据存储的前提是向表中插入数据，没有数据的表只是一个空的表结构，没有任何实际意义。向表中插入数据后，可以根据用户的需要进行数据修改和删除操作。

4.2.1　向表中新增数据(插入)

1. 插入单行数据

INSERT 语句可以向表中插入数据，语法格式如下：

```
INSERT INTO table_name[ ( column_name [,...n])]
VALUES ( expression | NULL | DEFAULT [,...n])
```

其中各参数的意义如下：

- table_name：要插入数据的表名。
- column_name：要插入数据的字段名。如果向表中的所有字段插入数据，则字段名可以省略。
- expression：为相应位置的 column_name 字段指定值的表达式。如果某字段的值未知，可以使用关键字 NULL 将其设置为空值。但如果在表定义中将此字段设置为 NOT NULL，则不能使用 NULL 插入。

如果向表中插入的是常量数据，那么需要注意：

- 数值型常量，可以直接插入数据。
- 字符型和日期型常量插入时需要加单引号。
- 日期型常量的默认格式为：'dd-mm 月-yyyy'，例如，'10-6 月-2017'表示 2017 年 6 月 22 号。

例 4.6 向 student 表中插入一条完整的记录。

```
INSERT INTO student(studentid,name,sex,birthday)
VALUES ('201001', '张三', '男','20 - 5 月 - 1991');
```

或者

```
INSERT  INTO  student
VALUES('201001', '张三', '男','20 - 5 月 - 1991');
```

例 4.7 向 student 表中插入一条记录，只给出部分字段值。

```
INSERT INTO student(studentid,name)
VALUES ( '201002','李四');
```

或者

```
INSERT INTO  student
VALUES ('201002','李四', default, null) ;
```

注意：在使用该命令时，如果省略了表名后面的字段名，则在 VALUES 子句中必须给出所有字段的值或 NULL 值或 DEFAULT 默认值，而且值的顺序要和表中字段的顺序一致。

2. 插入多行数据

使用 INSERT INTO 语句一次只能插入一行数据，若想一次插入多行数据，则需在 INSERT INTO 语句中加入 SELECT 子句。通过 SELECT 子句从其他表中选出符合条件的数据，再将其插入到指定的表中，其语法格式如下：

```
INSERT INTO  dest_table_name [ ( column_name [, ...n])]
SELECT column_name [,...n]
FROM source_table_name
[WHERE search_conditions ]
```

该语句的执行逻辑是：先执行 SELECT 子句，从 source_table_name 表中找出符合条件的行和列，然后将这些数据插入 dest_table_name 表中。

注意：在使用该命令时，要插入数据的表 dest_table_name 必须是已经存在的，不能向不存在的表中插入数据，而且 dest_table_name 表中要插入值的字段应该与 SELECT 子句中查询出来的字段的个数、数据类型、位置相同。

例 4.8 创建 employeel 表，包含三个字段 empid、empname 和 empjob。将例 4.3 的 employee 表中的所有雇员信息插入 employeel 表中。

```
CREATE TABLE employeel
(empid   NUMBER (4),
empname VARCHAR2 (10),
empjob CHAR (9));
INSERT INTO employeel   SELECT   *   FROM   employee;
```

4.2.2 修改表中的数据

表中的数据会随着实际情况的变化不断更新，可以使用 UPDATE 语句修改表中的数据，使其达到用户的要求。UPDATE 语句的语法格式如下：

```
UPDATE table_name
SET   column_name1 = expression1 [, column_name2 = expression2]...|[column_namel[, ...n])
 = subquery
[WHERE search_conditions ]
```

其中各参数的意义如下：

- table_name：要更新数据的表名。
- column_name：要修改数据的字段名。
- expression：更新后的数据值。
- subquery：SELECT 子查询作为字段的新值。
- search_conditions：更新条件，只对表中满足该条件的记录进行更新。省略该项时，将更新表中所有的行。

例 4.9 将 scott 方案下的 emp 表中编号为 7369 的雇员的工作修改为 SALESMAN。

```
UPDATE emp
SET   job = 'SALESMAN' WHERE empno = 7369;
```

例 4.10 将 scott 方案下的 emp 表中编号为 7369 的雇员的工作改为与编号 7902 雇员的工作相同。

```
UPDATE   emp
SET job = (SELECT job   FROM   emp   WHERE   empno = 7902)
WHERE empno = 7369;
```

例 4.11 将 scott 方案下的 emp 表中工作为 SALESMAN 的雇员工资都增加 5%。

```
UPDATE   emp
SET sal = sal + (sal * 0.05)
WHERE job = 'SALESMAN';
```

例 4.12 同时多列更新数据。

```
UPDATE employees a
      SET department_id =
         (SELECT department_id  FROM departments WHERE location_id = '2100'),
        (salary, commission_pct) =
         (SELECT 1.1 * AVG(salary), 1.5 * AVG(commission_pct)
          FROM employees b
          WHERE a.department_id = b.department_id)
WHERE department_id IN (SELECT department_id
                        FROM departments
                        WHERE location_id = 2900 OR location_id = 2700);
```

4.2.3 删除表中的数据

当表中的部分或全部数据无用时，可以使用删除命令将它们从表中删除。常用的删除命令包括 DELETE 和 TRUNCATE TABLE，二者的区别是：

- DELETE 命令是逻辑删除，只是将要删除的行加上删除标记，被删除后可以使用 ROLLBACK 命令回滚，删除操作时间较长；TRUNCATE TABLE 命令是物理删除，将表中的数据永久删除，不能回滚，删除操作快。
- DELETE 命令包含 WHERE 子句，可以删除表中的部分行；TRUNCATE TABLE 命令只能删除表中的所有行。

1. DELETE 命令

DELETE 语句可以用来删除表中数据，语法格式如下：

```
DELETE [ FROM ] table_name
[WHERE search_conditions]
```

其中各参数的意义如下：

- table_name：要删除记录的表名。
- search_conditions：删除表中符合 search_conditions 条件的记录，省略 WHERE 子句时，则删除该表中的所有数据。

例 4.13 删除 scott 方案下的 emp 表中工作为 SALESMAN 的雇员记录。

```
DELETE FROM emp
WHERE job = 'SALESMAN';
-- 查询工作为 SALESMAN 的雇员记录
SELECT * FROM emp WHERE job = 'SALESMAN';       -- 未发现满足条件的记录
-- 使用 ROLLBACK 命令执行回滚删除操作.再重复执行以上查询语句
ROLLBACK;
SELECT * FROM emp WHERE job = 'SALESMAN';       -- 删除操作被回退.查询到数据
```

注意：DELETE 命令只能删除整行记录，而不能删除某条记录中的部分数据。

2. TRUNCATE TABLE 命令

该命令可以用来快速地删除表中的所有记录。这个命令所做的删除不能回滚，对于已经删除的记录不能恢复，语法格式如下：

```
TRUNCATE TABLE table_name;
```

例 4.14 永久删除 employee 表中的所有记录。

```
TRUNCATE TABLE employee;
```

执行此命令后，employee 表中的所有记录都被删除，成为了一个空表，但 employee 表仍然存在。TRUNCATE TABLE 在功能上与不带 WHERE 子句的 DELETE 语句相同，二者都能删除表中的所有记录。

4.3 表结构修改与删除表

4.3.1 表结构修改

在表结构创建好以后，如果发现有令人不满意的地方，还可以对表结构进行修改。修改的操作包括：增加或删除字段；修改字段的名称、数据类型、长度；改变表的名称等。修改表结构的方法有两种：使用 OEM 工具或使用 SQL 语句，使用 SQL 语句对数据库表结构进行修改是数据库管理与开发的基本要求。

使用 SQL 命令修改表结构的语法格式如下：

```
ALTER TABLE [ schema. ] table_name
ADD (column_name datatype [ DEFAULT expression] [ column_constraint] ,...n)
|DROP COLUMN column_name|DROP (coloumn_namel, column_name2, ...n)
|MODIFY (column_name new_datatype [ DEFAULT expression] [ column_constraint] ,...n)
|RENAME COLUMN column_name TO new_cloumn_name
| RENAME TO new_table_name
```

其中各参数的意义如下：

- schema：要修改的表所属的方案名称。
- table_name：要修改的表名称。
- ADD；向表中添加新字段。
- DROP；从表中删除字段。当删除一个字段时，必须在字段名前加上 COLUMN 关键字；当删除的是多个字段时，则需要将多个字段放在括号中，各个字段间用逗号隔开，并且不能使用 COLUMN 关键字。
- MODIFY：修改已有字段的定义。
- RENAME COLUMN：修改字段的名称。
- RENAME：修改表的名称。

其他参数的含义与创建表命令中的参数含义相同。

例 4.15 向 student 表中添加所在系 sdept 字段。

```
ALTER TABLE student
ADD sdept VARCHAR2 (10);
-- 可以使用 DESC 命令查看修改后的表结构
DESC student;
```

例 4.16 向 employee 表中添加性别 sex、年龄 age、工资 salary 三个字段。

```
ALTER TABLE employee
ADD (sex CHAR (2), age INT, salary NUMBER(5,2));
```

例 4.17 删除 employee 表中的性别字段。

```
ALTER TABLE employee
DROP COLUMN sex;
```

例 4.18 删除 employee 表中的年龄和工资字段。

```
ALTER TABLE employee
DROP (age,salary);
```

注意：删除多个字段的命令格式与删除一个字段的命令格式不同。

例 4.19 修改 student 表中所在系 sdept 字段的长度为 30。

```
ALTER TABLE student
 MODIFY sdept VARCHAR2 (30);
```

注意：在修改字段的长度时，如果增加长度，那么无任何限制。但是，如果缩减长度，修改操作是否成功要根据具体情况而定。如果该字段无数据则允许缩减长度，如果该字段已经包含数据，那么只有类似 VARCHAR2 类型的字段在长度缩减后仍然能够容纳现有数据的前提下才可以缩减长度，其他类型，如 CHAR、NUMBER 等不能缩减长度。

例 4.20 修改 student 表中所在系 sdept 字段的字段名为 new_sdept。

```
ALTER TABLE student
RENAME COLUMN sdept TO new_sdept;
```

例 4.21 将 student 表改名为 new_student 表。

```
ALTER TABLE student
RENAME TO new_student
```

执行此命令后，数据库中将不再有 student 表。

4.3.2 删除表（摘除数据表）

在数据库中，如果数据表或表中的全部数据不再需要，而且这些数据不需要再保留时，可以将这样的表从数据库中彻底摘除，也就是说从数据中彻底删除。删除后，表中的数据以及表结构都不存在了。这和前面章节讲的删除表中的数据记录截然不同。

使用 SQL 命令删除表的语法格式如下：

```
DROP TABLE table_name1[,...n]
```

例如，将 new_student 表删除可用如下命令：

```
DROP TABLE new_student;
```

执行此命令后，数据库中将不再有 new_student 表。另外，不慎删除了数据表后，可立即用闪回技术恢复数据表，参见 10.6 节。

4.4 数据完整性与实现方法

通常而言数据完整性是指数据的正确性、一致性和安全性，它是衡量数据库中数据质量好坏的基本条件。当用户执行 INSERT、DELETE 或 UPDATE 语句修改数据库内容时，数据的完整性就可能会遭到破坏。例如可能会出现下列情况：将无效的、不符要求的数据添加到数据表中；将已存在的数据修改为无效的数据；对数据库的修改出现不一致等。

为了解决这些问题，保证数据的完整性和一致性，可以在表上创建约束。约束是保证数据完整性的标准方法，主要包括：主键(PRIMARY KEY)约束、不允许为空(NOT NULL)约束、唯一性(UNIQUE)约束、检查(CHECK)约束、外键(FOREIGN KEY)约束等。

从约束影响的字段个数上，可将约束进一步分为以下两种：

- 列级约束：如果某个约束只作用于某个字段，则称此约束为列级约束。可在此字段定义后面直接写出列级约束，也可以在所有字段定义完成后再定义列级约束。
- 表级约束：如果某个约束作用于多个字段，则称此约束为表级约束。必须在所有字段定义完成之后再定义表级约束。

约束可以在建表的同时定义，也可以在修改表结构的时候定义。

1. 在 CREATE TABLE 语句中定义约束

```
CREATE TABLE [ schema. ] table_name
(column_name1 datatype [ DEFAULT expression]
   [[,][CONSTRAINT constraint_name] constraint_define],
Column_name2 datatype [ DEFAULT expression]
   [[,][CONSTRAINT constraint_name] constraint_define],
…
[, [CONSTRAINT constraint_name] constraint_define][,…])
```

其中各参数的意义如下：

- CONSTRAINT constraint_name：定义约束时，可以在关键字 CONSTRAINT 后面给出约束的名字，该子句也可以省略，此时 Oracle 会自动为约束创建一个名字。
- constraint_define：约束的定义语句，主要包括约束类型的关键字和被约束的字段两部分。

当然，由于不同类型的约束在关键字和对数据进行的限制上不同，所以约束定义语句也不一样。

要注意的是，在使用 CREATE TABLE 命令创建约束时，如果约束只限制某一个字段的取值即列级约束，那么该约束既可以写在当前字段的后面当作字段的属性定义，也可以写在该字段或所有字段的后面独立定义，并用逗号将约束定义语句和字段的定义隔开。如果约束限制两个或以上字段的取值即表级约束，那么该约束定义语句至少要在约束影响的所有字段都定义完成后再单独定义，并用逗号将约束的定义和它前面字段的定义隔开。

2. 在 ALTER TABLE 语句中定义约束

如果要在已有的表上创建约束可以使用 ALTER TABLE 命令，其语法格式如下：

```
ALTER TABLE table_name
```

```
ADD[CONSTRAINT constraint_name] constraint_define
```

使用 ALTER TABLE 语句还可删除约束，其语法格式如下：

```
ALTER TABLE table_name
DROP CONSTRAINT constraint_name
```

这时，只删除了表中的指定约束，并没有删除表。但需注意，当表被删除时，在该表上定义的所有约束将自动取消。

4.4.1 主键约束(PRIMARY KEY)

一个数据表必须由其主键来唯一地标识表中每一条记录，可以实现表的实体完整性。我们可以定义表中的一列或多列为主键，定义为主键的一列或多列的组合值在任意两行上都不能相同，即不能有重复值，并且任一个主属性都不能为空。为了有效实现数据的管理，每张表都应该有自己的主键，且只能有一个主键。

可以使用 SQL 命令创建主键约束，也可以使用 OEM 工具创建主键约束。

主键约束的定义语句如下：

```
[CONSTRAINT constraint_name ] PRIMARY KEY[ ( col_name [, ...n]) ]
```

其中，CONSTRAINT 指定的约束名可以省略；PRIMARY KEY 是主键约束的类型，也是主键约束的关键字；col_name 是定义主键约束的字段，可以是一个，也可以是用逗号隔开的多个字段的组合；若主键约束直接定义在当前字段的后面，则 PRIMARY KEY 后面的字段名必须省略。

例 4.22 在当前方案中创建一个名为 student 的表，包括学号(studentid)、姓名(name)、性别(sex)、出生日期(birthday)四个字段，其中学号(studentid)为主键。

```
CREATE TABLE student
(studentid CHAR(6)   PRIMARY KEY,
 name VARCHAR2 (8),
 sex CHAR (2) DEFAULT '男',
 birthday DATE )
TABLESPACE users;
```

该语句将约束直接定义在字段后面，因此建立约束的字段名必须省略，并且命令中没有提供主键约束的名字，系统会自动为该约束提供一个名字。

该例还可写成如下三种方式实现。

方式一：

```
CREATE TABLE student
(studentid CHAR(6) CONSTRAINT pk_student PRIMARY KEY,
 name VARCHAR2(8),
 sex CHAR (2),
 birthday DATE)
 TABLESPACE users;
```

该例在 studentid 字段上创建主键约束，约束名为 pk_student。

方式二：

```
CREATE TABLE student
(studentID CHAR (6),
 CONSTRAINT pk_student PRIMARY KEY (studentid),
 name VARCHAR2(8),
 sex CHAR (2),
 birthday DATE)
 TABLESPACE users;
```

约束的定义与字段的定义相互独立，两者之间用逗号隔开，此时建立约束的字段名不能省略。

方式三：

```
CREATE TABLE student
(studentID CHAR (6) ,
 name VARCHAR2 (8),
sex CHAR (2),
birthday DATE,
PRIMARY KEY (studentID))
TABLESPACE users;
```

所有的字段都定义完成后，再单独定义约束。

例 4.23 在当前方案中创建一个名为 score 的表，包括学号(studentid)、课程号(courseid)、分数(grade)三个字段，其中学号(studentid)与课程号(couiseid)的组合为主键。

```
CREATE TABLE score
(studentID CHAR (6),
courseiD CHAR(3),
grade NUMBER(5,2),
CONSTRAINT pk_score PRIMARY KEY (studentid, courseid));
```

主键约束定义在多个列上时，任意一列中的值可以重复，但主键中的所有列的组合值必须唯一，而且组合中的每个字段都不能取空值。

例 4.24 先在当前方案中创建一个名为 xs 的表，包括学号(studentid)、姓名(name)、性别(sex)、出生日期(birthday)、身份证号(indentity)五个字段，然后通过修改表，对学号字段创建主键约束。

```
CREATE TABLE xs
(studentid CHAR (6),
 name VARCHAR2(8),
sex CHAR (2) ,
birthday DATE
indentity CHAR(18));
```

然后修改表：

```
ALTER TABLE xs
ADD CONSTRAINT pk_ xs PRIMARY KEY (studentid);
```

或者写成：

```
ALTER TABLE xs ADD   PRIMARY KEY (studentid);
```

注意：在创建主键约束时系统会对现有数据进行检查，若现有数据在该列上出现重复或空值，即现有数据已经违反了主键约束的限制，那么此时系统会提示错误信息，并拒绝执行创建主键约束操作。

例 4.25 删除例 4.24 中创建的主键约束。

```
ALTER TABLE xs
DROP CONSTRAINT pk_xs;
```

4.4.2 非空值列约束(NOT NULL)

不允许为空约束只能定义为列级约束，即一个 NOT NULL 约束只能限制一个字段的取值不能为空，但一个表中可以定义多个 NOT NULL 约束。

NOT NULL 约束的定义方式和其他约束不同，其他类型的约束既可以当作字段的属性定义，也可以独立定义，但 NOT NULL 约束只能当作字段的属性直接定义在字段的后面。

例 4.26 创建一个名为 course 的课程表，包括课程号(courseid)、课程名(name)、学分(credit)，要求课程号、课程名不能为空，在课程号字段定义主键约束。

```
CREATE TABLE course
(courseid CHAR(3) PRIMARY KEY,
 name VARCHAR2(20) NOT NULL,
credit NUMBER (3));
```

也可以在修改表时为字段定义 NOT NULL 约束，例如为上例的课程表的学分字段添加 NOT NULL 约束：

```
ALTER TABLE course MODIFY credit NOT NULL;
```

4.4.3 唯一性约束(UNIQUE)

唯一性约束用来限制表中的非主键列上的数据的唯一性，即表中非主键列不允许输入重复值。一个表上可以定义多个 UNIQUE 约束。

唯一性约束和主键约束有以下区别：

- 一个表只能定义一个 PRIMARY KEY 约束，而一个表可以定义多个 UNIQUE 约束。
- UNIQUE 约束允许在该列上有 NULL 值，而 PRIMARY KEY 不允许有 NULL 值。

可以使用 SQL 命令创建唯一性约束，也可以使用 OEM 工具创建唯一性约束。

使用 SQL 命令创建唯一性约束的语法格式如下：

```
[CONSTRAINT constraint_name ] UNIQUE [ ( col_name [, ...n])]
```

例 4.27 重新创建名为 course 的课程表，包括课程号(courseid)、课程名(name)、学分(credit)字段。要求在课程号字段上定义主键约束，在课程名字段上定义唯一性约束。

```
DROP TABLE course;                    --删除上例中建立的 course 表
CREATE TABLE course
```

```
(courseid CHAR (3) PRIMARY KEY,
name VARCHAR2 (20) UNIQUE,
credit NUMBER (3));
```

例 4.28 在例 4.24 的 xs 表的身份证号码字段上建立唯一性约束。

```
ALTER TABLE xs
ADD CONSTRAINT un_identity UNIQUE (indentity)
```

4.4.4 检查约束(CHECK)

检查约束用来指定某列的可取值的范围,通过限制输入到列中的值来强制域的完整性,即检查输入的每一个数据,只有符合条件的数据才允许输入到表中。CHECK 约束既可以定义为列级约束,也可以定义为表级约束,并且还可以在一个字段上定义多个 CHECK 约束,以它们定义的顺序来检验值的有效性。

使用 SQL 命令创建检查约束的语法格式如下:

```
[CONSTRAINT constraint_name ] CHECK (expression)
```

其中,expression 定义要对字段进行检查的条件,主要是关系表达式和逻辑表达式。表达式中可以包含关系运算符、逻辑运算符和 IN、LIKE 和 BETWEEN 等特殊运算符,表达式的运算结果是布尔值真或假。

例 4.29 重新创建学生表 student,包含学号(studentid)、姓名(name)、性别(sex)、年龄(age)以及所在系(sdept)五个字段,并在年龄字段创建一个 CHECK 约束,使得年龄的值在 18~30 岁之间。

```
DROP TABLE student;
CREATE TABLE student
(studentid CHAR (6) PRIMARY KEY,
name VARCHAR2 (8),
sex CHAR(2),
age number (3) CONSTRAINT ch_age CHECK (age >= 18 AND age <= 30),
sdept varCHAR2 (10));
```

当向该表执行插入或更新操作时,系统会检查插入的新列值是否满足 CHECK 约束的条件,若不满足,系统会报错,并拒绝执行插入或更新操作。

例 4.30 修改学生表 student,在系部字段 sdept 上创建一个 CHECK 约束,以限制只能输入有效的系名称。

```
ALTER TABLE student ADD CONSTRAINT ch_sdept
CHECK (sdept IN ('软件工程系', '计算机应用系','网络工程系'));
```

4.4.5 外键约束(FOREIGN KEY)

外键约束用于与其他表(称为参照表,或父表)中的列(称为参照列)建立连接。将参照表中的主键所在列或具有唯一性约束的列包含在另一个表(称为子表)中,这些列就构成了子表的外键。子表中的外键字段的取值只能在父表的参照列的值范围内,或者为空值。若父表的参照列的某个值被子表的外键引用，那么该值不能被删除，也不能被修改。通过定义外键约束来实现参照完整性。

可以为一个字段定义外键约束，也可以为多个字段的组合定义外键约束。因此，外键约束既可以在列级定义，也可以在表级定义。如果外键约束参照的是自身表的主键，这称为"自引用"。

外键约束即可以用 SQL 命令创建也可以用 OEM 工具创建。

创建外键约束的语法格式如下：

```
[CONSTRAINT constraint_name ] [FOREIGN KEY (col_name1[,…n])]
REFERENCES table_name (column_name1[,…n])
```

其中各参数的意义如下：

FOREIGN KEY (col_name1 [,…n])：本表中要实现外键约束的列。

- table_name：参照表的表名。
- column_name1 [,…n]：参照表中的参照列。

例 4.31 在当前方案下，创建雇员表 employee 和部门表 department，其中 department 表包含部门编号 deptID 和部门名称 deptName，deptID 为主键；employee 表包含职工编号 empID、职工姓名 name、年龄 age、所在部门 deptID，其中 empID 为主键，deptID 为外键。

```
CREATE TABLE department
(deptID Number(3) PRIMARY KEY,
 deptName VARCHAR2 (20) );
CREATE TABLE employee
(empID Number(5) PRIMARY KEY,
name VARCHAR2 (30) NOT NULL,
age NUMBER (3),
deptID  Number(3) REFERENCES department (deptID));
```

注意：当创建外键约束时，被参照的表必须先创建，而且被参照的列必须是主键或唯一键。当定义的是列级约束时，通常将外键约束直接定义在该字段的后面，此时必须省略"FOREIGN KEY(col_namel [,…n])"部分，直接写 REFERENCES 子句，如上例所示。也可以将上面的外键约束单独定义，命令格式如下：

```
CREATE TABLE employee
(empID Number(5) PRIMARY KEY,
name VARCHAR2 (30) NOT NULL,
age NUMBER (3),
deptID  Number(3),
CONSTRAINT fk_emp FOREIGN KEY (deptID) REFERENCES department (deptID));
```

例 4.32 删除 employee 表上的外键约束。

```
ALTER TABLE employee
DROP CONSTRAINT fk_emp;
```

例 4.33 通过 ALTER TABLE 命令在 employee 表上创建外键约束。

```
ALTER TABLE employee
```

```
ADD CONSTRAINT fk_emp FOREIGN KEY (deptID) REFERENCES department (deptID);
```

注意：将外键约束添加到一个已有数据的列上时，默认情况下系统会自动检查表中已有数据，以确保这些数据和参照表中的主键保持一致，或者为 NULL。

4.5 聚 簇 表

聚簇(Clusters)是一个方案对象，它提供了存储数据表的可选方法。聚簇由一组共享相同数据块的表组成。由于这些表共享共同的列(聚簇键)，并且经常一起使用，因此它们被组合在一起。如图 4-2 所示。emp 和 dept 表共享 deptno 列。通过聚簇 emp 和 dept 表，Oracle 数据库实际将来自 emp 表和 dept 表的所有数据按部门编号(deptno)相关联存储在相同的数据块中。聚簇作为组织数据的一种方式，正确使用时可减少磁盘 I/O 次数、提高聚簇表的连接访问速度。

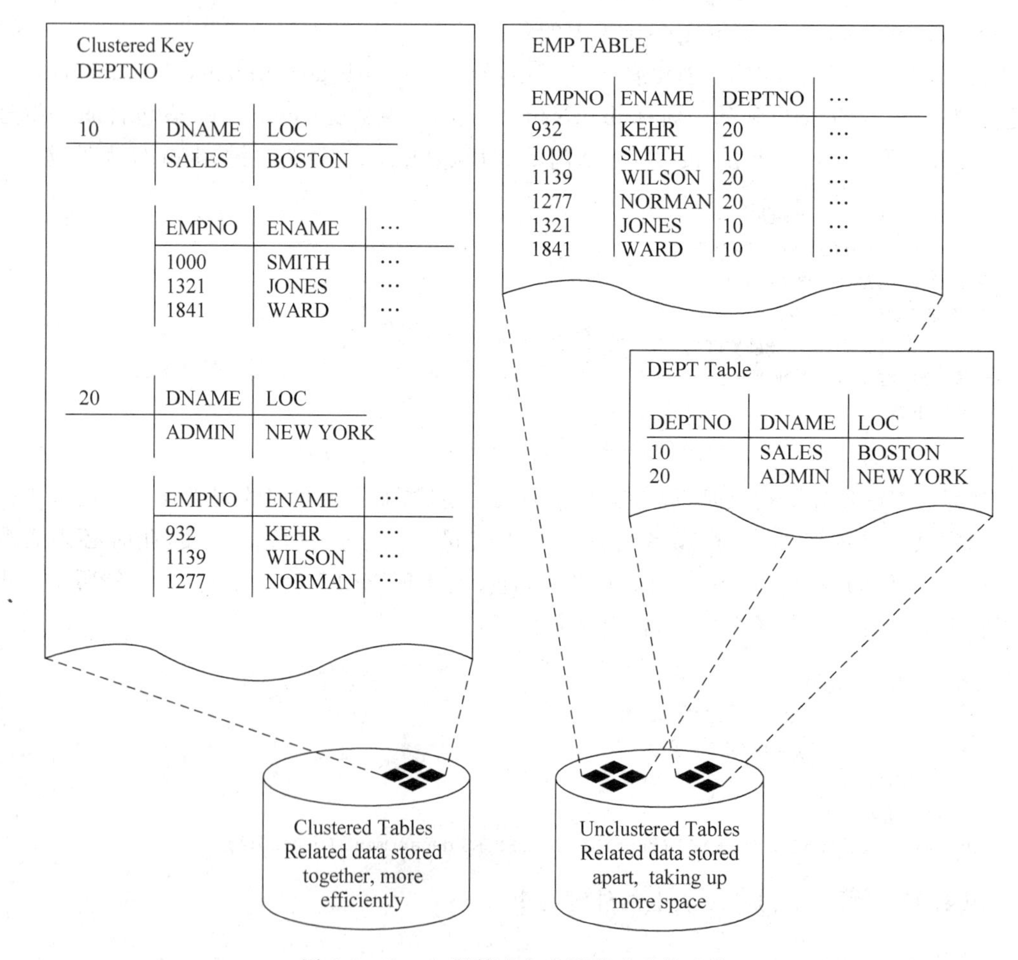

图 4-2 Oracle 聚簇表与非聚簇表结构比较

聚簇创建后，可以将表存放在其中，这样存放在聚簇中的表就是聚簇表。在同一个聚簇中的所有聚簇表中的数据被存放在相同的数据块中。然而，并非所有的表都适合以聚簇的方式进行组织。

选择聚簇表应注意如下条件：

① 考虑以查询为主的表，这些表不是主要用来插入、更新或删除。

② 这些表经常用来一起参与查询。

③ 正确选择聚簇键(公共列)，如果在表连接查询时使用多个列，则使用符合聚簇键。

4.5.1 创建聚簇

要在当前方案中创建聚簇，创建者必须拥有 CREATE CLUSTER 系统权限以及用于聚簇表空间配额的 UNLIMITED TABLESPACE 系统权限。

要在其他用户的方案中创建聚簇，创建者必须具有 CREATE ANY CLUSTER 系统权限，聚簇所属的所有者必须具有表空间的配额 UNLIMITED TABLESPACE 系统权限。

```
CREATE CLUSTER [ schema. ] cluster_name
(clusterkey_name datatype   [[,clusterkey _name datatype] ,...n])
[SIZE integer ]
[TABLESPACE tablespace_name
[STORAGE storage_clause]
```

其中各参数的意义如下：

- schema：聚簇所属的方案名称。
- cluster _name：聚簇名称，聚簇名必须遵守数据库对象的命名规范。
- clusterkey_name：聚簇中键名称，键名必须遵守数据库对象的命名规范。
- datatype：该列数据所采用的数据类型，有时也包括对数据长度的设置。
- SIZE：保存聚簇键值所需的空间大小(字节单位)。
- TABLESPACE：指定存储聚簇表数据的表空间。
- STORAGE：指定聚簇表数据的存储空间分配属性，参见 2.2 节。

例 4.34 通过登录 SQL * Plus，使用 SQL 命令创建一个聚簇 emp_dept，用来存储 emp 表和 dept 表，聚簇键列名为 deptno。

```
CREATE CLUSTER emp_dept (deptno NUMBER(2))
SIZE 600
TABLESPACE users
STORAGE (INITIAL 200K
NEXT 300K
MINEXTENTS 2
MAXEXTENTS 20
PCTINCREASE 33);
```

在创建聚簇时最关键的一个参数是 SIZE。这个选项用来告诉 Oracle 我们希望与每个聚簇键值关联大约多少个字节的数据。以 1024 字节的数据为例：(1024 对于一般的表一条数据没问题)，Oracle 会根据数据库块的大小来计算每个块最多能放下多少个聚簇键(一般比计算的值少 1)。因此，SIZE 参数控制着每块上聚簇键的最大个数。这是对聚簇空间利用率影响最大的因素。如果把这个 SIZE 设置得太高，那么每个块上的键就会很少(单位 BLOCK 可以存的聚簇键就少了)，我们会不必要地使用更多的空间。如果设置得太低，又会导致数据过分串链(一个聚簇键不够存放一条数据),这又与聚簇本意相背离,因为聚簇原本是为了把所有相关数据都存储在一个块上,因此,实践中要根据情况合理地设置 SIZE 值。

4.5.2 创建聚簇表

要在聚簇中创建表,创建者必须具有 CREATE TABLE 或 CREATE ANY TABLE 系统权限。在集群中创建表不需要表空间配额或 UNLIMITED TABLESPACE 系统权限。创建聚簇表时,只需要在 CREATE TABLE 语句后增加一个 CLUSTER 子句,语法如下:

```
CLUSTER  [ schema. ] cluster_name(clusterkey_name[,clusterkey _name,...n])
```

例 4.35 通过登录 SQL * Plus,使用 SQL 命令在已创建的聚簇 emp_dept 中创建两个聚簇表 emp_clsT 和 dept_clsT。

```
CREATE TABLE dept_clsT (
DEPTNO NUMBER(2) PRIMARY KEY,
DNAME   VARCHAR2(14),
LOC    VARCHAR2(13))
CLUSTER emp_dept(deptno);
CREATE TABLE emp_clsT (
EMPNO NUMBER(4) PRIMARY KEY,
ENAME VARCHAR2(10) NOT NULL,
JOB    VARCHAR2(9),
MGR    NUMBER(4),
HIREDATE DATE,
SAL NUMBER(7,2),
COMM NUMBER(7,2),
DEPTNO NUMBER(2) REFERENCES dept_clsT)
CLUSTER emp_dept (deptno);
```

在本例中,聚簇 emp_dept 将表 dept_clsT、emp_clsT 捆绑在一起,放到同一个块或段中,使得聚簇中的表在通过聚簇键关联查询时能够减少对块的频繁获取。

当执行下列 SQL 时:

```
Select *
 From emp_clsT, dept_clsT
Where emp_clsT.deptno = dept_clsT.deptno;
```

把 emp_clsT 表和 dept_clsT 表的数据聚集在少量的 BLOCK 里,减少系统 I/O,提高查询效率。

4.5.3 聚簇维护

① 修改聚簇

聚簇创建后,可以修改聚簇的部分物理参数,主要包括 PCTFREE、PCTUSED、STORAGE 等参数,以及 SIZE 值。例如,下列语句修改聚簇 emp_dept 的大小为 300B。

```
ALTER CLUSTER emp_dept SIZE 300;
```

这里要注意的是，不能修改聚簇表的物理存储参数，聚簇表的物理存储参数是由聚簇的物理存储参数设置的。

② 创建聚簇索引

用户可以为聚簇中的聚簇键字段创建索引，这时的索引称作“聚簇索引”，聚簇索引必须要在向聚簇表中插入值之前创建。聚簇表中数据的存储顺序和聚簇索引中索引值的排序一致。

例如，下列语句为聚簇 emp_dept 创建一个索引(用户必须有 CREATE ANY INDEX 权限)。

```
CREATE INDEX emp_dept_cls_idx
ON CLUSTER emp_dept
TABLESPACE users
STORAGE (INITIAL 20K
NEXT 10K
MINEXTENTS 2
MAXEXTENTS 10)
PCTFREE 10;
```

当在聚簇上创建索引后，在聚簇表中对数据进行 DML 操作和非聚簇表没什么两样。

③ 删除聚簇

用户可以对聚簇进行删除，删除聚簇的 SQL 命令语法如下：

```
DROP CLUSTER cluster_name
[INCLUDING TABLES [CASCADE CONSTRAINT]]
```

例 4.36 删除例 4.35 中的聚簇 emp_dept。

```
DROP  CLUSTERemp_dept  INCLUDING  TABLES;
```

删除后聚簇 emp_dept、聚簇表 dept_clsT、emp_clsT 也全部删除。

要注意的是，如果聚簇表中包含其他表的外键约束或者唯一性约束，应使用 CASCADE CONSTRAINT 选项。

4.5.4 聚簇表数据块号查询

可以通过 dbms_rowid. rowid_block_number(<表名>. rowid)包函数查询一个数据表的 ROWID 中的数据块编号。以聚簇表 dept_clsT、emp_clsT 为例，下列 SQL 语句查询它们相关行的数据块编号，可以观察它们位于聚簇中的数据块编号是否一致。

```
select dept_blk emp_clsT_BLK , emp_blk dept_clsT_BLK,
    (case when dept_blk <> emp_blk then '*' end) flag,
      deptno
      from (
      select dbms_rowid.rowid_block_number(dept.rowid) dept_blk,
        dbms_rowid.rowid_block_number(emp.rowid) emp_blk,
        dept.deptno
        from emp_clsT emp, dept_clsT dept
        where emp.deptno = dept.deptno)
      order by deptno;
```

4.6 分 区 表

现代企业经常运行包含数百兆字节的关键任务的数据库,在许多情况下,这些数据量将达到 TB 级。这些企业受到超大型数据库(VLDB)的支持和维护要求的挑战,并且必须设计出应对这些挑战的方法。满足 VLDB 要求的一种方法是创建和使用分区表和索引。对于数据查询需求来说,分区还可以带来更好的性能,因为许多查询可以修剪(忽略)分区,根据 WHERE 子句中的条件,绕过不必要访问的行,从而减少要扫描的数据量以生成结果集。分区可以进一步细分为子分区,以实现更好的可管理性和改进的性能。索引可以以相似的方式进行分区。每个分区存储在自己的段中,可以单独进行管理。它可以独立于其他分区运行,从而可以更好地调整可用性和性能的结构。表或索引的分区和子分区都具有相同的逻辑属性。例如,表中的所有分区(或子分区)共享相同的列和约束定义,并且索引的所有分区(或子分区)共享相同的索引选项。但是,它们可以具有不同的物理属性(如表空间)。尽管不需要将每个表或索引分区(或子分区)保留在单独的表空间中,但这样做是有利的。

将分区存储在单独的表空间中的益处:

- 减少多个分区中数据损坏的可能性;
- 独立备份和恢复每个分区;
- 控制分区到磁盘驱动器的映射(对于平衡 I/O 负载很重要);
- 提高可管理性、可用性和性能。

分区对现有应用程序和针对分区表运行的标准 DML 语句是透明的。但是,可以通过在 DML 中使用分区扩展表或索引名称来编写应用程序,以利用分区。

一个表可能具有的最大分区或子分区数为 1024K-1。如图 4-3 所示为分区表和非分区表的不同示意图。图 4-3 中,左边为非分区表、右边为分区表。

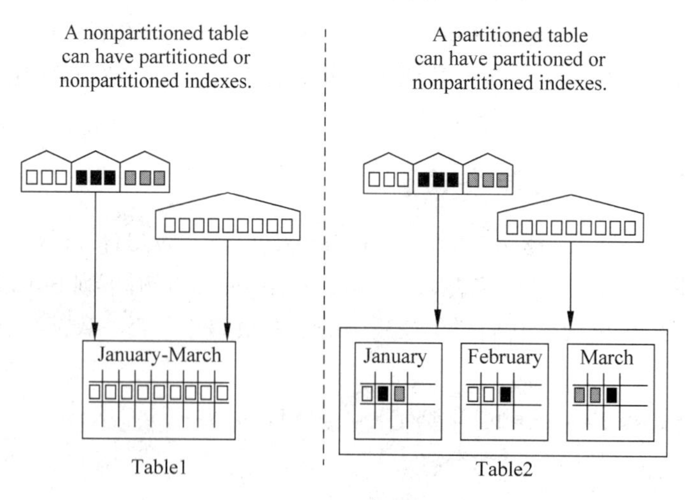

图 4-3　分区表和非分区表的不同示意图

4.6.1 分区键

分区表中的每一行明确地分配给单个分区,不能出现一行隶属于一个以上分区的情况,从数据行的角度来说，同一个表的多个分区是没有交集的。分区键(Partition key)是确定每行所属分区的一个或多个列的集合。Oracle 通过使用分区键自动将插入、更新和删除操作指向相应的分区。

分区键的特征：

- 由 1 到 16 列的有序列表组成；
- 不能包含 LEVEL，ROWID 或 MLSLABEL 伪列或 ROWID 类型的列；
- 可以包含 NULL 的列。

4.6.2 分区表

一个表可以划分为多达 1024K-1 个独立分区。除了包含 LONG 或 LONG RAW 数据类型列的表之外，任何表都可以进行分区。但是，用户可以使用包含 CLOB 或 BLOB 数据类型列的表。

Oracle 数据库提供下列几种类型的分区方法：

① 范围分区(Range Partitioning)

范围分区基于用户为每个分区建立的分区键值的范围，将数据映射到分区。它是最常见的分区类型，通常与日期一起使用。例如，您可能希望将销售数据分区为按每月进行分区。如图 4-4 所示，中间部分为范围分区示意图。

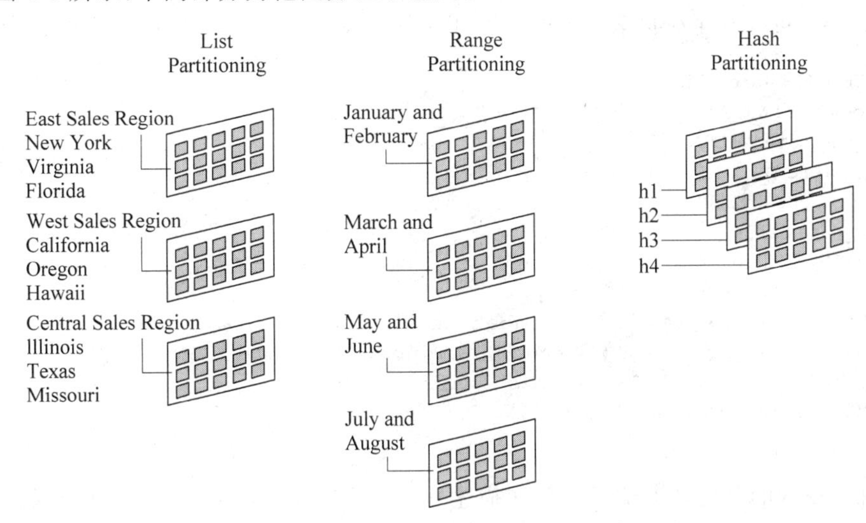

图 4-4　范围分区、列表分区、哈希分区示意图

使用范围分区时，请考虑以下规则：

- 每个分区都有一个 VALUES LESS THAN 子句，它指定了分区的上限值(不包含)。等于或高于此文字的分区键的任何值都将添加到下一个更高的分区。
- 除了第一个分区之外，所有分区都有一个隐含的下限，由前一个分区上的 VALUES LESS THAN 子句指定。
- 可以为最高分区定义 MAXVALUE 文字。MAXVALUE 表示一个虚拟无限值，其排序高于分区键的任何其他可能的值，包括空值。

例 4.37 创建一个分区表,在表 sales_range 的 sales_date 字段上进行范围分区。

```
CREATE TABLE sales_range
(salesman_id NUMBER(5),
salesman_name VARCHAR2(30),
sales_amount NUMBER(10),
sales_date DATE)
PARTITION BY RANGE(sales_date)
(
PARTITION sales_jan2000 VALUES LESS THAN(TO_DATE('02/01/2000','MM/DD/YYYY')),
PARTITION sales_feb2000 VALUES LESS THAN(TO_DATE('03/01/2000','MM/DD/YYYY')),
PARTITION sales_mar2000 VALUES LESS THAN(TO_DATE('04/01/2000','MM/DD/YYYY')),
PARTITION sales_apr2000 VALUES LESS THAN(TO_DATE('05/01/2000','MM/DD/YYYY'))
);
```

② 列表分区(List Partitioning)

列表分区使用户能够明确地控制行映射到分区的方式。可以通过在每个分区的说明中指定分区键的离散值列表来执行此操作。这与范围分区不同,其中一系列值与分区和散列分区相关联,其中哈希函数控制行到分区的映射。列表分区的优点是用户可以按自然的方式对无序和无关的数据集进行分组和组织。如图 4-4 所示,左边部分为列表分区示意图。

列表分区的细节可以用一个例子来描述。在这种情况下,假设要按地区划分销售表,这意味着根据其地理位置将州(省)分组在一起,如下例所示。

例 4.38 创建一个分区表,在表 sales_list 的 sales_state 字段上创建列表分区。

```
CREATE TABLE sales_list
(salesman_id NUMBER(5),
salesman_name VARCHAR2(30),
sales_state VARCHAR2(20),
sales_amount NUMBER(10),
sales_date DATE)
PARTITION BY LIST(sales_state)
(
PARTITION sales_west VALUES('California', 'Hawaii'),
PARTITION sales_east VALUES ('New York', 'Virginia', 'Florida'),
PARTITION sales_central VALUES('Texas', 'Illinois'),
PARTITION sales_other VALUES(DEFAULT)
);
```

通过检查行的分区列的值是否落在描述分区的值集合内,将一行映射到分区。

例如,插入下列数据行,数据将映射到不同的分区:

```
(10, 'Jones', 'Hawaii', 100, '05 - JAN - 2000') 映射到 sales_west 分区;
(21, 'Smith', 'Florida', 150, '15 - JAN - 2000') 映射到 sales_east 分区;
(32, 'Lee', 'Colorado', 130, '21 - JAN - 2000') 映射到 sales_other 分区;
```

与范围和哈希分区不同,列表分区不支持多列分区键。如果对表采用列表分区,则分区键只能由表的单列组成。

DEFAULT 分区允许那些不能映射到任何其他分区的所有行被保存在默认的分区。

③ 哈希分区(Hash Partitioning)

哈希分区可以轻松分割不适用于范围或列表分区的数据。它使用简单的语法来实现,并且易于实现。如图 4-4，右边部分为哈希分区示意图。

当在下列情况下哈希分区比范围分区更好：

- 预先不知道将多少数据映射到给定范围内；
- 范围分区的大小会有很大的差异，或者很难手动平衡；
- 范围分区将导致数据不合需要地聚集。

例 4.39 创建一个分区表，在表 sales_hash 的 salesman_id 字段上创建哈希分区。

```
CREATE TABLE sales_hash
(salesman_id NUMBER(5),
salesman_name VARCHAR2(30),
sales_amount NUMBER(10),
week_no NUMBER(2))
PARTITION BY HASH(salesman_id)
PARTITIONS 4
STORE IN (ts1, ts2, ts3, ts4);
```

上面的语句创建一个表 sales_hash，它是在 salesman_id 字段上进行哈希分区的。表空间名称是 ts1、ts2、ts3 和 ts4。使用这种语法，我们确保在指定的表空间中以循环方式创建分区。

④ 复合分区(Composite Partitioning)

复合分区使用范围分区方法对数据进行分区，并在每个分区内使用哈希或列表方法进行子分区。

- 复合分区之范围-哈希分区(Composite Range-Hash)

范围-哈希分区组合法提供了范围分区的改进的可管理性以及哈希分区的有利于数据放置，条带化和并行性优势。

- 复合分区之范围-列表分区(Composite Range-List)

范围-列表分区提供范围分区的可管理性和子分区的列表分区的显式控制。

复合分区支持历史操作，例如添加新的范围分区，还可以为 DML 操作提供更高程度的并行性，并通过子分区提供更精细的数据放置粒度。如图 4-5 所示为范围-哈希分区、范围-列表分区示意图，左边为范围-哈希分区、右边为范围-列表分区。

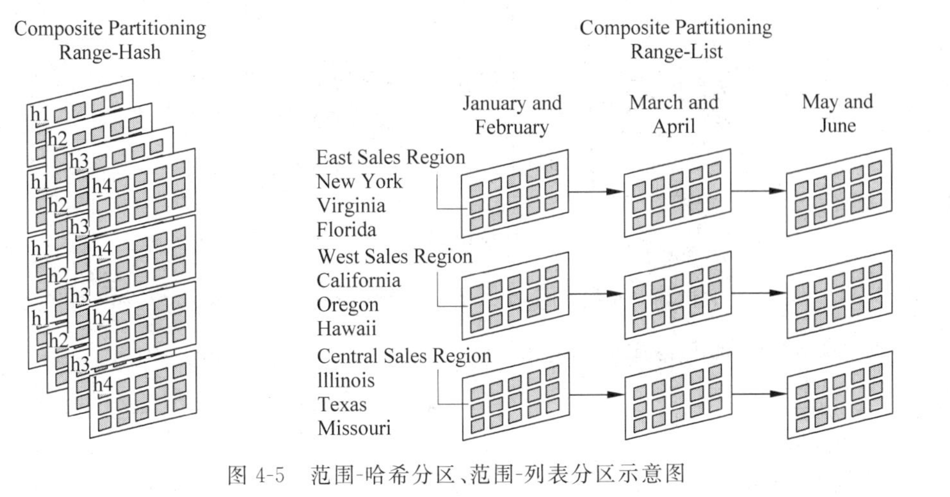

图 4-5 范围-哈希分区、范围-列表分区示意图

例 4.40 创建一个范围-哈希复合分区表，在表 sales_composite。

```
CREATE TABLE sales_composite
(salesman_id NUMBER(5),
salesman_name VARCHAR2(30),
sales_amount NUMBER(10),
sales_date DATE)
PARTITION BY RANGE(sales_date)
SUBPARTITION BY HASH(salesman_id)
SUBPARTITION TEMPLATE(
SUBPARTITION sp1 TABLESPACE ts1,
SUBPARTITION sp2 TABLESPACE ts2,
SUBPARTITION sp3 TABLESPACE ts3,
SUBPARTITION sp4 TABLESPACE ts4)
(PARTITION sales_jan2000 VALUES LESS THAN(TO_DATE('02/01/2000','MM/DD/YYYY')),
PARTITION sales_feb2000 VALUES LESS THAN(TO_DATE('03/01/2000','MM/DD/YYYY')),
PARTITION sales_mar2000 VALUES LESS THAN(TO_DATE('04/01/2000','MM/DD/YYYY')),
PARTITION sales_apr2000 VALUES LESS THAN(TO_DATE('05/01/2000','MM/DD/YYYY')),
PARTITION sales_may2000 VALUES LESS THAN(TO_DATE('06/01/2000','MM/DD/YYYY')));
```

这个语句创建一个表 sales_composite，在 sales_date 字段上进行范围分区，并在 salesman_id 上进行哈希分区。当使用模板(template)时，Oracle 通过连接分区名称(指范围分区名)、下画线和来自模板的子分区名来命名子分区。Oracle 将此子分区放置在模板中指定的表空间中。

在这个语句中，创建 sales_jan2000_sp1 子分区并将其放置在表空间 ts1 中，同时创建 sales_jan2000_sp4 子分区并放置在表空间 ts4 中。以同样的方式，创建 sales_apr2000_sp1 并将其放置在表空间 ts1 中，同时创建 sales_apr2000_sp4 并将其放置在表空间 ts4 中。如图 4-6 所示，为例 4.40 的一个直观的诠释。

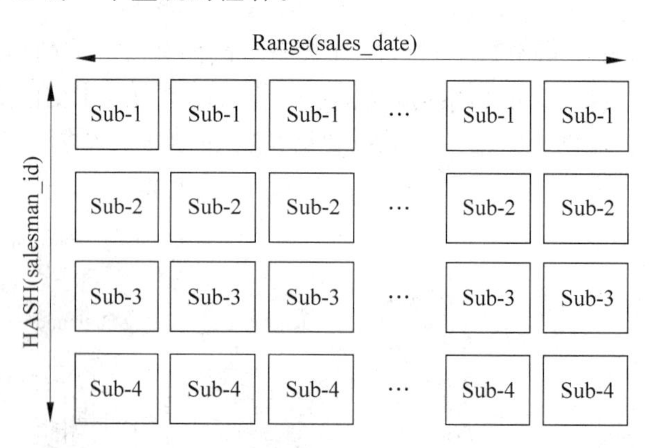

图 4-6 例 4.40 的直观的诠释图

例 4.41 创建一个范围-列表复合分区表，在表 bimonthly_regional_sales。

```
CREATE TABLE bimonthly_regional_sales
(deptno NUMBER,
item_no VARCHAR2(20),
txn_date DATE,
txn_amount NUMBER,
```

```
state VARCHAR2(2))
PARTITION BY RANGE (txn_date)
SUBPARTITION BY LIST (state)
SUBPARTITION TEMPLATE(
SUBPARTITION east VALUES('NY', 'VA', 'FL') TABLESPACE ts1,
SUBPARTITION west VALUES('CA', 'OR', 'HI') TABLESPACE ts2,
SUBPARTITION central VALUES('IL', 'TX', 'MO') TABLESPACE ts3)
(
PARTITION janfeb_2000 VALUES LESS THAN (TO_DATE('1 - MAR - 2000','DD - MON - YYYY')),
PARTITION marapr_2000 VALUES LESS THAN (TO_DATE('1 - MAY - 2000','DD - MON - YYYY')),
PARTITION mayjun_2000 VALUES LESS THAN (TO_DATE('1 - JUL - 2000','DD - MON - YYYY'))
);
```

此语句创建一个表 bimonthly_regional_sales，它在 txn_date 字段上进行范围分区，并在州字段下建立列表子分区。当使用模板(template)时，Oracle 通过连接分区名称(指范围分区名)、下画线和来自模板的子分区名来命名子分区。Oracle 将此子分区放置在模板中指定的表空间中。

在这个语句中，创建 janfeb_2000_east 子分区并将其放置在表空间 ts1 中，同时创建 janfeb_2000_central 子分区，并放置在表空间 ts3 中。以相同的方式，将 mayjun_2000_east 子分区放置在表空间 ts1 中，同时将 mayjun_2000_central 子分区放置在表空间 ts3 中。如图 4-7 所示，为例 4.41 的一个直观的诠释。

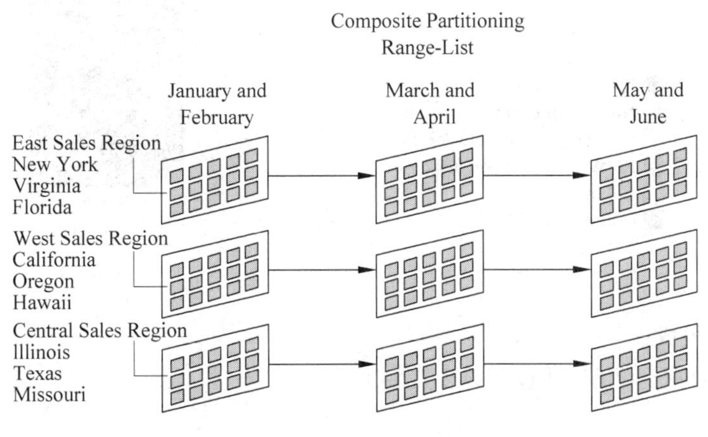

图 4-7　例 4.41 的直观的诠释图

4.7　表中数据行结构

前面几节我们主要讨论了数据表的创建与管理，数据完整性约束等。那么作为数据表中的数据，Oracle 是如何存储数据表中的数据的呢？原来创建表时，Oracle 会自动在表空间中分配数据段给要创建的表以保存未来的数据。可以用 STORAGE 子句设置存储参数，控制数据段的分配和使用。对于聚簇表来说，Oracle 将聚簇表的数据存储在为聚簇所设定的数据段中，为聚簇设置的存储参数始终控制聚簇中所有表的存储时数据段的分配。

1. 数据行的格式和大小

在 Oracle 中，存储数据库表的每行包含少于 256 列的数据是作为一个或多个行块。如果整行可以插入到单个数据块中，那么 Oracle 将该行存储为一个行块。但是，如果一行的所有数据都不能插入到单个数据块中，或者如果由于现有行的更新导致该行超出其数据块，那么 Oracle 使用多个行来存储该行。对于每一行来说，一个数据块通常仅包含某行数据的一个行块。当 Oracle 必须用多个行块存储一行数据时，它将被横跨多个块形成链接。

当一个表有多于 255 个列时，第 255 列之后的数据的行可能被链接在同一个块内。这被称为块内链接。这些行块之间用 ROWID 连接起来。使用块内链接，用户将收到同一块中的所有数据。如果该行放在相同的块，则用户不会看到 I/O 性能的影响，因为检索该行的其余部分没有额外的 I/O 操作。链接或未链接的每个行都包含行头和数据。单个列也可以分解为多个行块，这样的列也可以跨数据块。行块的格式如图 4-8 所示。

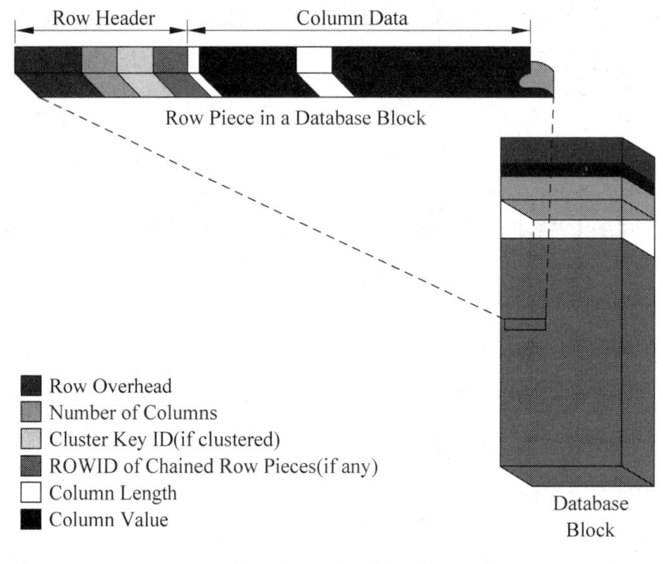

图 4-8　行块的格式

2. 行头的组成

行头位于数据列之前，并包含以下信息：

- 行块管理信息
- 链接
- 在行块中的列数量
- 聚簇键

完全容纳在一个块中的行至少需要 3 个字节的行头。在行头信息之后是每行包含的列的长度和数据。对于存储少于 250 字节的列，其列长度需要 1 个字节，对于存储大于 250 个字节的列，列的长度需要 3 个字节。列长度位于列数据之前。列数据所需的空间取决于数据类型。如果列的数据类型是可变长度，则保存值所需的空间可以随数据更新而增长和缩小。为了节省空间，列中的空值仅存储列长度(零)。Oracle 不存储空列的数据。而且，对于尾随的空列，Oracle 甚至不存储列的长度。要注意的是，在数据块头的行目录中每一行也开销两个字节。

4.8 Oracle 临时表

临时表就是用来暂时保存临时数据的一个数据库对象(临时表也称为暂存数据表),它和普通表有些类似,然而又有很大区别。它只能存储在系统的临时表空间,而非用户的表空间。Oracle 临时表分为会话级和事务级两类,只对当前会话或事务可见。每个会话只能查看和修改自己的数据。临时表的创建语法如图 4-9 所示。

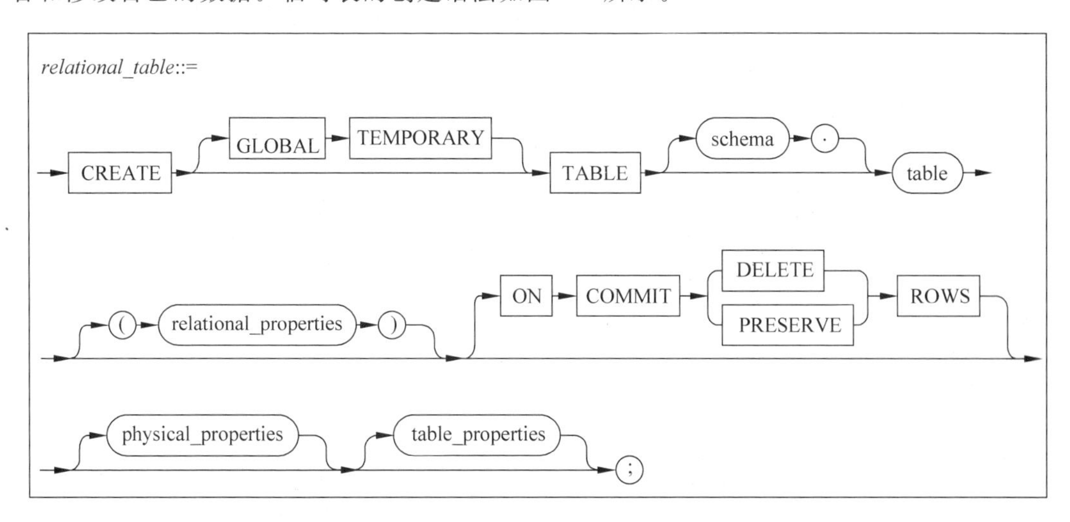

图 4-9 临时表创建语法图

4.8.1 临时表的分类及操作

Oracle 临时表有两种类型:会话级临时表和事务级临时表。在创建临时表时,通过下面两项参数,指定临时表中数据的作用范围与有效性。

- ON COMMIT DELETE ROWS

它是临时表的默认参数,表示临时表中的数据仅在当前事务过程(Transaction)中有效,当事物提交(COMMIT)后,临时表的暂时段将被自动截断(TRUNCATE),但是临时表的结构以及元数据还存储在用户的数据字典中。如果临时表完成它的使命后,最好删除临时表,否则数据库系统表中会残留很多临时表的表结构和元数据。

- ON COMMIT PRESERVE ROWS

它表示临时表的内容可以跨接事务而存在,不过,当该会话结束时,临时表的暂时段将随着会话的结束而被丢弃,临时表中的数据自然也就随之丢弃。但是临时表的结构以及元数据还存储在用户的数据字典中。如果临时表完成它的使命后,最好删除临时表,否则数据库系统表中会残留很多临时表的表结构和元数据。

1. 会话级临时表

会话级临时表的数据和当前会话有关系,当前 SESSION 不退出的情况下,临时表中的数据一直存在,只有当退出当前 SESSION 的时候临时表的数据才被截断(TRUNCATE TABLE),如下所示:

```
CREATE GLOBAL TEMPORARY TABLE TMP_Shoppingcart
  (ID NUMBER(20) ,
  GoodsID NUMBER(10),Quantity NUMBER(4)) ON COMMIT PRESERVE ROWS;
  会话级临时表操作示例:
  SQL > INSERT INTO TMP_Shoppingcart(ID, GoodsID, Quantity) VALUES(101,200,5);
  1 row inserted
  SQL > COMMIT;
  Commit complete
  SQL > SELECT * FROM TMP_Shoppingcart;
  ID      GoodsID       Quantity
  ----------  -------------------------
  101     200              51
  SQL > INSERT INTO TMP_Shoppingcart(ID, GoodsID, Quantity) VALUES(102,110,2);
  1 row inserted
  SQL > ROLLBACK;
  Rollback complete
  SQL > SELECT * FROM TMP_Shoppingcart;
  ID      GoodsID       Quantity
  ----------  -------------------------
  101     200              51
  SQL >
```

2. 事务级的临时表

事务级临时表(默认)与事务有关,当进行事务提交或者事务回滚的时候,临时表的数据将自行截断,即当 COMMIT 或 ROLLBACK 时,数据就会被 TRUNCATE 掉,其他的特性和会话级的临时表一致。

```
CREATE GLOBAL TEMPORARY TABLE TMP_Shoppingcart
  (ID NUMBER(20) ,
  GoodsID NUMBER(10),Quantity NUMBER(4)) ON COMMIT DELETE ROWS;
  事务级临时表操作示例:
  SQL > INSERT INTO TMP_Shoppingcart(ID, GoodsID, Quantity) VALUES(101,200,5);
  1 row inserted
  SQL > SELECT * FROM TMP_Shoppingcart;
  ID      GoodsID       Quantity
  ----------  -------------------------
  101     200              51
  SQL > COMMIT;
  Commit complete
  SQL > SELECT * FROM TMP_Shoppingcart;
  ID      GoodsID       Quantity
  ----------  -------------------------
  SQL >
```

3. 临时表只对当前会话或事务可见。每个会话只能查看和修改自己的数据

用 scott 用户登录数据库,打开一个会话 1 后,创建临时表 TMP_TEST;再用 sys 用户登录数据库,打开会话 2。这种情况下在会话 2 中 sys 用户进行下列操作:

```
SELECT * FROM DBA_TABLES WHERE TABLE_NAME = 'TMP_TEST' --能查到临时表结构
SELECT * FROM scott.TMP_TEST; --查不到数据
```

4. 临时表与磁盘物理表的区别

临时表是存储在临时表空间里面的，临时表在数据字典中没有指定其表空间，临时表的DML操作速度比较快，但同样也是要产生Redo Log，只是同样的DML语句，比对持久性表的DML产生的Redo Log少。其实在应用中，也可以创建一个NOLOGGING的永久表（中间表）来保存中间数据，从而代替临时表。

4.8.2 临时表的用途

什么时候使用临时表？用临时表和用中间表有什么区别？笔者觉得是在需要的时候应用。例如，对于一个电子商务类网站，不同消费者在网站上购物，就是一个独立的SESSION，选购商品放进购物车中，最后将购物车中的商品进行结算。也就是说，必须在整个SESSION期间保存购物车中的信息。同时，还存在有些消费者，往往最终结账时放弃购买商品。如果，直接将消费者选购信息存放在最终表（PERMANENT）中，必然对最终表造成非常大的压力。因此，对于这种案例，就可以采用创建临时表（ON COMMIT PRESERVE ROWS）的方法来解决。数据只在SESSION期间有效，对于结算成功的有效数据，转移到最终表中后，Oracle自动TRUNCATE临时表中的数据；对于放弃结算的数据，Oracle同样自动进行TRUNCATE，而无须编码控制，并且最终表只处理有效订单，减轻了频繁的DML操作的压力。

一般，在下列情况下使用临时表：

（1）当处理一批临时数据，需要多次DML操作时（插入、更新等），建议使用临时表。

（2）当某些表在查询里面，需要多次用来做连接时。（为了获取目标数据需要关联A、B、C，同时为了获取另外一个目标数据，需要关联D、B、C……）

关于用临时表和中间表（NOLOGGING，保存中间数据，使用完后删除）那个更适合用来存储中间数据，笔者更倾向于使用临时表，而不建议使用中间表。

- 使用临时表时的注意事项

（1）在临时表中最好不要使用LOB对象（虽然从ORACLE 10g开始，临时表是支持LOB对象的，但建议大家出于内存使用效率的目的，不要在临时表中用LOB对象）。

（2）不支持主外键关系。

（3）临时表不能永久地保存数据。

（4）临时表的数据不会备份，恢复，对其的修改也不会有任何日志信息。

（5）临时表不会有DML锁。

（6）尽管对临时表的DML操作速度比较快，但同样也是要产生Redo Log，只是同样的DML语句，比对持久表的DML产生的Redo Log少。

（7）临时表也可以创建临时的索引、视图、触发器。

（8）如果要DROP会话级别临时表，并且其中包含数据时，必须先截断其中的数据，否则会报错。

4.9 数据表设计案例

在1.3节我们介绍了一个危化品运输过程监控平台的开关量管理需求。我们用ERwin工具设计了其逻辑模型，逻辑模型的设计与数据库物理平台无关，但数据库实现时就与具体的数据库平台有关了，我们用 ERwin 建模工具，以 Oracle 数据库为物理数据库平台进行数据库物理模型设计（Physical Model），如图 4-10 所示。

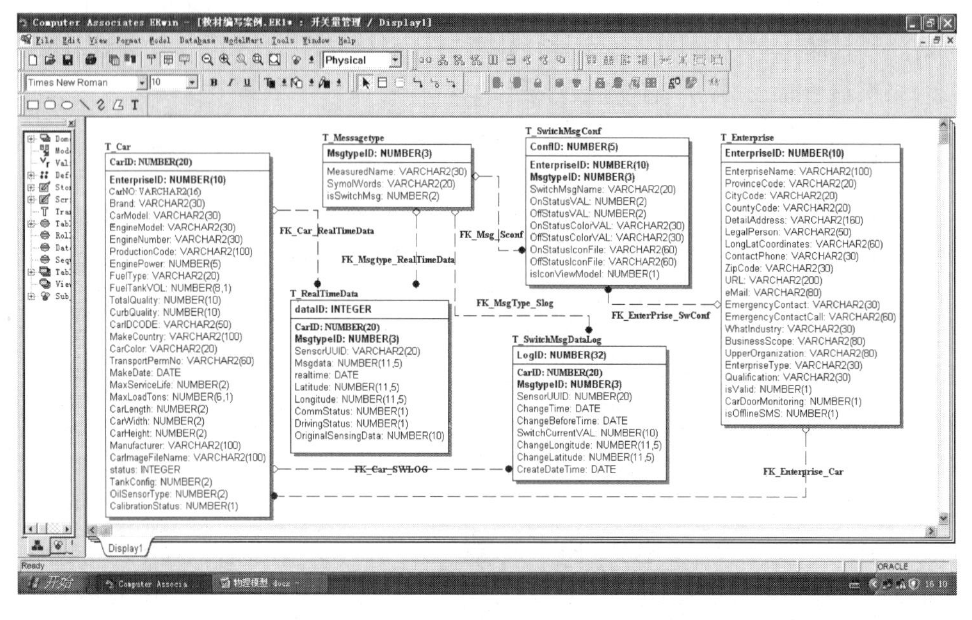

图 4-10　开关量管理数据库物理模型设计

设计好物理模型后，在菜单栏单击 Tools 出现如图 4-11 所示的下拉菜单。在这个下拉菜单中选择“Forward Engineer/Schema Generation...”菜单项，出现如图 4-12 所示的方案对象生成参数设置界面，在这个界面中可选择预览（Preview）或直连目标数据库生成（Generate）物理方案对象的功能。这里单击 Preview 按钮，出现如图 4-13 所示的方案对象创建脚本预览窗口。

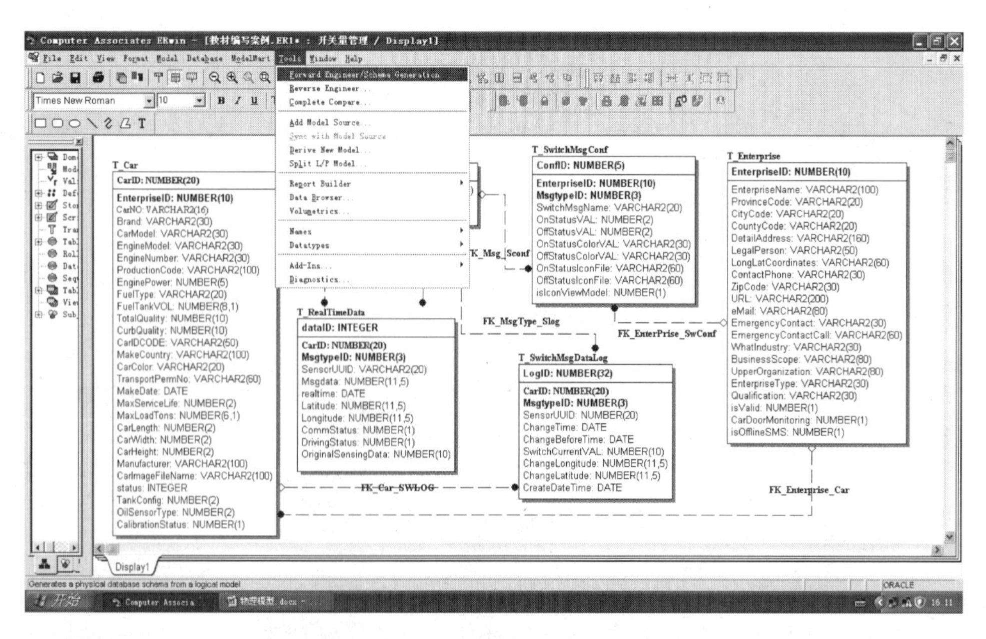

图 4-11　Tools 菜单的下拉菜单

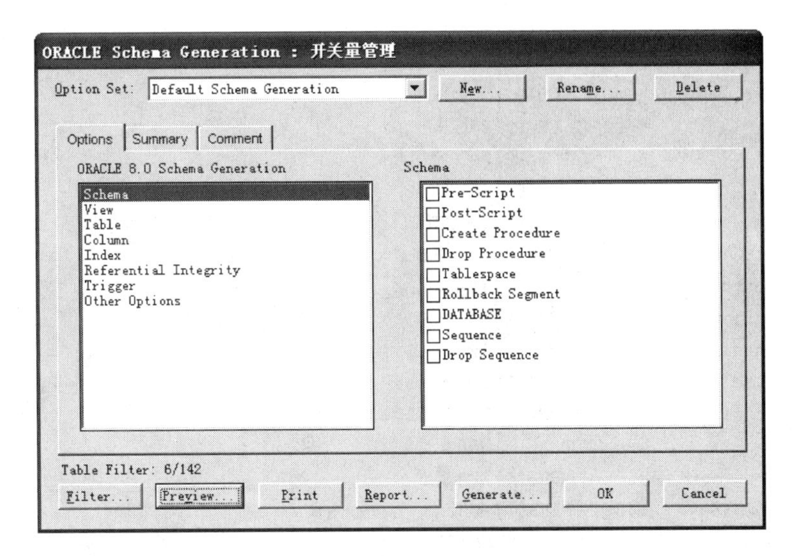

图 4-12　物理数据库方案对象参数设置界面

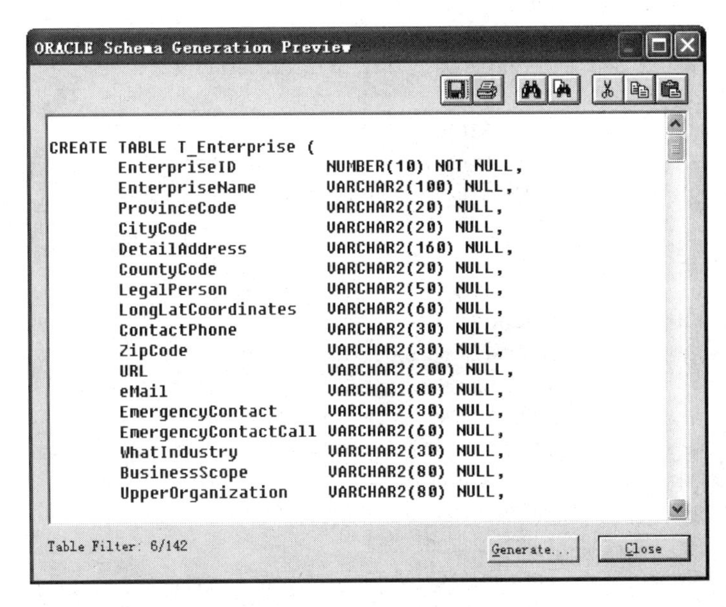

图 4-13　方案对象创建脚本预览窗口

全选图 4-13 窗口中的代码，可复制并保存为一个 Switch_DB. SQL 的脚本文件。为开关量管理应用所生成的创建数据库表的 SQL 语句代码如下：

```
/* Switch_DB.SQL */
CREATE TABLE T_Enterprise (
   EnterpriseID              NUMBER(10) NOT NULL,
   EnterpriseName            VARCHAR2(100) NOT NULL,
   ProvinceCode              VARCHAR2(20) NULL,
   CityCode                  VARCHAR2(20) NULL,
   DetailAddress             VARCHAR2(160) NULL,
   CountyCode                VARCHAR2(20) NULL,
```

```
    LegalPerson              VARCHAR2(50) NULL,
    LongLatCoordinates       VARCHAR2(60) NULL,
    ContactPhone             VARCHAR2(30) NOT NULL,
    ZipCode                  VARCHAR2(30) NULL,
    URL                      VARCHAR2(200) NULL,
    eMail                    VARCHAR2(80) NULL,
    EmergencyContact         VARCHAR2(30) NULL,
    EmergencyContactCall     VARCHAR2(60) NULL,
    WhatIndustry             VARCHAR2(30) NULL,
    BusinessScope            VARCHAR2(80) NULL,
    UpperOrganization        VARCHAR2(80) NULL,
    EnterpriseType           VARCHAR2(30) NULL,
    Qualification            VARCHAR2(30) NULL,
    isValid                  NUMBER(1) NULL,
    CarDoorMonitoring        NUMBER(1) NULL,
    isOfflineSMS             NUMBER(1) NULL,
    CONSTRAINT XPKT_Enterprise PRIMARY KEY (EnterpriseID)
);
COMMENT ON TABLE T_Enterprise IS '企业信息表';
COMMENT ON COLUMN T_Enterprise.isValid IS '0:无效/1:有效';
CREATE UNIQUE INDEX XPKT_Enterprise ON T_Enterprise(EnterpriseID );
CREATE TABLE T_Car (
    CarNO                    VARCHAR2(16) NOT NULL,
    Brand                    VARCHAR2(30) NULL,
    CarColor                 VARCHAR2(20) NULL,
    CarModel                 VARCHAR2(30) NULL,
    TransportPermNo          VARCHAR2(60) NULL,
    MakeDate                 DATE NULL,
    MaxServiceLife           NUMBER(2) NULL,
    CarLength                NUMBER(2) NULL,
    CarWidth                 NUMBER(2) NULL,
    CarHeight                NUMBER(2) NULL,
    status                   NUMBER(1) NULL,
    CarImageFileName         VARCHAR2(100) NULL,
    EngineNumber             VARCHAR2(30) NULL,
    Manufacturer             VARCHAR2(100) NULL,
    ProductionCode           VARCHAR2(100) NULL,
    TotalQuality             NUMBER(10) NULL,
    CurbQuality              NUMBER(10) NULL,
    CarIDCODE                VARCHAR2(50) NULL,
    MakeCountry              VARCHAR2(100) NULL,
    EngineModel              VARCHAR2(30) NULL,
    EnginePower              NUMBER(5) NULL,
    CarID                    NUMBER(20) NOT NULL,
    FuelTankVOL              NUMBER(8,1) NULL,
    FuelType                 VARCHAR2(20) NULL,
    MaxLoadTons              NUMBER(6,1) NULL,
    TankConfig               NUMBER(2) NULL,
    OilSensorType            NUMBER(2) NULL,
    CalibrationStatus        NUMBER(1) NULL,
    EnterpriseID             NUMBER(10) NULL,
```

```
    CONSTRAINT PK_Car        PRIMARY KEY (CarID),
    CONSTRAINT FK_Enterprise_Car
       FOREIGN KEY (EnterpriseID)
             REFERENCES T_Enterprise
);
COMMENT ON TABLE T_Car IS '车辆信息表';
COMMENT ON COLUMN T_Car.status IS '0:无效/1:有效';
COMMENT ON COLUMN T_Car.OilSensorType IS '1:干黄管 2:超声波 9:不采集油量';
COMMENT ON COLUMN T_Car.CalibrationStatus IS '0:未标定/1:已标定';
CREATE UNIQUE INDEX PK_Car ON T_Car (CarID);
CREATE UNIQUE INDEX idx_Car_Carno ON T_Car (CarNO);
CREATE INDEX idx_EnterCarNO ON T_Car (EnterpriseID,CarNO);
CREATE TABLE T_Messagetype (
    MsgtypeID                  NUMBER(3) NOT NULL,
    MeasuredName               VARCHAR2(30) NOT NULL,
    SymolWords                 VARCHAR2(20) NULL,
    isSwitchMsg                NUMBER(2) NULL,
    CONSTRAINT XPKT_Messagetype PRIMARY KEY (MsgtypeID)
);
COMMENT ON TABLE T_Messagetype IS '被测量列表:速度/温度/液位/压力/方向/位置等';
COMMENT ON COLUMN T_Messagetype.isSwitchMsg IS '0:不是/1:是';
CREATE UNIQUE INDEX XPKT_Messagetype ON T_Messagetype (MsgtypeID);
CREATE TABLE T_SwitchMsgDataLog (
    LogID                      NUMBER(32) NOT NULL,
    SensorUUID                 NUMBER(20) NULL,
    ChangeTime                 DATE NULL,
    SwitchCurrentVAL           NUMBER(10) NULL,
    ChangeBeforeTime           DATE NULL,
    CreateDateTime             DATE NULL,
    ChangeLongitude            NUMBER(11,5) NULL,
    ChangeLatitude             NUMBER(11,5) NULL,
    MsgtypeID                  NUMBER(3) NULL,
    CarID                      NUMBER(20) NULL,
    CONSTRAINT XPKT_SwitchMsgDataLog PRIMARY KEY (LogID),
    CONSTRAINT FK_Car_SWLOG FOREIGN KEY (CarID) REFERENCES T_Car,
    CONSTRAINT FK_MsgType_Slog FOREIGN KEY (MsgtypeID)
                                        REFERENCES T_Messagetype
);
COMMENT ON TABLE T_SwitchMsgDataLog IS '开关量历史采集数据存储表';
CREATE UNIQUE INDEX XPKT_SwitchMsgDataLog
                     ON T_SwitchMsgDataLog (LogID);
CREATE UNIQUE INDEX idx_RealTimeLogData ON T_SwitchMsgDataLog
( SensorUUID,MsgtypeID, ChangeTime);
CREATE INDEX idx_CarMsgLog ON T_SwitchMsgDataLog
( CarID, SensorUUID, MsgtypeID, ChangeTime );
CREATE TABLE T_SwitchMsgConf (
    ConfID                     NUMBER(5) NOT NULL,
    OnStatusVAL                NUMBER(2) NOT NULL,
    OffStatusVAL               NUMBER(2) NOT NULL,
    OnStatusIconFile           VARCHAR2(60) NULL,
    OffStatusIconFile          VARCHAR2(60) NULL,
```

```
    isIconViewModel         NUMBER(1) NULL,
    OnStatusColorVAL        VARCHAR2(30) NULL,
    OffStatusColorVAL       VARCHAR2(30) NULL,
    EnterpriseID            NUMBER(10) NULL,
    SwitchMsgName           VARCHAR2(20) NOT NULL,
    MsgtypeID               NUMBER(3) NULL,
    CONSTRAINT XPKT_SwitchMsgConf PRIMARY KEY (ConfID),
    CONSTRAINT FK_Msg_Sconf FOREIGN KEY (MsgtypeID)
             REFERENCES T_Messagetype,
    CONSTRAINT FK_EnterPrise_SwConf
       FOREIGN KEY (EnterpriseID) REFERENCES T_Enterprise
);
COMMENT ON TABLE T_SwitchMsgConf IS '开关量基本描述信息配置表';
CREATE UNIQUE INDEX XPKT_SwitchMsgConf ON T_SwitchMsgConf (ConfID);
CREATE TABLE T_RealTimeData (
    dataID                  NUMBER(10) NOT NULL,
    SensorUUID              VARCHAR2(20) NOT NULL,
    Msgdata                 NUMBER(11,5) NOT NULL,
    realtime                DATE NOT NULL,
    Latitude                NUMBER(11,5) NOT NULL,
    Longitude               NUMBER(11,5) NOT NULL,
    CommStatus              NUMBER(1) NOT NULL,
    OriginalSensingData     NUMBER(10) NOT NULL,
    DrivingStatus           NUMBER(1) NULL,
    MsgtypeID               NUMBER(3) NOT NULL,
    CarID                   NUMBER(20) NULL,
    CONSTRAINT XPKT_RealTimeData PRIMARY KEY (dataID),
    CONSTRAINT FK_Car_RealTimeData FOREIGN KEY (CarID)
             REFERENCES T_Car,
    CONSTRAINT FK_Msgtype_RealTimeData FOREIGN KEY (MsgtypeID)
                REFERENCES T_Messagetype
);
COMMENT ON TABLE T_RealTimeData IS '实时数据采集表';
COMMENT ON COLUMN T_RealTimeData.CommStatus IS '0:离线/1:在线';
CREATE UNIQUE INDEX XPKT_RealTimeData ON T_RealTimeData (dataID);
CREATE UNIQUE INDEX idx_RealTimeData ON T_RealTimeData
( SensorUUID, MsgtypeID, realtime);
```

4.10 习　　题

一、选择题

1. 以下关于 INSERT 语句的 VALUES 子句的说法，(　　)是正确的。

   A. 如果没有指定字段的列表，则这些值必须按照表中列的顺序列出

   B. INSERT 语句中的 VALUES 子句是可选的

   C. 在 VALUES 子句中，字符、日期和数字数据必须用单引号引起来

   D. 要在 VALUES 子句中指定一个空值，可使用空字符串(“”)

2. 为人力资源部门设计表，此表必须用一列来包含每个雇员的聘用日期。应该为此列指定(　　)数据类型。

A. CHAR　　B. DATE

C. TIMESTAMP　　D. TIMESTAMP WITH TIME ZONE

3. 如果某一列用于存储多达 4GB 的二进制数据，则应该定义为(　　)数据类型。

A. LONG　　B. NUMBER　　C. BLOB　　D. LONG RAW

4. 需要删除 student 表中的所有数据、该表的结构以及与该表相关的索引，应使用(　　)语句。

A. DROP TABLE　　B. TRUNCATE TABLE

C. ALTER TABLE　　D. DELETE TABLE

5. 以下关于创建表的说法(　　)是正确的。

A. 使用 CREATE TABLE 语句时，随时会在当前用户方案中创建表

B. 如果 CREATE TABLE 语句中没有明确包含某个方案，则会在当前用户方案中创建表

C. 如果 CREATE TABLE 语句中没有明确包含某个方案，CREATE TABLE 语句则会失效

D. 如果 CREATE TABLE 语句中明确包含某个方案，但是该方案不存在，则会创建该方案

6. 以下关于列的说法，(　　)是正确的。

A. 不可以增大 CHAR 列的宽度

B. 如果列包含非空数据，则可以修改列的数据类型

C. 可以将 CHAR 数据类型的列转换为 VARCHAR2 数据类型

D. 可以将 DATE 数据类型的列转换为 VARCHAR2 数据类型

7. 以下关于 NOT NULL 约束条件的说法，(　　)是正确的。

A. 必须在列级定义 NOT NULL 约束条件

B. 可以在列级或表级定义 NOT NULL 约束条件

C. NOT NULL 约束条件要求列包含字母数字值

D. NOT NULL 约束条件要求列不能包含字母数字值

8. 以下关于 FOREIGN KEY 约束条件的说法，(　　)是正确的。

A. 自动为 FOREIGN KEY 约束条件创建索引

B. FOREIGN KEY 约束条件允许受约束的列包含存在于父表的主键或特殊键列中的值

C. FOREIGN KEY 约束条件要求在将某个值添加到受约束的列之前检查允许的值列表

D. FOREIGN KEY 列可以具有与其引用的主键列不同的数据类型

9. Oracle 允许在子表中创建 FOREIGN KEY 约束条件之前，父表应当先具备(　　)。

A. 在父表的主键列已经存在 FOREIGN KEY 约束条件

B. 在父表中必须存在 PRIMARY KEY 或 UNIQUE 约束条件

C. 在父表中必须存在索引

D. 在父表中必须存在 CHECK 约束条件

10. 需要对 EMP 表的标识列 EMPNO 添加 PRIMARY KEY 约束条件，应该使用以下(　　)条 ALTER TABLE 语句。

A. ALTER TABLE EMP ADD PRIMARY KEY(EMPNO)；

B. ALTER TABLE ADD CONSTRAINT PRIMARY KEY EMP(EMPNO)；

C. ALTER TABLEEMP MODIFY EMPNO PRIMARY KEY；

D. ALTER TABLEEMP MODIFY CONSTRAINT PRIMARY KEY(EMPNO)；

二、简答题

1. 什么是聚簇？它有什么作用？
2. Oracle 提供哪几种分区表，它们各有什么特点？
3. Oracle 数据库中 ROWID 的作用是什么？它是怎样组成的？
4. 谈谈 Oracle 临时表的应用范围及注意事项。
5. Oracle 数据库中数据表行结构是怎样组织的？

第5章 数据查询

数据查询是数据库中使用的最多的操作，数据查询是普通用户访问数据库中所保存资料的主要途径。数据查询可以从数据库中检索出满足条件的数据记录，是数据库应用中最常用的操作，数据查询使用 SELECT 语句完成，该语句功能强大、使用灵活。每当我们上淘宝、京东、支付宝等网络平台时，我们就完成了多个查询操作，数据查询和人们的生活息息相关。

本章主要内容

- 数据查询语句 SELECT
- Oracle 数据库中常用的内置 SQL 函数
- SQL * Plus 查询输出结果格式化
- SQL 脚本文件的创建与执行
- 多表连接查询、子查询、集合查询
- ORACLE 数据表伪列的应用(ROWID,ROWNUM,LEVEL)

5.1 数据查询语句 SELECT

数据查询语句 SELECT 在 Oracle 数据库中是应用频度最高的语句之一。SELECT 语句的作用是让数据库服务器根据客户的要求从数据库中检索出所需要的信息，并且可以按规定的格式进行分类、统计、排序，再把结果回馈给客户。除此之外还可以用 SELECT 语句设置和显示系统信息，为局部变量赋值等。

SELECT 语句具有强大的查询功能，完整的语法非常复杂，掌握了 SELECT 语句就可以轻松地利用数据库来完成自己的工作。

```
SELECT [ ALL|DISTINCT ] select_list
FROM ]schema.]table_name | [ schema.]view_name
[WHERE search_condition ]
[GROUP BY group_by_expression [HAVING search_condition ]]
[ORDER BY order_expression [ ASC | DESC ]]
```

SELECT 语句的含义是：根据 WHERE 子句的条件表达式，从 FROM 子句所指定的表或视图中查找满足条件的记录，再按 select_list 所指定的查询列表项显示结果。还可以根据 GROUP BY 子句给出的分组表达式将查询结果进行分组。ORDER BY 子句的作用是将查询结果进行排序。在 Oracle 中，SELECT 语句必须包含 SELECT 和 FROM 子句，即使有些查询不需要表时，通常也要用 DUAL(DUAL 是一个小表，只有一行一列，数据库安装完毕后，任何用户都可使用此表）表来补足语法；而其他子句可以根据查询的要求进行选择。下面先介绍 SELECT 子句和 FROM 子句。

5.1.1 SELECT 子句和 FROM 子句

SELECT 子句和 FROM 子句是 SELECT 语句的必选项，也就是说，每个 SELECT 语句都必须包含这两个子句。其语法格式如下：

```
SELECT [ALL|DISTINCT] select_list
FROM [schema.]table_name | [ schema.]view_name
```

其中各参数的意义如下：

- SELECT：用于查询的关键字。
- ALL | DISTINCT：ALL 表示筛选出表中满足条件的所有记录，一般情况下可省略；DISTINCT 表示从查询结果集中去掉重复的行。
- select_list：指定查询的字段，如果要查询所有的字段可以使用星号（*）代替。
- [schema.]table_name：指定查询的数据源的表名称和它的方案名，如果表是当前数据库连接用户方案下的表，则方案名可以省略。
- [schema.] view_name：指定查询的数据源的视图名称和它的方案名，方案名也可以省略。

1. 选择所有列（表中的全部列）

在 SELECT 子句中可以使用星号（*）显示表中所有的列。

例 5.1 以 scott 用户登录数据库，查询 emp 表中的所有列。

```
SELECT * FROM emp;
```

2. 指定部分列（业务操作关心的列）

指定列的语法格式如下：

```
SELECT column_name1 [, column_name2, ...]
FROM [ schema.]table_name| [ schema.]view_name
```

其中，column_name1 [, column_name2,…]是要查询的字段列表，中间用逗号隔开。

例 5.2 以 scott 用户登录数据库，查询 emp 表中每个雇员的 empno、ename、job 的值。

```
SELECT empno,ename ,j ob
FROM scott .emp;
```

要注意的是在数据查询时，列的显示顺序由 SELECT 子句指定，该顺序可以和列定义时顺序不同，这并不影响数据在表中的存储顺序；在查找多列内容时，用逗号将各字段分开。

3. 改变列标题（为列标题起别名）

在默认情况下，查询结果中显示的列标题就是在创建表时使用的字段名，用户可以根据要求在 SELECT 语句中改变列标题，语法格式如下：

```
SELECT column_name1   [ AS] alias, column_name2 [ AS] alias, ...
FROM [ schema.]table_name| [ schema.]view_name
```

其中,column_name 是要查询的字段名;AS 是为字段起别名的关键字,可以省略;alias 是为字段起的别名。

例 5.3 以 scott 用户登录数据库,查询 emp 表中每个雇员的 empno、ename、job 的值,并将结果中各列的标题指定为编号、姓名、工作。

```
SELECT empno AS 编号,ename AS 姓名,job AS 工作
FROM emp;
```

或

```
SELECT empno 编号,ename 姓名,job 工作
FROMemp;
```

要注意的是如果列标题中包含了一些特殊的字符,如空格等,就必须用双引号将列标题括起来,否则认为是非法字符或语法错误。

4. 使用计算列(计算域)

在进行数据查询时,经常需要对表中数据计算后才能得到满意的结果。在查询结果中可以输出对列计算后的值,即 SELECT 子句中可以使用表达式作为查询对象。可以使用各种运算符和函数对字段的值进行计算。函数包括普通函数和统计函数,分别在后面的章节介绍。而运算符通常使用算术运算符和字符串连接运算符(||)。算数运算符包括加(+)、减(-)、乘(*)、除(/)和取模(%)运算。

例 5.4 以 scott 用户登录数据库,查询 emp 表中每个雇员的姓名、工作和工资增加 300 元后的新工资。

```
SELECT ename ||'的工作是'||job AS 雇员,sal + 300 AS 新工资 FROM emp;
```

要注意的是,如果不为计算列指定列标题,系统将直接使用计算表达式作为列标题。对表中列的计算只是影响查询结果,并不改变表中的数据。

5. DISTINCT 关键字

使用 DISTINCT 关键字可以从结果集中消除重复的行,使结果更简洁。其语法格式如下:

```
SELECT DISTINCT column_name1 [, column_name2, ...]
FROM [ schema. ]table_name| [ schema. ]view_name
```

例 5.5 以 scott 用户登录数据库,查询 emp 表中的 job 和 deptno 字段,要求去除重复的行。

```
SELECT DISTINCT job,deptno FROM emp;
```

5.1.2 WHERE 子句

在实际工作中,大部分查询并不是针对表中所有记录进行查询,就像在淘宝上购买某类产品时全部商品列表几乎无法满足我们尽快找出所购商品的需求,而是要找出满足某些条件的记录,此时我们可以在 SELECT 语句中使用 WHERE 子句,目的是从表中筛选出符合条件的行,WHERE 子句必须紧跟在 FROM 子句之后,其语法格式如下:

```
SELECT [ ALL | DISTINCT ] select_list
FROM [schema.]table_name | [ schema.]view_name
WHERE search_condition
```


其中，search_condition 指定从表中查询记录的筛选条件。筛选条件是指由比较运算符、逻辑运算符、字符串模式匹配符、是否为空运算符等构成的表达式，该表达式的结果是逻辑值真或假。

在使用字符串和日期数据进行比较时，应符合下面的规定：

- 字符串和日期必须用单引号括起来。
- 字符串数据区分大小写。
- 日期数据的格式是敏感的，默认的日期格式是 DD-MON-YY。

1. 比较运算符

WHERE 子句允许使用的比较运算符包括以下几种：=（等于）、<（小于）、>（大于）、<=（小于等于）、>=（大于等于）、<>或!=（不等于）、!>（不大于）、!<（不小于）。

例 5.6 以 scott 用户登录数据库，查询 emp 表中工资大于 2000 的雇员信息。

```
SELECT * FROM emp
WHERE sal > 2000;
```

例 5.7 以 scott 用户登录数据库，查询 emp 表中工作为 SALESMAN 的雇员编号、姓名、工作信息。

```
SELECT empno ,ename, j ob
 FROM emp
WHERE job = 'SALESMAN';
```

注意：表中的字符串常量是区分大小写的，而表名、字段名和 SQL 命令不区分大小写。

2. 逻辑运算符

在 WHERE 子句中可以使用逻辑运算符把若干个查询条件连接起来，从而实现比较复杂的选择查询。可以使用的逻辑运算符包括逻辑与(AND)、逻辑或(OR)和逻辑非(NOT)。

其语法格式如下：

```
SELECT [ ALL | DISTINCT ] select_list
FROM [schema.]table_name | [ schema.]view_name
WHERE [NOT ] search_condition { AND | OR } [NOT] search_condition
```

例 5.8 以 scott 用户登录数据库，查询 emp 表中工资在 2000～3000 元之间的雇员记录。

```
SELECT empno, ename, job, sal FROM emp
WHERE sal >= 2000 AND sal < 3000;
```

例 5.9 以 scott 用户登录数据库，查询 emp 表中工作为 SALESMAN 或 CLERK 的雇员的编号、姓名、工作。

```
SELECT empno, ename, job FROM emp
WHERE job = 'SALESMAN' OR job = 'CLERK';
```

3. 字符串模式匹配符

在前面介绍的查询中，查询条件都是确定的。但在实际应用中，并不是所有的查询条件都是确定的。例如，要查询公司中一个姓张的销售人员，但不知道叫什么名字，此时，精确查询就不管用了，必须使用 LIKE 关键字进行模糊查询。其语法格式如下：

```
SELECT [ ALL | DISTINCT] select_list
FROM [schema. ]table_name | [ schema. ]view_name
WHERE expression [NOT] LIKE. 'string'
```

其中，string 是匹配字符串，其含义是查找由 expression 指定的表达式与匹配字符串相匹配的记录。匹配字符串可以是一个完整的字符串，也可以使用%和_两种匹配符。%代表字符串中包含零个或多个任意字符；_代表字符串中包含一个任意字符。NOT 关键字是对 LIKE 运算符的否定，表示可以查询那些不匹配的记录。

例 5.10 以 scott 用户登录数据库，查询 emp 表中姓名以 A 开头的雇员信息。

```
SELECT * FROM emp
WHERE ename LIKE 'A % ';
```

例 5.11 以 scott 用户登录数据库，查询 emp 表中姓名的倒数第二个字母是 E 的雇员信息。

```
SELECT * FROM emp
WHERE ename LIKE ' % E_';
```

4. 范围比较

在 WHERE 子句中可以使用 BETWEEN 和 AND 关键字对表中某一范围内的数据进行查询，系统将逐行检查表中的数据是否在 BETWEEN 和 AND 关键字设定的范围内，该范围是一个连续的闭区间。如果在其设定的范围内，则取出该行，否则不取该行。其语法格式如下：

```
SELECT [ ALL | DISTINCT ] select_list
FROM [schema. ]table_name | [ schema. ]view_name
WHERE column_name [NOT] BETWEEN expression1 AND expression2
```

例 5.12 以 scott 用户登录数据库，查询 emp 表中雇佣日期为 1987 年的雇员的记录。

```
SELECT * FROM emp
WHERE hiredate BETWEEN '1 - 1 月 - 1987' AND '31 - 12 月 - 1987';
```

与 BETWEEN…AND…相对的 NOT BETWEEN…AND…，用于查询不在某一范围内的数据。

5. 使用查询列表

如果要查询的字段的取值范围不是一个连续的区间，而是一些离散的值，那么可以使用关键字 IN 进行查询，语法格式如下：

```
SELECT [ALL|DISTINCT] select_list
FROM [schema. ]table_name | [ schema. ]view_name
WHERE column_name [NOT] IN (value1, value2, ...)
```

例 5.13 以 scott 用户登录数据库，查询 emp 表中工作分别为 CLERK、ANALYST、MANAGER 的雇员信息。

```
SELECT * FROM emp
WHERE job IN ('CLERK','ANALYST','MANAGER');
```

该命令与下面命令等价：

```
SELECT * FROM  emp
WHERE job = 'CLERK' OR job = 'ANALYST' OR job = 'MANAGER';
```

与 IN 相对的 NOT IN，用于查询字段值不属于指定集合的记录。

6. 空值的判定

当需要判定一个表达式的值是否为空值时，使用 IS NULL 关键字。空值判定的语法格式如下：

```
SELECT [ALL|DISTINCT] select_list
FROM [schema.]table_name | [ schema.]view_name
WHERE column_name IS [NOT] NULL
```

这里要注意的是，空值 NULL 和任何数运算其结果都是 NULL。如果上面的语句，写成了“WHERE column_name=NULL”，其结果是非常错误的，因为无论 column_name 的值是什么，其后的判断条件均是 NULL。

例 5.14 以 scott 用户登录数据库，查询 emp 表中经理为空的记录。

```
SELECT * FROM emp WHERE mgr IS NULL;
```

5.1.3 ORDER BY 子句

经常需要对查询结果排序输出，如雇员工资由高到低排列，SELECT 语句通过 ORDER BY 子句对查询结果进行排序显示。其语法格式如下：

```
SELECT [ALL|DISTINCT] select_list
FROM [schema.]table_name | [ schema.]view_name
ORDER BY col_name | expression [ASC | DESC][ , col_name| expression[ASC|DESC]...]
```

其中各参数的意义如下：

- col_name | expression：表示排序时用的字段或表达式。字段或表达式可以是一个也可以是多个。
- ASC：表示按升序排列，可省略。
- DESC：表示按降序排列。

例 5.15 以 scott 用户登录数据库，查询 emp 表中工作是 SALESMAN 的记录，按工资的降序排列。

```
SELECT * FROM emp
WHERE job = 'SALESMAN' ORDER BY sal DESC
```

注意：在默认情况下，ORDER BY 子句按升序进行排序，即默认使用的是 ASC 关键字。如果特别要求按降序进行排列，必须使用 DESC 关键字。另外，ORDER BY 子句后边的排序字段名可以写成该字段在 SELECT 子句后边位置的数字序号；如果查询命令中为字段起了别名，那么还可以用字段的别名进行排序。如下面两条命令所示：

```
-- 使用字段的数字序号进行排序
SELECT ename, sal FROM  emp ORDER BY 2 asc;
-- 使用字段的别名进行排序
SELECT ename,sal AS salary FROM emp
ORDER BY salary asc;
```

当 ORDER BY 子句指定了多个排序列时，系统先将查询结果按照 ORDER BY 子句中第一列指定的顺序排列，当该列出现相同值时，再将这些行按照第二列的顺序排列，依次类推。

例 5.16 以 scott 用户登录数据库，将 emp 表中的数据记录先按工作升序排列，当工作相同时再按工资的降序排列。

```
SELECT empno, ename, job sal FROM emp
ORDER BY job, sal DESC;
```

5.1.4 统计函数

在对数据进行分析统计时常常会对表中的数据进行分类、统计、汇总、求标准差、协方差等操作，如统计雇员的人数，统计某部门的平均工资等，这些操作都可以使用 Oracle 提供的统计函数来实现。统计函数用来处理数值型数据，常用的统计函数如表 5-1 所示。

表 5-1 常用的统计函数

函数名	描述
MAX(expression)	返回表达式集合中的最大值，忽略 NULL 值
MIN(expression)	返回表达式集合中的最小值，忽略 NULL 值
AVG([DISTINCT] expression)	返回表达式集合中的元素的平均值，忽略 NULL 值；如果使用 DISTINCT 选项，则去掉重复值后再求平均值
SUM([DISTINCT] expression)	返回表达式集合中的元素的汇总值，忽略 NULL 值；如果使用 DISTINCT 选项，则去掉重复值后再求汇总值
COUNT([DISTINCT] expression)	返回数据表中记录行数；如果使用 DISTINCT 选项，则去掉重复行后再求记录数
COUNT(*)	返回数据表中记录行数
STDDEV([DISTINCT|ALL] expression)	求标准差，ALL 表示对所有的值求标准差，DISTINCT 表示只对不同的值求标准差
VARIANCE([DISTINCT|ALL] expression)	求协方差，ALL 表示对所有的值求协方差，DISTINCT 表示只对不同的值求协方差
MEDIAN(expression)	求向量的中位数。向量长度为奇数时，中位数等于排序后恰好在中间位置的数值，向量长度为偶数时，中位数等于向量的中间位置相邻 2 个数据的平均值

例 5.17 以 scott 用户登录数据库，求 emp 表中所有雇员的平均工资、最高工资、最低工资、工资的总和。

```
SELECT AVG(sal) AS 平均工资,MAX (sal) AS 最高工资,
      MIN(sal) AS 最低工资,SUM (sal) AS 工资总和
FROM  emp;
```


查询结果如图 5-1 所示。

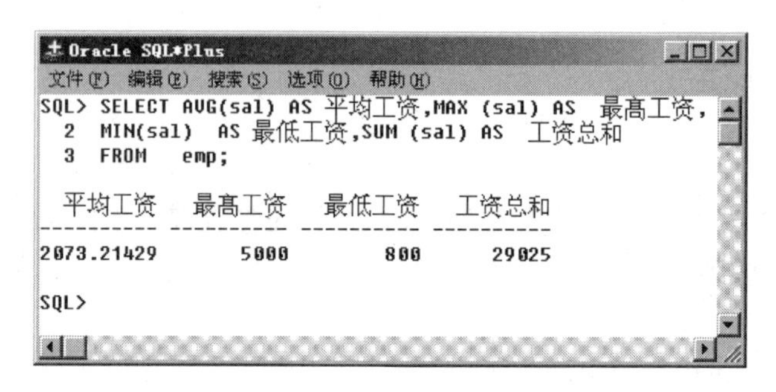

图 5-1　统计函数使用

例 5.18　以 scott 用户登录数据库,统计 emp 表中工作为 SALESMAN 的雇员人数。

```
SELECT COUNT (empno) AS 人数 FROM emp
WHERE job = 'SALESMAN';
```

例 5.19　以 scott 用户登录数据库,统计 emp 表中有多少种不同的工作(只统计数量)。

```
SELECT COUNT (DISTINCT job) AS 总人数 FROM emp;
```

5.1.5　GROUP BY 子句

前面介绍的统计函数都是对表中的所有行或满足 WHERE 条件的部分行进行一次统计运算,返回一个汇总结果。但有时候,需要将表中的数据按照某些字段值分组,然后对每组内的数据进行统计,从而得到多个汇总结果,此时必须使用 GROUP BY 子句。该子句的功能是根据指定的列将表中数据分成多个组,然后进行汇总。其语法格式如下:

```
SELECT [ ALL | DISTINCT ] select_list
FROM [schema.]table_name | [ schema.]view_name
WHERE search_condition
GROUP BY group_by_expression[,...n]
```

其中,group_by_expression 是用于分组的表达式,通常为字段名,可以是一个也可以是多个。如果分组的字段是多个,那么先按照第一个字段值分组,也就是将第一个分组字段值相同的行作为一组,然后在每个组内再按照第二个字段值进行分组,也就是说最终是基于这些列的唯一组合进行分组的,最后在分好的组中进行汇总。

在使用 GROUP BY 子句时,需要注意以下几个原则:

- 使用 GROUP BY 子句时,将分组字段值相同的行作为一组,而且每组只产生一个汇总结果,每个组只返回一行,不返回详细信息。
- 在 SELECT 子句的后面,只能有两种类型的表达式,一种是出现在 GROUP BY 子句后面的字段名或者是它的非统计函数表达式,另一种是其他非分组字段的统计函数表达式(统计函数可参见前面的介绍)。

- 如果在该查询语句中使用了 WHERE 子句，那么先在表中查询满足 WHERE 条件的记录，再将这些记录按照 GROUP BY 子句分组，也就是说 WHERE 子句先生效。
- GROUP BY 子句后面可以出现多个分组字段名，它们用逗号隔开。

例 5.20 以 scott 用户登录数据库，统计 emp 表中各种工作的雇员人数、工资标准差。

```
SELECT job,COUNT ( * ) AS 人数, STDDEV(sal) AS 工资标准差
FROM emp
GROUP BY job;
```

例 5.21 以 scott 用户登录数据库，统计 emp 表中各个部门中的各种工作的雇员人数。

```
SELECT deptno, job, COUNT( * ) AS 人数
FROM emp
GROUP BY deptno, job;
```

5.1.6 HAVING 子句

使用 GROUP BY 子句和统计函数对记录进行分组后，还可以使用 HAVING 子句对分组后的结果进一步筛选。如按工作分组后，求出各组的平均工资，然后在所有的组中查找平均工资大于 2500 的组记录。要注意的是：不可用 WHERE 实现等价的功能。

例 5.22 以 scott 用户登录数据库，统计 emp 表中平均工资大于 2500 的工作。

```
SELECT job,AVG(sal) AS 平均工资
FROM emp
GROUP BY job
HAVING AVG(sal)> 2500;
```

在上面这个查询中如果用 WHERE AVG(sal)>2500 ，那将是非常错误的！

在 SELECT 语句中，当同时存在 GROUP BY 子句、HAVING 子句和 WHERE 子句时，其执行顺序为：先 WHERE 子句，后 GROUP BY 子句，再 HAVING 子句。即先用 WHERE 子句从数据源中筛选出符合条件的记录，接着用 GROUP BY 子句对选出的记录按指定字段分组、汇总，最后再用 HAVING 子句筛选出符合条件的组。

例 5.23 统计 scott 方案下的 emp 表中 1982 年后参加工作的、雇员人数超过了 2 人的部门编号。

```
SELECT deptno,COUNT( * ) AS  人数
FROM  emp
WHERE hiredate>'1 - 1 月 - 1982'
GROUP BY deptno
HAVING COUNT( * )> 2;
```

5.2 Oracle 数据库中常用的内置 SQL 函数

在数据库中，所谓的内置(Build In)函数就是已经在 DBMS 中实现了的系统函数。Oracle 提供了大量内置函数，用户可以利用这些函数完成特定的运算和操作。常用的函数包括以下几种：字符串处理函数，数学计算函数，日期时间函数，转换函数。当调用这些

SQL 函数时如果给其传递一个 NULL 参数，那么被调用函数自动返回 NULL，除 CONCAT，EGEXP_REPLACE，NVL，REPLACE 几个函数外。

5.2.1 字符串处理函数

字符串函数主要用于对字符串数据进行处理。可以在 SELECT 语句中使用字符串函数。常用的字符串函数如下所示：

- CONCAT(string1，string2)：连接两个字符串。
- LENGTH(string)：返回字符串 string 的长度。
- LOWER(string)：将给定字符串 string 的全部字母变成小写。
- UPPER(string)：将给定字符串 string 的全部字母变成大写。
- INITCAP(string)：将给定字符串 string 的首字母变成大写，其余字母不变。
- INSTR(string，value)：查询字符 value 在字符串 string 中出现的位置。
- LPAD(string，length[，padding])：在 string 左侧填充 padding 指定的字符串直到达到 length 指定的长度，若未指定 padding，则默认用空格填充。
- RPAD(string，length[，padding])：在 string 右侧填充 padding 指定的字符串直到达到 length 指定的长度，若未指定 padding，则默认用空格填充。
- LTRIM(string，[trimming_value])：去掉字符串 string 左边的由 trimming_value 指定的字符。
- RTRIM(string，[trimming_value])：去掉字符串 string 右边的由 trimming_value 指定的字符。
- REPLACE (string，string1 [，string2])：替换字符串。在字符串 string 中查找 string1，并用 string2 替换。如果没有指定 string2，则查找到指定的字符串时，删除该字符串。
- SUBSTR(string，start，[count])：获取字符串 string 的子串。返回 string 中从 start 位置开始长度为 count 的子串。

例 5.24 字符串函数举例。

```
SELECT UPPER('abc'),LOWER('ABC'),INITCAP('abc')
FROM DUAL;
SELECT SUBSTR(ename,1,2) ,length(ename)        /* 截取雇员姓名的前两位 */
FROM emp;
```

在上面的查询语句中，使用了 Oracle 系统的一个比较特别的表 DUAL。该表属于 SYS 方案，但所有用户都可以使用 DUAL 名称直接访问它。用 SELECT 计算常量表达式、伪列等值时经常使用该表，因为它只返回一行数据，而使用其他表时可能返回多个数据行。另外这个表还主要用来满足 SELECT 命令的语法要求，因为 Oracle 中要求 SELECT 命令必须包含 FROM 子句。

5.2.2 数值运算函数

数值函数通常对输入的数字参数执行某些特定的数学计算，并返回运算结果。常用的数值函数如下所示：

- ABS(value)：返回给定数字表达式的绝对值。
- CEIL(value)：返回大于或等于 value 的最小整数值。
- FLOOR(value)：返回等于或小于 value 的最大整数值。
- COS (value)：求余弦值。
- COSH (value)：求反余弦值。
- EXP(value)：返回以 e 为底的指数值。
- LN(value)：返回 value 的自然对数。
- POWER (value，exponent)：返回 value 的 exponent 次幕。
- SQRT(value)：返回 value 的平方根。
- ROUND(value，precision)：将 value 按 precision 精度进行四舍五入。
- MOD(value，divisor)：返回 value 除以 divisor 的余数。
- TRUNC(value，precision)：将 value 按 precision 精度进行截取，不进行四舍五入。

例 5.25 数值函数举例。

```
SELECT ROUND(3.567,2),TRUNC (3.567,2), CEIL(3.567), FLOOR(3.567)
FROM DUAL;
```

5.2.3 日期和时间函数

Oracle 提供了丰富的日期时间函数来处理日期型数据，常用的日期时间函数如下所示：

- ADD_MONTHS(date，number)：在指定的日期 date 上增加 number 个月。
- LAST_DAY(date)：返回日期 date 所在月的最后一天。
- MONTHS_BETWEEN(date1，date2)：返回 date1 和 date2 之间隔多少个月。
- NEW_TIME (date，current_zone，future_zone)：将 date 从 current_zone 时区转换为 future_zone 时区。
- NEXT_DAY(date，'day')：返回指定日期(date)后的星期(day)对应的新日期。
- SYSDATE：返回系统的日期。
- CURRENT_TIMESTAMP：返回当前的日期和时间。
- EXTRACT (c1 from d1)：从日期 d1 中抽取 c1 指定的年、月、日、时、分、秒。

例 5.26 日期函数举例。

```
SELECT LAST_DAY (SYSDATE) FROM DUAL;
SELECT MONTHS_BETWEEN (SYSDATE, '1 - 7 月 - 2017') FROM DUAL;
SELECT NEXT_DAY (SYSDATE, '星期五') FROM DUAL;
SELECT EXTRACT(YEAR FROM SYSDATE) FROM DUAL;
SELECT EXTRACT(month FROM order_date) "Month",
COUNT(order_date) "No. of Orders"
FROM orders
GROUP BY EXTRACT(month FROM order_date)
ORDER BY "No. of Orders" DESC;
```

5.2.4 转换函数

在执行运算的过程中，经常需要把数据从一种数据类型转换为另一种数据类型，这种转换既可以是隐式转换,也可以是显式转换。隐式转换是在运算过程中系统自动完成的,而显式转换则需要调用相应的转换函数来实现。常用的转换函数如下所示:

- TO_CHAR(date, 'format'):按照 format 的格式将日期型数据转换为字符串。
- TO_NUMBER(char):将包含了数字的字符串转换为数值型数据。
- TO_DATE(string, 'format'):按照 format 的格式将 string 字符串数据转换为日期型。
- CHARTOROWID(char):将字符串转换为 ROWID 类型。
- ROWIDTOCHAR(x):将 ROWID 类型转换为字符串类型。
- NVL(exp1,exp2):如果 exp1 的值是 NULL,则函数值返回 exp2;否则返回 exp1。

例 5.27 转换函数举例。

```
SELECT TO_CHAR (SYSDATE,'YYYY - MM - DD HH24:MI:SS) FROM DUAL;
SELECT TO_NUMBER ('1234')  FROM DUAL;
SELECT sal + NVL (comm,0) AS income FROM emp;
```

5.3 SQL * Plus 查询输出结果格式化

在 SQL * Plus 环境下,有许多参数可以控制 SQL * Plus 的输出显示格式。利用 SHOW ALL 命令,用户可以知道当前的显示格式的设置。用户可以通过 SET 命令设置各参数来改变当前的工作环境,在视窗环境的 SQL * Plus(sqlplusw. exe)中,也可以通过"环境"对话框来设置。设置的环境变量是临时性的,当用户退出 SQL * Plus 后,设置的参数将全部丢失。

5.3.1 SQL * Plus 环境中的常用格式化选项

SQL * Plus 环境中的常用格式化选项如下:

- arraysize:设置 SQL * Plus 一次从数据库中取出的行数,其取值范围为 1~500。
- autocommit:设置 Oracle 的提交方式。当设置为 On 时,自动提交用户做的更改;当设置为 Off 时,则必须等待用户使用 COMMIT 命令才能提交。
- linesize:设置 SQL * Plue 在一行中能够显示的总字符数,默认为 80。
- null:设置当 SELECT 语句返回 NULL 值时显示的字符串。
- numformat:设置数字的默认显示格式。
- newpage:设置每页打印标题前空的行数,默认值为 1。
- pagesize:设置每页打印的行数,该值包括 newpage 设置的空行数。
- pause:设置 SQL * Plus 输出结果时是否暂停。
- space:设置输出结果中列与列之间的空格数,默认值为 1。
- sqlcase:设置执行 SQL 命令前是否转换大小写。取值可以为 mixed (不转换)、lower (转换为小写)、upper (转换为大写)。
- sqlcontinue:设置 SQL * Plus 的命令提示符,默认为">"。
- timing:控制是否统计每个 SQL 命令的运行时间。

- underline：设置 SQL * Plus 是否在列标题下面添加分隔符。
- wrap：当要显示的数据比列的宽度长时，该参数可设置是否截断数据项的显示。设置为 Off 时表示截断，设置为 On 时表示超出部分折叠到下一行显示。

除了上面列出的参数外，还有很多参数，可以通过 SHOW ALL 命令查看这些参数。若想查看某一个参数当前的设置值，可用 SHOW 命令加参数名称直接查看。

5.3.2 使用“环境”对话框设置格式化选项的值

使用“环境”对话框设置格式化选项的步骤如下：

(1) 启动视窗版的 SQL * Plus 工具(sqlplusw. exe，Oracle 11 中已废除了此功能，用 sqlplus. exe)。

(2) 选择“Options(选项)”菜单下的“Environment(环境)”选项，弹出如图 5-2 所示的对话框。在此对话框中可以对各个参数设置所需要的值，改变当前的工作环境。从“Set Option(设定选项)”列表中选择某一项后，“值”选项区域变亮，表示可以重新设置，设置完成后，单击“确定”按钮即可。

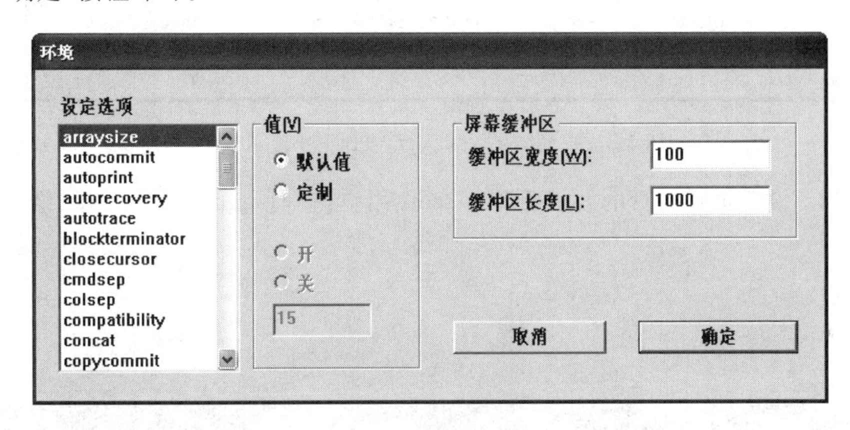

图 5-2 “环境”对话框

5.3.3 使用命令设置格式化选项的值

1. 使用 SET 命令设置环境参数命令格式如下：

```
SET <option> <value>
```

其中各参数的意义如下：

- option：用来控制当前环境的参数名称，option 包括用 SHOW ALL 命令输出的所有显示格式化参数。
- value：为该参数设置的新值。

例如，命令 SET LINESIZE 指定页宽的大小，默认值为 80；命令 SET PAGESIZE 指定一页的大小，默认值为 14。当页面和行的大小使用默认值时，用 SQL * Plus 登录 scott 用户，查询 emp 表中的记录的效果如图 5-3 所示。很显然这种显示结果是不友好的。

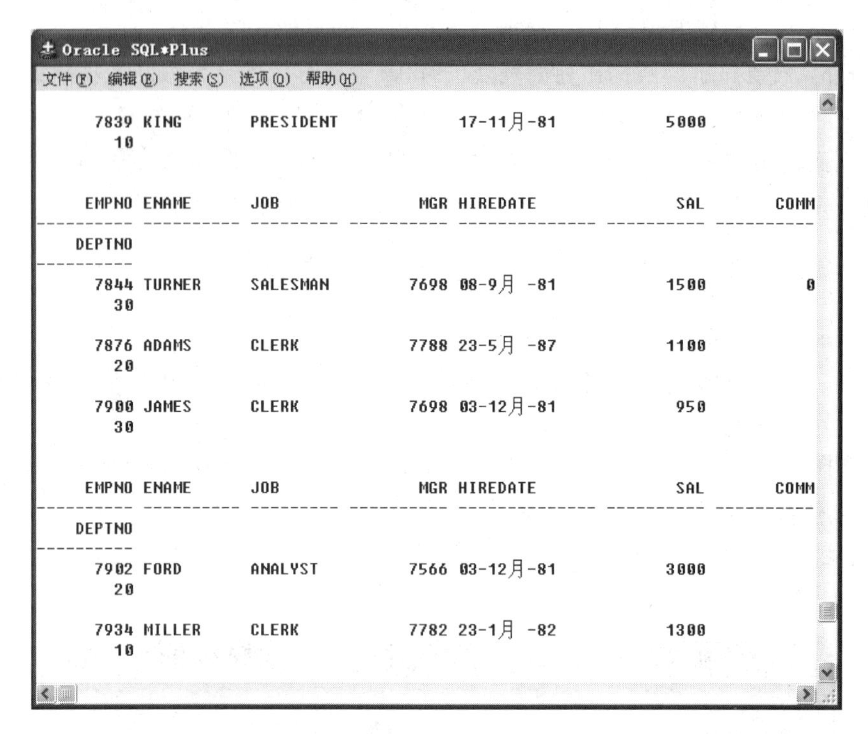

图 5-3　查询结果以默认行、页面大小显示效果

例 5.28　设置页宽和页的大小后登录 scott 用户，查询 emp 表中的记录，结果如图 5-4 所示。

```
SET LINESIZE 120
SET PAGESIZE 30
SELECT * FROM  emp;
```

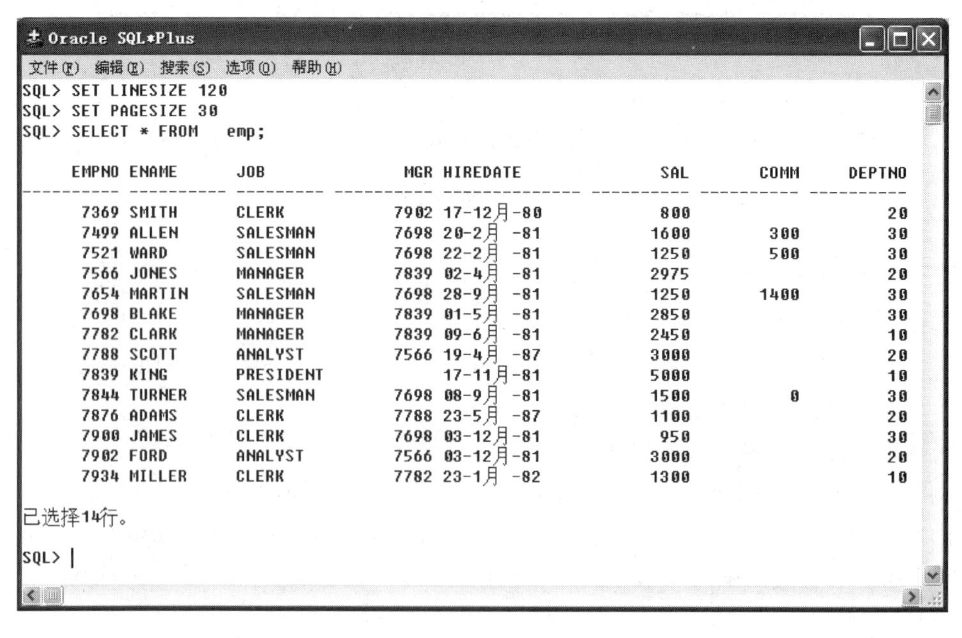

图 5-4　设置页面和行大小后查询效果

2. 使用 COLUMN 命令设置列的显示格式

命令格式如下：

```
COLUMN column_name | expression option
```

其中各参数的意义如下：

- column_name | expression：指定要格式化显示的数据项，可以是一个字段名也可以是一个表达式。
- option：指定数据项的显示属性。包括 FORMAT、HEADING、JUSTIFY、CLEAR 等。其中，FORMAT 用于设置列的显示宽度和格式；HEADING 用于设置列标题；JUSTIFY 用于设置列的对齐方式；CLEAR 用于清除列的属性。

例 5.29 以 scott 用户登录，查询 emp 表中的姓名、工作和工资，要求分别设置 job、sal 的显示格式。

```
SET PAGESIZE 30
COLUMN job FORMAT a8 WRAPPED
COLUMN sal FORMAT 999,999.00
SELECT ename, job, sal FROM emp;
```

执行结果如图 5-5 所示。job 字段使用 a8 指定显示宽度为 8 个字符，如果列值长度超过了定义的显示宽度，回行显示；sal 字段使用 999,999.00 指定显示 6 位数字，2 位小数，用逗号作为分隔符。

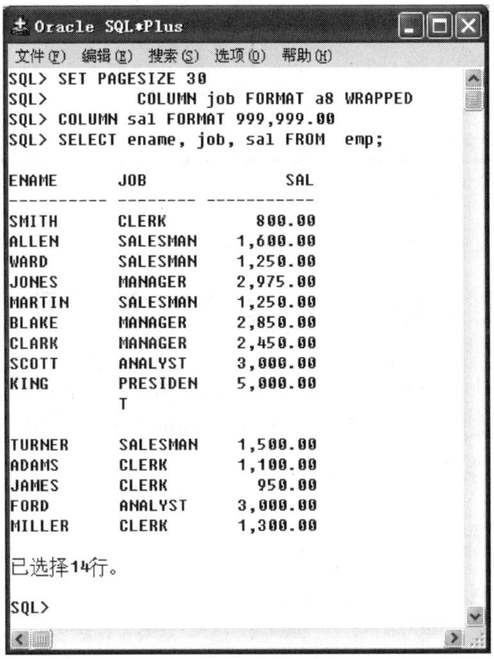

```
Oracle SQL*Plus
文件(F) 编辑(E) 搜索(S) 选项(O) 帮助(H)
SQL> SET PAGESIZE 30
SQL>         COLUMN job FORMAT a8 WRAPPED
SQL> COLUMN sal FORMAT 999,999.00
SQL> SELECT ename, job, sal FROM  emp;

ENAME      JOB              SAL
---------- -------- -----------
SMITH      CLERK         800.00
ALLEN      SALESMAN    1,600.00
WARD       SALESMAN    1,250.00
JONES      MANAGER     2,975.00
MARTIN     SALESMAN    1,250.00
BLAKE      MANAGER     2,850.00
CLARK      MANAGER     2,450.00
SCOTT      ANALYST     3,000.00
KING       PRESIDEN    5,000.00
           T

TURNER     SALESMAN    1,500.00
ADAMS      CLERK       1,100.00
JAMES      CLERK         950.00
FORD       ANALYST     3,000.00
MILLER     CLERK       1,300.00

已选择14行。

SQL>
```

图 5-5　设置列的显示格式后的查询效果

用户如果想查看某列的显示格式，可以使用“COLUMN 字段名”查看，如 COLUMN job；用户可以通过 ON 或 OFF 设置某列的显示属性是否起作用，如 COLUMN job OFF，则禁用 job 列的显示属性；用户还可以通过 CLEAR 选项清除设置的显示属性，如 COLUMN job CLEAR。

3. 使用 TTITLE 命令和 BTITLE 命令设置页眉页脚

可用 TTITLE 命令设置每页的标题，通常使用的默认设置为：标题文本在行中央，每页上都有日期和页码。可用 BTITLE 命令在每页的底部指定一些信息。例如：

```
SET LINESIZE 100
SET PAGESIZE 13
TTITLE 'SALESMAN 雇员信息'
BTITLE CENTER '---  report1 --- '
SELECT * FROM emp WHERE job = 'SALESMAN';
```

执行结果如图 5-6 所示。

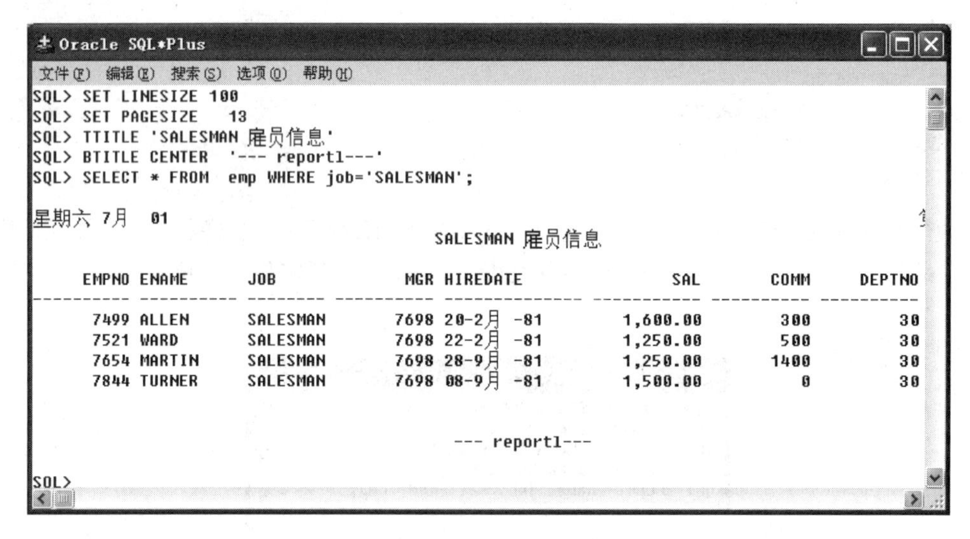

图 5-6　页标题和页底部的设置

5.4　SQL 脚本文件的创建与执行

SQL 脚本文件由 SQL 语句或 PL/SQL 程序组成，是一个可在 SQL * Plus 中执行的文件。用户可以把一个或多个 SQL 命令或 PL/SQL 块存放到 SQL 脚本文件中，可以编辑或执行指定的 SQL 脚本文件。

5.4.1　创建 SQL 脚本文件

SAVE 命令可将用户输入的 SQL 语句或 PL/SQL 程序保存到一个 SQL 脚本文件中，当用户需要时，可直接执行该文件，不需要重新输入。SAVE 命令的语法格式如下：

```
SAVE filename [CREATE | REPLACE | APPEND]
```

其中各参数的意义如下：

- filename：指定 SQL 脚本文件名，如果用户没有提供扩展名，则默认扩展名为.sql。

- CREATE | REPLACE | APPEND：CREATE 选项用于指定如果脚本文件不存在，则创建一个新文件，该选项为默认选项；REPLACE 选项用于指定如果文件不存在，则创建，否则用 SQL * Plus 缓冲区中的内容覆盖文件中的内容；APPEND 选项则把缓冲区中的内容追加到文件的末尾。

例 5.30 保存在 SQL * Plus 中执行的 SQL 语句到 D:\select_emp.sql 脚本文件中。

```
SELECT * FROM  EMP;
SAVE D:\select_emp.sql
```

执行结果如图 5-7 所示。

```
Oracle SQL*Plus
文件(F) 编辑(E) 搜索(S) 选项(O) 帮助(H)
SQL> select * from emp;

     EMPNO ENAME      JOB              MGR HIREDATE
---------- ---------- --------- ---------- --------------
      7369 SMITH      CLERK           7902 17-12月-80
      7499 ALLEN      SALESMAN        7698 20-2月 -81
      7521 WARD       SALESMAN        7698 22-2月 -81
      7566 JONES      MANAGER         7839 02-4月 -81
      7654 MARTIN     SALESMAN        7698 28-9月 -81
      7698 BLAKE      MANAGER         7839 01-5月 -81
      7782 CLARK      MANAGER         7839 09-6月 -81
      7788 SCOTT      ANALYST         7566 19-4月 -87
      7839 KING       PRESIDENT            17-11月-81
      7844 TURNER     SALESMAN        7698 08-9月 -81
      7876 ADAMS      CLERK           7788 23-5月 -87

     EMPNO ENAME      JOB              MGR HIREDATE
---------- ---------- --------- ---------- --------------
      7900 JAMES      CLERK           7698 03-12月-81
      7902 FORD       ANALYST         7566 03-12月-81
      7934 MILLER     CLERK           7782 23-1月 -82

已选择14行。

SQL> SAVE D:\select_emp.sql
已创建 file D:\select_emp.sql
SQL> |
```

图 5-7 保存 SQL 脚本文件

可以使用 EDIT 命令编辑指定的脚本文件，其语法格式如下：

```
EDIT filename
```

例如，在 SQL * Plus 中执行 EDIT D:\select_emp.sql 命令可以打开文件的编辑窗口。

5.4.2 执行 SQL 脚本文件

在 SQL * Plus 中，可以使用@、@@、START 命令执行脚本文件。命令的语法格式如下：

```
@ |@@|START filename [ arg,...]
```

其中各参数的意义如下：

- fiename：指定要执行的脚本文件名。
- arg：为脚本文件中的参数提供的值。

例 5.31 执行例 5.30 创建的脚本文件 select_emp. sql。

```
START D:\select_emp.sql
```

或

```
@ D:\select_emp.sql
```

例 5.32 创建带参数的查询，保存到 D:\select_empl. sql 中，并执行此脚本文件。

```
SELECT * FROM emp WHERE sal > &1;
SAVE D:\select_empl. sql
@ D:\select_empl .sql 3000
```

在该例中出现了符号“&”，它表示定义替代变量，它后面的名字是替代变量的名字，可以是任意符合命名规范的标识符。在执行包含替代变量的命令时，要求用户为替代变量输入值。但是，如果在脚本文件的命令中包含替代变量，那么该替代变量的形式必须为 &[1-9]格式，否则在执行脚本文件的命令时指定的实参无法传给命令中的替代变量。

@@命令也可以执行 SQL 脚本文件，但与@稍有不同。当主调用脚本文件和被调用脚本文件在同一目录时，命令可以直接以文件名执行被调用脚本文件，而@命令必须要求给出被调用脚本文件的目录。参见下例。

例 5.33 使用@@命令调用同一目录下的脚本文件。

(1) 在 D:\Oracle 目录下创建 3 个脚本文件，分别是 a. sql、b. sql、c. sql。

(2) 脚本文件 b. sql 中的命令是：

```
SELECT * FROM emp WHERE job = 'SALESMAN';
```

脚本文件 c. sql 中的命令是：

```
SELECT * FROM   emp WHERE job = 'CLERK';
```

(3) 在脚本文件 a. sql 中调用 b. sql 和 c. sql 文件，因此 a. sql 中的命令是：

```
@@ b.sql;
@@ c.sql;
```

(4) 在 SQL * Plus 中执行 a. sql 文件。

```
@ d:\oracle\a.sql
```

本例中，步骤(3)中的命令还可以写成如下形式：

```
@@ D:\Oracle\b. sql;
@@ D:\Oracle\c. sql;
```

或

```
@ D:\Oracle\b. sql;
@ D:\Oracle\c. sql;
```

5.5 多表连接查询

在 SELECT 语句的 WHERE 子句中提供一个连接条件，以过滤无意义的信息。多表连接查询传统的基本语法格式如下：

```
SELECT column_list
FROM [schema.]table_name1 | [ schema . ] view_name1,
      [schema. ] table_name2 | [schema.] view_name2[,...]
WHERE {connection_condition AND | OR search_condition }
```

其中各参数的意义如下：

- column_list：表示连接查询可以选择的字段列表，这些字段可以是 FROM 后面指定的所有表中包含的任意列。
- connection_condition：表示两表之间的连接条件，通常由两表的公共字段和关系运算符组成。
- search_condition：表示查询条件。

例 5.34 查询选修了课程并且成绩及格的学生的学号、姓名、课程号、课程名、成绩。

```
SELECT student.studentID,sname,score.courseID,cname,grade
FROM student,course,score
WHERE student.studentID = score.studentID AND course.courseID = score.courseID
      AND grade >= 60;
```

其中 student.studentID=score.studentID AND course.courseID=score.courseID 是三张表的连接条件，grade>=60 是查询条件。

表与表之间的这种连接查询是最传统的多表连接查询方式，可以把多个表连接起来，以满足生成复杂报告的需要。根据是否包含相关联的表中的匹配行和非匹配行，查询中的连接条件又分为内连接、外连接、自然连接等。除了传统的连接方式外，SQL92 后的标准还支持使用关键字 JOIN 的连接。使用 JOIN 连接的语法格式如下：

```
SELECT column_list
FROM table_name1 [join_type] JOIN table_nam2 ON connection_condition
    [[join_type] JOIN table_name3 ON connection_condition[...]
WHERE search_condition
```

其中，[join_type] JOIN 表示连接类型。包括：

- 内连接：INNER JOIN。
- 外连接：[LEFT|RIGHT|FULL] OUTER JOIN。
- 交叉连接：CROSS JOIN。

ON 关键字后面是连接条件，与简单连接查询中写在 WHERE 关键字后面的连接条件相同。

5.5.1 内连接查询

内连接是最常用的连接查询，一般使用 INNER JOIN 关键字来指定内连接，INNER 可以省略。所谓内连接是指查询结果集中只包含满足连接条件的记录。当未指明连接类型时，默认为内连接。使用JOIN关键字的内连接查询与例5.34中类似的查询方式等价，即查询结果中只包含两个表中相匹配的行。内连接又可以分为等值内连接、不等值内连接和自然连接。

1. 等值内连接

等值内连接是在ON后面给出的连接条件中使用等号(=)运算符比较被连接的两张表的公共字段，其查询结果中只包含两表的公共字段值相等的行，列可以是两表中的任意列。

例 5.35 以scott用户登录数据库，基于emp表和dept表，查询雇员工资大于2000的雇员编号、姓名、工资、所在部门编号、部门名称。

```
SELECT empno, ename, sal, e. deptno, dname
FROM emp e INNER JOIN dept d ON e.deptno  =  d.deptno
WHERE SAL > 2000;
```

例 5.36 查询选修了数据库原理课程且成绩在80分以上的学生的学号、姓名、课程名和成绩。

```
SELECT s.studentID, sname, cname, grade
FROM student s JOIN score sc ON s. studentID  =  sc. studentID
    JOIN course c on sc. courselD = c.courselD
WHERE cname  = '数据库原理' AND grade > 80;
```

2. 不等值内连接

不等值内连接是在连接条件中使用除"="运算符以外的其他比较运算符比较被连接的公共字段。这些运算符包括＞、＞＝、＜＝、＜、!＞、!＜和＜＞。不等值内连接查询在实际应用中使用得较少。

3. 自然连接

自然连接(NATURAL JOIN)是一种特殊的等值内连接，它是由系统根据两表的同名字段自动作等值比较的内连接，因此不需要用ON关键字指定连接条件。在使用自然连接时需要注意两表的同名字段不能(也没有必要)用表名进行限制。因为进行的是等值比较，查询的结果集中同名字段的值是完全一样的，所以如果在SELECT后面使用"*"号，那么在查询结果集中系统只包含一列同名字段和它的值。

例 5.37 将例5.35改为自然连接。

```
SELECT empno, ename, sal, deptno, dname
FROM emp NATURAL JOIN dept
WHERE SAL > 2000;
```

要注意的是在该例中两表的同名字段deptno前面是不能加表名进行限制的。

5.5.2 外连接查询

内连接查询是保证查询结果集中的所有行都要满足连接条件，而使用外连接查询时，它返回的查询结果集中不仅包含符合连接条件的行，而且还包含连接运算符左边的表(简称左表，左外连接时)或右边的表(简称右表，右外连接时)，或两个连接表(完全外连接时)中的不符合连接条件的行。

外连接分为：左外连接、右外连接和完全外连接。

1. 左外连接(LEFTJOIN 或 LEFT OUTER JOIN)

左外连接的结果集中包括两表连接后满足 ON 后面指定的连接条件的行(也就是内连接的结果集)和 LEFT OUTER JOIN 子句中指定的左表中不满足条件的行。也就是说左表中所有的行都会出现在查询的结果集中。如果左表的某行在右表中没有匹配行(即不满足比较条件的行),则在这些相关联的结果集中右表的所有选择列均为 NULL。

例 5.38 查询每个部门包括的雇员,如某部门没有雇员,也要显示其情况。要求显示部门名称、雇员名字。

```
SELECT dname, ename
FROM dept LEFT JOIN emp ON dept.deptno = emp.deptno;
```

在本例中,题目要求显示所有部门的名称,如果使用左外连接,那么部门信息表(dept 表)应放在关键字 LEFT JOIN 左边。

Oracle 数据库中使用特有的传统方法也可以实现两个表的左外连接,格式如下：

```
FROM 表 1,表 2
WHERE 表 1.公共字段 = 表 2.公共字段( + )
```

注意,左外连接中(+)符号要在等号的右边,此时会将等号左边表中的所有行都显示出来,等号右边表中只显示满足连接条件的行。将上面的例题改为如下形式：

```
SELECT dname,ename
FROM dept,emp
WHERE dept.deptno = emp.deptno( + );
```

2. 右外连接(RIGHT JOIN 或 RIGHT OUTER JOIN)

右外连接是左外连接的反向连接,将返回两表内连接的结果集和右表中不匹配的行。也就是说返回 RIGHT OUTER JOIN 关键字右边表中的所有行。如果右表的某行在左表中没有匹配行,则将为左表返回 NULL。

例 5.39 将例 5.38 中的左外连接改为右外连接。

```
SELECT dname, ename
FROM emp RIGHT OUTER JOIN dept ON dept.deptno = emp.deptno;
```

如果要显示 dept 表中所有行,则应将 dept 表放到 RIGHT OUTER JOIN 关键字的右边。

Oracle 数据库中使用特有的传统方法也可以实现两个表的右外连接,格式如下：

```
FROM 表 1,表 2
WHERE 表 1.公共字段( + ) = 表 2 .公共字段
```

注意,右外连接中(+)符号要在等号的左边,此时会将等号右边表中的所有行都显示出来,等号左边表中只显示满足连接条件的行。也可以将上面的例题改为如下形式：

```
SELECT enarne, dname
FROM emp,dept
```

```
WHERE emp.deptno( + ) = dept.deptno;
```

3. 完全外连接(FULL JOIN或FULL OUTER JOIN)

完全外连接查询的结果集包括两表内连接的结果集和左表与右表中不满足条件的行。当某行在另一表中没有匹配行时,则另一个表的选择列为NULL。即两个表的所有行都将被返回。

例5.40 使用scott方案下的emp表和dept表执行完全外连接查询。

```
SELECT ename,dname
FROM emp FULL OUTER JOIN dept
ON dept.deptno = emp.deptno ;
```

Oracle数据库中使用传统方法不支持实现两个表的完全外连接,因为一个关系运算符最多有一个"(+)"符号。

5.5.3 交叉连接

交叉连接(CROSS JOIN)是用左表中的每一行与右表中的每行进行连接,不能使用ON关键字。因此,结果集中的行数是左表的行数乘以右表的行数,该连接查询的全集就是两个表的"笛卡儿乘积"。

例5.41 用scott方案下的emp表和dept表进行交叉连接。

```
SELECT *
FROM emp CROSS JOIN dept;
```

注意:交叉连接没有ON关键字,但可以有WHERE子句。当带有WHERE子句时,则返回笛卡儿积中满足WHERE条件的所有行。

5.6 查询中的集合操作

SELECT语句中的集合操作就是将两个或多个SQL查询结果集合并到一起的复合查询语句,可用这样的操作完成复杂的任务。集合操作主要由集合运算符实现,集合运算符包括:UNION(并集)、INTERSECT(交集)和MINUS(差集)。

5.6.1 UNION集合运算

UNION运算符可以将多个查询结果集合并,形成一个结果集。多个查询的列的数量必须相同,数据类型必须兼容,且顺序必须一致,其语法格式如下:

```
SELECT_statement1
UNION [ALL] SELECT_statement2
UNION [ALL] SELECT_statement3 [...n]
```

其中,SELECT_statement1等都是SELECT查询语句。在这个语句中UNION ALL是实现集合操作时不合并重复的行;而UNION则要合并重复的行。

例5.42 使用UNION将工资大于2000的雇员信息与工作为MANAGER的雇员信息合并。

```
SELECT empno,ename, job, sal FROM emp
WHERE sal > 2000
UNION
SELECT empno,ename, job,sal FROM emp
WHERE job = 'MANAGER'
```

本例可以使用关键字 ALL，将保留结果集中的所有的行，包括重复行，查询结果集中的列标题来自第一个 SELECT 语句：

```
SELECT empno, enamef job, sal FROM emp
WHERE sal > 2000
UNION ALL
SELECT empno,ename, job,sal FROM emp
WHERE job = 'MANAGER';
```

当能确保不出现重复行的情况下，运用 UNION ALL 集合运算符的查询效率要比 UNION 查询的效率高。

5.6.2 INTERSECT 集合运算

与 UNION 类似，INTERSECT 也是对两个 SQL 语句所产生的结果进行处理。但与 UNION 不同，INTERSECT 集合运算是取两个结果集的交集。当使用该操作符时，只会显示同时存在于两个结果集中的数据，其语法格式如下：

```
SELECT_statement1
INTERSECT SELECT_statement2
INTERSECT SELECT_statement3 [...n]
```

其中，SELECT_statement1 等都是 SELECT 查询语句。

例 5.43 通过 INTERSECT 集合运算，查询工资大于 2000，并且工作为 MANAGER 的雇员信息。

```
SELECT empno, ename, job, sal FROM  emp
WHERE sal > 2000
INTERSECT
SELECT empno,ename, job, sal FROM emp
WHERE job = 'MANAGER';
```

5.6.3 MINUS 集合运算

MINUS 集合运算可以找到多个查询结果集的差异，即 MINUS 集合运算的结果包含在第一个结果集中但不在第二个结果集中的行，也就是两结果的差集。其语法格式如下：

```
SELECT_statement1
MINUS SELECT_statement2
MINUS SELECT_statement3 [...n]
```

例 5.44 在 emp 表中查询工资大于 2000，但不是经理(MANAGER)的雇员信息。

```
SELECT empno,ename, job, sal FROM emp
```

```
WHERE sal > 2000
MINUS
SELECT empno,ename, job, sal FROM emp
WHERE job = 'MANAGER';
```

当然，一些集合运算的功能完全可以改写为用 AND、OR、NOT 逻辑运算符来实现，读者可以将本节中的例子使用逻辑运算符实现。

5.7 子 查 询

子查询是实现复杂查询的途径之一。一般而言在一个查询条件中，可以嵌套另一个查询，即在一个 SELECT 查询内再嵌入一个 SELECT 查询。外层的 SELECT 语句叫外部查询，内层的 SELECT 语句叫子查询。子查询可以嵌套多层，但每层嵌套需要用圆括号()括起来。子查询除了可以用在 SELECT 语句中，还可以用在 INSERT、UPDATE 和 DELETE 语句中。子查询是一个完整的 SELECT 语句，只不过它作为其他 SQL 命令的一部分。大部分子查询是放在 SELECT 语句中的 WHERE 子句中实现的，也可以放到 FROM 子句中当作虚拟表。根据子查询返回的结果情况可将子查询分为单行子查询、多行子查询和多列子查询。

5.7.1 单行子查询

单行子查询是指子查询只返回单列单行数据，即只返回一个值，也可称为单值子查询。可以使用比较运算符，包括等于(=)、不等于(<>)、小于(<)、大于(>)、小于等于(<=)和大于等于(>=)。单行子查询应用最广泛，经常用在 SELECT、UPDATE、DELETE 语句的 WHERE 子句中充当查询、修改或删除的条件。

例 5.45 利用 scott 方案下的 emp 表和 dept 表查询在 SALES 部门工作的雇员姓名。

```
SELECT ename
FROM   emp
WHERE deptno  =  (SELECT deptno FROM dept WHERE dname  = 'SALES');
```

该查询语句的执行过程为：首先对子查询求值，求出 SALES 的部门编号，然后把子查询的结果代入外部查询，执行外部查询。外部查询依赖于子查询的结果。

例 5.46 利用 scott 方案下的 emp 表查询工资低于平均工资的雇员信息。

```
SELECT  *  FROM emp
WHERE sal < (SELECT avg (sal) FROM emp)
```

一些使用子查询实现的功能，也可以用表之间的连接查询实现。如例 5.45 中的查询用连接查询实现，代码如下：

```
SELECT ename,dname
FROM emp e INNER JOIN dept d ON e.deptno  = d.deptno
WHERE dname  = 'SALES';
```

该查询语句也可以获得例 5.45 中的查询结果，但两种方式有不同之处，那就是连接查询中的 SELECT 关键字的后面可以查询出 dept 表中的数据，但是在例 5.45 中的结果集中是不能输出的。

例 5.47 将 emp 表中雇员编号是 7369 的员工的工资改为平均工资的 1.5 倍。

```
UPDATE emp
SET sal = 1.5 * (SELECT avg (sal) FROM emp)
WHERE empno = 7369;
```

例 5.48 利用 emp 表和 dept 表，删除部门是 SALES 的员工信息。

```
DELETE FROM emp
WHERE deptno = (SELECT deptno FROM dept WHERE dname = 'SALES');
```

5.7.2 多行子查询

多行子查询是指子查询返回单列多行数据，即一组数据。当子查询是单列多行子查询时，必须使用多行比较运算符，包括 IN、NOT IN、ANY、ALL、SOME。IN 和 NOT IN 可以独立使用，表示用来比较表达式的值是否在子查询的结果集中。但是 ANY 和 ALL 必须与单行比较运算符组合起来使用，如下面的情况：

- <ANY：表示小于任何一个，即小于最大值即可。
- =ANY：表示等于任何一个，与 IN 类似。
- >ANY：表示大于任何一个，即大于最小值即可。
- <ALL：表示小于所有值，即小于最小值。
- >ALL：表示大于所有值，即大于最大值。
- =ALL：无意义。

SOME 和 ANY 类似。

例 5.49 利用 scott 方案下的 emp 表和 deot 表，查询所有部门名称是 SALES 和 RESEARCH 的员工编号、姓名、工资和工作。

```
SELECT empno 编号, ename 姓名,sal 工资,deptno 部门编号
FROM emp
WHERE deptno IN (SELECT deptno FROM dept
                WHERE dname = 'SALES' OR dname = 'RESEARCH')
ORDER BY deptno;
```

该查询的执行顺序为：首先执行括号内的子查询得到结果，然后再利用该结果当作条件执行外部查询。对于复杂的查询，可以使用子查询的嵌套。

例 5.50 在学生选课系统中查询选修了课程名为数据库原理的学生信息。

```
SELECT *
FROM student
WHERE studentID IN (SELECT student ID FROM score
                    WHERE courseID = (SELECT courseID FROM course
                                      WHERE cname = '数据库原理'));
```

例 5.51 利用 scott 方案下的 emp 表查询每个部门的最低工资的雇员信息。

```
SELECT ename, deptno, sal FROM emp
WHERE sal IN (SELECT MIN(sal) FROM emp
              GROUP BY deptno);
```

例 5.52 利用 scott 方案下的 emp 表查询比工作在 SALESMAN 的所有员工工作早的那些雇员的信息。

```
SELECT *
FROM emp
WHERE hiredate < ALL (SELECT hiredate FROM emp WHRRE job = 'SALESMAN');
```

例 5.53 利用 scott 方案下的 emp 表查询工作是 CLERK 并且工资不低于工作是 SALESMAN 的最低工资的雇员信息。

```
SELECT * FROM emp
WHERE job = 'CLERK' AND sal > ANY (SELECT sal FROM emp
                                    WHERE job = 'SALESMAN');
```

5.7.3 多列子查询

单行子查询和多行子查询获得的都是单列数据，但是多列子查询获得的是多列任意行数据。当多列子查询返回单行数据时，在 WHERE 子句中可以使用单行比较符（=，>，<，>=，<=，<>）来进行比较；而返回多行数据时，在 WHERE 子句中必须使用多行比较符（IN、ANY、ALL 和 SOME）来进行比较。

例 5.54 利用 emp 表查询与编号为 7369 的雇员的部门和工作岗位完全相同的所有雇员。

```
SELECT ename, job, sal, deptno
FROM emp
WHERE (deptno, job) = (SELECT deptno, job FROM emp WHERE empno = 7369);
```

使用子查询比较多列数据时，既可以使用成对比较，也可以使用非成对比较。其中，成对比较要求多个列的数据必须同时匹配，而非成对比较则不要求多个列的数据必须同时匹配，此时是单独写的查询条件，各个条件之间是彼此独立的。

例 5.55 利用 emp 表查询工资和奖金与部门编号为 30 的雇员的工资和奖金完全相同的雇员信息。

```
SELECT ename, sal, comm, deptno
FROM emp
WHERE (sal, NVL(comm, -1)) IN (SELECT sal, NVL (comm, -1)
                               FROM emp WHERE deptno = 30);
```

此查询为成对比较。

例 5.56 利用 emp 表查询工资匹配于部门 30 的工资列表、奖金匹配于部门 30 的奖金列表的所有雇员。

```
SELECT ename, sal, comm, deptno
```

```
FROM emp
WHERE sal IN (SELECT sal FROM emp WHERE deptno = 30)
        AND NVL (comm,  - 1) IN (SELECT NVL (comm,  - 1)
                                FROM emp WHERE deptno = 30);
```

此查询为非成对比较。

5.7.4 相关子查询

相关子查询是指需要引用外查询表列的子查询语句，是通过 EXISTS 运算符实现的查询。EXISTS 用于测试子查询的结果是否为空，如子查询的结果集不为空，则 EXISTS 返回 TRUE，否则返回 FALSE。EXISTS 还可以与 NOT 合用，即 NOT EXISTS，其返回值与 EXISTS 恰好相反。

例 5.57 在 emp 表中查询工作在 NEW YORK 的所有雇员信息。

```
SELECT ename, job, sal,deptno
FROM emp
WHERE EXISTS (SELECT 'x' FROM dept
            WHERE deptno = emp.deptno AND loc = 'NEW YORK');
```

在该查询语句中，外层 SELECT 语句返回的每一行数据都要根据子查询来评估，如果 EXISTS 关键字中指定的条件为真，查询结果就包含这一行，否则不包含这一行。

本例的执行过程是：首先查找外层查询中 emp 表的第 1 行，根据该行的 deptno 值处理子查询，若结果不为空，则条件为真，就把该行的信息取出作为结果集的一行。然后继续查找 emp 表的第 2 行，第 3 行……重复上面的处理过程直到 emp 表的所有行都查找完为止。本例也说明了相关子查询的效率要高于 in 方式的子查询，在实际应用中要尽可能地利用相关子查询解决问题、少用 in 方式的子查询。

5.7.5 子查询在 FROM 子句中运用

前面介绍的子查询都是用在 WHERE 子句，子查询还可以用在 FROM 子句，该子查询会被作为视图对待，因此也被称为内联视图(Oracle 数据库把子查询也称为内联视图 Inline Views)。

例 5.58 利用 emp 表查询高于部门平均工资的雇员信息。

```
SELECT ename, job, sal
FROM emp e, (SELECT deptno, AVG (sal) AS avg_sal
            FROM emp GROUP BY deptno) d
WHERE e.deptno  =  d.deptno AND e.sal > d.avg__sal;
```

本查询将子查询(SELECT deptno,AVG (sal) AS avg_sal FROM emp GROUP BY deptno)的结果作为一个视图对待，把该子查询的结果集当成视图 d，让 emp 表和 d 视图进行连接查询，因而得名为内联视图。

例 5.59 查询 scott 方案中平均工资最高的部门的部门编号。

```
SELECT deptno
FROM (SELECT deptno, AVG(sal) avg_sal FROM   emp GROUP BY deptno) A
```

```
WHERE A.avg_sal = (SELECT MAX (B.avg_sal)
            FROM (SELECT dcptno,AVG (sal) avg_sal
                  FROM emp
                  GROUP BY deptno) B);
```


5.8 伪列在查询中的应用

Oracle 数据库中，一个伪列所扮演的角色就像一个表列，但它实际上并不存储在表中。在 SQL 语句中可以从伪列中取值，但不能插入、更新或删除其值。伪列通常为每行返回一个不同的值。在 Oracle 中，最常用的伪列是 ROWID、ROWNUM 和 LEVEL。

5.8.1 ROWID 伪列

对于数据库中的每一行，ROWID 伪列返回数据库表中每一行的物理地址信息，它能唯一地表示一行数据，无论数据行是否重复，其 ROWID 值是绝对唯一的。

ROWID 的值有几个重要用途：

- 它是访问单个行数据的最快方式，通过它可以很快地定位到要访问的数据。
- 它可以告诉用户表中的行是如何存储的。
- 它是表中行的唯一标识符。

可以使用函数 SUBSTR 将 ROWID 中的数据分解成其组件。例如，使用 SUBSTR 函数将扩展 ROWID 伪列分解为其四个组件(数据库对象、文件、块和行)：

```
SELECT ROWID,SUBSTR(ROWID,1,6) "OBJECT",SUBSTR(ROWID,7,3) "FIL",
        SUBSTR(ROWID,10,6) "BLOCK",SUBSTR(ROWID,16,3) "ROW"
FROM emp;
```

例 5.60 ①查询 emp 表中每行的 ROWID；②利用 ROWID 删除数据表中的重复行。

```
SELECT ROWID,empno,ename,job
FROM emp
WHEREdeptno = 20;
```

这个查询通过 ROWID 返回每行的物理地址。

```
DELETE from Test A
where ROWID!= (select MAX(ROWID)
          from Test B where B.col1 = A.col1 and B.col2 = A.col2);
```

在这个案例中，Test 表有两列 col1 和 col2，表中有多行数据重复，可以在子查询中求出重复行数据的最大 ROWID，将重复行中其 ROWID 不等于最大 ROWID 的行都删除，这样对于这些重复行来说，只留下一行数据了，从而达到删除重复行数据的目的。

5.8.2 ROWNUM 伪列

Oracle 查询数据时，将满足条件的数据提取出后，就在结果集中为每一行增加了一个序号，这个序号就是 ROWNUM，它总是从 1 开始的。ROWNUM 也是 Oracle 从数据文件中读取满足条件的记录时，按先后给每行编的顺序号，读出的第 1 行编号为 1。给数据的排序是在已有结果集上进行的，按指定字段排序不会影响 Oracle 分配给每行的 ROWNUM。

在实际应用中可以使用 ROWNUM 来限制查询返回的行数，例如：

```
SELECT rownum, empno, ename, job FROM emp
WHERE ROWNUM <= 10;
```

查询结果如图 5-8 所示。

```
Oracle SQL*Plus
文件(F) 编辑(E) 搜索(S) 选项(O) 帮助(H)
SQL>    SELECT  rownum,empno,ename,job FROM  emp
  2   WHERE ROWNUM<=10;

    ROWNUM      EMPNO ENAME      JOB
---------- ---------- ---------- ---------
         1       7369 SMITH      CLERK
         2       7499 ALLEN      SALESMAN
         3       7521 WARD       SALESMAN
         4       7566 JONES      MANAGER
         5       7654 MARTIN     SALESMAN
         6       7698 BLAKE      MANAGER
         7       7782 CLARK      MANAGER
         8       7788 SCOTT      ANALYST
         9       7839 KING       PRESIDENT
        10       7844 TURNER     SALESMAN

已选择10行。

SQL> |
```

图 5-8　利用 ROWNUM 限制返回记录行数

同样的例子，在其上增加了 ORDER BY 子句：

```
SELECT rownum, empno, ename, job FROM emp
WHERE ROWNUM <= 10
ORDER BY ENAME;
```

查询结果如图 5-9 所示，可见排序不会影响 ROWNUM 本次分配给记录行的序号。

```
Oracle SQL*Plus
文件(F) 编辑(E) 搜索(S) 选项(O) 帮助(H)
SQL> SELECT  rownum,empno,ename,job FROM  emp
  2  WHERE ROWNUM<=10
  3  ORDER BY ENAME;

    ROWNUM      EMPNO ENAME      JOB
---------- ---------- ---------- ---------
         2       7499 ALLEN      SALESMAN
         6       7698 BLAKE      MANAGER
         7       7782 CLARK      MANAGER
         4       7566 JONES      MANAGER
         9       7839 KING       PRESIDENT
         5       7654 MARTIN     SALESMAN
         8       7788 SCOTT      ANALYST
         1       7369 SMITH      CLERK
        10       7844 TURNER     SALESMAN
         3       7521 WARD       SALESMAN

已选择10行。

SQL> |
```

图 5-9　ORDER BY 后的 ROWNUM

5.8.3 Oracle 中的树形查询

在 Oracle 数据库中有一个强大的遍历树形结构的功能，那就是层次查询。层次查询遍历树形结构的数据集合，来获取树的层次数据结构关系表现的数据。其语法格式如下：

```
SELECT [LEVEL],column,expr...
FROM table_name
[WHERE conditions]
[START WITH conditions
[CONNECT BY PRIOR conditions];
```

如图 5-10 所示为一个树形数据结构图，它反映了 scott 方案下 emp 表的数据关系，在 emp 表中 empno 是雇员编号、mgr 是雇员的直接上级编号。Oracle 的树形结构查询可非常高效地遍历这样的树形结构图。

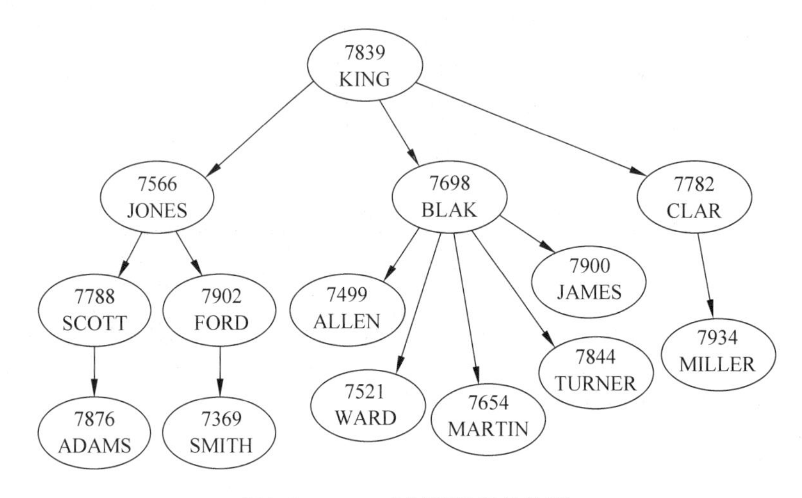

图 5-10　emp 表树形数据结构图

要实现层次查询必须通过 START WITH 子句和 CONNECT BY 子句来实现。层次查询中相关子句及选项解释如下：

① LEVEL 是伪列，表示本次遍历时数据记录的层次号。在具有树结构的表中，每一行数据都是树结构中的一个节点，由于节点所处的层次位置不同，所以每行记录都可以有一个层号。层号根据节点与根节点的距离确定。不论从哪个节点开始，该起始根节点的层号始终为 1，根节点的子节点为 2，依此类推。

② FROM 后面只能是一个表或视图，对于 FROM 是视图的，那么这个视图不能包含连接。

③ WHERE 条件限制了查询返回的行，但是不影响层次关系，属于将节点截断，但是这个被截断的节点的下层子树不受影响。

④ PRIOR 是个形容词，是前一个节点的意思，可以在 CONNECT BY 等号的前后，列之前。

⑤ 彻底剪枝条件应放在 CONNECT BY 子句中；单点剪掉条件应放在 WHERE 子句。但是，CONNECT BY 的优先级要高于 WHERE，也就是 SQL 引擎先执行 CONNECT BY，

CONNECT BY 确定树的遍历的方向是从根到叶还是从叶到根。

⑥ START WITH 确定遍历从哪个节点开始，其后的表达式可以有子查询，但是 CONNECT BY 中不能有子查询。

• 从叶子到根进行遍历（通过子节点向根节点追溯）

先由叶子节点开始然后遍历到根节点。Parent_key 表示父节点 key，Child_key 表示子节点 key。在这种情况下 CONNECT BY 的设置如下：

CONNECT BY PRIOR Parent_key=Child_key 表示上一条记录的父 Key 是本记录的子 Key，等同于 CONNECT BYChild_key=PRIOR Parent_key。

例如执行下列查询后，查询结果如图 5-11 所示。可理解为树叶在上，树根在下结构。

```
SELECT LEVEL empno,mgr,ename,job
FROM emp
START WITH mgr = 7839
CONNECT BY PRIOR MGR = EMPNO  -- 上一条记录的 mgr 是本记录的 empno
```

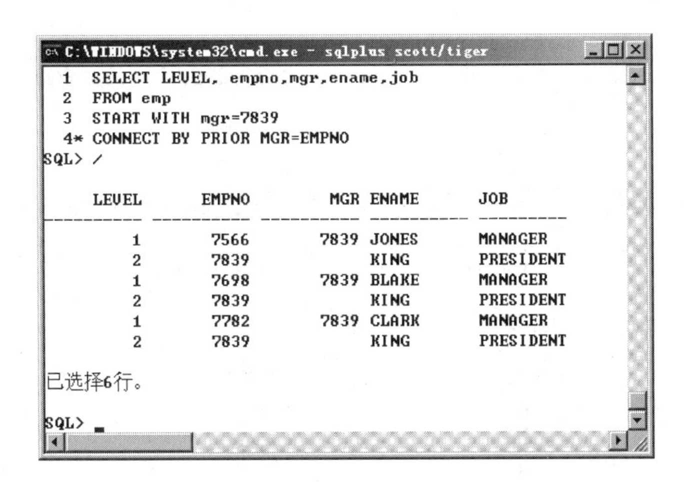

图 5-11　自顶向下遍历结果图

• 从根到叶子遍历（通过根节点遍历子节点）

先由根节点开始遍历一直找到叶子节点。CONNECT BY 之后不能有子查询，但是可以加其他条件，比如 and id !=2 等。这句话则会截断树枝，如果 id=2 的这个节点下面有很多子孙后代，则全部截断不显示。如图 5-12 所示为自底向上遍历结果图。查询语句如下：

```
SELECT LEVEL empno,mgr,ename,job
FROM emp
START WITH mgr = 7839
CONNECT BY PRIOR EMPNO  = MGR;  -- 上一条记录的 empno 是本记录的 mgr
```

在树形查询中，START WITH 子句中可以带有子查询，用来确定开始遍历的起始节点，如下查询，它的执行结果如图 5-13 所示。

```
SELECT LEVEL,empno,mgr,ename,job FROM emp
START WITH empno = (SELECT empno FROM emp WHERE mgr IS NULL)
CONNECT BY PRIOR empno = mgr;
```

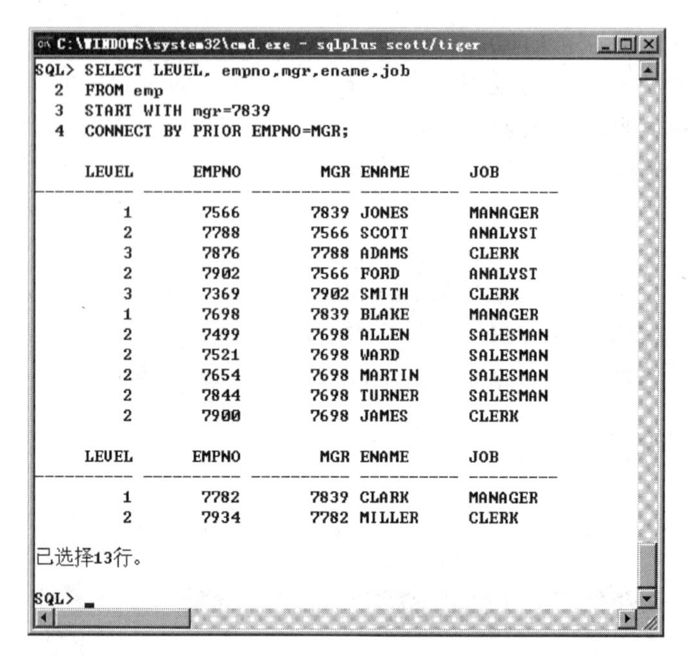

```
SQL> SELECT LEVEL, empno,mgr,ename,job
  2  FROM emp
  3  START WITH mgr=7839
  4  CONNECT BY PRIOR EMPNO=MGR;

     LEVEL      EMPNO        MGR ENAME      JOB
---------- ---------- ---------- ---------- ---------
         1       7566       7839 JONES      MANAGER
         2       7788       7566 SCOTT      ANALYST
         3       7876       7788 ADAMS      CLERK
         2       7902       7566 FORD       ANALYST
         3       7369       7902 SMITH      CLERK
         1       7698       7839 BLAKE      MANAGER
         2       7499       7698 ALLEN      SALESMAN
         2       7521       7698 WARD       SALESMAN
         2       7654       7698 MARTIN     SALESMAN
         2       7844       7698 TURNER     SALESMAN
         2       7900       7698 JAMES      CLERK

     LEVEL      EMPNO        MGR ENAME      JOB
---------- ---------- ---------- ---------- ---------
         1       7782       7839 CLARK      MANAGER
         2       7934       7782 MILLER     CLERK

已选择13行。

SQL>
```

图 5-12　自底向上遍历结果图

```
SQL> select level,empno,mgr,ename,job from emp
  2        start with empno=(select empno from emp where mgr is null)
  3        connect by prior empno=mgr;

     LEVEL      EMPNO        MGR ENAME      JOB
---------- ---------- ---------- ---------- ---------
         1       7839            KING       PRESIDENT
         2       7566       7839 JONES      MANAGER
         3       7788       7566 SCOTT      ANALYST
         4       7876       7788 ADAMS      CLERK
         3       7902       7566 FORD       ANALYST
         4       7369       7902 SMITH      CLERK
         2       7698       7839 BLAKE      MANAGER
         3       7499       7698 ALLEN      SALESMAN
         3       7521       7698 WARD       SALESMAN
         3       7654       7698 MARTIN     SALESMAN
         3       7844       7698 TURNER     SALESMAN

     LEVEL      EMPNO        MGR ENAME      JOB
---------- ---------- ---------- ---------- ---------
         3       7900       7698 JAMES      CLERK
         2       7782       7839 CLARK      MANAGER
         3       7934       7782 MILLER     CLERK

已选择14行。

SQL>
```

图 5-13　START WITH 中的子查询确定遍历开始节点

5.9　习　　题

根据 Oracle 数据库中的 scott 方案下的 emp 和 dept 表，写出实现下列需求的 SQL 语句。

(1) 查询所有工种为 CLERK 的员工的姓名及其部门名称。

(2) 查询所有部门及其员工信息,包括那些没有员工的部门。

(3) 查询所有员工及其部门信息,包括那些还不属于任何部门的员工。

(4) 查询在 SALES 部门工作的员工的姓名信息。

(5) 查询所有员工的姓名及其直接上级的姓名。

(6) 查询入职日期早于其上级领导的所有员工信息。

(7) 查询从事同一种工作但不属于同一部门的员工信息。

(8) 查询 10 号部门员工及其领导的信息。

(9) 使用 UNION 将工资大于 2500 的雇员信息与工作为 ANALYST 的雇员信息合并。

(10) 通过 INTERSECT 集合运算,查询工资大于 2500,并且工作为 ANALYST 的雇员信息。

(11) 使用 MINUS 集合查询工资大于 2500,但工作不是 ANALYST 的雇员信息。

(12) 查询工资高于公司平均工资的所有员工信息。

(13) 查询与 SMITH 员工从事相同工作的所有员工信息。

(14) 查询工资比 SMITH 员工工资高的所有员工信息。

(15) 查询比所有在 30 号部门中工作的员工的工资都高的员工姓名和工资。

(16) 查询部门人数大于 5 的部门的员工信息。

(17) 查询所有员工工资都大于 2000 的部门的信息。

(18) 查询人数最多的部门信息。

(19) 查询至少有一个员工的部门信息。

(20) 查询工资高于本部门平均工资的员工信息。

(21) 查询工资高于本部门平均工资的员工信息及其部门的平均工资。

(22) 查询每个员工的领导所在部门的信息。

(23) 查询平均工资低于 2000 的部门及其员工信息。

(24) ROWNUM 和 ROWID 两个伪列有何不同?

(25) UNION 和 UNION ALL 在集合操作时有何区别?

(26) 根据树形结构查询的原理,编写 SQL 将 scott 方案下的 emp 表中同一个级次的雇员列在一起。

第6章 PL/SQL 程序设计

关系数据库之所以能够很快地普及是由于其通用的标准化数据库访问语言 SQL 的独特魅力。SQL 是访问数据库的标准语言，大多数数据库都采用 SQL 作为其操纵语言。但是 SQL 语言对于分支化业务流程的处理又无能为力，不能满足具体业务规则处理的需求，所以数据库厂商纷纷在标准 SQL 基础上进行了不同程度的扩展，进一步扩展了 SQL 原有的功能。这些扩展后的 SQL 也被冠以特定的名称。例如，Oracle 公司把扩展后的 SQL 称为 PL/SQL，是 Oracle 对 SQL 语言的过程化扩展（PL/SQL is Oracle's Procedural Language extension to SQL）。这种被扩展的 SQL 在数据库技术的发展中起着重要的作用。PL/SQL 也是操纵数据库数据和执行数据库各种任务的编程语言，它使用户能更加灵活地完成数据库任务，本章将对 PL/SQL 语言进行完整的阐述，然后详细介绍存储过程、函数和大对象数据操作等。

本章主要内容

- PL/SQL 引擎
- PL/SQL 程序块结构、常量与变量
- 主要 SQL 语句在 PL/SQL 程序中的使用
- PL/SQL 中的复合数据类型
- %TYPE、%ROWTYPE 实现变量柔性定义
- PL/SQL 中的流程控制语句
- 游标及其应用
- PL/SQL 程序中的异常处理
- 存储过程与函数
- PL/SQL 实现大对象数据操作

6.1 PL/SQL 引擎

SQL 已经成为标准的数据库语言，因为它灵活、强大、易于学习。诸如 SELECT、INSERT、UPDATE 和 DELETE 之类的一些类似英文的命令使操作存储在关系数据库中的数据变得容易。然而，如果没有 PL/SQL，Oracle 必须一次处理一个 SQL 语句。发出许多 SQL 语句的程序需要对数据库进行多次调用，导致严重的网络和性能开销。使用 PL/SQL，可以将整个语句块一次发送到 Oracle。这可以大大减少数据库和应用程序之间的网络流量。如图 6-1 所示，用户可以使用 PL/SQL 块和子程序将 SQL 语句分组，然后将其发送到数据库执行。PL/SQL 还具有语言特性，可以进一步加快在循环内发出的 SQL 语句。

PL/SQL 使用户可以将 SQL 语句与过程结构进行混合。定义和运行 PL/SQL 程序单元，如过程、函数和包。PL/SQL 程序单元通常被分类为匿名块和存储过程。

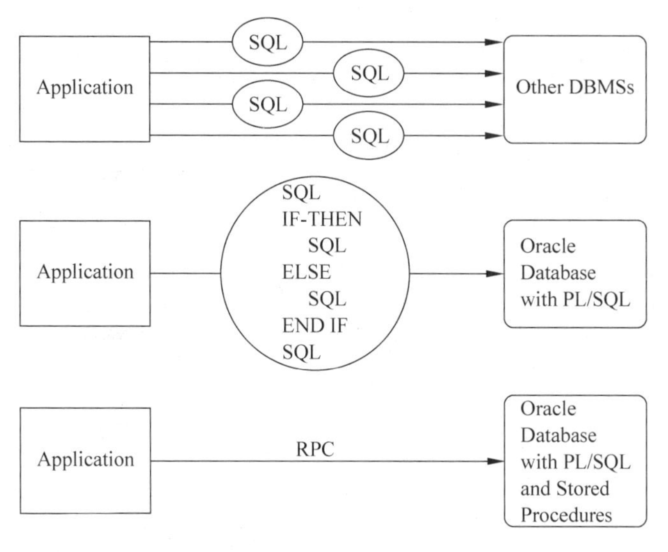

图 6-1　PL/SQL 提升性能

PL/SQL 存储过程被编译一次并以可执行形式存储，因此过程调用是有效的。由于存储过程在数据库服务器中执行，所以通过网络进行的单个调用可以启动大量作业任务。这种分工可以减少网络流量并提高响应时间。存储过程被缓存并在用户之间共享，这降低了内存需求和调用开销。

作为数据库服务器，Oracle 是怎样将 SQL 和 PL/SQL 两种不同的实现完美地结合起来的呢？原来在 Oracle 数据库服务器的 DBMS 程序中除了具有执行 SQL 的引擎外还有 PL/SQL 引擎组件，如图 6-2 所示。PL/SQL 编译和运行时(runtime)系统是编译和执行 PL/SQL 块和子程序的引擎。引擎可以安装在 Oracle 服务器或应用程序开发工具中。在任一环境中，PL/SQL 引擎接收任何有效的 PL/SQL 块或子程序作为输入。在 PL/SQL 引擎执行过程语句时，分析到 SQL 语句就将其发送到 Oracle 数据库中的 SQL 引擎。

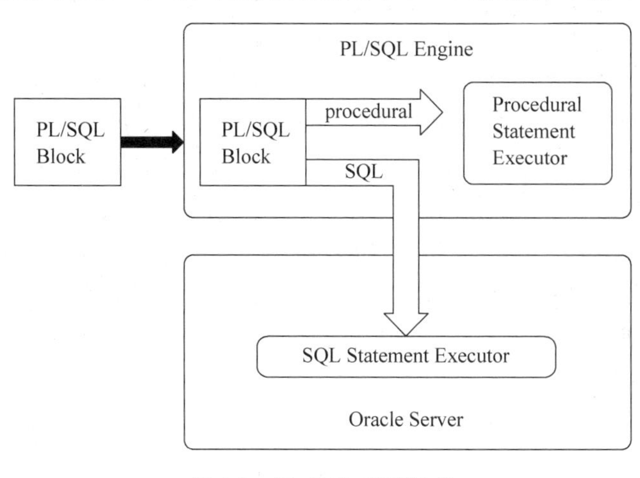

图 6-2　PL/SQL 引擎结构

在应用程序,如 SQL * Plus、Oracle Call Interfaces (OCIs)等运行时,由于业务处理程序单元以存储过程的形式存储在数据库中,所以当应用程序调用在数据库中存储过程时,Oracle 将编译的程序单元加载到系统全局区域(SGA)的共享池中。PL/SQL 和 SQL 语句执行器一起工作处理程序中的语句。如图 6-3 所示,为应用程序、Oracle 服务器、PL/SQL 引擎之间的关系。

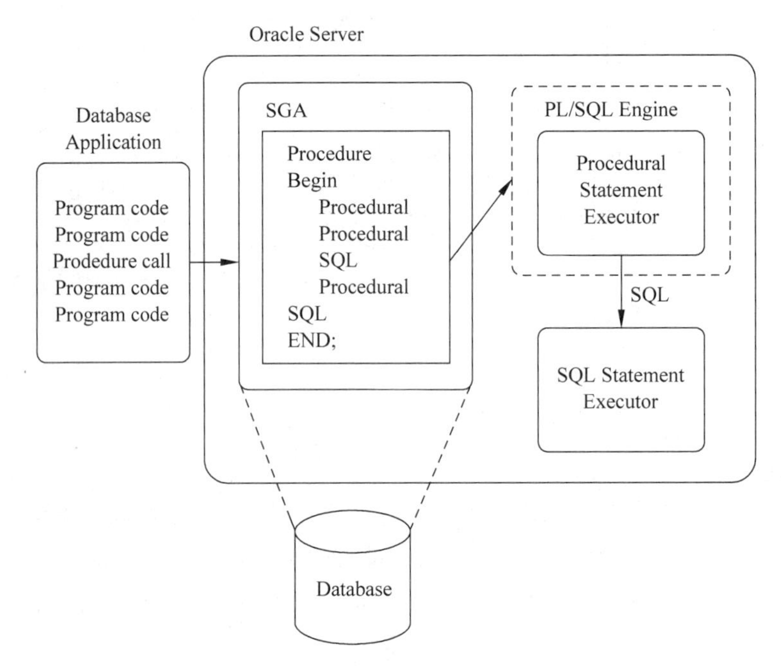

图 6-3 应用程序、Oracle 服务器、PL/SQL 引擎之间的关系

6.2 PL/SQL 程序结构

PL/SQL 程序块是 PL/SQL 的基本程序单元,编写 PL/SQL 程序其实就是编写 PL/SQL 程序块。如要实现相对简单的功能,只需编写一个 PL/SQL 程序块;而如果需要实现复杂的功能,就需要在 PL/SQL 程序块中嵌套其他 PL/SQL 程序块。一个 PL/SQL 程序块中可以嵌套多层,没有限制。

PL/SQL 程序块由三个部分组成:定义部分、执行部分、异常处理部分。其中定义部分是由 DECLARE 关键字引出的,用于定义常量、变量、游标、异常、复杂数据类型等;执行部分是 PL/SQL 程序块的主体,从关键字 BEGIN 开始,至关键字 END 结束,这中间包含了若干条实现特定功能的 PL/SQL 语句和某些可用的 SQL 语句,或者是嵌套着其他的 PL/SQL 程序块;异常处理部分由关键字 EXCEPTION 引出,用于捕获执行过程中发生的错误,并进行相应的处理。PL/SQL 程序块的基本结构如下所示:

```
DECLARE
/*
  定义部分:定义常量、变量、游标、异常、复杂数据类型等
*/
```

```
BEGIN
/*
  执行部分: PL/SQL 语句和 SQL 语句或者是嵌套其他的 PL/SQL 程序块
*/
EXCEPTION
/*
异常处理部分: 处理捕获到的错误
*/
END;
```

其中,定义部分和异常处理部分是可选的,而执行部分是必须的,也就是说作为一个程序块最简单的结构,就是由 BEGIN 和 END 关键字组成的,其中包含一条或多条命令。注意,END 作为 PL/SQL 程序块结束的标记,后面要加";"(在中文环境下,经常由于输入了中文标点符号导致错误出现)。

另外,同其他编程语言一样,PL/SQL 程序也可以使用注释语句,包括两种注释符号:一种是上面程序块结构中用到的"/*…*/"注释符号,它表示多行注释;另一种是双减号表示单行注释"--"。

例 6.1 一个只包含执行部分的 PL/SQL 程序块。

```
SET SERVEROUTPUT ON
BEGIN
  Dbms_output.put_line('hello,everyone!');
END;
/ -- "/"是执行当前输入的匿名程序块
```

当执行该 PL/SQL 程序块时,会输出字符串"hello, everyone!"。其中,Dbms_output 是 Oracle 所提供的系统包,属于 sys 方案,但在创建时已将 EXECUTE 执行权限授予 PUBLIC,所以任何用户都可以直接使用而不加 sys 方案名。put_line 是该包所包含的一个过程,用于输出字符串信息。

另外,本例中包含的命令"SET SERVEROUTPUT ON"是指将当前会话的环境变量 SERVER-OUTPUT 的值设为 ON,这样可以保证 PL/SQL 程序块能够在 SQL*Plus 中输出结果。该命令不需要重复书写,它会在当前会话结束前一直有效。也就是说,在用户没有关闭 SQL*Plus 工具,或者是没有重新执行 CONNECT 命令之前,该命令都不需要重新执行。

最后还需要说明一点,在 BEGIN 和 END 中间至少要包含一条命令,即使程序块不需要执行命令,也要用 NULL 关键字代替,如下面的代码就是一个不执行任何处理的程序块:

```
BEGIN
  NULL; -- NULL;是一条空命令,类似 C 语言的";"一样
END;
/
```

为了能在 PL/SQL 程序块中使用变量、常量、异常和显式游标等,必须要在定义部分定义它们,如下例所示。

例 6.2 定义变量。

```
DECLARE
  str VARCHAR2(20);
```

```
BEGIN
  str: = 'hello,everyone!';
  dbms_output.put_line(str);
END;
/
```

当执行该 PL/SQL 程序块时，会输出消息“hello, everyone!”。在本例中用到了赋值运算符，PL/SQL 中的赋值运算符是“：=”，是把运算符右边的常量或表达式的值赋给左边的变量。

例 6.3 一个包含定义部分、执行部分和异常处理部分的 PL/SQL 程序块。

```
DECLARE
I NUMBER(20);
BEGIN
I: = 65/0;
EXCEPTION
WHEN ZERO_DIVIDE THEN
dbms_output.put_line('divided by zero');
END;
```

程序运行后输出“divided by zero”，从而避免了程序运行错误。其中 ZERO_DIVIDE 是 PL/ SQL 的预定义异常。有关异常的知识在 6. 9 节作详细介绍。

在一个 PL/SQL 程序块中可以嵌套另一个 PL/SQL 程序块，而且可以嵌套多层，如下例所示。

例 6.4 嵌套的 PL/SQL 程序块。

```
DECLARE
var1 VARCHAR2 (20): = '外层程序块';
BEGIN
  DECLARE
    var2 VARCHAR2 (20): = '内层程序块';
  BEGIN
  dbms_output.put_line(var2);
  END;
 dbms_output.put_line(var1);
END;
/
```

6.3 变量与常量

在程序中通常要包含两部分：操作与数据。其中，操作是对数据的加工与处理，用命令表示；数据是被处理的对象，通常用变量或常量表示。在 PL/SQL 程序中，所有的变量和常量都必须定义在程序块的 DECLARE 部分，而且每个变量和常量都要有合法的标识符。

6.3.1 PL/SQL 标识符

标识符用于指定 PL/SQL 程序单元和程序项的名称。通过使用标识符，可以定义常量、变量、异常、显式游标、游标变量、参数、子程序以及包的名称。当使用标识符定义 PL/SQL 程序项或程序单元时，必须满足以下规则：

- 必须以字母开头，长度不能超过 30 个字符。
- 标识符中不能包含减号和空格。
- Oracle 标识符不区分大小写。
- 标识符不能是 SQL 保留字。

以下列举了合法与非法的标识符：

```
v_name VARCHAR2 (20)                --合法标识符
2010_narne VARCHAR2 (20)            --非法标识符,因为以数字开头
v - name VARCHAR2 (20)              --非法标识符,因为使用了减号
v name VARCHAR2 (20)                --非法标识符,因为标识符中包含空格
TABLE VARCHAR2 (20)                 --非法标识符,因为使用了 SQL 保留字
```

6.3.2 PL/SQL 中的数据类型

PL/SQL 中的数据类型和 SQL 的数据类型相似，只是在长度上有所不同，另外 PL/SQL 还有一些专用的在 SQL 命令中不能使用的数据类型。PL/SQL 的常用数据类型包括标量数据类型、大对象数据类型、属性类型和引用类型四种。

1. 标量数据类型

标量数据类型又称基本数据类型，它没有内部组件，主要包括数值类型、字符类型、布尔类型、日期时间类型。

(1) 数值类型：存储的数据为数字，用此数据类型存储的数据可用于计算。数值类型包括：BINARY_NTEGER、NUMBER、PLS_INTEGER。

- NUMBER(p,s)用来存储正负整数、分数和浮点型数据，精度为 38 位，p 表示精度，用于指定数字的总位数；s 用于指定小数点后的数字位数。
- PLS_INTEGER 和 BINARY_INTEGER 是 PL/SQL 专用的数据类型，这两种数据类型不能在定义表结构时使用。PLS_INTEGER 是 -2^{31} 和 2^{31} 之间的有符号整数，即它的取值范围是 -2147483648 到 2147483648。PL_INTEGER 的范围比 NUMBER 变量小，因此会占用更少内存。

(2) 字符类型：用于存储字符串或字符数据，包括 CHAR、VARCHAR2、LONG、RAW 和 LONG RAW 类型。

PL/SQL 数据类型与 SQL 数据类型的长度有所不同，如表 6-1 所示。

表 6-1　PL/SQL 数据类型和 SQL 数据类型比较

数据类型	SQL 类型	PL/SQL 类型
CHAR	1～2000	1～32767
LONG	1～2GB	1～32760
LONG RAW	1～2GB	1～32760
RAW	1～2000	1～32767
VARCHAR2	1～4000	1～32767

(3) 布尔类型(BOOLEAN)：该数据类型用于定义布尔变量，其变量的值为 TRUE、FALSE 或 NULL。需要注意，该数据类型是 PL/SQL 数据类型，不能向数据库中插入布尔类型的值。只能对布尔类型的变量执行逻辑操作。

(4) 日期时间类型：该类型主要存储日期和时间数据，包括 DATE、TIMESTAMP 类型。

2. 大对象数据类型

大对象类型(LOB)用于存储非结构化数据。非结构化数据通常包括文本、图形图像、视频和声音。LOB 数据类型的数据库列用于存储定位器，而定位器指向大型对象的存储位置。这些大对象可以存储在数据库中，也可以存储在外部文件中。PL/SQL 通过这些定位器对 LOB 数据类型进行操作。DBMS_LOB 程序包用于操纵 LOB 数据，后面专门用一节详细介绍大对象的操作。

3. 属性类型

属性用于引用变量或数据库列的数据类型，以及引用表中一行的记录类型。PL/SQL 支持%TYPE 和% ROWTYPE 两种属性类型，详见本章 6.6 节。

- %TYPE 用于引用某个变量或数据库列的数据类型来声明变量。
- % ROWTYPE 表示表中一行的记录类型，它可存储从表中选择的一条记录数据。

4. 引用类型

PL/SQL 提供的引用类型包括 REF CURSOR (动态游标)和 REF 操作符。REF 操作符允许引用当前的行对象。

6.3.3 变量与常量的定义

当编写 PI/SQL 程序块时，如果需要使用变量或常量，必须首先在定义部分定义变量或常量，然后才能在执行部分或异常处理部分使用这些变量或常量。

在 PL/SQL 程序块中定义变量和常量的语法如下：

```
identifier [CONSTANT] DATATYPE [NOT NULL] [[: = expr] | [ DEFAULT expr]]
```

其中各参数的意义如下：

- identifier：用于指定变量或常量的名称。
- CONSTANT：用于指定常量。当定义常量时，必须指定它的初始值，并且其数值不能改变。
- DATATYPE：用于指定常量或变量的数据类型。
- NOT NULL：为新定义的变量指定不允许为空属性，即在定义变量时必须为其赋初始值。
- :=expr：使用赋值运算符为变量或常量赋初始值，其中 expr 表示初始值的 PL/SQL 表达式，可以是常量、其他变量、函数等。
- DEFAULT expr：使用 DEFAULT 关键字为变量和常量设置默认值。

例 6.5 通过 PL/SQL 程序块定义下列的变量和常量。

```
DECLARE
v_ename VARCHAR2 (10); -- 定义变量 v_ename,数据类型为 VARCHAR2,长度为 10
```

```
v_sal NUMBER(6,2); -- 定义变量 v_sal,数据类型为 NUMBER,长度为 6,其中包含 2 位小数
c _tax_rate CONSTANT NUMBER (3,2) : = 5.5; -- 定义常量 c_tax_rate,数据类型为 NUMBER,赋值 5.5
v_hiredate DATE; -- 定义变量 v_hiredate,数据类型为 DATE
v_valid BOOLEAN NOT NULL DEFAULT FALSE; -- 定义变量 v_valid,数据类型为 BOOLEAN,取值不能为空,
默认值为 FALSE
BEGIN
  NULL;
END;
```

注意:在声明变量和常量时可以使用 DEFAULT 关键字。对于变量来说,使用 DEFAULT 关键字后仍然可以在执行部分修改变量的值,但常量不可以改变值,所以在声明常量时使用 DEFAULT 关键字意义不大。另外,定义常量时必须同时为它赋值,否则会出现错误。如下面的代码所示:

```
  DECLARE
  conOne CONSTANT NUMBER;
  BEGIN
    NULL;
  END;
/
conOne CONSTANT NUMBER;
```

第 2 行出现错误:

```
ORA-06550: 第 2 行,第 4 列:
PLS-00322: 常数'CONONE'的说明必须包含初始赋值
```

6.3.4 为变量和常量赋值

用户可以使用很多方法为变量(在程序块的声明部分和执行部分)和常量(在声明部分)赋值。最常用的赋值方法是使用 PL/SQL 的赋值运算符(:=)。赋值运算符的语法如下所示:

```
variable DATATYPE : =  expression; -- 在程序块的声明部分(变量和常量均可)
variable: = expression;  -- 在程序块的执行部分(只有变量)
```

注意:声明变量时若指定了 NOT NULL 属性,那么表示该变量在任何时刻都不允许为空,因此在定义变量的同时也必须为变量赋值,否则会发生错误,如下面的代码所示:

```
DECLARE
varOne NUMBER NOT NULL;
BEGIN
  varOne : = 10;
END;
/
varOne NUMBER NOT NULL;
 *
```

第 2 行出现错误:

```
ORA-06550: 第 2 行,第 8 列:
PLS-00218: 说明为 NOT NULL 的变量必须有初始化赋值
```

除了可以使用赋值运算符为变量赋值外，还可以使用 SELECT 语句为变量赋值，详见本章的 6.4 节。

例 6.6 使用 SELECT 语句为变量赋值。

```
SET SERVEROUTPUT ON
DECLARE
var1 NUMBER;
BEGIN
  SELECT 10 INTO var1 FROM dual;
  dbms_output .put_line (var1);
END;
```

6.3.5 变量和常量的作用域

变量和常量的使用要满足它们的作用域。所谓作用域是指用户能够成功引用变量或常量的有效范围。在 PL/SQL 程序块中，每个变量或常量都有自己的作用域，只有在该作用域内，使用变量或常量才有效，超出该作用域访问将会出错。一个变量或常量的作用域是指从程序块中定义它的位置开始直到该程序块结束，这个范围就是它的作用域。其中包括变量或常量本身所在的程序块以及嵌套的子程序块。如果变量或常量定义在某个被嵌套的子程序块中，那么它的作用域就是子程序块范围内，它的父程序块不能访问。

例 6.7 以下示例演示了不同变量的作用域。

```
DECLARE
var_parent NUMBER : = 1;
BEGIN
  DECLARE
    var_child NUMBER : = 2;
  BEGIN
    dbms_output.put_line (var_parent);
    dbms_output.put_line (var_ child);
  END;
END;
```

注意：若在变量的作用域之外使用变量，程序将会出现错误，如下面的代码所示：

```
DECLARE
var_parent NUMBER : = 1;
BEGIN
  DECLARE
    var_child NUMBER : = 2;
  BEGIN
    dbms_output.put_line (var_parent);
  END;
  dbms_output.put_line (var_ child);
  -- 由于在父块中引用了作用域仅在子块的变量，所以出现错误
END;
```

6.4 主要SQL语句在PL/SQL程序中的使用

PL/SQL 程序中支持大部分 SQL 语句的应用，主要包括 DML 语句和 DCL 语句的使用。DDL 语句在 PL/SQL 中不被直接支持，也就是说直接在 PL/SQL 程序块中使用 DDL 命令是不允许的，但是也可以利用其他方式将 DDL 命令应用到 PL/SQL 程序块中。

6.4.1 SELECT 语句在 PL/SQL 程序中的使用

通过在 PL/SQL 程序块中嵌入 SELECT 语句，可以将数据库中的数据检索到变量中，然后再对该变量的值进行输出或处理操作。值得注意的是，在 PL/SQL 程序块中使用 SELECT 语句时，要与 INTO 子句一起使用，这样做是为了将查询结果存储到 INTO 子句指定的变量中。该变量应在程序块的 DECLARE 部分事先声明。

SELECT INTO 语句的语法格式如下：

```
SELECT [ ALL |DISTINCT ] select_list
INTO variable_list | record
FROM [ schema.]table_name | [schema.]view_name | (sub_query)
[WHERE search_condition]
```

在 PL/SQL 程序中使用 SELECT 语句要求查询只能返回一行数据(返回多行时应使用游标处理，详见 6.8 节)，而且 INTO 子句中的变量个数、数据类型、宽度必须与 SELECT 语句后的选择列的个数、数据类型、宽度一致。另外 INTO 子句中也可以是记录变量，如果是记录变量，那么该记录变量的结构一定要与 SELECT 后面选择的列的结构一致，有关记录类型和记录变量的内容参见本书 6.5 节。

例 6.8 以下示例演示了 SELECT 语句在 PL/SQL 程序块中的应用。

```
DECLARE
v_ename VARCHAR2(10);
BEGIN
SELECT ename INTO v_ename FROM emp WHERE empno = 7369;
dbms_output.put_line('employe name:'||v_ename);
END;
```

如上所示为选择列表项包含一个列 ename，与之对应的变量 v_ename 的数据类型和长度与 ename 列一致。

在 PL/SQL 程序中使用 SQL 语句时还有一点需要注意：尽量避免自定义的变量或常量名称与表中的字段重名，因为在解释一个标识符时，系统首先在表结构中查找有没有该名称，如果存在，那么该标识符就被解释为表中的字段，而不被当作变量或常量处理。这种情况如果发生在 WHERE 子句中，通常就会发生错误，如下面的代码所示。

```
DECLARE
v_ename VARCHAR2 (10);
empno NUMBER (4,0);
BEGIN
  empno: = 7369;
```

```
  SELECT ename INTO v_ename FROM emp WHERE empno = empno;
  -- 变量名不能与字段名相同
  dbms_output.put_line('employee name:'||v_ename);
END;
```


例 6.9 使用 scott 方案下的 emp 和 dept 表查询职工编号是 7902 的员工的姓名、工作和所在部门。

```
DECLARE
  e_name VARCHAR2(10);
  e_job VARCHAR2(9);
  e_dname VARCHAR2(14);
BEGIN
  SELECT ename, job,dname INTO e_name,e_job,e_dname
  FROM emp e INNER JOIN dept d ON e.deptno = d.deptno
  WHERE empno = 7902;
  dbms_output .put_line('该职工的姓名、工作、部门分别是'||e_nam||''||e_job||''||e_dname);
END;
```

6.4.2 INSERT、UPDATE、DELETE 语句在 PL/SQL 程序中的用法

在 PL/SQL 程序块中也可以使用 DML 语句：通过嵌入 INSERT 语句，可以将数据插入到 Oracle 数据库中；通过嵌入 UPDATE 语句，可以更新数据库中数据；通过嵌入 DELETE 语句，可以删除数据库中数据。这些语句在 PL/SQL 程序中使用时的格式与标准 SQL 语句的格式相同。

下面将介绍如何在 PL/SQL 程序块中插入数据、更新数据和删除数据。

1. INSERT 语句在 PL/SQL 程序中的使用

利用 PL/SQL 程序块向数据库中插入记录是通过 INSERT 语句来完成的。在 PL/SQL 程序块中使用 INSERT 语句与在 SQL * Plus 中直接执行 INSERT 语句没有区别，当使用 INSERT 语句插入数据时，既可以使用 VALUES 子句，也可以使用子查询。

例 6.10 使用 PL/SQL 程序块向 dept 表中插入记录。

```
DECLARE
  v_deptno NUMBER (2,0);
  v_dname VARCHAH2 (20);
BEGIN
  v_deptno: = &no;
  v_dname: = '&name';
  INSERT INTO dept (deptno,dname) VALUES (v_deptno,v_dname);
END;
```

在以上 PL/SQL 程序块中出现了 &no 和'&name'，它们表示替代变量，当程序被执行时系统会提示为替代变量输入值。由于'&name'表示字符类型的替代变量，所以两边用单引号括起来。当用户要真正地把"&"作为字符使用时，只能通过 chr(asciival)函数来实现。例如：美国电话与电报公司建成为 AT&T，如果要把'AT&T'作为一个字符串，当它出现在 SQL 语句时，系统一定会认为 &T 是一个替代变量。所以，可以通过表达式：'AT'||chr(38)||'T'，38 是"&"的 ASCII 码值，来表达'AT&T'。例如：SELECT phone,zip, email from EnterpriseName='AT'||chr(38)||'T';。

在 PL/SQL 程序中也可以使用子查询向表中插入数据。值得注意的是,INSERT 语句后面指出的字段的数据类型和个数要与子查询中字段的数据类型和个数完全匹配。

例 6.11 假设在 system 方案下存在表 employee,其结构与 emp 表相同,向 employee 表中插入数据。

```
-- 创建与 scott.emp 表结构完全相同的 system .employee 表
CREATE TABLE employee AS SELECT * FROM scott.emp WHERE 1 = 2;
-- 利用以下程序块向 employee 表中插入数据
DECLARE
  v_deptno NUMBER(4): = &no;
BEGIN
  INSERT INTO employee SELECT * FROM scott.emp WHERE deptno = v_deptno;
END;
```

当执行了以上 PL/SQL 程序块之后,会根据输入的部门编号将 emp 表中相应部门的雇员数据复制到 employee 表中。

2. UPDATE 语句在 PL/SQL 程序中的使用

在 PL/SQL 程序块中使用 UPDATE 语句与在 SQL * Plus 中直接执行 UPDATE 语句没有区别。在使用 UPDATE 语句更新数据时,需注意列的新值必须满足该列的数据类型、长度以及约束条件。

例 6.12 使用 PL/SQL 程序块更新 scott 用户下的 dept 表中的数据。

```
DECLARE
v_deptno NUMBER (4): = &no;
v_dname VARCHAR2(10) = '&name';
BEGIN
  UPDATE dept SET dname  = v_dname WHERE deptno = v_deptno;
END;
```

在执行了以上的 PL/SQL 程序块之后,会根据输入的部门号和部门名称更新指定部门的部门名称。

在 UPDATE 语句中使用子查询,也可以更新关联数据,从而降低网络开销,提高数据操纵性能,如下例所示。

例 6.13 在 PL/SQL 程序块中使用子查询更新表中的数据。

```
DECLARE
v_empno NUMBER(6): =  &no;
BEGIN
  UPDATE emp SET (sal,comm) = (SELECT sal,comm FROM emp WHERE empno = v_empno)
  WHERE job =  (SELECT job FROM emp WHERE empno = v_empno);
END;
```

在执行了以上的 PL/SQL 程序块之后,会根据输入的雇员编号更新与该雇员有相同工作的所有雇员的工资和奖金。

3. DELETE 语句在 PL/SQL 程序中的使用

在 PL/SQL 程序块中删除数据是使用 DELETE 语句来完成的,删除数据的语法也与在 SQL * Plus 中直接执行 DELETE 语句没有区别。

例 6.14 在程序块中使用 DELETE 语句删除表中的数据。

```
DECLARE
  v_deptno NUMBER(4): = &no;
BEGIN
  DELETE emp WHERE deptno  = v_deptno;
END;
```

例 6.15 在程序块中使用带子查询的 DELETE 语句删除表中的数据。

```
DECLARE
  d_name VARCHAR2(14): = '&name';
BEGIN
  DELETE FROM emp
  WHERE deptno = (SELECT deptno FROM dept WHERE dname = d_name);
END;
```

当执行了以上的 PL/SQL 程序块后，会根据输入的部门名称删除该部门中的所有员工信息。

6.4.3 DCL 语句在 PL/SQL 程序中的使用

当编写 PL/SQL 程序块时，还可以直接使用 DCL（事务控制）语句。在 Oracle 数据库中，事务控制语句包括 COMMIT、ROLLBACK 以及 SAVEPOINT 等语句，有关事务处理语句的详细知识请参见本书第 8 章。在 PL/SQL 程序块中使用事务控制语句与在 SQL * Plus 中直接使用事务控制语句没有任何区别。

COMMIT 语句用于提交事务，从而确认事务变化；ROLLBACK 语句用于回滚事务，从而取消事务变化。在 PL/SQL 程序块中使用 COMMIT 和 ROLLBACK 语句的示例如下。

例 6.16 在程序块中修改 emp 表中的工资值，并使用 COMMIT 语句进行提交。

```
DECLARE
v_sal NUMBER(10,2) : = &salary;
v_ename VARCHAR2(20): = '&name';
BEGIN
  UPDATE emp SET sal  = v_sal WHERE ename  = v_ename;
  COMMIT;
EXCEPTION
  WHEN others THEN ROLLBACK;
END;
```

在执行了以上 PL/SQL 程序块后，会根椐输入的员工姓名和工资更新 emp 表中该员工的工资，并且在更新了工资之后提交事务。若执行该 PL/SQL 程序块出现异常，则取消事务变化，另外，还可以在 PL/SQL 程序块中使用 SAVEPOINT 语句，示例如下。

例 6.17 在程序块中向 dept 表中插入数据，并设置保存点。

```
BEGIN
  INSERT INTO dept VALUES(80, 'acc', 'beijing');
```

```
  SAVEPOINT a1;
  INSERT INTO dept VALUES (90, 'bcc', 'beijing');
  SAVEPOINT a2;
  INSERT INTO dept VALUES (15,'ccc','beij ing');
  SAVEPOINT a3;
  ROLLBACK TO a2;
  CCWMIT;
END;
```

SAVEPOINT 语句用于设置保存点，通过与 ROLLBACK 语句结合使用，可以取消部分事务。以上 PL/SQL 执行后，dept 表中增加了两条记录，部门编号分别为 80、90。

6.4.4 DDL 语句在 PL/SQL 程序中的使用

DDL 语句不能像 DML 语句和 DCL 语句那样直接放在 PL/SQL 程序块中使用，但可以使用其他方式间接使用，利用系统存储过程 IMMEDIATE 来实现。

例 6.18 利用 PL/SQL 程序块在数据库中创建以系统的当前日期命名的新表。

```
DECLARE
  t_name VARCHAR2 (10);
BEGIN
  --将系统的当前日期转换为字符串存入到 t_name 变量中
  SELECT TO_CHAR(SYSDATE,'YYYY_MM_DD') INTO t_name FROM DUAL;
  --使用 EXECUTE 关键字执行 DDL 命令
  EXECUTE IMMEDIATE('CREATE TABLE Table_'||t_name||(id NUMBER)');
  dbms_output.put_line('已经在当前数据库中创建了以 Table_'||t_name||'命名的表');
END;
```

6.5 PL/SQL 中的复合数据类型

复合数据类型可以存储多个值。PL/SQL 复合数据类型主要包括记录类型和记录表类型。记录类型的复合变量中可以存储多个变量值，它的结构通常与表中的记录相似。记录表类型的变量允许用户在程序代码中使用“表”存储多行数据，它只在程序运行期间有效，非常类似于其他程序设计语言中的数组。

6.5.1 记录类型

记录类似于高级语言中的结构，一般每个记录都包含多个数据成员。在使用记录类型前，首先应在程序块的定义部分定义记录类型，然后再用定义好的记录类型定义记录变量，最后就可以在程序块的执行部分使用该记录变量了。需注意，当使用记录变量中的每个成员时，须加记录变量作为前缀，即应写成：记录变量.记录成员。定义记录类型的语法格式如下：

```
TYPE record_name IS RECORD(
Fieldl_name data type [not null] [: = default value],
...
Fieldn_name data type [not null] [: = default value])
```

其中各参数的意义如下：

- record_name：表示定义的记录类名称。
- fieldn_name：表示记录类型中定义的第 n 个数据成员分量(一般定义为简单变量)。

从以上格式可以看出，一个记录类型的结构就是定义的多个简单变量的组合。

例 6.19 定义记录变量来接收查询出的一行数据。

```
DECLARE
TYPE record_type_emp IS RECORD(
  name VARCHAR2(10),
  job VARCHAR2(9),
  salary NUMBER (10));
emp_record record_type_emp;
BEGIN
SELECT ename, job,sal INTO emp_record FROM emp WHERE empno = 7369;
dbms_output.put_line ('ename:'||emp_record.name||'job:'||emp_record.job||'sal:'||
                    emp_ record.salary);
END;
```

如上例所示，record_type_emp 为记录类型名，并且该记录类型包含三个成员：name、job 和 salary。emp_record 是记录变量，emp_record.name 表示引用 emp_record 的成员 name。该 PL/SQL 程序块执行后会输出员工编号为 7369 的员工姓名、工作和工资。

6.5.2 记录表类型

PL/SQL 程序块中定义的记录表类似于高级语言中的数组。需注意，PL/SQL 中的表与高级语言中的数组是有区别的。高级语言数组的下标不能为负，但 PL/SQL 表的下标可以为负值；高级语言数组的元素个数有限制，而 PL/SQL 表的元素个数没有限制，并且其下标没有上下限。

其定义语法如下：

```
TYPE table_name IS TABLE OF data_type [not null] INDEX BY BINARY_INTEGER;
```

由于记录表类型不会存储在数据库中，所以 data_type 可以是任何合法的 PL/SQL 数据类型。关键字 INDEX BY BINARY_NTEGER 指示系统将创建一个主键索引，以引用记录表变量中的特定行。当使用 PL/SQL 记录表时，必须首先定义 PL/SQL 记录表类型，然后再定义记录表变量，最后在执行部分使用该记录表变量。

例 6.20 查询 dept 表中 dname 字段的值，并存储到记录表变量中。

```
DECLARE
  TYPE dept_table_type IS TABLE OF VARCHAR2(14) INDEX BY BINARY_INTEQER;
  dept_table dept_table_type;
BEGIN
  FOR i IN 1. .4 LOOP
    SELECT dname INTO dept_table (i) FROM dept WHERE deptno = i * 10;
    dbms_output.put line('dname:'||dept_table (i));
  END LOOP;
END;
```

该例中定义了一个能存储字符型数据的记录表类型，然后利用循环将查询中获得的每一个 dname 字段的值存入记录表变量 dept_table 中。记录表类型的下标使用小括号括起来表示，这和其他程序设计语言中的下标不同。

例 6.21 定义一个包含记录的记录表类型及其变量。

```
DECLARE
  TYPE dept_record_type IS RECORD(
    no NUMBER(2),
    name CHAR(14),
    location VARCHAR2(13));
    --定义记录表类型中存储的是已定义的 dept_record_type 记录类型的数据
  TYPE dept_table_type IS TABLE OF dept_record_type INDEX BY BINARY_INTEGER;
  dept_table dept_table_type; --定义记录表类型的变量
  BEGIN
  FOR i IN 1..4 LOOP
    SELECT * INTO dept_table(i) FROM dept WHERE deptno = i * 10;
  dbms_output.put_line('deptno:'||dept_table(i).no ||' dname:'||dept_table(i).name||
  ' loc:'||dept_table(i).location);
  END LOOP;
END;
```

6.6 用%TYPE 和%ROWTYPE 实现变量的柔性定义

在 PL/SQL 程序中，不管是定义简单变量还是定义复合类型的变量，通常都是为了存储从数据表中检索出来的字段值或整条记录的值。这样就必须要保证定义变量的个数、数据类型、宽度与相应字段或记录的结构相同，否则无法正确地存储字段或记录中的数据。直接使用数据类型定义变量容易出错、效率低而且不易维护，因此在 Oracle 中提供了%TYPE 和%ROWTYPE 两种属性类型来实现变量数据类型的自适应性定义、柔性定义。用户可以使用%TYPE 将变量定义为和某个字段的数据类型一致，这样变量就能准确地接收从该字段中检索出来的数据；使用%ROWTYPE 可以将变量定义为和某个表中记录的结构一致，这样该变量就可以接收从该表中检索出来的整条数据。

6.6.1 使用%TYPE 定义简单变量

当定义的 PL/SQL 变量用于存储某个字段的值时，必须确保变量使用合适的数据类型和宽度，否则无法存储从字段中检索出的数据。为了避免这种不必要的错误，可以使用%TYPE 属性定义变量。当使用%TYPE 属性定义变量时，它会按照数据库列或其他变量来确定新变量的类型和长度。

使用%TYPE 定义简单变量的格式如下：

```
variable_name [schema.]table_name.column_name%TYPE;     --使用表中字段的类型来定义变量
variable_name old_variable%TYPE;                        --使用已有变量的类型来定义新变量
```

例 6.22 使用%TYPE 定义变量的数据类型。

```
DECLARE
```

```
  v_ename ernp.ename%TYPE;      -- 使用字段的数据类别定义变量
  v_sal emp.sal%TYPE;
  c_tax_rate CONSTANT NUMBER(3,2):= 0 .03;
  v_tax_sal v_sal%TYPE;         -- 使用已有变量的数据类型定义新变量
BEGIN
SELECT ename,sal INTO v_ename, v_sal FROM emp WHERE empno = &eno;
  v_tax_sal:= v_sal * c_tax_rate;
  dbms_output.put_line('name: '||v_ename);
  dbrns_output. put_line('sal: '||v_sal);
  dbrns_output. put_line('tax: '||v_tax_sal);
END;
```

如上例所示,变量 v_ename、v_sal 与 emp 表的 ename 列、sal 列的数据类型和长度完全一致,而变量 v_tax_sal 与变量 v_sal 的数据类型和长度完全一致。这样,当数据库 emp 表中 ename 列和 sal 列的类型和长度发生改变时,该 PL/SQL 块将不需要进行任何修改,实现了变量的柔性定义。

6.6.2 使用%ROWTYPE 定义记录变量

%ROWTYPE 属性可用于定义记录变量的数据类型,使得该记录变量的结构和已有的某张表结构完全一致,这样记录变量就可以存储从该表中检索出的一行记录。但有时需要的记录变量的结构和已有的任何一张表结构都不相同,这种情况只能使用自定义的记录类型(详见 6.5.1 节)定义记录变量。

使用% ROWTYPE 定义记录变量的格式如下:

```
record_variable [schema.]table_name%ROWTYPE;       -- 使用表结构定义记录变量
record_variable [schema.]view_name%ROWTYPE;        -- 使用视图结构定义记录变量
record_variable old_record_variable%ROWTYPE;       -- 使用已有的记录变量定义新记录变量
```

例 6.23 使用%ROWTYPE 定义记录变量的结构。

```
DECLARE
  dept_record dept%ROWTYPE;
BEGIN
 dept_record.deptno: = 50;
 dept_record.dname: = 'administrator';
 dept_record.loc: = 'beijing';
  INSERT INTO dept VALUES dept_record;
COMMIT;
EXCEPTION
  WHEN others THEN ROLLBACK;
END;
```

如上例所示,dept_record 为记录变量,它所拥有的成员数、成员名及各成员的数据类型和宽度与 dept 表拥有的字段数、字段名及各字段的数据类型和宽度一致。

6.7 PL/SQL 中的流程控制语句

编写计算机应用程序时,任何计算机语言(如 C、Java 等)都能处理程序的条件选择结构和循环控制结构,PL/SQL 也不例外。它不仅可以嵌入 SQL 语句,而且还支持条件选择语句和循环控制语句，这样使得 PL/SQL 处理复杂的业务流程变得容易了。

6.7.1 条件选择语句

条件选择语句用于依据特定情况选择要执行的操作。通常使用 IF 语句和 CASE 语句实现条件选择结构。

1. IF 条件选择语句

条件选择语句有以下三种：IF-THEN、IF-THEN-ELSE、IF-THEN-ELSIF。其语法格式如下：

```
IF condition THEN
  statements;
[ELSIF condition THEN
  statements;]
[ELSE
  statements;]
END IF;
```

如上所示，当使用条件选择语句时，不仅可以使用 IF 语句进行简单条件判断，而且还可以使用 IF 语句进行二重分支和多重分支判断。注意，ELSIF 为一单词，而 END IF 则是两个单词。

(1) 简单条件判断结构

简单条件判断结构用于执行单一条件判断。如果满足特定条件，则会执行相应操作；如果不满足条件，则结束条件分支语句，接着执行它后面的其他语句。简单条件判断使用 IF-THEN 语句完成，其执行流程如下例所示。

例 6.24 从 emp 表中查询指定员工的工资，并判断该员工的工资是否低于 2000，如果条件成立，那么将该员工的工资增加 200。

```
DECLARE
  v_sal NUMBER(7,2);
  v_ename VARCHAR2(20):= '&ename';
BEGIN
  SELECT sal INTO v_sal FROM emp
  WHERE LOWER(ename) = LOWER(v_ename);
  IF v_sal < 2000 THEN
    UPDATE emp SET sal = v_sal + 200
    WHERE LOWER(ename) = LOWER(v_ename);
  END IF;
END;
```

如上例所示，在执行以上 PL/SQL 块时，首先会提示输入员工姓名，然后根据员工姓名通过 SELECT 语句从 emp 表中取得该员工的工资。如果工资低于 2000，则将其在 emp 表中的工资增加 200；如果该员工工资不低于 2000，则不做任何操作。

(2) 二重条件判断结构

二重条件判断结构是指根据给定的条件成立与否来分别选择两种不同的操作。当使用二重条件分支时，如果满足条件，则执行一组操作；如果不满足条件，则执行另外一组操作。

二重条件判断结构通过 IF-THEN-ELSE 语句完成，其示例如下。

例 6.25 根据给定的职工编号从 emp 表中查询该职工的奖金(comm 字段的值)，如果奖金的值不为 0，那么将表中该职工的奖金增加 200，否则将该职工的奖金设置为 100。

```
DECLARE
  v_comm NUMBER(6,2);
  v_no   NUMBER(6);
BEGIN
  v_no = &no;
  SELECT NVL(comm,0) INTO v_comm FROM emp;
  WHERE empno = v_no;
  IF v_comm <> 0 THEN
    UPDATE emp SET comm = comm + 200 WHERE empno = v_no;
  ELSE
    UPDATE emp SET comm = 100 WHERE empno = v_no;
  END IF;
END;
```

如上例所示，nvl(comm,0)函数的作用在第 5 章已介绍过，它的作用是当 comm 字段的值为空时，将其值转为 0。在执行了上述 PL/SQL 块之后，如果员工奖金不为 0，则在原来的基础上增加 200 元；如果奖金为 0 或 NULL，则设置其奖金为 100 元。

(3) 多重条件判断结构

多重条件判断结构用于执行较复杂的条件分支操作。当使用多重条件分支时，如果满足第一个条件，则执行第一组操作，执行完成后结束整个 IF 语句；如果不满足第一个条件，则继续检查是否满足第二个条件，如果满足第二个条件，则执行第二组操作；如果不满足第二个条件，则检查是否满足第三个条件，依此类推。当所有的条件都不满足时，将执行 ELSE 后面的语句或结束整个 IF 语句。多重条件分支使用 IF-THEN-ELSIF 语句完成，其示例如下。

例 6.26 从 emp 表中查询指定员工的工作，并根据工作来修改他的工资。

```
DECLARE
v_job VARCHAR2(10);
v_sal NUMBER(7,2);
v_no emp.empno%TYPE;
v_ename   emp.ename%type;
BEGIN
  v_no: = &no;
  SELECT job, sal,ename INTO v_job,v_sal,v_ename
  FROM emp WHERE empno = v_no;
  dbms_output .put_line('name: '||v_ename||'job: '||v_job||'sal: '||v_sal);
  IF v_job = 'PRESIDENT' THEN
    UPDATE emp SET sal = v_sal + 1000 WHERE empno = v_no;
  ELSIF v_job = 'MANAGER' THEN
    UPDATE emp SET sal = v_sal + 500 WHERE empno = v_no;
  ELSIF v_job = 'CLERK' THEN
    UPDATE emp SET sal = v_sal + 200 WHERE empno = v_no;
  ELSE
    UPDATE emp SET sal = v_sal + 100 WHERE empno = v_no;
```

```
  END IF;
    SELECT sal  INTO v_sal FROM emp WHERE empno = v_no;
    dbms_output.put_line('name: '||v_ename||'job: '||v_job||'sal: '||v_sal);
END;
```

如上述程序所示，在执行以上 PL/SQL 块时，如果员工工作为 PRESIDENT，则为其增加1000元的工资；如果员工工作为 MANAGER，则为其增加500元的工资；如果员工工作为 CLERK，则为其增加200元的工资；而对于其他岗位的员工，则为其增加100元的工资。

2. CASE 条件选择语句

多重分支语句还可使用 CASE 语句来实现。使用 CASE 语句处理多重分支有两种方法：第一种方法是使用单一选择符进行等值比较；第二种方法是使用多种条件进行非等值比较。以下分别介绍如何使用这两种方法。

① 在 CASE 语句中使用单一选择符进行等值比较

在使用 CASE 语句执行多重条件选择时，如果在所有的条件中都使用同一个条件选择符和不同的值进行等值比较，那么就可以使用如下 CASE 语句的格式：

```
CASE selector
  WHEN expreosion1 THEN statements1;
  WHEN expcession2 THEN statements2;
  WHEN expressionN THEN statementsN;
  [ELSE statementsN + 1;]
END CASE;
```

其中，selector 用于指定条件选择符；expression 用于指定和 selector 进行等值比较的常量、变量或表达式；statements 用于指定当等值比较的条件成立时所要执行的操作。如果条件选择符 selector 和所有的 expreosion 的值都不相等，那么将执行 ELSE 后的语句。

注意：为了避免 CASE_NOT_FOUND 异常，在编写 CASE 语句时应该带有 ELSE 语句。

例 6.27　修改 emp 表中指定部门的职工的奖金。

```
DECLARE
  v_deptno emp.deptno%TYPE: = &no;
BEGIN
CASE v_deptno
  WHEN 10 THEN
  UPDATE emp SET comm = 100 WHERE deptno  = v_deptno;
  dbms_output.put:_line ('deptno: '||v_deptno||'comm: '||100);
  WHEN 20 THEN
  UPDATE emp SET comm = 100 WHERE deptno  = v_deptno;
  dbms_output.put:_line ('deptno: '||v_deptno||'comm: '||80);
  WHEN 30 THEN
  UPDATE emp SET comm = 100 WHERE deptno  = v_deptno;
  dbms_output.put:_line ('deptno: '||v_deptno||'comm: '||50);
ELSE
  dbms_output.put:_line ('the deptno is not exist!');
END CASE;
END;
```

执行以上 PL/SQL 程序块时,会提示用户输入部门编号,并更新相应部门的员工奖金。如果输入了除 10、20、30 之外的其他部门号,则会输出提示信息。

② 在 CASE 语句中进行多种条件的非等值比较

在 CASE 语句中如果进行多条件的非等值比较,可以使用如下格式:

```
CASE
  WHEN expression1 THEN statements1;
  WHEN expression2 THEN statements2;
  WHEN expressionN THEN statementsN;
[ELSE statementsN + 1;]
END CASE;
```

其中,expression 指定用于条件判断的关系表达式或逻辑表达式;statement 用于指定当满足特定条件时要执行的操作。如果设置的所有条件都得不到满足,则会执行 ELSE 后面的语句。

例 6.28 根据员工的工资修改 emp 表中的奖金值。

```
DECLARE
  v_sal emp.sal % TYPE;
  v_empno emp. ename %  TYPE;
BEGIN
  SELECT ename, sal into v_ename,v_sal FROM emp WHERE empno = &no;
 CASE
  WHEN v_sal < 1000 THEN
  UPDATE emp SET comm = 100 WHERE ename =  v_ename;
  WHEN v_sal < 2000 THEN
  UPDATE emp SET comm = 80 WHERE ename =  v_ename;
  WHEN v_sal < 6000 THEN
  UPDATE emp SET comm = 50 WHERE ename =  v_ename;
ELSE
  UPDATE emp SET comm = 30 WHERE ename =  v_ename;
 END CASE;
END;
```

执行以上 PL/SQL 程序块时,会根据输入的员工号将员工名、工资分别存放到变量 v_ename 和 v_sal 中,然后根据 CASE 条件更新其奖金。

6.7.2 循环语句

为了在 PL/SQL 程序块中重复执行一条语句或者一组语句,可以使用循环控制结构。编写循环控制结构时,用户可以使用基本循环、WHILE 循环和 FOR 循环等三种类型的循环语句。下面分别介绍这三种循环语句的结构。

1. 基本循环语句

在 PL/SQL 程序块中最简单格式的循环语句是基本循环语句,这种循环语句以 LOOP 开始,以 END LOOP 结束,其语法如下:

```
LOOP
  statement1;
```

```
  ...
  EXIT [WHEN condition];
  [statement2;
   ...]
END LOOP;
```

如上所示，当使用基本循环时，无论是否满足条件，循环体内的语句至少会执行一次。该循环结构中通常会包含一个带退出条件的 EXIT 语句，退出条件是 WHEN 后面给出的条件表达式 condition。当 condition 的值为 TRUE 时，循环结束，并继续执行 END LOOP 后面的其他语句。如果没有 EXIT 语句，那么 PL/SQL 块会陷入死循环。

condition 作为 LOOP 循环语句的退出条件，是一个合法的关系表达式或逻辑表达式，其实现形式多样。但通常是在 condition 的表达式中使用一个变量的值作为循环结束的条件，这个变量我们称之为循环变量，它是在程序块声明部分定义的并在循环体内不断改变其值的普通变量。

例 6.29 给定任意一个整数，计算该数的阶乘。

```
DECLARE
  v_num NUMBER (2) : = &num;                --用户任意给定的一个整数
  v_pro NUMBER(20) : = 1;
  i NUMBEB(2) : = 1;                        --控制循环结束的循环变量
BEGIN
  IF v_num = 0 THEN
    v_pro: = 1;
  ELSE
  LOOP
  v_pro: = v_pro * i;                       --计算给定整数的阶乘
  EXIT WHEN i > v_num;
  END LOOP;
  END IF;
  dbms_output.put_line('num: '||v_num|| 'factorial: '||v_pro);
END;
```

以上 PL/SQL 程序块执行后，会根据用户输入的整数计算出该整数的阶乘，并将该整数及其阶乘输出。

2. WHILE 循环语句

基本循环至少要执行一次循环体内的语句，而对于 WHILE 循环，只有条件为 TURE 时，才会执行循环体内的语句。WHILE 循环以 WHILE-LOOP 开始，以 END LOOP 结束，其语法如下：

```
WHILE condition LOOP
    statement;
    statement2;
    ...
END LOOP;
```

如上所示，condition 是 WHILE 循环的循环条件，只有当 condition 为 TRUE 时，WHILE 循环才被执行；若 condition 为 FALSE 或 NULL 时，会退出循环，继续执行 END

LOOP 后面的其他语句。在 WHILE 循环中，通常也会使用循环变量来控制循环是否执行。

例 6.30 使用 WHILE 循环实现某数的阶乘。

```
DECLARE
  v_num NUMBER (2) : = &num;
  v_pro NUMBER(20) : = 1;
  i NUMBEB(2) : = 1;
BEGIN
  IF v_num  = 0 THEN
    v_pro: = 1;
  ELSE
    WHILE i <=  v_num LOOP
     v_pro: = v_pro * i;
     i: = i + 1;
    END LOOP;
  END IF;
  dbms_output.put_line('num: '||v_num|| 'factorial: '||v_pro);
END;
```

3. FOR 循环语句

当执行循环的次数固定时使用 FOR 循环比较方便。因为 FOR 循环中的循环变量不需要事先定义，可以直接使用，并且在循环条件中指定了循环变量的初始值和终止值，这样就很容易计算出循环的次数。FOR 循环的语法如下：

```
FOR counter in [REVERSE] lower_bound..upper_bound LOOP
  Statement1;
  statement2;
  ...
END LOOP;
```

如上所示，counter 是循环控制变量，并且该变量由 Oracle 隐式定义，不需要显式定义；lower_bound 和 upper_bound 分别对应于循环控制变量的下限值和上限值。默认情况下，当 FOR 循环每执行一遍后，循环控制变量会自动加 1(如果指定 REVERSE 关键字，循环控制变量会自动减 1)。

例 6.31 使用 FOR 循环实现某数的阶乘。

```
DECLARE
  v_num NUMBER (2) : = &num;
  v_pro NUMBER(20) : = 1;
  i NUMBEB(2) : = 1;
BEGIN
  IF v_num  = 0 THEN
    v_pro: = 1;
  ELSE
    FOR i IN 1..v_num LOOP
      v_pro: = v_pro * i;
    END LOOP;
  END IF;
  dbms_output.put_line('num: '||v_num|| 'factorial: '||v_pro);
END;
```

6.8 游标及其应用

由前面章节所讲的知识可知，当 SELECT 语句在 PL/SQL 程序块中使用时，要求查询结果集中只能包含一条记录，若查询出来的数据多于一行，则执行出错。因此，SQL 提供了游标机制来解决这个问题。游标是指向查询结果集的一个指针，通过游标可以将查询结果集中的记录逐一取出，并在 PL/SQL 程序块中进行处理。

Oracle 中包含两种类型的游标：显式游标和隐式游标。显式游标是用户自己创建并操作的游标，而隐式游标是由系统自动创建并管理的游标，用户可以访问隐式游标的属性。在 PL/SQL 程序中，系统为所有的 DML 语句和 SELECT 语句自动创建隐式游标。如果用户希望在程序中进一步处理查询结果集中的数据，那么可以创建显式游标来获取数据，并对游标获取的数据做进一步处理。

6.8.1 显式游标

1. 显式游标的使用过程

显式游标可以用来逐行获取 SELECT 语句返回的多行数据，其使用过程包括定义游标、打开游标、提取数据、处理数据和关闭游标五个阶段。

(1) 定义游标

在使用显式游标之前，必须先在程序块的定义部分对其进行定义。在定义游标时指定了它所对应的 SELECT 语句，语法如下：

```
CURSOR cursor_name IS select_statement;
```

其中，cursor_name 用于指定游标名称，select_statement 用于指定游标所对应的 SELECT 语句。例如：

```
CURSOR c1 IS SELECT * FROM emp;
```

(2) 打开游标

游标定义完成后，操作游标的第一步就是打开游标。当游标被打开时，Oracle 会执行游标所对应的 SELECT 语句，并将游标作为指针指向 SELECT 语句结果集的第一行。语法如下：

```
OPEN cursor_name;
```

例如：

```
OPEN c1;
```

注意：该游标必须是在定义部分已经定义好的游标。

(3) 使用游标获取数据

游标被打开后，可以使用 FETCH 语句获取游标正在指向的查询结果集中的记录，该语句执行后游标的指针自动下移，指向下一条记录。因此，每执行一次 FETCH 语句，游标只获取到一行记录，如果要处理查询结果集中的所有数据，那么需要多次执行 FETCH 语句，通常使用循环实现。FETCH 语句的语法如下：

```
FETCH cursor_name INTO variable1,variable2,....;
```

其中,variable 表示一组用于接收游标获取到的当前记录的变量。这些变量的个数、数据类型、宽度应和游标指向的查询结果集的结构保持一致。

例如:

```
FETCH c1 INTO emp_rec;
```

其中,假设 emp_rec 是已定义好的和表 scott.emp 结构相同的记录变量,利用 FETCH 语句将游标指向的查询结果集中的当前行记录存储到 emp_rec 变量中。本例中使用的 emp_rec 变量是一个记录变量,如果使用简单变量需要定义多个,实现起来较烦琐。

(4) 处理从游标中获取到的数据

在上一步中已经将游标指向的当前行记录通过 FETCH 语句提取出来并放到 INTO 子句后面给出的变量中,接下来就可以进一步处理这些变量中的数据了。具体对变量中的数据做怎样的处理,与用户要实现的具体业务相关。

例如,将上面 emp_rec 记录变量中接收到的数据进行输出:

```
dbms_output.put_line('Name is : '||emp rec.ename||'Salary is : '||emp rec.sal);
```

(5) 关闭游标

在提取并处理了结果集中的所有数据之后,就可以关闭游标并释放其结果集了。语法如下:

```
CLOSEcursor_name;
```

例如:

```
CLOSE c1;
```

显式游标使用完之后必须关闭,如果不关闭将导致游标对应的查询语句结果集占用的存储空间不能释放,这样在多次反复执行该程序块时会导致内存资源耗尽,系统实例崩溃。如图 6-4 所示揭示了显式游标的使用过程。

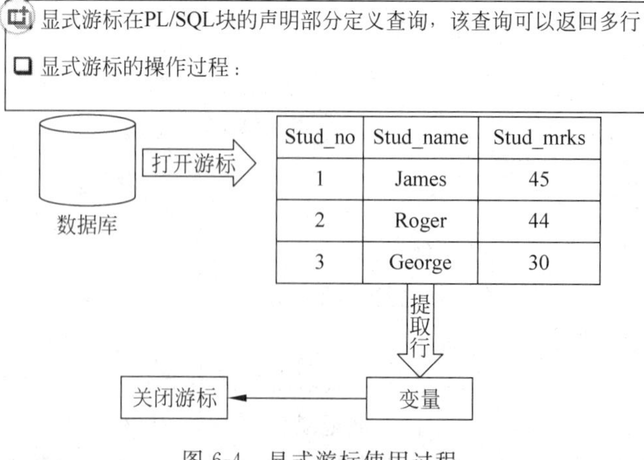

图 6-4 显式游标使用过程

将上面五个步骤中的操作编写成完整的程序，如下例所示。

例 6.32 以用户 scott 登录数据库，从 emp 表中查询所有记录，利用游标获取前两行记录并输出 ename、job、sal 中的值。

```
DECLARE
  CURSOR cl IS SELECT * FROM emp;
  emp_rec emp%ROWTYPE; --定义一个和表结构完全一致的记录变量
BEGIN
  OPEN cl;
  FETCH cl INTO emp_rec;
  dbms_output.put_line ('姓名是: '||emp_rec.ename || '工作是: '||emp_rec.job | '工作是:
                                          '||emp_rec.job);
  FETCH cl INTO emp_rec;
  dbms_output.put_line ('姓名是: '||emp_rec.ename || '工作是: '||emp_rec.job | '工作是:
                                          '||emp_rec.job);
  CLOSE cl;
END;
```

在上例中，程序实际需要处理的数据只有 ename、job 和 sal 三个字段的值，因此为了节省空间，游标对应的 SELECT 语句只需要查询这三个字段的值。另外，定义的变量 emp_rec 是为了接收游标提取的数据，因此该变量的结构用游标来定义更合适。所以，可以将游标的定义和记录变量的定义改为如下形式：

```
CURSOR cl IS SELECT ename, job, sal FROM emp;
emp_rec cl%ROWTYPE; --将记录变量定义成和游标的结构一致
```

2. 游标的常用属性

在游标的使用过程中，经常需要用到游标的四个属性，以确定游标的当前和总体状态。游标属性的引用格式为：游标名%游标属性名。下面介绍游标的常用属性。

(1) %ISOPEN 属性

该属性用于确定游标是否已经打开。如果游标已经打开，则返回值为 TURE；如果游标没有打开，则返回值为 FALSE。示例如下：

```
IF cursor_one%ISOPEN THEN --如果游标打开，则执行相应操作
  …
ELSE --如果游标未打开，则打开游标
  OPEN cursor_one;
END IF;
```

(2) % FOUND 属性

该属性用于检查游标是否从结果集中提取到了数据。如果提取到数据，则返回值为 TRUE；如果未提取到数据，则返回值为 FALSE。示例如下：

```
FETCH cursor_one INTO var1,var2;
IF cursor_one % FOUND THEN
  …
END IF;
```

(3) %NOTFOUND 属性

该属性与%FOUND 相反，如果提取到数据，则返回值为 FALSE；如果没有提取到数据，则返回值为 TRUE。示例如下：

```
FETCH cursor_one INTO var1,var2;
IF cursor_one % NOTFOUND THEN
  …
END IF;
```

(4) %ROWCOUNT 属性

该属性表示游标从查询结果集中已经获取到的记录总数，每执行一次 FETCH 成功取到数据后，%ROWCOUNT 的值增加 1。示例如下：

```
FETCH cursor_one INTO my_ename, my_deptno;
IF cursor_one % ROWCOUNT > 10 THEN
…
END IF;
```

3. 显式游标的循环

用户在使用 FETCH 语句获取游标指向的查询结果时，每次只能获取一条记录。如果获取结果集中所有的记录，那么需要使用循环重复执行 FETCH 语句。

(1) 游标的 LOOP 循环

例 6.33 使用游标实现逐行输出 emp 表中部门编号为 10 的员工姓名和工资，在本例中使用了游标的%NOTFOUND 和%ROWCOUNT 属性。

```
DECLARE
  CURSOR emp_cursor IS SELECT ename, sal FROM emp WHERE deptno = 10;
  emp_record emp % ROWTYPE; -- 也可以使用游标的结构直接定义该记录变量
BEGIN
  OPEN emp_cursor;
  LOOP
    FETCH emp_cursor INTO emp_record.ename, emp_record.sal;
    EXIT WHEN emp_cursor % NOTFOUND;
    dbms_output.put_line('ename: '|| emp_record.ename|| 'sal: '||emp_record.sal);
  END LOOP;
  dbms_output .put_line ( 'row count: '||emp_cursor % ROWCOUNT);
  CLOSE emp_cursor;
END;
```

在上例中使用 LOOP 循环控制 FETCH 语句的重复执行，当 FETCH 语句不能从游标的当前行取出数据时，循环结束。

(2) 游标的 FOR 循环

与其他的循环语句相比，FOR 循环更能方便地控制游标的循环过程，这是由于：

- FOR 循环中的循环控制变量不需要事先定义。
- 在游标的 FOR 循环之前，系统能够自动打开游标；在 FOR 循环结束后，系统能够自动关闭游标，不需要人为操作。
- 在游标的 FOR 循环过程中，系统能够自动执行 FETCH 语句；每循环一次，系统就自动执行一次 FETCH 语句，将游标指向的当前行记录存入循环控制变量中，因此用户只需要直接处理循环变量中获得的数据，不需要人为执行 FETCH 语句。

游标 FOR 循环的格式如下：

```
FOR record_name IN cursor_name LOOP
  statement1;
  statement2;
  ...
END LOOP;
```

其中，cursor_name 是已经定义的游标名；record_name 是用来接收从游标中提取出来的数据的记录变量，并充当 FOR 循环语句的循环控制变量。

例 6.34 使用 FOR 循环语句完成例 6.33 中规定的操作。

```
DECLARE
  CURSOR emp_cursor IS SELECT ename,sal FROM emp WHERE deptno = 10;
BEGIN
  FOR emp_record IN emp_cursor LOOP
    dbms_output.put_line('ename: '|| emp_record.ename|| 'sal: '||emp_record.sal);
  END LOOP;
  /*该命令无效,因为 FOR 循环结束后游标自动关闭
  dbms_output .put_line ( 'row count: '||emp_cursor% ROWCOUNT); */
END;
```

例 6.35 使用游标查询 emp 表中的所有记录，并在程序块中输出工资最高的前五行记录。

```
DECLARE
  CURSOR cur IS SELECT * FROM emp ORDER BY sal DESC;
BEGIN
  FOR rec IN cur LOOP
    IF cur% ROWCOUNT<=5 THEN
      dbms_output.put_line('ename: '||rec.ename||'sal: '|| rec.sal);
      ELSE EXIT;
    END IF;
  END LOOP;
END;
```

6.8.2 带参数的游标

参数游标是指带有参数的游标，在定义了参数游标之后，当使用不同参数值打开游标时，可以产生不同的结果集。定义参数游标的语法如下：

```
CURSOR cursor_name (parameter_name datatype) IS select_statment;
```

如上所示，当定义参数游标时，需要指定参数名及其数据类型。下面以查询特定部门所有雇员为例，说明定义和使用参数游标的方法。

例 6.36 定义参数游标，查询指定部门的员工姓名。

```
DECLARE
```

```
  -- 定义游标参数 no,参数类型为 NUMBER 类型
CURSOR emp_cursor(no NUMBER) SELECT ename FROM emp WHERE deptno = no;
    emp_rec emp_cursor % ROWTYPE;
BEGIN
  -- 打开参数游标时指定一个替代变量作为游标参数的值
  OPEN emp_cursor(&no);
  LOOP
    FETCH emp_cursor INTO emp_rec;
    EXIT WHEN emp_cursor % NOTFOUND;
    dbms_output.put_line( 'ename: '||emp_rec.ename);
  END LOOP;
  CLOSE emp_cursor;
END;
```

使用 FOR 循环完成上例的操作的代码如下所示：

```
DECLARE
CURSOR emp_cursor (no NUMBER) IS SELECT * FROM emp WHERE deptno = no;
BEGIN
  FOR emp_record in emp_cursor (&no) LOOP
    dbms_output.put_line( 'ename: '||emp_rec.ename);
  END LOOP;
END;
```

6.8.3 隐式游标(SQL 游标)

在执行一个 SQL 语句时,Oracle 服务器将自动创建一个隐式游标。通过游标可获得 SQL 语句的执行结果,以及游标的状态信息。隐式游标也叫 SQL 游标,因为它的名字就是“SQL”。

例 6.37 以下是一个更新指定部门员工工资的示例,通过游标属性查看被更新记录的行数。

```
BEGIN
  UPDATE  emp SET sal = 1500 WHERE deptno  =  &no;
  IF sql % NOTFOUND THEN
    dbms_output.put_line('no update');
  ELSE
    dbms_output.put_line('update row: '||sql % ROWCOUNT);
  END IF;
END;
```

在程序块中利用游标访问查询结果集中的记录时,使用 FOR 循环比较方便。如果在循环中不需要引用游标的属性,也就没必要定义显式游标,可以直接在游标 FOR 循环中使用子查询,由系统自动创建隐式游标。

例 6.38 使用隐式游标的 FOR 循环查询 emp 表中的数据。

```
BEGIN
  FOR emp_record IN(SELECT ename,sal FROM emp) LOOP
    dbms_output.put_line(emp_record.ename||' '||emp_record.sal);
```

```
  END LOOP;
END;
```

由上例可见，在程序块中使用隐式游标的 FOR 循环处理查询结果集最方便。

6.8.4 使用游标更新表中的数据

通过使用隐式游标，不仅可以逐行地访问 SELECT 语句的结果，而且还可以修改、删除当前游标行的数据。但是需要注意，若想通过游标修改或删除数据，那么在定义游标时必须要带有 FOR UPDATE 子句。语法格式如下：

```
CURSOR cursor_name[(parameter_name datatype)] IS select_statement
FOR UPDATE [OF column_reference] [NOWAIT];
```

其中，FOR UPDATE 子句用于在游标结果集数据上添加行共享锁，以防止其他用户在相应行上执行 DML 操作。OF 子句用来指定要锁定的列，如果忽略 OF 子句，那么表中选择的数据行整个都将被锁定。如果这些数据行已经被其他用户锁定，正常情况下，FOR UPDATE 操作会一直等到该用户释放对这些行的锁定后才继续自己的操作。在这种情况下，如果使用 NOWAIT 子句，若这些行被另一个用户的操作锁定，则 OPEN 会立即返回错误提示。

为了修改或删除当前游标行数据，必须在 UPDATE 或 DELETE 语句中引用 WHERE CURRENT OF 子句，用来表示修改或删除的记录是游标指向的当前行记录。语法如下：

```
UPDATE table_name SET column = new_value WHERE CURRENT OF cursor_name;
DELETE table_name WHERE CURRENT OF cursor_name;
```

例 6.39 使用显式游标查询 emp 表中的记录，并将工资低于 3000 的工资在原来的基础上增加 20%。

```
DECLARE
CURSOR emp_cursor IS SELECT ename, sal FROM emp FOR UPDATE;
BEGIN
  FOR rec IN emp_cursor LOOP
    IF rec.sal < 3000 THEN
      UPDATE emp SET sal = sal * (1 + 0.2) WHERE CURRENT OF emp_cursor;
    END IF;
  END LOOP;
  COMMIT;
EXCEPTION
WHEN others THEN ROLLBACK;
dbms_output.put_line('occurs errors!');
END;
```

例 6.40 使用显式游标删除 emp 表中部门编号是 30 的记录。

```
DECLARE
  CURSOR emp_cursor IS SELECT * FROM emp FOR UPDATE;
  record_emp emp%ROWTYPE;
BEGIN
  OPEN emp_cursor;
```

```
  LOOP
    FETCH emp_cursor INTO record_emp;
    EXIT WHEN emp_cursor % NOTFOUND;
    IF record_emp.deptno  = 30 THEN
      DELETE FROM emp WHERE CURRENT OF emp_cursor;
    END IF;
  END LOOP;
CLOSE emp_cursor;
EXCEPTION
WHEN others THEN ROLLBACK;
  dbms_output .put_line('occurs errors!');
END;
```

6.9 PL/SQL 程序中的异常处理

异常是指在运行 PL/SQL 块时出现的错误或警告。当触发异常时，默认情况下会终止 PL/SQL 块的执行。用户可以通过在 PL/SQL 块中添加异常处理来捕获异常，并根据出现的异常进行相应处理。编写 PL/SQL 程序时，为提高程序的健壮性，开发人员应该捕捉可能出现的各种异常，并进行合适的处理。如果不能捕捉异常，Oracle 会在出现错误时将错误传递到调用环境；如果捕捉到异常，Oracle 会在 PL/SQL 块内处理异常。可以根据异常的定义方式将异常分为两类：系统异常和用户自定义异常，其中系统异常又分为系统预定义异常和非预定义异常。

6.9.1 系统异常

1. 系统预定义异常

系统预定义异常是由系统根据发生的错误而已经定义好的异常，它们有错误编号和异常名称，用来处理常见的 Oracle 错误。常见的系统预定义异常包括以下几种。

(1) CASE_NOT_FOUND

该异常对应 ORA-06592 错误。当在 PL/SQL 块中编写 CASE 语句时，如果在 WHEN 子句中没有包含满足条件的分支，并且也没有包含 ELSE 子句，将会触发 CASE_NOT_FOUND 异常。

例 6.41 捕获并处理 CASE_NOT_FOUND 异常。

```
DECLARE
  v_sal emp. sal  % TYPE;
  eno emp.empno % TYPE: = &no;
BEGIN
  SELECT sal INTO v_sal FROM emp WHERE empno = eno;
  CASE
    WHEN v_sal < 1000 THEN
      UPDATE emp SET sal  =  sal  + 100 WHERE empno = eno;
    WHEN v_sal < 2000 THEN
      UPDATE emp SET sal  =  sal  + 150 WHERE empno = eno;
  END CASE;
```

```
EXCEPTION
  WHEN CASE_NOT_FOUND THEN
  dbms_output.put_line('在 CASE 语句中缺少相应条件!');
END;
```

如果根据输入的员工编号查询出该员工的工资大于 2000,就会产生 ORA-06592 错误,引发 CASE_NOT_FOUND 异常。系统捕捉异常并对异常进行处理,输出"在 CASE 语句中缺少相应条件"这样的提示串。

(2) DUP_VAL_ON_INDEX

该异常对应 ORA-00001 错误。当在唯一索引所对应的列上输入重复值时,会隐含地触发异常 DUP_VAL_ON_INDEX。

例 6.42 捕获并处理 DUP_VAL_ON_INDEX 异常。

```
BEGIN
    UPDATE dept SET deptno = &new_no WHERE deptno = &old_no;
  EXCEPTION
    WHEN DUP_VAL_ON_INDEX THEN
      dbms_output.put_line('在 deptno 列上不能出现重复值!');
END;
```

运行以上程序,输入的新部门编号已存在,就会产生错误 0RA-00001,引起异常 DUP_VAL_ON_INDEX,系统捕获该异常并对该异常进行处理,输出"在 deptno 列上不能出现重复值!"。

(3) TOO_MANY_ROWS

该异常对应于 ORA-01422 错误。当执行 SELECT INTO 语句时,如果返回的记录数超过一行时,则会触发该异常。

例 6.43 捕获并处理 TOO_MANY_ROWS 异常。

```
DECLARE
  v_ename emp.ename % TYPE;
BEGIN
  SELECT ename INTO v_ename FROM emp
  WHERE deptno = &no;
  dbms_output.put_line('雇员名: '||v_enarne);
EXCEPTION
  WHEN TOO_MANY_ROWS THEN
  dbms_output.putine('查询只能返回单行 !');
END;
```

运行以上程序,输入部门编号,如果该部门员工人数超过一名,则产生错误 ORA-01422,引起异常 TOO_MANY_ROWS。系统捕捉该异常并对异常进行处理,输出字符串"查询只能返回单行!"。

(4) NO_DATA_FOUND

该异常对应于 ORA-01403 错误。当在程序块中执行 SELECT INTO 语句但未返回任何行时引发该异常。

例 6.44 捕捉并处理 NO_DATA_FOUND 异常。

```
DECLARE
  v_ename emp.ename%TYPE;
BEGIN
  SELECT ename INTO v_ename FROM emp WHERE deptrio = &no;
  dbms_output.put_line('雇员名: '||v_ename);
EXCEPTION
WHEN NO_DATA_FOUND THEN
  dbms_output.put_line('未找到满足条件的记录!');
END;
```

运行以上程序,如表中没有记录与输入的部门编号相匹配,则会引发错误,并触发 NO_DATA_FOUND 异常。系统捕获并处理异常,输出字符串"未找到满足条件的记录!"。

2. 非预定义异常

系统的非预定义异常是指 Oracle 已为它定义了错误编号,但没有定义异常名字的异常。用户在使用这类异常的时候要先声明一个异常名称,然后通过伪过程(PRAGMA EXCEPTION_INIT)将异常名称和系统已定义的错误编号绑定起来。使用该类异常包括三步:

(1) 在程序块的声明部分定义一个异常名称。

(2) 在声明部分使用伪过程将异常名称和错误编号关联。

(3) 在异常处理部分捕获异常并对异常情况做出相应的处理。

例 6.45 为系统错误 ORA-02292 定义一个异常,该错误当删除被子表引用的父表中的相关记录时发生。

```
DECLARE
  fk_delete EXCEPTION;
  PRAGMA EXCEPTION_INIT(fk_delete, -02292);
BEGIN
  DELETE FROM dept WHERE deptno = 10;
EXCEPTION
  WHEN fk_delete THEN
  dbms_output.put_line('要删除的记录被子表引用,删除失败!');
END;
```

6.9.2 用户自定义异常

系统预定义异常和非预定义异常都是由 Oracle 自动触发并捕获的异常错误。在实际的程序开发中,为了实施具体的业务逻辑规则,程序开发人员经常自定义一些异常,当用户违反操作规则时,由用户通过 RAISE 命令触发异常,并在程序块的异常处理部分捕获、处理该异常,这样所有类型的异常都在 EXCEPTION 进行捕获并执行相应的处理。

用户自定义异常的操作步骤如下:

(1) 在程序块的声明部分定义异常的名称。

(2) 在程序块的执行部分使用 RAISE 命令触发异常。

(3) 在程序块的异常处理部分捕获异常,并对异常进行处理。

例 6.46 向 emp 表中插入一条新记录，在执行的过程中捕获系统预定义异常、系统非预定义异常、用户自定义异常，并分别做相应的处理。

```
DECLARE
  --系统非预定义异常的定义和关联
  ex_null EXCEPTION;
  PRAGMA EXCEPTION_INIT (ex_null, - 01400) ;
  --用户自定义异常的定义
  ex_insert EXCEPTION;
  --定义程序块变量
  eno emp.empno % TYPE: = &no;
  e_sal emp.sal % TYPE: = &salary;
BEGIN
  IF e_sal > 10000 THEN
    RAISE ex_insert;              --用户自定义异常被触发
  ELSE
    INSERT INTO emp(empno,sal) VALUES(eno,e_sal);
  END IF;
EXCEPTION
  WHEN DUP_VAL_ON_INDEX THEN      --系统预定义异常的捕获和处理
   dbms_output.putline('该员工已经存在!');
  WHEN ex_null THEN               --系统非预定义异常的捕获和处理
   dbms_output.putline('职工编号不能为空!');
  WHEN ex_insert THEN             --用户自定义异常的捕获和处理
   dbms_output.putline('员工的工资不能超过 10000 !');
END;
```

6.10 存储过程与函数

存储过程和函数也分别是 Oracle 数据库中的方案对象。在前面几节我们详细介绍了 PL/SQL 设计，所讲到的 PL/SQL 程序块均是匿名块，当在 SQL * Plus 环境下一次执行后就失去了作用，不能被后续多次调用。本节我们将阐述如何将这些匿名块要实现的相关功能用 PL/SQL 程序设计语言编写一个可持久保存到数据库中的方案对象，这种对象就是存储过程和函数。本节将详细介绍存储过程与函数的创建、调用。

6.10.1 存储过程

存储过程是一个命名的程序块，包括过程的名称、过程使用的参数、过程执行的操作。如果在应用程序中经常需要执行某些特定的操作，那么就可以基于这些操作创建一个特定的存储过程。使用存储过程，不仅可以简化客户端应用程序的开发和维护，而且还可以提高应用程序的运行性能。

1. 创建与调用存储过程

创建存储过程包括存储过程头部的声明和过程内操作的定义两部分。其中，过程内的操作定义部分和前面讲的匿名程序块的格式基本相同。具体格式如下：

```
CREATE [OR REPLACE] PROCEDURE procedure_name
```

```
[(argument1 [IN |OUT | IN OUT] data_type,argument2 [IN | OUT | IN OUT] data_type,...)]
IS | AS
  [declaration_section;]
BEGIN
  executable_section;
[EXCEPTION
  exception_handlers;]
END [procedure_name];
```

其中各参数的意义如下：

- OR REPLACE：表示如果新建的存储过程和数据库中已有的存储过程同名，那么将用新建的存储过程替换原有的同名存储过程。
- procedure_name：表示新建存储过程的名称。
- argument：表示为存储过程定义的参数，包括参数名称、参数的模式、数据类型。为参数指定类型时不能指定长度。
- IN|OUT|IN OUT：表示参数的三种模式，其中 IN 表示输入型参数，是指将外界的值输入给存储过程，也就是说在调用存储过程时将实参的值传给形参；OUT 表示输出型参数，是指存储过程可以将该类参数的值传递给外界的调用者，也就是说在调用存储过程时将形参的值传递给实参；IN OUT 表示输入输出型参数，在调用时先由实参将值传递给形参，执行完成后再将形参的值传递给实参。如果不指定参数的模式，默认为输入型参数。
- IS|AS：表示开始定义一个存储过程中的操作。如果存储过程需要变量，那么就在 IS|AS 后面直接定义，但不能加 DECLARE 关键字。

下面详细介绍各类存储过程的创建与应用。

① 无参数存储过程的创建与调用

建立存储过程时，可以带参数，也可以不带参数。下面以输出当前系统日期和时间的存储过程为例，说明不带参数存储过程的创建与应用。

例 6.47 创建存储过程，输出系统的日期和时间。

```
CREATE OR REPLACE PROCEDURE display_time
IS
BEGIN
  dbms_output.put_line(systimestamp);
END display_time;
```

存储过程创建后，它将以持久性方案对象保存到系统的数据字典当中，调用存储过程就可以执行它定义的操作。在 SQL * Plus 环境中调用存储过程有三种方式：

- 使用 EXECUTE（简写 EXEC）命令调用。
- 使用 CALL 命令调用。
- 在匿名的程序块中直接以过程名调用。

例 6.48 使用三种方式调用上面创建的存储过程 display_time。

方式一：

```
SET SERVEROUTPUT ON
```

```
EXECUTE display_time;
```

方式二：

```
CALL display_time();
```

方式三：

```
BEGIN
  display_time;
END;
```

另外，用户调用存储过程时必须具有 EXECUTE 执行权限。以上代码调用时没有事先授权，是因为调用存储过程的用户是该存储过程的创建者，因此不需要授权，但是如果其他用户希望执行该存储过程，那么必须事先获得 EXECUTE 权限才可以，如下例所示。

例 6.49 假设例 6.47 中的存储过程 display_time 是由 system 用户创建的，那么现在由 scott 用户调用。其执行过程如下：

```
CONNECT scott/tiger;          -- 以 scott 用户连接数据库
EXEC system.display_time;     -- 调用存储过程，由于 scott 用户对该存储过程无执行权限出错
CONNECT system/a12345;        -- 以 system 用户连接数据库
GRANT EXECUTE ON display_time TO scott;       -- 为 scott 用户授予 EXECUTE 权限
CONNECT scott/tiger;
SET SERVEROUTPUT ON;
EXEC system.display_time;
```

② 带有 IN 参数的存储过程的创建

在存储过程中可以通过使用输入参数，将应用外部程序的数据传递给存储过程。定义输入型参数时可以指定 IN 关键字，也可以省略。

例 6.50 在 scott 用户下创建一个存储过程 insert_emp，完成对 emp 表的数据插入功能。

```
CREATE OR REPLACE PROCEDURE insert_emp
(v_no IN emp.empno%TYPE,
v_name IN emp.ename%TYPE DEFAULT NULL,
v_job IN emp.job%TYPE DEFAULT 'SALESMAN';
v_mgr IN emp.mgr%TYPE DEFAULT 7369,
v_hiredate emp.hiredate% TYPE DEFAULT SYSDATE,
v_salary emp.sal%TYPE DEFAULT 800,
v_conm emp.comm%YPE DEFAULT NULL,
v_deptno emp.deptno%PE DEFAULT 10
) IS
  e_integrity EXCEPTION;
  PRAGMA EXCEPTION_INIT (e_integrity, -2291);
BEGIN
  INSERT INTO emp
    VALUES (v_no, name, v_job, v_mgr, v_hiredate,v_salary,v_comm,v_deptno);
EXCEPTION
  WHEN DUP_VAL_ON_INDEX THEN
    dbms_output.put_line('该员工已经存在!');
```

```
    WHEN e_integrity THEN
      dbms_output.put_line('部门编号填写错误!');
END;
```


以上创建的 insert_emp 存储过程能够实现向 emp 表中添加一行新记录的功能。为了使该存储过程更通用,即适合所有的 INSERT 语句的执行,在参数的定义上,除了向主键字段 empno 插入值的变量 v_no 没有设置默认值外,其他所有的变量都给出了默认值,这样当用户调用该存储过程时,可以指定任意个数的实参。在 PL/SQL 程序中参数的默认值用 DEFAULT 关键字设置。

然而,在创建存储过程时有一个很重要的问题值得注意,那就是创建存储过程需要的权限。这主要涉及两类权限:

- 创建存储过程自身需要的权限,即 CREATE PROCEDURE 系统权限。这是创建存储过程的用户需要具备的最基本权限,只有获得该权限后,用户才能执行 CREATE PROCEDURE 语句。
- 在存储过程内部执行各种操作时需要的显式权限。例 6.50 创建存储过程的操作,如果以系统用户 system 来执行,默认是失败的,原因就是 system 用户默认只对 scott.emp 表具有隐式的 INSERT 权限,而隐式权限在匿名块中起作用,但在命名块中不起作用。这是因为命名块一旦被建立就可以将它的执行权限分配给任意用户,影响范围较大,所以对创建命名块时需要的权限要求更严格。另外在 scott 用户下创建的存储过程即使在 system 用户下调用,也必须授予 system 用户的 EXECUTE 权限。如果以 system 用户创建例 6.50 中的存储过程,在创建之前应该以 scott 用户的身份将 emp 表的 INSERT 显式权限分配给 system 用户,具体操作如下:

```
CONNECT scott/a12345;                    --以 scott 用户连接数据库
GRANT INSERT ON emp TO system;           --将 emp 表的插入权限授予给 system 用户
CONNECT system/a12345;
```

执行完以上命令,然后再执行例 6.50 中的命令就可以成功创建存储过程了。

③ 有参数存储过程的调用

有参数存储过程的调用需要考虑实参和形参之间的数据传递方式。在 PL/SQL 语言中,传递方式包括三种:

- 按名称传递。按名称传递是指在调用存储过程的参数列表中包括参数名和给它传递的参数值两部分。使用这种方式传递参数时,用户不需要考虑创建过程时定义的参数顺序。
- 按位置传递。按位置传递是指将实参的值按照形参定义时的顺序从左至右一一列出,执行时实参逐个传递给形参。使用这种方式传递参数时,用户需要考虑创建过程时定义的参数个数、类型和顺序。
- 混合传递。混合传递是指在一次调用中既包括按位置传递又包括按名称传递,但必须将按位置传递的实参写在参数列表的左边,将按名称传递的实参写在右边。

下面分别给出按以上三种方式调用例 6.50 中创建的存储过程 insert_emp 的代码。

按名称传递:

```
EXEC insert_emp (v_no =>1000, v_name =>'张三', v_salary=>1500);
```

注意：在这种方式下，形参名与实参值之间对应关系的表达形式为"形参变量=>实参值的表达式"。

按位置传递：

```
EXEC insert_emp (1001,'李四','CLERK');
```

注意：在这种方式下，实参值必须按照形参定义的顺序给出，也就是说如果左边的形参没有给出实参值，那么右边的形参不能赋值。

混合传递：

```
EXEC insert_emp(1002,'王五',salary=>2500,deptno=>30);
```

注意：在这种方式下，必须先按位置传递，再按名称传递。

④ 带有 OUT 参数的存储过程的创建与调用

存储过程不仅可以完成特定操作，还可以用于输出数据。存储过程输出数据是利用 OUT 或 IN OUT 模式的参数实现。当定义输出参数时，必须使用 OUT 关键字标识。

例 6.51 从 emp 表中查询给定职工编号的职工姓名和工资，并利用 OUT 模式的参数将值传给调用者。

```
CREATE OR REPLACE PROCEDURE select_emp
(no IN emp.empno%TYPE, name OUT emp.ename%TYPE,salary OUT emp.sal%TYPE)
IS
BEGIN
 SELECT ename,sal into name,salary FROM emp WHERE empno = no;
EXCEPTION
  WHEN NO_DATA_FOUND THEN
  Dbms_output.put_line('该职工不存在!');
END;
```

如上所示，no 是输入型参数，name 和 salary 是输出型参数。用户调用具有 OUT 参数的存储过程时要特别注意，给出的实参一定是事先定义好的变量来接收 OUT 参数输出的值。

如下列代码所示：

```
VAR emp_name VARCHAR2 (10);                 --定义绑定变量
VAR emp_salary NUMBER;                      --定义绑定变量为 NUMBER 类型时,不能加长度
EXEC select_emp (7369, :emp_name, :emp_salary); --使用绑定变量时,需要在绑定变量前加冒号
PRINT emp_name emp_salary;                  --输出两个绑定变量的值,中间用空格隔开
```

执行以上 EXEC 命令时，形参与实参的传递过程是：7369 先传递给形参 no，no 获得值后充当过程内 SELECT 语句的查询条件，将查询出的 ename 和 sal 字段的值放入 OUT 模式的参数 name 和 salary 中，形参 name 和 salary 获得值后再将它们的值传递给实参 emp_name 和 emp_salary，最后使用 PRINT 命令将两个实参中的值输出。

以上过程也可以使用匿名块调用，如下例所示。

例 6.52 调用存储过程 select_emp。

```
DECLARE
emp_name emp.ename%TYPE;
emp_salary emp.sal%TYPE;
BEGIN
 select_emp (7369,emp_name,emp_salary);      --调用存储过程
  IF emp_name IS NOT NULL THEN               --如果该职工存在,那么输出姓名和工资
    dbms_output.put_line('姓名是: '||emp_name||'工资是: '||emp_salary);
  END IF;
END;
```

⑤ 带有 IN OUT 参数的存储过程的创建

定义存储过程时,可以使用 IN OUT 来标识参数是输入输出型的。当使用这种参数时,在调用过程之前需要将实参变量的值传递给形参变量,在调用结束后,再将形参变量的值传递给实参变量。

例 6.53 编写程序,交换两个变量的值并输出。

```
CREATE OR REPLACE PROCEDURE swap
(x IN OUT NUMBER ,y IN OUT NUMBER)
IS
  z NUMBER;
BEGIN
  z = x;
  x: = y;
  y: = z;
END swap;
```

例 6.54 使用匿名块调用以上存储过程 swap。

```
DECLARE
  a NUMBER : = 10;
  b NUMBER : = 20;
BEGIN
  dbms_output.put_line('交换前 a 和 b 的值是: '||a||'  '||b);
  swap(a,b);
  dbms_output.put_line('交换后 a 和 b 的值是: '||a||'  '||b);
END;
```

2. 修改与删除存储过程

存储过程创建完成后,如果定义的操作不再适合用户的要求,用户可以对其进行修改或删除。在 PL/SQL 中没有专门给出修改存储过程的语句,而是在创建存储过程时添加 OR REPLACE 选项,这样重新定义的存储过程就可以把原来同名的存储过程替换掉,也就达到了修改存储过程的目的。事实上,在第一次创建存储过程时也经常使用 OR REPLACE 选项,因为这样可以避免编译出错时提供新的过程名称。

存储过程的删除操作是利用 DROP PROCEDURE 命令来完成的,而且需要执行删除操作的用户事先应具有 DROP ANY PROCEDURE 系统权限。

例 6.55 删除 swap 存储过程。

```
DROP PROCEDURE swap;
```

6.10.2 函数

函数是另外一种命名的程序块,可以通过 RETURN 子句返回函数的执行结果。如果在应用程序中经常需要通过执行 SQL 语句来返回特定数据,那么就可以基于这些操作建立特定的函数。通过使用函数,不仅可以简化客户端应用程序的开发和维护,而且还可提高应用程序的执行性能。

1. 创建与调用函数

创建与调用函数需要的权限和存储过程相同,都是 CREATE PROCEDURE 系统权限和 EXECUTE 对象权限,只是在语法上稍有不同,具体格式如下:

```
CREATE [OR REPLACE] FUNCTION function_name
[(argument1 [ IN | OUT | IN OUT] data_type , argument2 [IN | OUT | IN OUT] data_type,...)]
RETURN datatype
IS | AS
  [declaration_section;]
BEGIN
  executable_section;
  RETURN expression;
[EXCEPTION
  exception_handlers;
  RETURN expression;]
END [ function name];
```

其中各参数的意义如下:

- function_name:表示新建函数的名称。
- argument:表示函数的参数,定义格式与存储过程中的参数相同。
- RETURN datatype:用于指定函数返回值的数据类型。
- RETURN expresHion:指定函数要返回的值。在函数体内,每个分支都要包含一条 RETURN 语句。

下面举例说明函数的创建与调用方法。

例 6.56 创建函数,从 emp 表中查询指定职工的工资。

```
CREATE OR REPLACE FUNCTION select_sal(no emp.empno%TYPK)
RETURN emp.sal%TYPE
IS
 salary emp.sal%TYPE;
BEGIN
  SELECT sal INTO salary FROM emp WHERE empno = no;
  RETURN salary;
EXCEPTION
WHEN NO_DATA_FOUND THEN
  RETURN 0 ;
END;
```

因为函数具有返回值，所以调用函数是作为一个表达式的一部分使用，而不能像调用过程那样作为一个独立的语句使用。通常调用函数有以下三种方式：

方式一：使用变量接收返回值。

```
VAR salary NUMBER;
EXEC:salary: = select_sal(7369);
PRINT salary;
```

方式二：在 SQL 语句中直接调用函数。

```
SELECT select_sal(7369) FROM DUAL;
```

方式三：使用 DBMS_OUTPUT 调用函数。

```
SET SERVEROUTPUT ON
EXEC dbms_output .put_line('工资是：'||select_sal (7369);
```

如果希望使用函数的同时返回多个数据，那么就需要在函数中使用输出参数，如下例所示。

例 6.57 创建函数，返回 emp 表中指定职工的工资和姓名。

```
CREATE OR REPLACE FUNCTION select_name_sal
(v_empno IN NUMBER, v_name OUT VARCHAR2)
RETURN NUMBER
IS
 v_result NUMBER;
BEGIN
SELECT sal,ename INTO v_result,v_name FROM emp WHERE empno = v_empno;
  RETURN v_result;
EXCEPTION
  WHEN NO_DATA_FOUND THEN
  dbms_output.put_line('无符合要求的记录');
  v_result: = 0;
  v_name: = 'null';
  RETURN v_result;
END select_name_sal;
```

在建立了函数 select_name_sal 之后，就可以在应用程序中调用该函数了。注意，因为该函数有 OUT 参数，所以不能在 SQL 语句中调用该函数，而必须要定义变量接收 OUT 参数和函数的返回值。在 SQL * Plus 中调用该函数的语句如下：

```
VAR sal NUMBER;
VAR name VARCHAR(20);
EXEC :sal: = select_name_sal(7369, :name)
PRINT name sal;
```

2. 修改与删除函数

修改函数没有单独的语句，只是在创建函数时增加了 OR REPLACE 子句，这一点和修改存储过程相同。删除函数使用 DROP FUNCTION 命令完成。

例 6.58 删除例 6.57 中创建的函数 select_name_sal。

```
DROP FUNCTION select_name_sal;
```

6.11 大对象数据操作

大对象(LOB)是一组数据类型,用于容纳大量数据。LOB 类型的字段可以容纳数据量的最大范围在 8TB 到 128TB 之间,具体取决于数据库的配置方式。将数据存储在 LOB 中可以实现在应用程序中高效地访问和操作数据。

在数据库应用开发过程中会遇到不同类型的数据应用问题,这些应用程序必须处理以下几种数据。

- 简单的结构化数据

该数据可以组织成基于业务规则的简单的结构化表。

- 复杂的结构化数据

这种数据本质上是复杂的,适合于对象关系 Oracle 数据库的功能,如集合、引用和用户自定义类型。

- 半结构化数据

这种数据通常不能按一般的逻辑数据库结构来解释。例如,由用户的应用程序处理的,或者由外部服务文档提供的 XML 文档可以被认为是半结构化数据。数据库提供诸如 Oracle XML DB,高级排队等技术帮助用户的应用程序使用半结构化数据和消息队列。

- 非结构化数据

这种数据不会分解成更小的逻辑结构,而不能由典型的数据库工具或应用程序解释。例如,摄影图像存储为二进制文件是非结构化数据的示例,还有音频等。

大对象适合这两种数据:半结构化数据和非结构化数据。大对象功能提供了将这些类型的数据存储在数据库中,以及从数据库中访问操作系统文件的一种途径。

随着互联网和内容丰富的应用程序的增长,大对象已经成为数据库必须支持的数据类型,Oracle 大对象数据技术可以用来有效地存储非结构化和半结构化数据;针对大量数据进行了优化;提供统一的方式访问存储在数据库内部的数据或外部的数据库。

6.11.1 LOB 分类及定位器

根据类型的不同,LOB 数据分为内部 LOB 和外部 LOB。

- 内部 LOB

数据库中的 LOB 以优化的方式存储在数据库表空间内,并提供高效的访问,以支持 LOB、BLOB、CLOB 和 NCLOB 这样的 SQL 数据类型。内部 LOB 可以是持久的或临时的。

一个持久的 LOB 是存在数据库表格行中的 LOB 实例。当在应用程序范围内实例化 LOB 时,将创建临时 LOB 实例,将临时实例插入到数据表行时,临时实例将成为一个持久性实例。持久的 LOB 使用复制语义并参与数据库事务。可以在事务或介质故障的情况下恢复持久的 LOB,对任何持久化的 LOB 值的更改可以提交或回滚。换句话说,所有的持久性 LOB 完全支持数据库事务的 ACID 特性。

- 外部 LOB 和 BFILE 数据类型

外部 LOB 是存储在数据库表空间以外的操作系统文件中的数据对象。数据库使用 SQL 数据类型 BFILE 访问外部 LOB。该 BFILE 数据类型是唯一的外部 LOB 数据类型。BFILE 是只读数据类型。数据库允许只读字节流访问存储在 BFILE 中的数据。用户无法从应用程序中写入 BFILE。

数据库使用 BFILE 定义一列的数据类型。数据存储在表中 BFILE 类型的列实际上位于操作系统文件中，而不是在数据库表空间中。

通常使用 BFILE 来保存下列数据：

① 应用程序运行时不会更改的二进制数据，如图形。

② 加载到其他大型对象类型的数据，如 BLOB 或 CLOB，然后可以操纵数据。

③ 适用于字节流访问的数据，如多媒体。

④ 只读数据，其大小相对较大，以免大量占用数据库表空间。

- LOB 定位器(LOB Locator)

一个 LOB 实例具有一个定位器和值。LOB 定位器是一个 LOB 值的物理存储的参考。LOB 值是存储在 LOB 中的数据。当用户在操作中使用 LOB，例如传递 LOB 作为参数时，用户实际上传递了一个 LOB 定位器。在大多数情况下，用户可以使用 LOB 实例，而不关心 LOB 定位器的语义。

6.11.2 操作 LOB 数据的 PL/SQL 过程和函数

使用 PL/SQL 来处理 LOB 数据，必须借助于 Oracle 提供的 LOB API 包(DBMS_LOB 包)，PL/SQL DBMS_LOB 包可用于以下操作：

- 内部持久性 LOB 和临时 LOB：以完整的或部分的方式进行读取和修改操作。
- BFILE：读操作系统文件操作。

BLOB、CLOB、NCLOB 和 BFILE 数据的 PL/SQL 函数和过程总结如表 6-2～表 6-6 所示。

表 6-2 修改 LOB 值的 PL/SQL 函数和过程

函数/过程名	说　明
APPEND	追加一个 LOB 值到别的 LOB
CONVERTTOBLOB	转换 CLOB 数据成为 BLOB
CONVERTTOCLOB	转换 BLOB 数据成为 CLOB
COPY	复制一个 LOB 的全部或部分到另外一个 LOB
ERASE	从指定的偏移开始擦除一个 LOB 的部分
LOADFROMFILE	加载 BFILE 数据到持久化 LOB 数据
LOADCLOBFROMFILE	从一个文件里加载字符数据到 LOB
LOADBLOBFROMFILE	从一个文件里加载二进制数据到 LOB
TRIM	修剪 LOB 值成指定的长度较短的值
WRITE	从指定的偏移处将数据写入 LOB
WRITEAPPEND	将数据写到 LOB 数据的末端

表 6-3　PL/SQL：读取或检查内部和外部 LOB 值的过程

函数/过程名	说　　明
COMPARE	比较两个 LOB 的值
GETCHUNKSIZE	获取读和写时使用的块大小。这仅适用于持久性 LOB，不适用于外部 LOB(BFILE)
GETLENGTH	获取 LOB 值的长度
LOBMAXSIZE	DBMS_LOB 包函数，返回 LOB 对象可存储的最大大小
INSTR	返回 LOB 中指定模式的第 n 次出现的匹配位置
READ	从指定的偏移量开始从 LOB 读取数据
SUBSTR	返回从指定偏移开始的部分 LOB 值

表 6-4　PL/SQL：操作临时 LOB 值的过程

函数/过程名	说　　明
CREATETEMPORARY	创建一个临时 LOB
ISTEMPORARY	检查一个 LOB 定位器是否参考一个临时 LOB
FREETEMPORARY	释放一个临时 LOB

表 6-5　PL/SQL：BFILE 数据的只读型函数

函数/过程名	说　　明
FILECLOSE	关闭文件，已被 CLOSE()代替
FILECLOSEALL	关闭所有以前打开的文件
FILEEXISTS	检查文件是否存在于服务器上
FILEGETNAME	获取目录对象名称和文件名
FILEISOPEN	检查使用 BFILE 定位器的文件是否打开。此函数已用 ISOPEN()代替
FILEOPEN	打开一个文件，此函数已被 OPEN()代替

表 6-6　PL/SQL：打开和关闭内部或外部 LOB 值的过程

函数/过程名	说　　明
OPEN	打开 LOB
ISOPEN	看看一个 LOB 是否被打开
CLOSE	关闭 LOB

6.11.3　LOB 列初始化

用 PL/SQL 操作 LOB 数据，主要涉及对 LOB 数据字段的读写，要读写 LOB 列就要涉及列的初始化问题。

- 初始化一个持久的 LOB 列

在使用相关语言，如 PL/SQL、OCI、OCCI、Pro * C/C++、Pro * COBOL、Java、Visual Basic，或 OLEDB 等环境编写接口程序读写持久的 LOB 之前，必须对 LOB 列进行初始化，使其不能为 NULL，也就是说，它必须包含一个定位器。可以通过将持久性 LOB 初始化为空来实现此目的。在 INSERT/UPDATE 语句中使用函数 EMPTY_BLOB()对 BLOB 列进行初始化、使用 EMPTY_CLOB()函数对 CLOB 和 NCLOB 列进行初始化。

- 初始化 BFILE 列

在使用 LOB API 访问 BFILE 列值之前，BFILE 列必须是非 NULL。可以通过 BFILENAME 函数初始化 BFILE 列使该列指向外部操作系统文件。BFILENAME('directory','filename')有两个参数：'directory'是一个数据库对象，它被看做数据库文件系统上的文件的绝对路径名，'filename'是服务器操作系统文件系统中的文件名。BFILENAME 返回一个和服务器上的物理文件相关的 BFILE 文件定位器。

6.11.4 PL/SQL 操作 LOB 案例

在 Oracle 数据库服务器的操作系统下创建一个子目录 E:\picdata，这个子目录中存放着用户照片资料，现在借助于 Oracle 的 DBMS_LOB 包过程和函数，将照片资料加载到数据库存放。为了简明起见，我们仅以如图 6-5 所示的一张图片(文件名：profyue.jpg)的加载为例，阐明其实现过程。

图 6-5　图片 profyue.jpg

① 将图片复制在一个固定的目录下，如"E:\picdata"

```
copy  g:\profyue.jpg E:\picdata
```

② 用 system 用户登录 SQL * Plus，执行如下操作

```
CONNECT system/a12345;
GRANT CREATE ANY DIRECTORY to scott;                       --授予创建目录对象的系统权限
conn scott/a12345;
CREATE OR REPLACE DIRECTORY bfile_dir AS 'E:\\picdata';    -- 创建目录对象
```

③ 在 scott 用户创建表保存用户信息(限于篇幅，仅说明 BLOB、BFILE 的操作)

```
CREATE TABLE Userinfo                                      --创建用户信息表存放用户信息
(user_id NUMBER(6) CONSTRAINT pk_userinfo PRIMARY KEY,
user_name varchar2(30),                                    --用户名
hire_date date,                                            --入职时间
```

```
email varchar2(100),                                 -- 电子邮件
contact_number varchar2(75),                         -- 联系电话
location varchar2(100),                              -- 详细地址
user_photo BLOB,                                     -- 二进制大对象字段,存放照片内容
pic_graphic BFILE)                                   -- 以 BFILE 类型保存用户照片文件
STORAGE(
NEXT 4M
MAXEXTENTS 100
PCTINCREASE 50
);
```

④ 在 scott 用户下创建存储过程操作 LOB

```
CREATE OR REPLACE PROCEDURE pro_loadpic(dirname varchar2,filename varchar2)
 IS
 src   BFILE;
 des   BLOB;
 amount   INT;
 src_offset INT : = 1;
 des_offset INT : = 1;
 bloblen INT : = 0;
 bfilelen INT : = 0;
 warning INT;
 BEGIN
  src: = BFILENAME(upper(dirname),filename);           -- 获取外部 BFILE 文件定位器
 INSERT INTO Userinfo(user_id,user_name,hire_date,email,contact_number,location,user_photo,
pic_graphic)
 VALUES (1,'Admin',sysdate,NULL,'13900001111',NULL, EMPTY_BLOB(),src);
 -- 基本数据项插入数据表,用 EMPTY_BLOB()初始化照片内容存放字段
 SELECT user_photo INTO des FROM Userinfo WHERE user_id = 1 FOR UPDATE;
 -- 将当前用户 id 对应的 BLOB 定位器存到变量 des 中
 DBMS_LOB.FILEOPEN(src,DBMS_LOB.FILE_READONLY);        -- 只读打开图片文件
 -- amount: = DBMS_LOB.GETLENGTH(src);
   amount: = DBMS_LOB.LOBMAXSIZE;                      -- 设置可装载到数据库中的图片的最大大小
 DBMS_OUTPUT.PUT_LINE(amount);
 DBMS_LOB.LOADBLOBFROMFILE(des,src,amount,des_offset,src_offset);
 -- 从外部文件定位器指向的文件中将内容加载到数据库 BLOB 中,外部文件必须先打开
 DBMS_LOB.CLOSE(src);                                  -- 关闭外部文件
 SELECT dbms_lob.GETLENGTH(user_photo),dbms_lob.GETLENGTH(pic_graphic)
 INTO bloblen,bfilelen   FROM Userinfo where user_id = 1;     -- 获取 BFILE 文件和 BLOB 的长度
 COMMIT;
 DBMS_OUTPUT.PUT_LINE('user_photo(Type BLOB) LEN = '|| bloblen||',
 pic_graphic(Type BFILE) LEN = '||bfilelen);           -- 显示两种不同方式的 LOB 内容的长度
END;
/
```

⑤ 调用存储过程执行具体操作,查看结果

```
SET SERVEROUTPUT ON
CALL pro_loadpic('bfile_dir','profyue.jpg');
```

运行结果如图 6-6 所示。从图中可看出,对同一图片来说,保存成外部 LOB 和内部 LOB 的大小完全相同。然而它们却是两种完全不同的数据存储形式。BLOB 将整张图片

的内容存放到了数据库字段中；而 BFILE 将图片内容保存到了操作系统的文件系统中。这里我们详细说明了 BLOB 和 BFILE 数据类型的应用，对于 CLOB 的用法和 BLOB 类似，用本节所介绍的方法可顺利地操作 CLOB 数据。

```
Oracle SQL*Plus
文件(F) 编辑(E) 搜索(S) 选项(O) 帮助(H)

SQL> CREATE OR REPLACE PROCEDURE pro_loadpic(dirname varchar2,filename varchar2)
  2  IS
  3  src    BFILE;
  4  des    BLOB;
  5  amount     INT;
  6  src_offset INT :=1;
  7  des_offset INT :=1;
  8  bloblen INT :=0;
  9  bfilelen  INT :=0;
 10  warning INT;
 11  BEGIN
 12     src:=BFILENAME(upper(dirname),filename);
 13    INSERT INTO Userinfo(user_id,user_name,hire_date,email,contact_number,location,user_photo,pic_graphic)
 14    VALUES (1,'Admin',sysdate,NULL,'13900001111',NULL, EMPTY_BLOB(),src);
 15
 16
 17     SELECT user_photo INTO des FROM Userinfo WHERE user_id=1 FOR UPDATE;
 18     DBMS_LOB.FILEOPEN(src,DBMS_LOB.FILE_READONLY);
 19     --amount:=DBMS_LOB.GETLENGTH(src);
 20       amount:=DBMS_LOB.LOBMAXSIZE;
 21     DBMS_OUTPUT.PUT_LINE(amount);
 22     DBMS_LOB.LOADBLOBFROMFILE(des,src,amount,des_offset,src_offset);
 23     DBMS_LOB.CLOSE(src);
 24     SELECT dbms_lob.GETLENGTH(user_photo),dbms_lob.GETLENGTH(pic_graphic) INTO bloblen,bfilelen
 25     FROM Userinfo where user_id=1;
 26     COMMIT;
 27     DBMS_OUTPUT.PUT_LINE('user_photo(Type BLOB) LEN='|| bloblen||',pic_graphic(Type BFILE) LEN='||bfilelen);
 28  END;
 29  /

过程已创建。

SQL> set serveroutput on
SQL> call pro_loadpic('bfile_dir','profyue.jpg');
18446744073709551615
user_photo(Type BLOB) LEN=93292,pic_graphic(Type BFILE) LEN=93292

调用完成。

SQL>
```

图 6-6　BLOB、BFILE 文件类型同一数据存放结果展示

6.12　PL/SQL 调用 Java 方法

众所周知，目前在国内最流行的开发语言是 Java 语言，如图 6-7 所示，目前全球有 30 多亿设备上运行着 Java，在未来很长一段时期它仍然占据霸主地位。随着 2009 年 SUN 被 Oracle 收购，标志着 Oracle 技术将与 Java 技术进行高度的融合。Oracle 开始提供对 Java 的全方位支持，将进一步增强 Oracle 数据库的 Java 性能。从 Oracle 8i 开始支持用 Java 编写存储过程以来，PL/SQL 存储过程、函数调用 Java 的技术在不断完善。PL/SQL 存储过程在数据处理方面确实是个卓越的创新，在 PL/SQL 中调用 Java 程序的实现将使 PL/SQL 的功能如虎添翼。

在 PL/SQL 中调用 Java 程序的方法如下：

- 创建 Java 类与接口方法

```
CREATE OR REPLACE AND COMPILE JAVA SOURCE NAMED HELLOWORLD
AS public class HelloWorld{
```

```
    public static String entry(String vstr){
      return vstr;
      }
    };
    /
```

图 6-7 全球有 30 亿多设备在运行 Java

- 创建 PL/SQL 编写的用户自定义函数，使函数与 Java 类接口对接

```
CREATE OR REPLACE FUNCTION FUN_HELLOWORLD(vstr VARCHAR2)
 RETURN VARCHAR2
AS LANGUAGE JAVA NAME 'HelloWorld.entry(java.lang.String) return java.lang.String';
/
```

- 在 SQL 语句中调用用户函数

```
SQL > SELECT FUN_HELLOWORLD('你好') FROM DUAL;
     FUN_HELLOWORLD('你好')
      ----------------------------------------------------------
     你好
```

6.13 习　题

一、填空题

1. PL/SQL 程序块主要包含 3 个部分：声明部分、(　　)、异常处理部分。
2. 自定义异常必须使用(　　)语句触发。

二、选择题

1. 下列(　　)不是 BOOLEAN 变量可能的取值。

   A. TRUE　　　　B. FALSE

   C. NULL　　　　D. BLANK

2. 以下(　　)程序单元必须返回数据。

A. 函数　　B. 存储过程　　C. 触发器　　D. 包

3. 当建立存储过程时,以下(　　)关键字用来定义输出型参数。

A. IN　　B. PROCEDURE　　C. OUT　　D. FUNCTION

4. 下列(　　)语句可以在 SQL * Plus 中直接调用一个存储过程。

A. RETURN　　B. EXEC　　C. SET　　D. IN

5. 下列(　　)不是存储过程中参数的有效模式。

A. IN　　B. OUT　　C. IN OUT　　D. OUT IN

6. 函数头部中的 RETURN 语句的作用是(　　)。

A. 声明返回的数据类型

B. 调用函数

C. 调用过程

D. 函数头部不能使用 RETURN 语句

7. 请查看以下 IF 语句:

```
DECLARE
sal NUMBER: = 500;
comm NUMBER;
BEGIN
   IF sal < 100 THEN
      comm: = 0;
   ELSIF sal < 600 THEN
    comm = sal * 0.1;
   ELSIF sal < 1000 THEN
    comm: =  sal * 0.15;
   ELSE
      comm: =  sal * 0.2;
   END IF;
END;
```

在执行了以上语句之后,变量 comm 的结果应是(　　)。

A. 0　　B. 50　　C. 75　　D. 100

8. 在以下(　　)语句中可以包含 WHERECURRENT OF 子句。

A. OPEN　　B. FETCH　　C. DELETE　　D. SELECT

E. UPDATE　　F. CURSOR

9. 在异常和 Oracle 错误之间建立关联时,应该在(　　)部分完成。

A. 定义部分　　B. 执行部分　　C. 异常处理部分　　D. 声明部分

10. 只能存在一个值的变量是(　　)变量。

A. 游标　　B. 标量变量　　C. 游标变量　　D. 记录变量

三、编程题

1. 编写程序计算并输出 1～100 的和。

2. 分别使用显式游标和隐式游标逐行输出 emp 表中的员工姓名和工资。

3. 根据以下要求编写存储过程:输入部门编号,输出 emp 表中该部门所有职工的职工编号、姓名、工作岗位。

4. 根据以下要求编写存储过程：将 emp 表中工资低于平均工资的职工工资加上 200，并返回修改了工资的总人数。

5. 根据以下要求编写函数：在 emp 表中根据所给定的员工编号，返回员工至今已工作多少年了。

四、简答题

1. 创建与调用存储过程或函数时，应事先授予哪些权限？
2. 什么是 SQL 游标，它常用的属性有哪些？
3. LOB 数据是怎样分类的？为什么操作 LOB 数据必须使用定位器？
4. 怎样初始化 LOB 数据列？
5. PL/SQL 程序中如何调用 Java 语言编写的方法？

第7章 索引、视图、序列及同义词

在 Oracle 中,索引、视图、序列、同义词是除表之外的另外一些数据库方案对象。特别是索引技术在数据库应用中有重要的作用。索引的主要用途是提高数据表的查询速度,它可以独立于表进行存储;视图也是数据库中经常使用的对象,利用它可以方便、安全地对表中数据执行 SELECT、INSERT、UPDATE 和 DELETE 操作。视图通常被称做虚拟表或存储查询,数据库中只存储定义它的 SELECT 语句。特别是在对数据仓库与分布式数据库的支持方面,Oracle 引入了物化视图的概念。物化视图是包括一个查询结果的数据库对象,它是远程数据的本地副本,或者用来生成基于数据表求和的汇总表。物化视图存储基于远程表的数据,也可以称为快照;序列是 Oracle 中用于产生一系列唯一数字的数据库对象,可以用它自动生成主键值;同义词是 Oracle 中各种数据库对象的别名,如表、索引、视图等都可以创建同义词,使用同义词可以简化对数据库对象的引用。

本章主要内容

- 索引及其应用
- 索引组织化表
- 视图与物化视图
- 序列及应用
- 同义词

7.1 索引及其应用

索引是建立在数据表之上的数据库方案对象,其作用就像图书目录一样,可以帮助用户快速查找需要的数据,提高 SQL 查询语句的速度。如果想在一本书中搜索某方面的信息,一般有两种方法:一种方法是从书的开头一直后翻,直到找到需要的信息;另一种方法是先从书的目录中找到相应的信息主题,然后再通过主题对应的页面翻到相应页码,从而找到相应信息。很明显,后一种方法比前一种方法查找速度更快。同理,在针对一个表查找所需记录时,也可以采取两种方法:一种是将所有记录一一取出,与要查找的信息对应,直到找到完全匹配的记录;另一种是通过在表中建立类似目录的索引,然后在索引中找到符合查询条件的索引值,最后通过保存在索引中的 ROWID (相当于页码)快速找到表中对应的记录(Oracle 通过 ROWID 是最快定位数据表行的唯一途径)。

索引是一个单独的物理存储结构,可以有自己的存储空间,不必与相关联的表处在同一个表空间中。索引由表中一列或多列值的集合和这些值所在行的 ROWID 组成。其中,ROWID 是表中数据行的唯一性标识,它虽然不能指示出行的物理位置,但可以用来定位行。

在 Oracle 系统中，对索引的应用和维护是自动完成的。当用户执行了 INSERT、UPDATE、DELETE 操作后，系统自动更新索引列表。当用户执行 SELECT、UPDATE、DELETE 操作时，系统自动选择合适的索引来优化操作。

为表创建索引有许多好处，如创建唯一索引后可以保证每行数据的唯一性；可以加速检索数据的速度；多表查询时，可以加速表之间的连接；明显减少分组和排序的时间等。建立索引后也有一定的弊端，如创建和维护索引需要消耗额外的时间和空间，对表中的数据进行 DML 操作时，也要动态地维护索引，降低了处理数据的速度。

另外，为表创建索引时还要考虑该字段或表达式是否适合创建索引。如果适合，那么能够提高 DML 操作的性能，否则将会降低系统的性能。

适合创建索引的字段应具有以下特征：

- 取值范围较大的字段。
- NULL 值比较多的字段。
- 经常作为查询或连接条件的字段。
- 经常需要排序的字段。

不适合建立索引的表或字段具备的特征如下：

- 较小的表。
- 经常更新的表。
- 不常作为查询条件或连接条件的字段。

7.1.1 Oracle 支持的索引类型

Oracle 支持多种不同类型的索引，以适应各种表的特点。常见的索引类型包括 B 树索引、位图索引、反向键索引、基于函数的索引、全局索引和局部索引等。

1. B 树索引

该索引是最常见的索引结构，也是 Oracle 采用的默认索引类型。B 树索引的组织结构类似于一棵树，其中的主要数据都集中在叶子结点上。各叶子结点中包括索引列的值和数据表中对应行的 ROWID。B 树索引特别适用于检索高基数数据列，即所查询的列的唯一性索引值的个数与其数据行记录数之比接近于 1∶1 的情况。也就是说，被索引的列值基本没有相同的值。B 树索引的优点如下：

- B 树中所有叶子结点基本都处于同一深度，因此，查询任何记录所花费的时间基本相同。
- B 树的索引结构是自动保持平衡的。
- B 树为一定范围的查询提供了极好的性能，包括精准匹配和范围查找。
- B 树的插入、更新和删除的效率高。
- B 树索引的性能不会随着表大小的增长而降低。

B 树索引的应用也有一定的局限性。例如，当数据检索的范围超过表的 10%时就不再适合使用 B 树索引。如图 7-1 所示为 B 树索引的逻辑结构图。

如图 7-1 所示 Oracle 采用扩展的 B 树结构(B+)，如果要查找数据项 9，那么首先会把磁盘块 1 由磁盘加载到内存，此时发生一次 I/O，在内存中用二分查找确定 9 在 0 和 40 之

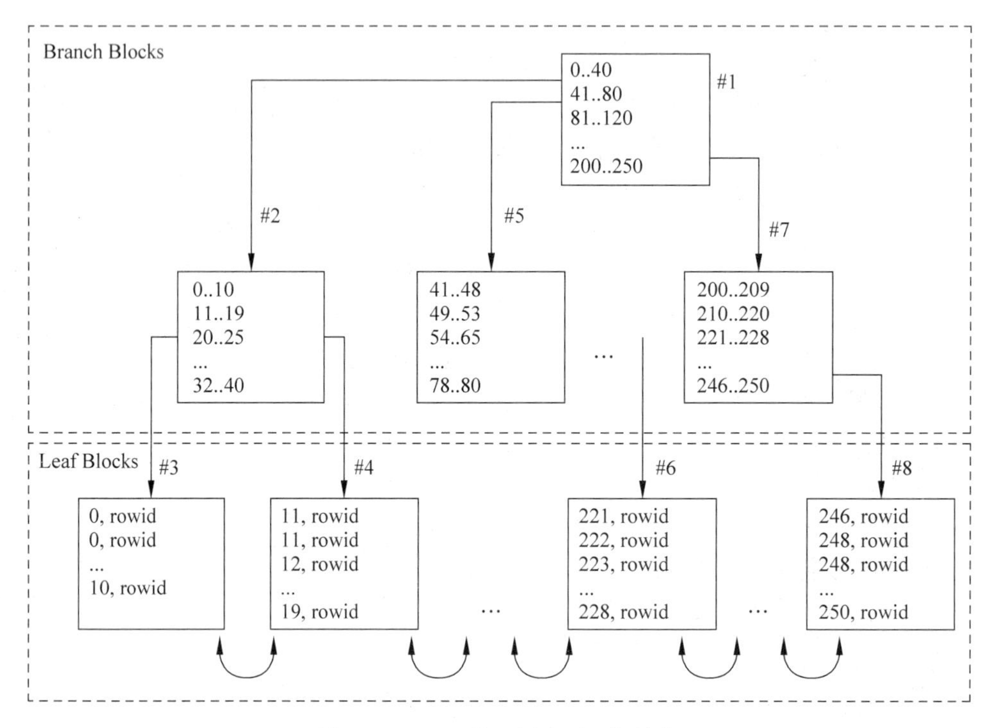

图 7-1　Oracle 的 B 树索引逻辑结构

间，锁定磁盘块 1 的第一条指针项，由于在内存处理的时间非常短(相比磁盘的 I/O)可以忽略不计，通过磁盘块 1 的第一个指针项的磁盘地址把磁盘块 2 由磁盘加载到内存，发生第二次 I/O，9 在 0 和 10 之间，锁定磁盘块 2 的第一个指针项指针，通过指针加载磁盘块 3 到内存，发生第三次 I/O，同时内存中做二分查找找到 9，结束查询，总计三次 I/O。真实的情况是，3 层的 B+树可以表示上百万的数据，如果上百万的数据查找只需要三次 I/O，性能提高将是巨大的，如果没有索引，每个数据项都要发生一次 I/O，那么总共需要百万次的 I/O，显然成本非常非常高。

在 Oracle 里访问 B 树索引的操作都必须从根节点开始，都会经历一个根节点到分支块再到叶子块的过程。索引叶子块包含索引键值和用于定位该索引键值实际的数据行在表中的实际物理存储位置的 ROWID，如图 7-2 所示为索引叶子块中索引项的组成。

索引项头	键长度	键值	ROWID
索引项头	键长度	键值	ROWID

图 7-2　索引叶子块中索引项的组成

对于唯一性 B 树索引而言，ROWID 是存储在索引行的行头，所以此时 Oracle 不需要存储该 ROWID 的长度。而对于非唯一性 B 树索引而言，ROWID 被当作额外的列与索引键值列一起存储，所以此时 Oracle 既要存储 ROWID，同时又要存储其长度，这意味着在同等条件下，唯一性 B 树索引要比非唯一性 B 树索引节省索引叶子块的存储空间。

对于非唯一性索引而言，B 树索引的有序性体现在 Oracle 会按照索引键值和 ROWID 来联合排序。Oracle 索引叶子块是双向指针链表，它能把左右的索引叶子块相互连接起来，而无须经历一个根节点到分支块再到叶子块的过程遍历。

如表 7-1 所示为一雇员数据表 T_EMP，在 name 列上创建 B 树索引后的索引结构如图 7-3 所示。

表 7-1 雇员数据表 T_EMP

EMPNO	NAME	DEPT	SAL	ETC...
70	Bob	10	4500	
10	Frank	10	5500	
30	Ed	30	7230	
20	Adam	20	5560	
40	David	10	2250	
60	Graham	30	9000	
50	Charles	20	8880	
…	…	…	…	…

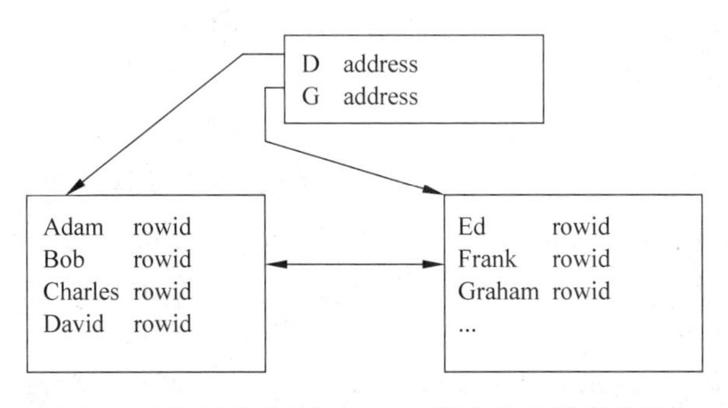

图 7-3 雇员表 T_EMP 在 name 列上的 B 树索引结构

2. 位图索引

该类索引也采用 B 树索引，只是索引值全部集中在叶子结点。位图中的每个位对应一个数据表记录行的 ROWID，如位值为 1，则表示对应的 ROWID 的行包含该索引键值。所以，位图的映射功能是将数据位的位值转化为实际的 ROWID。该索引适用于检索很少有唯一值的列，如性别列。如果列中唯一值的个数与表中总的记录行数之比少于 1%，则该列可采用位图索引。

位图索引的物理存储结构和 B 树索引的物理结构类似，如图 7-4 所示，它们之间的区别就是位图索引的叶子节点中的索引条目不再存储索引键值和 ROWID，而是变成了被存储的键值、对应的 ROWID 上下限和位图段三部分，位图段是被压缩存储的，解压缩后就是一连串 0 和 1 的二进制位图序列，其中 1 对应索引键值的一个有效的 ROWID，0 表示不存在，Oracle 通过转换函数(Mapping Function)将解压缩后的位图段中的 1 结合对应的 ROWID 上下限，转换为索引键值的有效的 ROWID。

从上图可看出，原来的 B 树索引的“键值和 ROWID”被修改成了键值、ROWID 上下限、位图段。当通过位图索引查找数据时，Oracle 同样的先从根节点到分支块再到叶子块，然后根据键值过滤，但是由于位图索引下索引键值并不是和 ROWID 一一对应，而是记录了一系列的 ROWID 上下限，找到键值后会将这个键值的位图段解压缩，获取到位图是 1 的位，

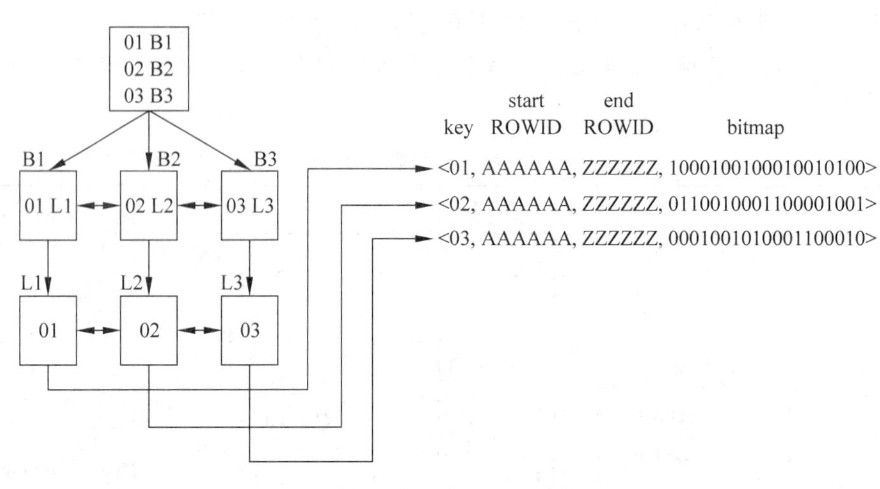

图 7-4　位图索引物理结构

然后结合 ROWID 的上下限通过转换函数得到最终的 ROWID，根据 ROWIDs 从表中返回数据。同样由于位图段是被压缩的，索引键值对应一个 ROWID 上下限，位图索引往往比 B 树索引所占空间多。

3. 反向键索引

在 Oracle 中，系统会自动为表的主键列建立索引，这个默认的索引是普通的 B 树索引。对于主键值是按顺序（递增或递减）添加的情况，默认的 B 树索引并不理想。因为索引列的值如果具有严格的顺序，那么随着行的插入，索引树的层级增长很快，B 树很快将变成一棵不对称的“歪树”。

反向键索引是一种特殊类型的 B 树索引，特别适合基于有序数列建立的索引。在存储结构方面，与常规的 B 树索引相同。但如果用户使用序列编号在表中输入新记录，则反向键索引首先反向每个列键值的字节，然后在反向后的新数据上进行索引。例如，用户输入索引键 1008，系统就将其反向为 8001 进行索引。2011 会作为 1102 进行索引。这两个序列编号是递增的，但是当进行反向键索引时则是非递增的。这意味着如果将其添加到叶子结点，可能会在任意的叶子结点中进行。这样，新添加的叶子结点分布会比较均匀，避免了“歪树”的产生。

4. 基于函数的索引

用户在使用 Oracle 执行 UPDATE、DELETE、SELECT 操作时，经常会使用基于函数的 WHERE 搜索条件。如果索引是依据表的原始字段值建立的，那么基于函数的搜索是用不上索引的，Oracle 将被迫进行全表搜索，从而降低了效率。

基于函数的索引也只是普通的 B 树索引，但它是基于表中某些字段的函数值建立的，而不是直接建立在某些字段上。建立函数索引主要有两个作用：

- 只对限定的行创建索引，节约空间，提高检索速度。
- 优化 WHERE 子句中使用了函数的 SQL 语句。

5. 全局索引和局部索引

对于在分区表上创建的索引，它和普通的索引有区别。可再分区后的表可以建立 3 种类型的索引：局部分区索引、全局分区索引和全局非分区索引。

(1) 局部分区索引

将表分区后，为每个分区单独建立的索引称为局部分区索引。每个局部分区索引是针对单个分区的，每个分区索引只指向一个表分区，它们相互独立。此类索引相对比较简单，容易管理，多用于数据仓库环境中。局部分区索引的结构如图 7-5 所示。

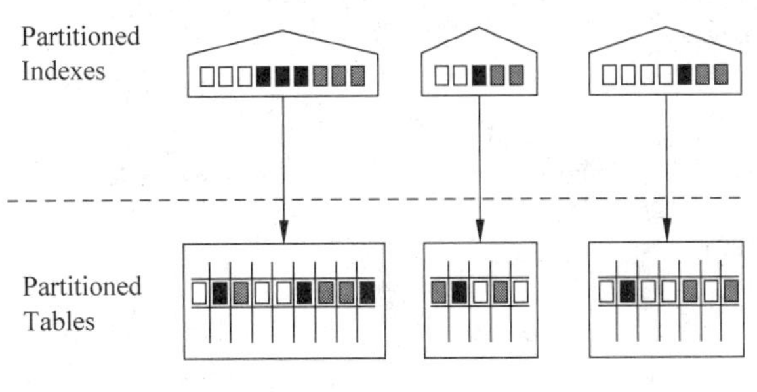

图 7-5　局部分区索引

(2) 全局分区索引

该索引是对整个分区表建立索引，然后再由 Oracle 对索引进行分区。全局分区索引的各个分区之间不是相互独立的，索引分区与分区表之间也不是简单的一对一关系，如图 7-6 所示。

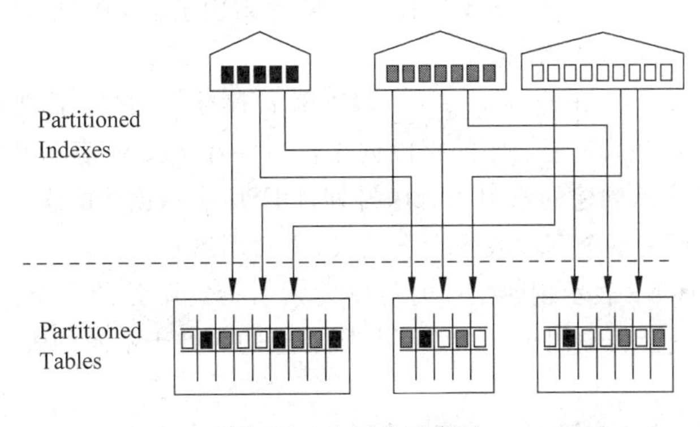

图 7-6　全局分区索引

(3) 全局非分区索引

全局非分区索引就是对整个分区表建立索引，但未对索引进行分区，一个索引对应着表的所有分区。如图 7-7 所示。全局非分区索引的行为就像一个非分区索引。通常用于 OLTP 环境，并提供对任何个人的高效访问记录。

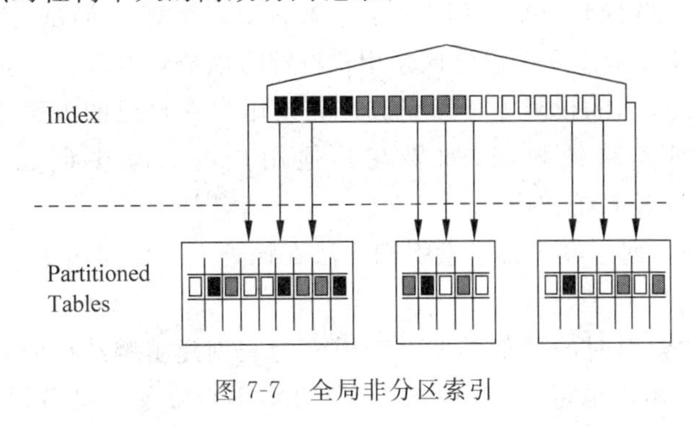

图 7-7　全局非分区索引

7.1.2 创建索引

创建索引的语法如下：

```
CREATE [UNIQUE | BITMAP]  INDEX [schema.] index_ name
ON [schema.] table_name
( column_name | expression  ASC | DESC,
( column_name | expression  ASC | DESC,...)
[TABLESPACE  tablespace_narae ]
[STORAGE(storage_settings )
[LOGGING | NOLOGGING]
[NOSORT | REVERSE]
[LOCAL | GLOBAL PARTITION partition_setting ]
```

其中各参数的意义如下：

- UNIQUE | BITMAP：UNIQUE 表示创建的索引是唯一索引，要求创建索引的表达式或字段值必须唯一，不能重复，创建主键约束或唯一约束时系统自动创建对应的唯一索引；BITMAP 表示创建的索引是位图索引。省略这两个关键字时，默认创建的索引是可以重复的 B 树索引。
- [schema.] table_name：该子句指出了创建索引的表，其中 schema 指明表所属的方案名，table_name 指明表名。
- column_ name | expression ASC | DESC：该子句指出了创建索引的列，其中 column_name 表示基于表中的字段创建索引，expression 表示基于某个表达式创建索引。ASC 表示创建的索引为升序排列，DESC 表示创建的索引为降序排列。创建索引时可以指定多个字段或多个表达式，之间用逗号隔开。
- TABLESPACE：表示创建索引时可以为索引指定单独的表空间，可以不与相关联的表位于同一个表空间中。当索引与所对应的表处于不同的表空间时，可以获得更好的性能。
- STORAGE：该子句设置存储索引的表空间的存储特性。
- LOGGING | NOLOGGING：表示在创建索引时是否创建相应的日志记录。
- NOSORT |REVERSE：NOSORT 表示创建的索引与表中的顺序相同，不再对索引进行排序，使用 NOSORT 子句的目的是节省创建索引的时间和空间。REVERSE 表示以相反的顺序存储索引键值，即创建的索引是反向键索引。
- LOCAL | GLOBAL PARTITION：LOCAL 表示建立局部分区索引；GLOBAL PARTITION 表示建立全局分区索引；当省略该子句时表示建立非分区索引。

创建索引时需要适当的权限才可以完成。如果用户在自己的方案中创建索引，则应该具有 CREATE INDEX 系统权限，如果在其他用户的方案中创建索引，则必须具有 CREATE ANY INDEX 系统权限。

要注意：如果一个列已经包含了索引则无法在该列上再创建索引。

1. 创建 B 树索引

B 树索引是创建索引时的默认类型。当用户为表创建主键约束时，系统将自动为该列创建一个 B 树索引。用户也可以使用 CREATE INDEX 命令创建 B 树索引。命令中若包含 UNIQUE 关键字，表示创建一个具有唯一值的 B 树索引。

例 7.1 在 emp 表的 sal 字段上创建一个名为 index_sal 的 B 树索引，按字段值的降序排列。

```
CREATE INDEX index_sal ON emp (sal desc)
TABLESPACE users;
```

例 7.2 在 dept 表的 dname 字段上创建一个具有唯一性的 B 树索引，索引值按字母序排序。

```
CREATE UNIQUE INDEX index_dname ON dept (dname);
```

在 Oracle 中可以创建基于多个字段的索引，称为"复合索引"。复合索引中各个字段的顺序可以随意，但一般情况下是将常用的字段放在前面。

例 7.3 在 emp 表的 ename 和 deptno 字段上创建一个复合索引。

```
CREATE INDEX index1 ON emp (ename, deptno);
CREATE INDEX index2 ON emp (deptno, ename);
```

如果查询时 WHERE 子句中只包含 ename 字段，那么只有第一个索引会提高查询速度，因为 ename 出现在 deptno 之前。

2. 创建位图索引

当表中某一个字段的唯一值的个数比较少(基数小)时，在该字段上建立位图索引比较合适。比如，表中的性别字段、工作字段、部门字段等。在创建位图索引时，必须显式地指定 BITMAP 关键字。

例 7.4 在 emp 表中的 job 字段上创建位图索引 bit_index。

```
CREATE BITMAP INDEX bit_index ON emp (job)
TABLESPACE users;
```

由于建立位图索引的字段有许多重复值，因此位图索引不能是唯一索引。

3. 创建反向键索引

反向键索引本质也是一个 B 树索引，但它不同于一般的 B 树索引。如果建立索引的字段值顺序增长或下降，那么使用反向键索引可以避免"歪树"的产生。反向键索引适用于严格排序的列，对键值的反向由系统自动处理。创建反向键索引时必须指定关键字 REVERSE。

例 7.5 在 emp 表中的 empno 字段上创建反向键索引 re_index。

```
CREATE INDEX re_index ON emp (empno) REVERSE;
```

注意：如果该字段上已经建立了索引，那么上面的命令将失败。

4. 创建基于函数的索引

在 DML 操作时如果经常使用某个表达式作为条件，那么可以建立基于该函数的索引。在创建此类索引时，Oracle 首先对包含索引列的函数或表达式进行求值，然后对这些值进行排序，最后再存储到索引中。

基于函数的索引可以是普通的 B 树索引，也可以是位图索引，这与函数中字段的取值特点有关系。

例 7.6 在 emp 表中的 hiredate 字段上创建一个基于函数的索引。

```
CREATE INDEX index_hire ON emp (to_char (hiredate, 'YYYY - MM - DD'));
```

如果对 emp 表执行下面的查询，那么该索引可以提高查询速度。

```
SELECT * FROM emp WHERE to_char (hiredate, 'YYYY - MM - DD')> '2000 - 03 - 01';
```

5. 创建分区索引

例 7.7 在例 4.37 中 sales_range 表上创建一个局部分区索引 Pidx_salesL。

```
CREATE INDEX Pidx_salesL ON sales_range (sales_date) LOCAL;
```

或者：

```
CREATE INDEX Pidx_salesL ON sales_range (sales_date)
LOCAL(PARTITION idx_1, PARTITION idx_2, PARTITION idx_3, PARTITION idx_4);
```

例 7.8 在例 4.37 中 sales_range 表上创建一个全局分区索引 Pidx_salesG。

```
DROP  INDEX Pidx_salesL;
CREATE INDEX Pidx_salesG ON sales_range (sales_date)
GLOBAL PARTITION BY RANGE(sales_date)
( PARTITION idx_1 VALUES LESS
THAN(TO_DATE('03/01/2000','MM/DD/YYYY')),
PARTITION idx_2 VALUES LESS
THAN(TO_DATE('05/01/2000','MM/DD/YYYY')),
PARTITION idx_3 VALUES LESS THAN (MAXVALUE));
```

例 7.9 在例 4.37 中 sales_range 表上创建一个全局非分区索引 Pidx_sales_ALL。

```
DROP  INDEX Pidx_salesG;
CREATE INDEX Pidx_sales_ALL ON sales_range (sales_date);
```

或者：

```
CREATE INDEX Pidx_sales_ALL ON sales_range (sales_date) GLOBAL;
```

7.1.3 应用索引的因素

Oracle 中索引的应用是由优化器决定的，优化器根据优化的结果自动选择合适的索引来使用。要了解索引的使用过程，先认识一下 Oracle 对查询语句的执行过程。Oracle 对查询语句的执行过程包括解析代码、优化代码、生成代码和执行代码。

解析代码是指 Oracle 对用户提交的查询语句进行语法检查和语义分析等操作，查询语句将变成可运行的。

优化代码是指找到执行用户查询的最佳路径。这一步中 Oracle 可能会使用两种优化器，一种是基于规则的优化器(Rule Based Optimizer，RBO)，另一种是基于开销的优化器(Cost Based Optimizer，CBO)。

在优化器选择了最佳路径后，Oracle 会将其格式化为实际的执行方案，然后由系统的执行引擎去执行，也就是完成了生成代码和执行代码的过程。

Oracle 在执行命令时，在决定是否应用索引时主要和以下三个因素有关系：

- 数据表的大小。当优化器进行全表扫描时，它会一次读取一批数据块，而不是一次读取一个。假设一个由 50 个数据块组成的表，如果优化器一次读取 10 个数据块，则该表需要读取 5 次完成全表扫描，由于索引需要 3 次读取，所以这种情况下优化器会使用索引。但是，当表只有 20～30 个数据块时，那么全表扫描只需要 2～3 次读取就可以完成，这时索引就会降低获取数据的速度，因此优化器会使用全表扫描，而不使用索引。
- 用户查询记录的多少。如果用户查询需要读取记录的个数占全表的 5%～20%或者更多，那么就会执行全表搜索，而不考虑使用索引。这是因为一个索引项只会指向一个单独的数据块，这样一次只能读取一个数据块，如果使用指向许多数据块的索引，那么就需要执行大量的单独数据块读取操作。
- SQL 语句编写的质量。在后面的 11.4 节会介绍 SQL 语句调优问题。

Oracle 中可以使用 autotrace 参数来跟踪执行查询操作时索引的使用情况，具体操作如下：

例 7.10 将参数设置为跟踪状态，执行对 emp 表的查询命令，查看索引应用的跟踪结果。

```
CONNECT system/a12345;
SET AUTOTRACE TRACEONLY;
SELECT * from scott.emp;
```

执行结果如图 7-8 所示。

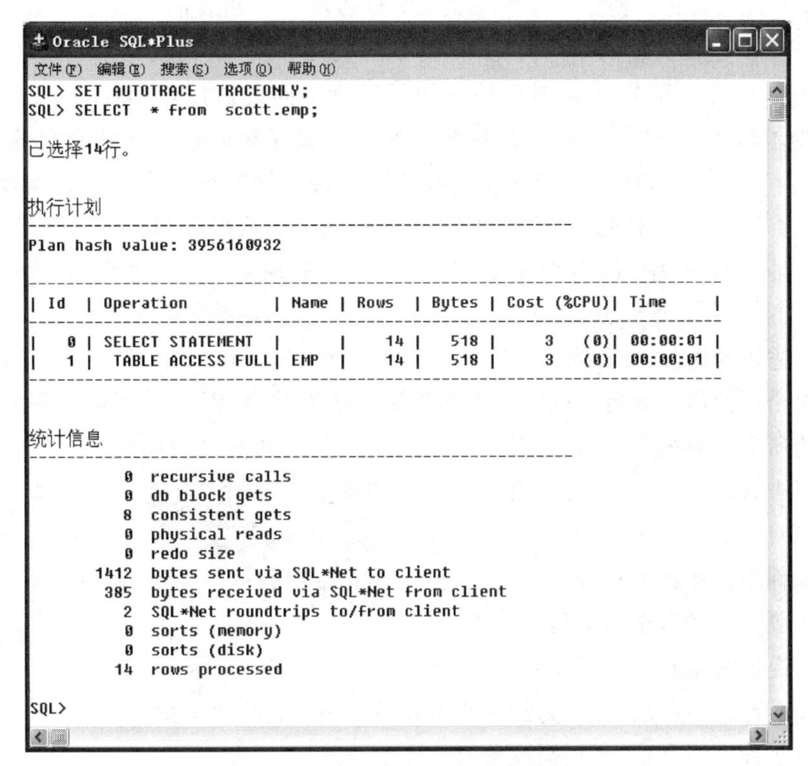

```
Oracle SQL*Plus
文件(F) 编辑(E) 搜索(S) 选项(O) 帮助(H)
SQL> SET AUTOTRACE  TRACEONLY;
SQL> SELECT  * from  scott.emp;

已选择14行。


执行计划
----------------------------------------------------------
Plan hash value: 3956160932

--------------------------------------------------------------------------
| Id  | Operation         | Name | Rows  | Bytes | Cost (%CPU)| Time     |
--------------------------------------------------------------------------
|   0 | SELECT STATEMENT  |      |    14 |   518 |     3   (0)| 00:00:01 |
|   1 |  TABLE ACCESS FULL| EMP  |    14 |   518 |     3   (0)| 00:00:01 |
--------------------------------------------------------------------------


统计信息
----------------------------------------------------------
          0  recursive calls
          0  db block gets
          8  consistent gets
          0  physical reads
          0  redo size
       1412  bytes sent via SQL*Net to client
        385  bytes received via SQL*Net from client
          2  SQL*Net roundtrips to/from client
          0  sorts (memory)
          0  sorts (disk)
         14  rows processed

SQL>
```

图 7-8　跟踪索引利用情况

7.2 索引组织化表

索引组织表(Index Organizied Table,IOT)就是存储在一个索引结构中的表。通常的数据表存储在堆中是无组织的(也就是说,只要有可用的空间,数据可以放在任何地方),IOT 中的数据则按主键存储和排序。对用户的应用来说,IOT 表和传统的数据表并没有什么两样。

索引组织化表的数据按主键排序规则被存储在 B 树索引中,除了存储主键列值外还存储非主键列的值。普通索引只存储索引列值,而索引组织化表则存储表的所有列的值。索引组织化表一般适应于静态表,且查询多以主键列为主进行。当表的大部分列当作主键列,且表相对稳定时比较适合创建索引组织表。

既然它属于表,那么它当然也有建立索引的需求。由于它的索引的结构,比如说由于索引叶节点的分裂,行所在块可能会发生改变等,因而建立在 IOT 上的索引和一般的索引的最大区别是它存的是 IOT 的行的逻辑地址,也就是 UROWID(只适用于 IOT),Oracle 用这个逻辑 ROWID 来搜索这个行所在的块,如果找到了,那么这个 UROWID 是正确的,否则它从这个地址向下遍历继续查找这条记录。和普通的数据表不同,IOT 表的 ROWID 是逻辑上的,因为 IOT 表中的行的位置是在不断变化的(例如插入了新的行,有可能带来其他行的位置移动)。

IOT 有什么意义呢?使用堆组织表时,我们必须为表和表的主键上的索引分别留出空间。而 IOT 不存在主键的空间开销,因为索引就是数据,数据就是索引,二者已经合二为一。但是,IOT 带来的好处并不只是节约了磁盘空间的占用,更重要的是大幅度降低了 I/O,减少了对缓冲区缓存的访问(尽管从缓冲区缓存获取数据比从硬盘读要快得多,但缓冲区缓存并不免费,而且也绝对不是廉价的。每个缓冲区缓存获取都需要缓冲区缓存的多个闩锁(Latch),闩锁是一个低级别、轻量级的锁,获得和释放的速度非常快,只要涉及内存地址的读和写,都需要通过获得闩锁来实现串行化,这会限制应用的扩展能力)。

1. IOT 适用的场合

- 完全由主键组成的表。这样的表如果采用堆组织表,则表本身完全是多余的开销,因为所有的数据全部同样也保存在索引里,此时,堆表是没用的。
- 代码查找表。如果你只会通过一个主键来访问一个表,这个表就非常适合实现为 IOT。
- 如果你想保证数据存储在某个位置上,或者希望数据以某种特定的顺序物理存储,IOT 就是一种合适的结构。

2. IOT 提供的益处

- 提高缓冲区缓存效率,因为给定查询在缓存中需要的块更少。
- 减少缓冲区缓存访问,这会改善可扩缩性。
- 获取数据的工作总量更少,因为获取数据更快。

• 每个查询完成的物理 I/O 更少，因为对于任何给定的查询，需要的块更少，对于一个块的一次物理 I/O 很可能可以获取所有地址（而不只是其中一个地址，但堆表实现就只是获取一个地址）。
• 如果经常在一个主键或唯一键上使用 BETWEEN 查询，由于相近的记录存在一起，查询时需要的逻辑 I/O 和物理 I/O 次数都会更少。

3. 索引组织化表的创建

创建索引组织化表的方法是在创建传统数据表的基础上加上一个 ORGANIZATION INDEX 子句，另外建表时必须指定主键。

例 7.11 将创建一个索引组织化表 Iot_Test。

```
CREATE TABLE Iot_Test
(object_owner varchar2(30) NOT NULL,
 object_type varchar2(20) NOT NULL,
 object_name varchar2(60) NOT NULL,
CONSTRAINT iot_pk PRIMARY KEY(object_owner,object_type,object_name))
ORGANIZATION INDEX
NOCOMPRESS;
```

例 7.12 将创建一个索引组织化表 index_Table。

```
CREATE TABLE index_Table(
 ID varchar2 (10),
 NAME varchar2 (20),
 CONSTRAINT idx_pk_id PRIMARY KEY (ID)
)
ORGANIZATION INDEX
PCTTHRESHOLD 20
OERFLOW TABLESPACE users
INCLUDING name ;
```

在本例中使用了 OVERFLOW 子句来对行溢出的情况进行了定义。因为所有数据都放入索引中，所以当表的数据量很大时，会降低索引组织化表的查询性能。此时设置溢出段将主键和溢出数据分开来存储以提高效率。溢出段的设置有两种格式：

① PCTTHRESHOLD n：指定一个数据块的百分比，当行数据占用数据块的大小超出设定的阈值时，该行的其他列数据放入溢出段。

② INCLUDING column_name：指定某个列之前的列都放入索引块，之后的列都放到溢出段。

• 当行中某字段的数据量无法确定时使用 PCTTHRESHOLD。
• 若所有行均超出 PCTTHRESHOLD 规定大小，则考虑使用 INCLUDING。

如上例所示，name 及之后的列必然被放入溢出段，而其他列根据 PCTTHRESHOLD 规则。

索引组织化表创建后，其所有的操作：INSERT、UPDATE、DELETE、SELECT 与传统的数据表完全一样。

7.3 与索引有关的主要系统视图

与索引对象有关的主要系统视图如表 7-2 所示。

表 7-2 与索引对象有关的主要系统视图

视图名称	描述
DBA_INDEXES ALL_INDEXES USER_INDEXES	DBA 视图描述数据库中所有表的索引。ALL 视图描述用户可访问的所有表的索引。USER 视图仅限于当前用户拥有的索引。这些视图中的某些列包含统计信息由 DBMS_STATS 包或 ANALYZE 语句生成
DBA_IND_COLUMNS ALL_IND_COLUMNS USER_IND_COLUMNS	这些视图描述了表上的索引列。这些中的一系列视图包含由 DBMS_STATS 包生成的统计信息 ANALYZE 语句

7.4 视图及其应用

前面章节我们学习了如何创建和使用查询，利用查询，用户可以找到所需要的数据。但我们有时候需要对查找出来的数据进行修改，并将这种修改返回数据源表，这时利用查询就无法做到，因为查询的结果是只读的。另外，对于一些复杂的查询，我们希望创建后把它当作数据库对象存储起来，这样以后就可以重复使用了。Oracle 中提供的视图就可以实现以上目的，而且视图还具有更多的优势。

数据库中的视图是一个虚拟表，其内容由查询定义。同真实的表一样，视图包含一系列带有名称的列和行数据，用户可以像使用普通表一样对视图执行各种 DML 操作，如 SELECT、INSERT、UPDATE、DELETE。但是，视图并不在数据库中真正存储数据，它的数据来自于定义视图的查询所引用的表，而且这些数据是在使用视图时动态生成的。因此，视图在数据库中只对应着一个 SELECT 语句的定义，可以从一个表或多个表中查询。对视图的各种操作实际上是对 SELECT 语句中数据源表的操作，当数据源中的数据发生变化时，视图的查询结果也会发生变化。视图的样例如图 7-9 所示。

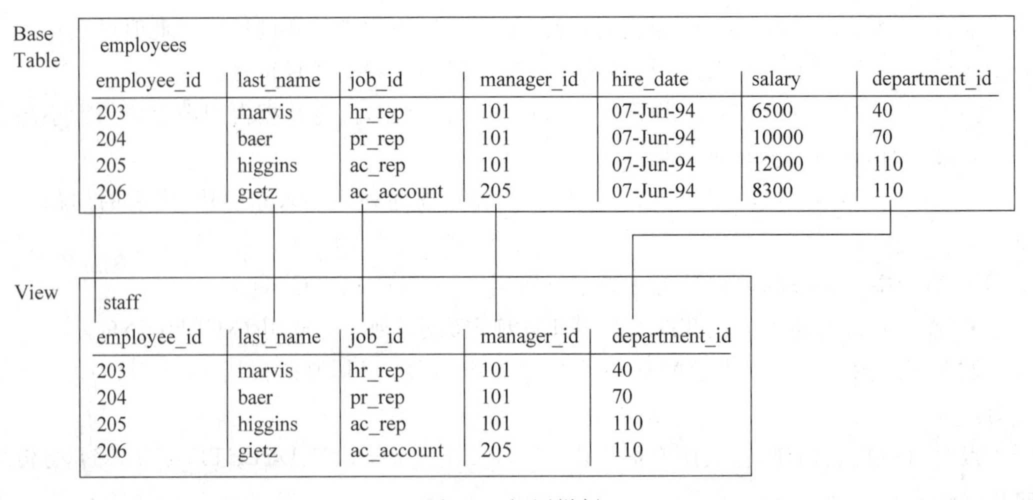

图 7-9 视图样例

7.4.1 使用视图的益处

用户利用视图对数据进行操作比直接对数据源表进行操作有更多的优势，主要表现在以下方面：

（1）简化数据操作。用户对视图操作比直接对表操作简单，主要由于视图中包含的数据较少，只有用户需要的数据，其他与用户职责无关的数据都被隐藏起来。另外那些经常使用的或定义较复杂的查询被创建为视图后，用户以后可以重复使用。

（2）增强数据的安全性。通过视图用户只能查询和修改他们所能见到的数据，数据库中的其他数据既看不见也取不到。数据库授权命令可以使每个用户对数据库的检索限制到特定的数据库对象上，但不能授权到数据库特定的行和特定的列上。通过视图，用户可以被限制在数据的任意子集上，这样进一步加强了数据的安全访问机制。

（3）定制数据。视图能够实现让不同的用户以不同的方式看到不同或相同的数据集。比如，某些用户需要操作表中的原始数据，而另一些高级用户只想看到汇总的数据，这样应用视图就可以将同一表中的数据根据不同用户的需要定制为不同的数据源。

（4）合并与分割数据。在有些情况下，由于表中数据量太大，故在表的设计时常将表进行水平分割或垂直分割，但表结构的变化却对应用程序产生不良的影响。如果使用视图，就可以重新保持原有的结构关系，从而使外模式保持不变，原有的应用程序仍可以通过视图来重载数据。

（5）利用视图修改源表。用户利用视图浏览表中的数据时，可以在视图的结果集中进行修改，而且这种修改在一定程度上可以返回数据源表，通过再次执行视图可以看到相应的变化，或者用 SELECT 语句浏览数据源表也能看到数据的更改情况。

7.4.2 视图的应用

视图中的数据来自于数据源表，因此在创建视图时用户应该具有对视图所引用表的查询权限。另外，用户如果在自己的方案下创建视图，需要具有 CREATE VIEW 权限；如果在其他方案下创建视图，需要具有 CREATE ANY VIEW 权限。

创建视图的语法如下：

```
CREATE [OR REPLACE] [FORCE | NOFORCE] VIEW
[schema.]view_name[(column[,...n])]
AS SELECT_statement
[WITH CHECK OPTION | WITH READ ONLY]
```

其中各参数的意义如下：

- CREATE OR REPLACE：CREATE 表示创建一个新视图；REPLACE 表示替代已有的同名视图。
- FORCE|NOFORCE：FORCE 表示不管视图引用的表是否存在，都要强制创建该视图；NOFORCE 表示只有基表存在时，才创建视图。省略该选项时默认为 NOFORCE。
- column[,...n]：表示视图中的一组列名，这是为后面的查询语句中选择的列新定义的名字，替代表中原有的列名。

- SELECT_statement：表示创建视图的 SELECT 语句。利用 SELECT 语句可以从一个或多个表或者视图中获取视图中的行和列，也可以使用 UNION 关键字联合多个 SELECT 语句。
- WITH CHECK OPTION | WITH READ ONLY：WITH CHECK OPTION 表示对视图进行插入或修改时，新数据必须满足查询语句中 WHERE 子句后面的条件；WITH READ ONLY 表示视图是只读的。当省略这两个选项时，新创建的视图是一个可修改的、对其操作不进行条件检查的一般视图。

例 7.13 利用 emp 表创建一个一般视图。

```
CREATE OR REPLACE VIEW view1
AS SELECT empno,ename,job,sal FROM emp;
```

使用该视图浏览数据：

```
SELECT * FROM viewl;
```

例 7.14 利用 emp 和 dept 两张表的连接查询创建新视图，并且为视图的字段重新命名。

```
CREATE OR REPLACE VIEW view2(emp_name,emp_deptname)
AS SELECT ename,dname
  FROM emp e INNER JOIN dept d ON e.deptno = d.deptno;
```

使用该视图浏览数据：

```
SELECT * FROM view2;
```

例 7.15 选择 FORCE 选项，强制创建视图。在本例中创建视图的数据源表 table1 并不存在，但是可以通过 FORCE 选项强制利用该表创建视图。

```
CREATE OB REPLACE FORCE VIEW view3
AS SELECT * FRCW  table1;
```

在这种情况下视图虽然被创建了，但会带有编译错误。相反，如果省略或选择 NOFORCE 选项，则视图不允许被创建。

7.4.3 重新编译视图与删除视图

创建视图后，Oracle 会验证视图的有效性。如果在以后的操作中修改了数据源表的结构，那么可能会使视图变为无效。例如，删除了构成视图的数据源表，或者修改了数据源表中的列名等，这些操作都会导致已创建的视图变为无效。这时可以使用 ALTER VIEW 命令重新编译视图使之有效。该命令格式如下：

```
ALTER VIEW view_name COMPILE;
```

例 7.16 为 emp 表增加一个新字段后，对例 7.13 中创建的视图 view1 重新编译。

```
ALTER TABLE emp ADD(cl NUMBER);
ALTER VIEW view1 COMPILE;
```

对于不再使用的视图可以利用 DROP 命令将视图从数据库中删除，命令格式如下：

```
DROP VIEW view_name;
```

例 7.17 将例 7.13 中创建的视图 view1 删除。

```
DROP VIEW view1;
```

执行语句后，视图的定义将被删除，但对视图所引用的数据源表并没有影响。

7.4.4 通过视图更新数据

可更新视图是指用户可以对视图执行 INSERT、UPDATE、DELETE 操作的视图，利用该类视图用户可以完成对数据源表的修改。可更新视图或视图的可更新列应具有如下特点：

- 创建视图时不能选择 WITH READ ONLY 选项。
- 视图中的非计算列或非聚合运算，即数据源表中的原始字段，才可以被更新。
- 视图的定义中 SELECT 语句不能包含 DISTINCT 关键字。
- 视图的定义中 SELECT 语句不能包含集合操作，如 UNION、INTERSECT 等。
- 视图的定义中 SELECT 语句不能包含 GROUP BY 子句和 HAVING 子句。
- 用户必须对视图的数据源表具有显式的操作权限。
- 只有在视图中可见的行和列才可能被修改或删除。

一般情况下，用户可以根据常识分辨出视图中的哪些列可以更新，哪些列不可以更新。当然，也可以通过查询数据字典中的视图 USER_UPDATABLE_COLUMNS 了解视图中的可更新列。

例 7.18 创建视图 testview，查询 emp 表中的姓名、工资和工资的 1.2 倍。

```
CONNECT scott/a12345; -- 以 scott 用户连接数据库
CREATE OR REPLACE VIEW testview
AS SELECT ename,sal,sal * 1.2 new_sal FROM emp;
```

查询该视图中的数据：

```
SELECT * FROM testview;
```

利用该视图将员工 SMITH 的工资改为 1500：

```
UPDATE testview SET sal = 1500 WHERE ename = 'SMITH';
```

利用该视图将员工 SMITH 的工作改为 SALESMAN：

```
UPDATE testview SET job = 'SALESMAN'
WHERE ename = 'SMITH';
```

以上操作失败，因为 job 列在视图中不可见。

在该视图中包含 3 列，其中 ename、sal 两列都是数据源表 ernp 中的原始字段，能够找到对应位置，所以这两列的值可以更新。但是 sal * 1.2 是一个表达式，不能在 emp 表中找到对应的位置，因此该列不可更新。

通过执行以下命令也可以了解字段的可更新性：

```
COLUMN owner format a10 --定义 owner 列的显示宽度
COLUMN table_name format a10
COLUMN column_name format a10
SELECT *
FROM USER_UPDATABLE_COLUMNS
WHERE table_name = 'TESTVIEW';
```

执行结果如图 7-10 所示。

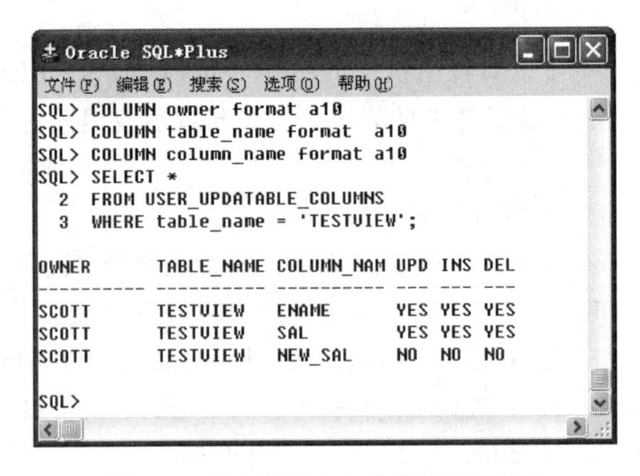

图 7-10 检查视图中各字段的可更新性

例 7.19 使用 WITH CHECK OPTION 选项创建视图，用户对视图进行修改和插入操作时，新数据受到 WHERE 子句的限制。

```
CONNECT scott/a12345;
CREATE OR REPLACE VIEW v_emp
AS SELECT empno,ename,sal FROM emp WHERE sal>3000
WITH CHECK OPTION;
```

对于视图 v_emp 来说，由于它使用了 WITH CHECK OPTION 选项，利用视图更新数据时应满足 SELECT 语句中 WHERE 条件的限制。否则，更新会失败。

7.5 物化视图

物化视图(Materialized views)是可用于汇总、计算、复制和分发数据的方案对象。在物化视图中数据查询结果被固化起来，就像一个受限制的物理表，物化视图也可以称为快照，物化视图在数据仓库、分布式数据库系统、移动计算环境有着广泛的应用。

1. 物化视图的特点

(1) 物化视图在某种意义上说就是一个物理表(只能查询)。

(2) 物化视图是一种方案对象，有自己的数据段(segment)，所以有自己的物理存储属性。

(3) 由于物化视图是物理真实存在的，故可以创建索引。

2. 物化视图的创建

要创建物化视图,用户必须具有 CREATE ANY MATERIALIZED VIEW 系统权限。

```
CREATE MATERIALIZED VIEW mv_test
BUILD IMMEDIATE                 -- 指定 IMMEDIATE 表示物化视图是立即生成, 这是默认值
REFRESH FORCE ON DEMAND         -- 在需要时强制刷新物化视图
START WITH sysdate NEXT         -- 每天强制刷新物化视图一次
TO_DATE(TO_CHAR(sysdate + 1, 'DD - MM - YYYY'), 'DD - MM - YYYY')
AS SELECT ename, dname, job, sal
  FROM emp e INNER JOIN dept d ON e.deptno = d.deptno;
  -- 注意: Oracle 中一天 24 小时 = 24 * 60 = 1440 分钟,"30/1440"表示 30 分钟
```

物化视图有二种刷新模式:①ON DEMAND;②ON COMMIT。

ON DEMAND 顾名思义,仅在该物化视图"需要时"才进行刷新(REFRESH),即更新物化视图,以保证和基表数据的一致性;ON COMMIT 是提交触发模式,一旦基表有了COMMIT,即事务提交,则立刻刷新,立刻更新物化视图,使得数据和基表一致。一般用这种方法在操作基表时速度会比较慢。创建物化视图时未作指定,则 Oracle 按 ON DEMAND 模式来创建。

3. 物化视图的刷新方法

物化视图中的数据在一定条件下会更新,有三种刷新方法。

- 完全刷新(COMPLETE):会删除表中所有的记录(如果是单表刷新,可能会采用 TRUNCATE 的方式),然后根据物化视图中查询语句的定义重新生成物化视图。
- 快速刷新(FAST):采用增量刷新的机制,只将自上次刷新以后对基表进行的所有操作刷新到物化视图中去。FAST 必须创建基于主表的视图日志。对于增量刷新选项,如果在子查询中存在分析函数,则物化视图不起作用。
- FORCE 方式:这是默认的数据刷新方式。Oracle 会自动判断是否满足快速刷新的条件,如果满足则进行快速刷新,否则进行完全刷新。

4. 物化视图的使用

物化视图创建成功后,数据已固化到其中,用 SELECT 语句可对其进行查询。

```
SELECT  *  FROM  mv_test;
```

查询结果如图 7-11 所示。

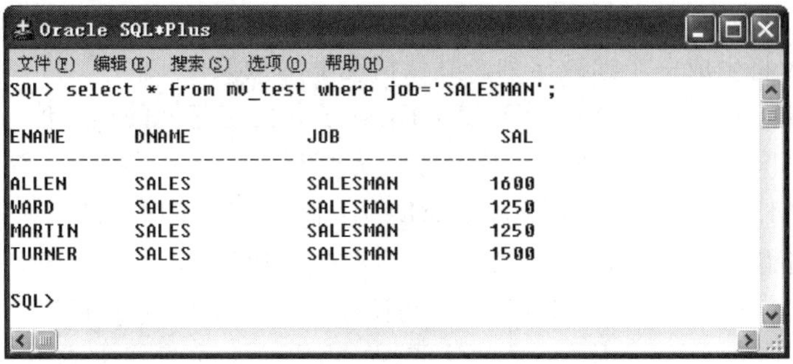

```
Oracle SQL*Plus
文件(F) 编辑(E) 搜索(S) 选项(O) 帮助(H)
SQL> select * from mv_test where job='SALESMAN';

ENAME      DNAME          JOB              SAL
---------- -------------- --------- ----------
ALLEN      SALES          SALESMAN        1600
WARD       SALES          SALESMAN        1250
MARTIN     SALES          SALESMAN        1250
TURNER     SALES          SALESMAN        1500

SQL>
```

图 7-11　物化视图的查询

7.6 序列与同义词

序列和同义词也是 Oracle 数据库中的方案对象，它们在用户所属的方案下，并受其管理。序列是 Oracle 中用于产生一系列唯一数字的数据库对象，可以用它自动生成主键值。同义词是 Oracle 中各种数据库对象的别名，如表、索引、视图等都可以创建同义词，使用同义词可以简化对数据库对象的引用。

7.6.1 序列的使用与管理

序列是 Oracle 数据库中的一个方案对象，序列可在当前方案下产生一系列唯一数字，可以用这些数字产生表的主键值，也可以参与其他运算。序列也可以在多用户并发环境中使用，为所有用户生成不重复的顺序数字，而且不需要任何额外的 I/O 开销。

1. 序列的创建

用户在自己的方案中创建序列，需要具有 CREATE SEQUENCE 系统权限，在其他方案中创建序列，必须具有 CREATE ANY SEQUENCE 系统权限。

创建序列的语法如下：

```
CREATE SEQUENCE [schema.]sequence_name
[START WITH start]
[INCREMENT BY increment]
[MINVALUE  min | NOMINVALUE]
[MAXVALUE max | NOMAXVALUE]
[CACHE cache | NOCACHE]
[CYCLE | NOCYCLE]
[ORDER | NOORDER]
```

其中各参数的意义如下：

- sequence_name：将要创建的序列名称。
- START WITH start：该子句指定序列的开始值，其中 START WITH 是关键字，start 是序列的起始值。省略该子句时，递增序列的起始值为 min，递减序列的起始值为 max。
- INCREMENT BY increment：该子句表示序列的增量(步长)，其中 INCREMENT BY 是关键字，increment 是序列的增长值。增长值为正数时将生成一个递增序列，为负数时将生成一个递减序列。默认情况下增量值是 1。
- MINVALUE min | NOMINVALUE：该子句指定序列的最小值 min 或无最小值。省略该子句时，递增序列为 1，递减序列为 $-2^{63}-1$。
- MAXVALUE max | NOMAXVALUE：该子句指定序列的最大值 max 或无最大值。省略该子句时，递增序列为 $2^{63}-1$，递减序列为 -1。
- CACHE cache | NOCACHE：该子句使序列号预分配，并且存储在内存中以提高序列的访问速度。最小值(也是默认值)是 1，表示一次只能生成一个序列值，也就是没有缓存。
- CYCLE | NOCYCLE：该子句表示当序列到达最大值或最小值时，可复位循环使

用。如果达到极限，生成的下一个数据将分别是最小值 min 或最大值 max。

- ORDER | NOORDER：ORDER 子句使生成的序列值是按顺序的。NOORDER 只保证序列值的唯一性，不保证序列值的顺序。

例 7.20 创建一个名为 id_no 的序列，从 1 开始，一次递增 1，没有最大值，并且使用 CACHE 子句为序列在缓存中预先分配 10 个序列值，以提高获取序列值的速度。

```
CREATE SEQUENCE id_no
START WITH 1
INCREMENT BY 1
NOMAXVALUE
CACHE 10
NOCYCLE;
```

2. 序列的使用

用户可以使用 NEXTVAL 和 CURRVAL 两个运算符来访问序列的值。其中，NEXTVAL 将返回序列生成的下一个值，而 CURRVAL 将返回序列的当前值。第一次应用序列时，需要使用 NEXTVAL，此时返回的是初始值。而以后再使用 NEXTVAL 运算符时，会使序列自动增加 INCREMENT BY 后面定义的值。

应用序列的语法格式为：

```
[schema.]sequence_name. NEXTVAL| CURRVAL
```

例 7.21 创建一个新表 T_Messagetype，并且使用上例产生的序列 id_no，给 T_Messagetype 表中 MsgtypeID 列产生编号。

```
-- 创建新表_Messagetype
CREATE TABLE T_Messagetype (
MsgtypeID        NUMBER(3) NOT NULL,
MeasuredName       VARCHAR2(30) NOT NULL,
SymolWords       VARCHAR2(20) NULL,
isSwitchMsg        NUMBER(2) NULL,
CONSTRAINT XPKT_Messagetype PRIMARY KEY (MsgtypeID));
-- 用序列 id_no 为表 T_Messagetype 的主键生成值
INSERT INTO T_Messagetype(MsgtypeID, MeasuredName, SymolWords, isSwitchMsg)
VALUES(id_no.NEXTVAL,'温度','℃',0);
INSERT INTO T_Messagetype(MsgtypeID, MeasuredName, SymolWords, isSwitchMsg)
VALUES(id_no.NEXTVAL,'速度','km/h',0);
INSERT INTO T_Messagetype(MsgtypeID, MeasuredName, SymolWords, isSwitchMsg)
VALUES(id_no.NEXTVAL,'出油口开','|',1);
INSERT INTO T_Messagetype(MsgtypeID, MeasuredName, SymolWords, isSwitchMsg)
VALUES(id_no.NEXTVAL,'出油口关','-',1);
-- 查询表中的数据
COLUMN MeasuredName format a10
SELECT * FROM T_Messagetype;
```

查询结果如图 7-12 所示。

例 7.22 查询序列 id_no 的当前值。

```
SELECT id_no.CURRVAL FROM dual;
```

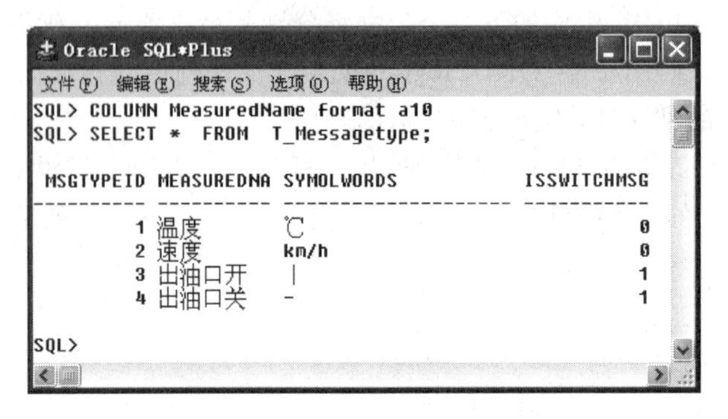

图 7-12　使用序列生成表主键值

3. 序列的管理

序列创建完成后，用户可以根据自己的需要对其进行修改、删除和查询操作。

- 修改序列。用户可以对自己或其他用户方案中的序列进行修改。修改其他方案中的序列时，用户必须具有 ALTER ANY SEQUENCE 系统权限。修改序列的命令是 ALTER SEQUENCE，该命令可以修改序列的除起始值之外的所有其他参数。

例 7.23　利用 ALTER SEQUENCE 命令修改序列 id_no 的参数值。

```
ALTER SEQUENCE id_no
INCREMENT BY 2
MAXVALUE 10000
CYCLE NOCACHE;
```

- 查询序列。序列与视图一样，Oracle 只是在数据字典中存储它的定义。用户通过数据字典视图 USER_SEQUENCES 可查询序列的信息。USER_SEQUENCES 中的数据项描述了用户对序列定义的基本数据信息。如图 7-13 所示。

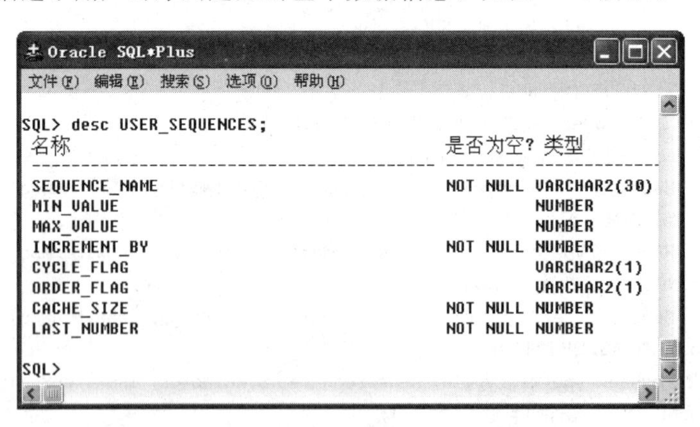

图 7-13　USER_SEQUENCES 数据项

- 删除序列。用户使用 DROP SEQUENCE 命令将序列的定义从数据字典中删除。

例 7.24　利用 DROP SEQUENCE 命令将序列 id_no 删除。

```
DROP SEQUENCE emp_no;
```

7.6.2 同义词的使用与管理

同义词是表、索引、视图等方案对象的一个别名，不占据任何实际的存储空间，只在数据字典中保存其定义。在使用同义词时，Oracle 会将其翻译为实际的对象名。同义词可以简化原数据库对象的名称，方便用户对数据库对象的引用。

Oracle 中同义词分为两种类型：公有同义词和私有同义词。前者可以被数据库中所有的用户使用，后者仅能够被它的创建者使用。创建公有同义词时，用户必须要有 CREATE PUBUC SYNONYM 系统权限，创建私有同义词时，用户需要有 CREATE SYNONYM 系统权限。

1. 同义词的使用

创建同义词的语法如下：

```
CREATE [OR REPLACE] [PUBLIC] SYNONYM  [schema.]synonym_name
FOR  [schema.]object_name
```

其中各参数的意义如下：

- PUBLIC：表示创建一个公有同义词，允许对原对象具有权限的所有用户使用。
- synonym_name：新建的同义词名称。
- object _name：原对象名称。

例 7.25 为 scott.emp 表创建一个公有同义词，并利用同义词访问原表中的数据。

```
CREATE OR REPLACE PUBLIC SYNONYM sy_emp
FOR scott.emp;
--使用同义词 sy_emp 查询原表 scott.emp 中的数据
SELECT * FROM sy_emp;
```

上面的查询结果与查询原表结果是一致的。

2. 同义词的管理

同义词创建完成后，用户可以根据自己的需要对其进行查询和删除操作。

- 查询同义词：

```
SELECT * FROM DBA_SYNONYMS;
```

- 删除同义词：

```
DROP [PUBLIC] SYNONYM sysnonym_name;
```

例 7.26 删除上面创建的公有同义词 sy_emp。

```
DROP PUBLIC SYNONYM sy_emp;
```

7.7 习　题

1. 简述索引有哪些类型，并说明什么情况下适合建立反向键索引，什么情况下适合建立位图索引，什么情况下适合建立基于函数的索引。

2. 简述视图的概念以及利用视图操作数据的优点。

3. 简述可更新视图应具有哪些特点。

4. 简述同义词和序列的概念。

5. 简述使用同义词的好处。

6. 序列常用的两个运算符是什么？各代表什么意义？

7. 索引组织化表和普通的数据表有什么区别？什么情况下适合创建索引组织化表？

8. 物化视图和普通的视图有什么区别？物化视图常见有几种刷新方式？

9. 操作题：

(1) 建立一个表 myEMP，表结构和表中数据与 scott.emp 相同。

(2) 在 myEMP 表中建立基于字段 empno 的唯一性索引。

(3) 建立一个视图 myV_emp，视图包括 myEMP 表的 empno、ename、sal，并按 sal 从大到小排列。

(4) 基于 scott.emp 创建一个物化视图，“按需”是对其进行更新，每 30 分钟更新一次，并且使物化视图立即生效。

(5) 创建一个名为 pk_no 的序列，从 1001 开始，一次递增 1，没有最大值，并且使用 CACHE 子句为序列在缓存中预先分配 10 个序列值，以提高获取序列值的速度。

第8章　事务与并发处理机制

在用数据库处理具体的业务时，通常情况下，人们在完成一个功能的同时往往会涉及多条数据库操作语句，这些语句共同影响着任务的实现结果，其中一条语句执行不成功，那么整个业务就会失败。Oracle 中采用事务来保证这些操作的整体性和一致性，事务理论的提出与实现，为数据库大范围的可靠应用奠定了基础。Oracle DBMS 是一个典型的多用户并发处理系统，任一时刻都可能有多个用户同时访问和操作数据库。为了保证这些用户都能对数据库执行正确的操作，获得正确的数据，并尽量降低用户之间的干扰，Oracle 采用事务并发控制机制来解决这些问题。

本章主要内容

■ 事务的概念与特性

■ 常见事务管理命令

■ 并发控制与锁机制

8.1　事务的概念

在日常生活和工作中，人们为了完成一定的任务都会执行一系列逻辑上相关的操作。这些操作共同影响着任务的实现结果，在 Oracle 中把这些操作的集合看作一个事务(Transaction)。例如，在销售处理中，当商品被售出后，一方面要更新库存表减少该商品的库存量，另一方面要更新账务表增加销售额。这两个操作是一个整体，记录着本次销售的事实，二者缺一不可。又如，如图 8-1 所示，在银行的转账业务中，需要从一个储蓄账户 A(账户号 3209)中转出资金 500 元，将其转入支票账户 B(账户号 3208)中，这两个操作同样也要作为一个整体，要么都成功完成，要么都不执行，不能出现账户 A 转出了资金，但账户 B 没有转入资金的情况。所以，为了使业务正常完成，需要某种方法保证这些操作的整体性，Oracle 中正是采用事务来达到这一目的的实现。

事务(Transaction)是一个单独的逻辑工作单元，也是一个操作序列。它包含一条或多条为完成某一业务目标而被顺序执行的数据库操作语句，这些语句被当作一个整体执行。也就是说，一个事务中的所有语句要么都执行成功，要么都执行失败。这样才能保证事务所完成的业务目标的完整性、一致性和正确性。在事务处理中，一旦某个操作发生异常，则整个事务会重新开始，数据库也会返回到事务开始前的状态，在事务中对数据库做的所有操作都会取消。事务处理如果成功，则事务中所有的操作都会被执行。

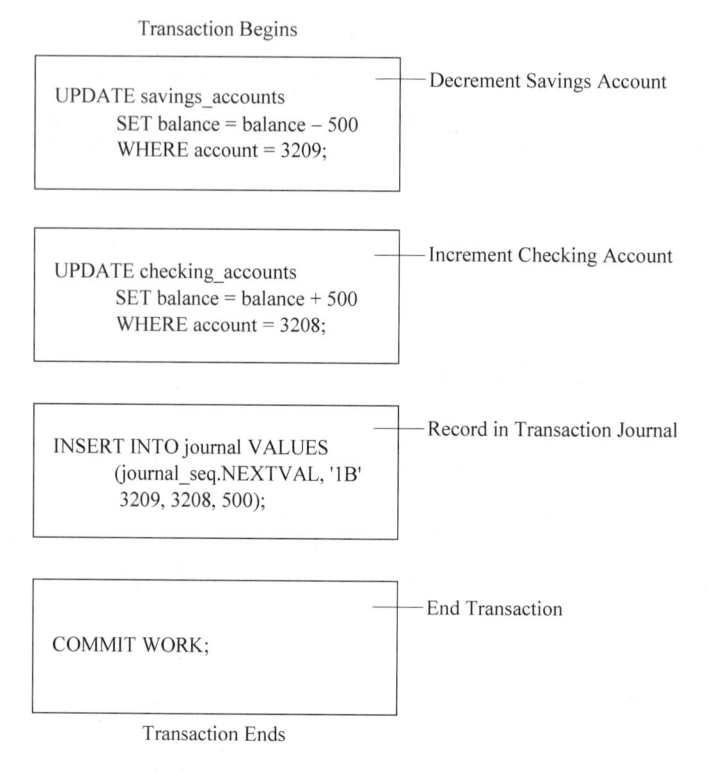

图 8-1　银行转账业务事务控制示例

Oracle 中,用户不能显式地开始一个事务,一般在上一个事务结束(被提交或被回滚)后,新事务会隐式地在修改数据(DML)的第一条语句处开始。这与其他的许多数据库不同,因为那些数据库必须显式地开始事务。然而,Oracle 中事务的结束可以显式结束,也可以隐式结束。

当以下几种情况发生后,当前事务会结束:

- 用户使用 COMMIT 命令显式提交事务。
- 用户使用 ROLLBACK 命令回滚整个事务。但若只回滚到保存点,整个事务并不会结束。
- 用户执行了一条 DDL 语句,如 CREATE、DROP 或 ALTER。这些命令单独作为一个事务,即在执行这些 DDL 命令之前将提交以前执行的所有命令,执行 DDL 命令之后将该 DDL 命令作为单独的一个事务提交,DDL 命令之后的其他语句将作为新的事务。
- 用户正常断开与 Oracle 的连接,这时用户当前的事务将被自动提交。
- 用户进程意外被终止,这时用户当前的事务被回滚。
- 用户关闭 SQL * Plus 会话时,默认使用 ROLLBACK 回滚事务。

另外,事务也是 Oracle 解决并发控制的一种手段。在每一个连接到数据库的会话中,当前都会存在一个正在执行的事务,该事务与其他会话中的事务相互隔离、互不影响,从而解决了多用户同时访问数据库的并发性问题。

8.2 事务特性

数据库中的事务具有 ACID 属性，即原子性（Atomicity）、一致性（Consistency）、隔离性（Isolation）和持久性（Durability）。

8.2.1 事务的原子性

事务是由逻辑上相关的一组 SQL 语句组成的。事务的原子性是指构成事务的所有语句要么都成功执行，要么都失败，不会有部分成功部分失败的情况发生。也就是说，事务是一个最基本的执行单元。Oracle 事务的这种原子特性甚至延伸到了单个语句中。一条语句要么完全成功，要么完全回滚，不会出现语句部分成功部分失败的情况。同时，一条语句的失败，也不会导致先前已经执行的语句自动回滚，它们的工作仍然保留，等待用户提交或回滚操作。因此，事务的原子性可以分为语句级、过程级和事务级三个级别。

1. 语句级原子性

语句级原子性是指每条语句本身也是最小级别的事务，该语句要么完全执行成功，要么完全失败，并且它不会影响其他语句的执行。实际上，Oracle 在每条被执行的语句前都隐式设置了保存点（SAVEPOINT）。如语句“INSERT INTO tablel VALUES (1);”其实可以理解为：

```
SAVEPOINT statement1;
INSERT INTO tablel VALUES(1);
IF ERROR THEN ROLLBACK TO statement1;
```

语句级原子性的影响如下例所示。

例 8.1 创建一数据表 tab1，设置检查约束，然后向表中添加 3 条记录，其中 2 条满足约束条件，1 条不满足约束条件，提交后对表中的记录进行查询。

```
CREATE TABLE tab1(id NUMBER CHECK (id > 0));     -- 创建表 tab1
INSERT INTO tab1 VALUES (1);                     -- 向表中添加满足约束条件的记录
INSERT INTO tab1 VALUES ( - 1);                  -- 向表中添加不满足约束条件的记录
INSERT INTO tab1 VALUES(2);
COMMIT;                                          -- 提交事务
SELECT * FROM tab1;                              -- 对表中的数据进行查询
```

这时显示两条数据，ID 值分别是 1 和 2。

当向表中插入不符合约束条件的数据“－1”时，系统自动回滚该语句，并且不影响另外两条语句的正常执行。

另外，语句级原子性还表现在该语句的任何连带性操作（如被它触发的触发器）也被认为是该语句的一部分。也就是说如果该语句成功，受它影响的其他操作也将成功；如果该语句失败并回滚，受它影响的其他操作也将被自动回滚。触发器作为一种方案对象，我们将在下一章介绍。

2. 过程级原子性

过程级原子性是指 Oracle 把 PL/SQL 匿名过程块也当作语句，当作一个整体，过程中的所有代码要么都执行成功，要么都执行失败，并且不影响过程外的其他语句。实际上，Oracle 在匿名块的最外面创建了一个保存点，当过程中的某条语句执行失败时，系统将回滚到该保存点，撤销整个匿名块的操作。如下例所示。

例 8.2 分别利用 INSERT 语句和一个匿名过程块向例 8.1 创建的表 tab1 中插入新数据。

```
--利用 INSERT 命令向表 tab1 中插入数据 3
INSERT INTO tab1 VALUES(3);
--利用匿名块 PL/SQL 块向表中插入数据 4 和 -1
BEGIN
  INSERT INTO tab1 VALUES(4);
  INSERT INTO tab1 VALUES( -1);
END;
--提交
COMMIT;
--查询 tab1 表中的数据
SELECT * FROM tab1;
          ID
----------
          1
          2
          3
```

从查询结果可以看出，匿名块之前执行的 INSERT 语句已经成功将数据“3”插入到表 tab1 中。而在匿名块中，由于插入了一个不符合约束条件的数据“−1”，使得整个匿名块都没有执行成功，这正是过程级原子性的表现。

3. 事务级原子性

事务级原子性是指 Oracle 把整个事务中的所有语句和匿名块都当作一个整体，一个事务。用户在提交或回滚事务时，要么所有语句都执行，要么都失败。当然，事务级原子性中包含了语句级原子性和过程级原子性，整个事务中的语句或匿名块首先受语句级原子性和过程级原子性的影响。

例 8.3 利用例 8.1 创建的表 tab1，向表中添加两行新数据 4 和 5，然后提交事务，最后查询表中的记录。

```
INSERT INTO tab1 VALUES(4);
INSERT INTO tab1 VALUES(5);
COMMIT;
SELECT * FROM tab1 ;
    ID
----------
     1
     2
     3
     4
     5
```

从该执行结果中可以看出事务中的两条 INSERT 语句都执行成功。

例 8.4 利用例 8.1 创建的表 tab1，向表中添加两行新数据 6 和 7，然后回滚事务，最后查询表中的记录。

```
INSERT INTO tab1 VALUES(6);
INSERT INTO tab1 VALUES(7);
ROLLBACK;
SELECT * FROM tab1;
 ID
----------
     1
     2
     3
     4
     5
```

从执行结果中可以看出事务中的两条 INSERT 语句都被回滚，整个事务执行失败。

8.2.2 事务的一致性

事务一致性是指数据库在事务操作前满足一定的业务处理规则（如各种约束的限制），事务操作后也要满足这样的业务处理规则。例如，转账操作前和转账操作后两个账户的总金额应该相等。再如，修改学生信息之前，学号字段值满足主键约束条件，修改操作完成后，学号字段值仍要满足主键约束条件。这就是事务的一致性表现。

例 8.5 创建一个具有主键约束的表 table1，并向该表中添加两行数据 1 和 2，然后执行修改表的命令。

```
CREATE TABLE table1 (id NUMBER PRIMARY KEY);
INSERT INTO table1 VALUES (1);
INSERT INTO table1 VALUES (2);
COMMIT;
SELECT * FROM table1;
    ID
----------
     1
     2
```

目前表中的两行数据都符合主键约束条件，若将表中的两条数据都修改为 3：

```
UPDATE table1 SET id = 3;
 *
```

第 1 行出现错误：

```
ORA - 00001: 违反唯一约束条件(SCOTT.SYS_C006270)
```

由于新数据违反了数据库的主键约束，事务不能满足执行前后的一致性，所以执行失败，事务被回滚。

下面对该表继续执行修改命令，将数据在原来的基础上加 1，命令如下：

```
UPDATE table1 SET id = id + 1;
COMMIT;
SELECT * FROM table1;
    ID
----------
     2
     3
```


该修改命令虽然在执行过程中出现了临时不一致性，当第一行修改后值为 2 而第二行还没来得及修改的那一刻，两行的数据相同，违反了主键约束条件。但是，当事务提交结束，两条新数据又满足主键约束了，所以该事务满足执行前后的一致性。

8.2.3 事务的隔离性

事务的隔离性是指当多个用户、多个会话同时访问 Oracle 数据库的时候，它们之间是未知的、不可见的、互不影响的。这样每一个会话中的事务都可以不受干扰地独立完成，而且在事务提交之前，该事务对数据库的影响不会体现在其他的会话中。正是由于事务具有隔离性，才能保证 Oracle 实现多用户多会话的并发处理。

事务的隔离性要求：访问同一个数据库的不同会话之间不能同时对相同记录进行修改，必须等待其中一个较早的会话提交修改操作后，另一个会话中的事务才能执行修改命令，否则该事务会一直等待下去。这样才能保证数据库中数据的一致性和正确性。

例 8.6 打开两个 SQL * Plus 窗口模拟多用户的并发操作。使用例 8.5 中创建的 table1 表分别在两个窗口中执行插入操作和查询操作，在插入操作提交前，两个窗口中看到的数据不相同。

在窗口 1 中执行插入命令和查询命令，代码和执行结果如下：

```
INSERT INTO table1 VALUES(4);
SELECT * FROM table1;
    ID
----------
     2
     3
     4
```

在窗口 2 中执行查询命令，执行结果如下：

```
SELECT * FROM table1;
    ID
----------
     2
     3
```

在窗口 1 执行提交命令之前，两个窗口虽然查询同一个表中的数据，但查询结果不同，这说明两个窗口中的事务相互隔离、互不影响。

例 8.7 打开两个 SQL * Plus 窗口，同时修改 table1 表中的数据为 2 的那行记录，执行结果如图 8-2 和图 8-3 所示。

图 8-2　在窗口 1 中执行命令

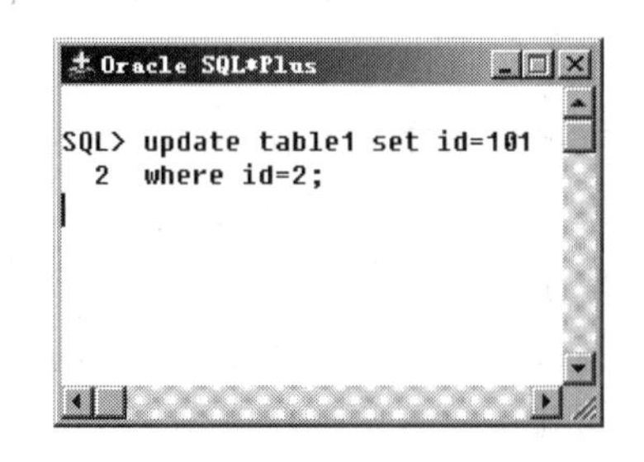

图 8-3　在窗口 2 中执行命令

图中的执行结果表明，当窗口 1 执行了修改命令但未提交时，窗口 2 再修改相同的记录需要等待，这说明事务的隔离性不允许多个会话同时修改相同的数据，除非较早的修改命令提交结束，其他窗口才允许修改。

8.2.4　事务的持久性

事务的持久性是数据库提供的重要特性之一，它可以确保事务一旦提交，其改变就会永久生效，不能再被撤销（回滚），即使出现系统故障或错误，改变也不会消失。

8.3　管理事务的命令

8.3.1　COMMIT 命令

COMMIT 命令是事务提交命令，表明该事务对数据库所做的修改操作将永久记录到数据库中，不能被撤销回滚，因此，数据库操作人员应该养成良好的习惯，在修改操作完成后应当显式地执行 COMMIT 命令或 ROLLBACK 命令结束任务，否则当会话结束时系统将选择某种默认方式结束当前事务，可能对数据库造成重大的损失。

用户执行修改数据库的操作但未提交时，Oracle 已经完成了对数据库的实际操作，主要包括：

- Oracle 生成了回滚信息，其中包含了事务中所有修改命令操作的数据原始值。
- Oracle 在 SGA 的重做日志缓冲区中生成了重做日志条目，它包含了对数据块和回滚块进行的修改操作。
- 修改后的新数据已经被写入 SGA 中的数据缓冲区。这些修改可能在事务提交之前被写入磁盘，也可能在事务提交一段时间以后再被写入磁盘。也就是说事务提交后并不立刻启动数据写进程（DBWn）将缓冲区中的新数据写入磁盘，而是选择适当的时机进行写操作以保证系统的效率。

从以上描述中可以看出，在事务提交之前修改操作已经基本完成，事务提交命令本身的操作很少，因此不论事务规模大小，提交操作都是很快的。不能错误地认为大规模的事务提交耗时长，小事务提交耗时短。

事务被提交时，Oracle 进行以下操作：

- 为此事务分配一个唯一的系统改变号（SYSTEM CHANGE NUMBER，SCN），并将其记录在回滚表空间的事务表中。SCN 被称为 Oracle 的内部时钟,用来对事务处理进行排序或编号。

- 重做日志写进程(LGWR)将 SGA 内重做日志缓冲区中的重做日志条目写入重做日志文件中,同时还将此事务的 SCN 也写入重做日志文件。由以上两个操作构成的原子事件标志着一个事务成功的提交。
- 释放事务操作中占用的数据,即解除添加到表或数据行上的各种锁。
- 通知用户事务已经成功提交。

Oracle 中事务可以显式地用 COMMIT 命令提交,也可以隐式地提交。如执行 DDL 命令的前后或结束一个会话时都可以隐式提交。

例 8.8 首先向 scott 方案下的 emp 表中插入职工编号为 1110 和 1111 的两条记录,然后创建表 table2,接下来再向 scott 方案下的 emp 表中插入职工编号为 1112 的一条记录,最后执行 CONNECT 命令切换用户为 system,查询 scott 用户下的 emp 表。

```
CONNECT scott/a12345                        -- 以 scott 用户登录
INSERT INTO emp(empno) VALUES(1110);        -- 事务 1
COMMIT;                                     -- 用 COMMIT 命令显式提交事务 1
INSERT INTO emp(empno) VALUES(1111);        -- 事务 2
-- 执行 DDL 命令前先提交以前未提交的事务,隐式提交事务 2
CREATE TABLE table2(id INT PRIMARY KEY); -- DDL 命令作为单独的事务 3,隐式提交
-- 以下开始一个新的事务
INSERT INTO emp (empno) VALUES (1112);      -- 事务 4
-- 执行 CONNECT 命令时,首先断开当前的会话,并隐式提交事务 4
CONNECT system/a12345;
-- 查询 emp 表中的数据
SELECT * FROM scott.emp;                    -- 查询结果包括 1110,1111 和 1112,事务 1,2 ,4 被提交
DESC system.table2;                         --  查看表 table2 结构成功,表明事务 3 被提交
```

8.3.2 ROLLBACK 命令

ROLLBACK 命令是事务回滚命令,表明撤销未提交的事务所做的各种修改操作。回滚事务所花费的时间和事务中修改的数据量成正比,因为它要将所有添加、删除、修改操作所涉及的数据都恢复到初始状态,这一点和 COMMIT 命令不同。使用该命令可以回滚整个事务,也可以回滚部分事务,如回滚到保存点或当前语句。

当事务被回滚时,Oracle 将执行以下操作:

- 使用回滚表空间内存储的相关信息撤销事务中所有 SQL 语句对数据的修改。例如,若事务中删除了某些记录,那么需要将这些被删除的数据找回来并存回到数据库中;若事务中修改了某些数据,那么必须从回滚段中把原始数据找回来替换改后的新数据。
- 释放事务中占用的各种资源,即解除该事务对表或行施加的各种锁。
- 通知用户事务回滚操作已经完成。

例 8.9 向 scott 方案下的 emp 表中插入职工编号为 1113 的记录并用 UPDATE 命令将该记录的职工姓名修改为张三,然后用 ROLLBACK 命令回滚整个事务。

```
CONNECT scott/a12345                                -- 以 scott 用户登录
```

```
INSERT INTO emp(empno) VALUES(1113);              --插入职工编号为 1113 的记录
SELECT * FROM  emp WHERE empno = 1113;            --执行查询命令查看该员工的姓名为 null
UPDATE emp SET ename = '张三' WHERE empno = 1113;  --修改姓名为张三
SELECT * FROM emp WHERE empno = 1113;             --该员工姓名从 null 改为三
ROLLBACK;                                         --执行回滚操作,撤销整个事务
SELECT * FROM emp WHERE empno = 113;              --找不到该记录
```

本例中,由于 ROLLBACK 命令回滚了整个事务,所以撤销了插入和修改两条操作。

8.3.3 SAVEPOINT 和 ROLLBACK TO SAVEPOINT 命令

SAVEPOINT 命令可以在事务中的某个地方设置保存点,将一个大的事务划分为几个片段。当某个保存点后面的命令出现错误需要回滚时,只需回滚到该保存点,而不影响保存点前面操作的执行,也不影响该回滚命令之后的操作。也就是说,被部分回滚的事务依然处于活动状态,可以继续执行。这样做可以提高系统性能,减少回滚操作的时间。

当事务被回滚到某个保存点时,Oracle 将执行以下操作:

- 回滚指定保存点之后的所有语句。
- 保留指定的保存点,但其后创建的保存点都将被清除。
- 释放此保存点后面获得的表级锁与行级锁,但它之前的数据锁依然保留。

使用 SAVEPOINT 命令定义保存点的格式为:

```
SAVEPOINT <保存点名称>;
```

回滚到指定保存点的格式为:

```
ROLLBACK TO <保存点名称>;
```

例 8.10 向 scott 用户下的 emp 表中插入职工编号为 1113 的记录,设置一个保存点,然后用 UPDATE 命令将该记录的职工姓名修改为张三,然后用 ROLLBACK 命令回滚到保存点。

```
CONNECT scott/a12345                               --以 scott 用户登录
INSERT INTO emp(empno) VALUES(1113);
SELECT * FROM emp WHERE empno = 1113;              --姓名为 null
SAVEPOINT p1;                                      --定义保存点 p1
UPDATE  emp SET ename = '张三' WHERE empno = 1113;  --修改姓名为张三
SELECT * FROM emp WHERE empno = 1113;
ROLLBACK TO p1;                                    --回滚到保存点,撤销部分事务
SELECT * FROM emp WHERE empno = 1113;              --找到该记录,但姓名是 null
```

本例中,由于 ROLLBACK 命令只回滚到保存点 pl,所以只撤销了保存点 p1 之后和 ROLLBACK 命令之前的这部分操作,不影响保存点之前的插入命令。

8.3.4 SET TRANSACTION 命令

用户可以使用 SET TRANSACTION 命令设置当前事务的属性,如设置事务的隔离级别、设置事务回滚时用的存储空间以及为事务命名等操作。使用该命令时注意:SET TRANSACTION 命令必须是当前事务中的第一条语句,如果它前面有其他语句,必须先用

提交或回滚来结束上一个事务，才能以 SET TRANSACTION 开始一个新事务；SET TRANSACTION 命令设置的事务属性只对当前事务生效，当该事务结束后，设置的属性也将失效。

通常情况下，事务回滚时使用数据库默认的回滚表空间和回滚段，不需要单独指定。用 SET TRANSACTION 命令为事务命名主要用在分布式事务中，用来替代 COMMIT COMMENT（提交注释）命令。本节主要介绍使用 SET TRANSACTION 设置事务的隔离级别。

事务的隔离级别是指事务与事务之间的隔离程度，设置该属性能够有效解决并发事务之间的干扰。事务的隔离级别主要包括以下几种。

1. READ ONLY（只读）

隔离级别 READ ONLY 表示：当前事务只能对数据库执行 SELECT 操作，不能执行 INSERT、UPDATE、DELETE 操作，数据库被冻结为事务刚开始的状态，其他事务后来对数据库的修改操作在当前事务中不可见。总之，这种属性设置后数据库处于开始时的状态。

2. READ WRITE（读写）

隔离级别 READ WRITE 表示：当前事务可以对数据库执行增、删、改、查的全部操作，并不冻结数据库状态，当前事务能够看到其他事务提交后的数据库修改操作。这是事务默认的隔离级别，一般不用单独设置。

3. SERIALIZABLE（串行读）

隔离级别 SERIALIZABLE 表示：当前事务可以对数据库执行增、删、改、查的全部操作，并且冻结数据库的状态，该事务能够看到自己对数据库的修改操作，但是看不到其他事务对数据库的修改操作，即使其他事务提交完成，本事务中看到的数据也不受影响。

4. READ COMMITTED（提交读）

该隔离级别的作用和 READ WRITE 一致，当前事务可以读取其他事务提交后的数据，看不到未提交的数据。这也是默认级别，不需单独设置。

8.3.5 SET CONSTRAINT 命令

SET CONSTRAINT 命令用来设置数据库中的约束在事务中是立即生效还是延迟到事务提交时再生效。如果选择立即生效，那么当操作违反约束时，当前操作立即被回滚，但是不回滚前面已成功执行的命令；如果选择延迟生效，当操作违反约束时也不会被回滚，而是等到提交事务时再回滚，并且回滚事务中的所有操作。另外，Oracle 只能延迟在创建约束时指定了可被延迟的约束，如果未指定该特性，那么约束不允许被延迟，参见例 8.11。

设置约束延迟的格式如下：

```
SET CONSTRAINT ALL | <constraint_name> DEFERRED | IMMEDIATE
```

其中各参数的意义如下：

- ALL：表示该设置对数据库中的所有约束起作用。
- constraint_name：表示该设置对数据库中指定的约束起作用。
- DEFERRED：表示约束延迟生效。
- IMMEDIATE：表示约束立即生效。

例 8.11　创建具有主键约束的表 test，分别设置约束立即生效和延迟生效，并插入两条重复的记录进行测试。

```
/* 创建具有主键约束的表 test，其中 DEFERRABLE INITIALLY IMMEDIATE 表示该约束允许延迟，初始选项为立即生效 */
CONNECT scott/a12345;
CREATE TABLE test (id NUMBER
CONSTRAINT pk_test PRIMARY KEY DEFERRABLE INITIALLY IMMEDIATE);
--插入两条重读记录
INSERT INTO test VALUES(1);
INSERT INTO test VALUES(1);
*
```

第 1 行出现错误：

```
ORA -00001 :违反唯一约束条件(SCOTT.PK_TEST)
```

注意：约束立即生效，插入重复记录失败。

```
--设置约束延迟生效
SET CONSTRAINT pk_test DEFERRED;
INSERT INTO test VALUES (1);
已创建 1 行. --约束延迟后，插入重复记录暂时成功
--提交事务
COMMIT;
*
```

第 1 行出现错误：

```
ORA-02091:事务处理已回退
ORA-00001:违反唯一约束条件(SCOTT.PK_TEST)
```

注意：提交事务时检查约束，本例中违反主键约束，整个事务被回滚，两条看似成功的 INSERT 命令都失败。

8.4　并发控制与锁机制

在单用户数据库中，用户可以修改数据库中的数据，而不用担心其他用户同时修改相同的数据。但是，在多用户数据库中，多个并发事务中的语句可以更新相同的数据。同时执行的事务需要产生有意义和一致的结果。因此，数据并发和数据一致性的控制在多用户数据库中至关重要。

8.4.1　关于并发的问题

多个用户、多个事务同时访问同一数据库的行为被称为并发操作。这些并发操作如果得不到有效的控制和管理，就可能读取或写入不正确的数据，从而产生以下负面影响：

- 丢失更新。这发生在两个或多个事务修改同一行数据的时候。在这种情况下，每个事务都不知道其他事务的存在，最后的更新将覆盖由其他事务所做的更新，这将导

致前面事务完成的更新丢失。

- 错读(脏读)。读取未提交事务中修改后的新数据被称为错读或脏读。当一个事务修改数据时,另一个事务读取了修改的数据,由于某种原因第一个事务取消了对数据的修改,数据回到原来的状态,这时第二个事务读取的数据与数据库中的数据不相符,即读到了错误的数据。
- 不一致的分析(不可重复读)。不一致的分析也被称为不可重复读,是指当一个事务读取数据库中的数据后,另一个事务更新了数据,当第一个事务再次读取其中的数据时,就会发现数据已经发生变化,即多次访问同一行但每次读取到的数据不相同,因此被称为"不可重复读"。
- 幻读。当一个事务对一个区域的数据执行插入或删除操作,而该区域的数据属于另一个事务正在读取的范围时,会发生幻读问题。由于其他事务的删除操作,显示事务第一次读取的范围有一行不再存在于第二次或后续读取的内容中。同样,由于其他事务的插入操作,显示事务第二次或后续读取的内容有一行并不存在于原始读取的内容中。

针对以上由数据库并发操作带来的问题,Oracle 将应用事务的隔离特性和数据库中的锁机制,有效地将事务相互隔离,让它们互不影响,从而实现了对数据库的并发操作。

8.4.2 锁机制

为了有效地管理和控制数据库并发操作时的并发性,避免以上问题的出现,Oracle 使用锁机制防止其他用户修改另一个未完成事务中的数据。Oracle 中的锁可以分为 DDL 锁、DML 锁、内部锁。基本上所有的锁都可以由 Oracle 内部自动创建和释放,而 DDL 锁和 DML 锁也可以通过命令进行直接或间接的管理,只有内部锁必须由 Oracle 自动管理。

内部锁也称为闩(Latch)由 Oracle 自动管理,以保护内存中的数据库结构,例如数据库块缓冲区缓存和共享池中的库缓存、对象、文件等资源的并发访问。比如 Oracle 要把用户更新的数据写入缓冲区,这时候 Oracle 就会在该缓冲区上加上 Latch,用来防止 DBWR 把它写入到磁盘,因为如果没有这个 Latch, DBWR 会把一半新一半旧的、没有用的数据写到磁盘上。闩设计为只持有很短的一小段时间,获取闩的时候,如果获取不到则休眠一小段时间后继续获取,不会排队等待。

DDL 锁在使用 CREATE、TRUNCATE、ALTER 时自动创建,以确保在执行过程中没有其他事务对资源进行访问。DML 锁在事务开始时创建,在事务提交或回滚后释放。

在 Oracle 数据库中一般所言的锁(LOCK)指的是逻辑锁,是针对数据库对象的锁,用来实现多个进程以兼容的模式访问相同的资源。

Oracle 中的锁可以分为以下几种模式:

- 共享锁(SHARE,S):若某个事务用 S 锁锁定了表,则只允许其他事务使用 S 锁锁定这个表,但不允许对该表进行任何更新操作。
- 排他锁(EXCLUSIVE,X):某个事务对表加 X 锁后,则只允许该事务对表进行读和写操作,而不允许其他事务锁定这个表。该锁又称写锁。

• 行级共享锁(ROW SHARE,RS):如果某个事务为了更新表中的行,使用 RS 锁锁定相应的行后,除了该行外,另外的事务仍可以锁定表中其他未锁定的行。

• 行级排他锁(ROW EXCLUSIVE,RX):如果某个事务为了更新表而使用了 RX 锁锁定相应的行,则它不允许其他事务再锁定该表。

• 共享行级排他锁(SHARE ROW EXCLUSIVE,SRX):如果某个事务对表加 SRX 锁,则表示不允许其他事务对同一表的任何列加行级排他锁,只能加行共享锁。锁的拥有事务对表有更新权,其他事务只有查询权。

上述几种模式中,RS 锁是限制最少的锁,而 X 锁是限制最多的锁。相应的操作自动产生的对应锁如下:

① INSERT、UPDATE、DELETE 命令自动使用 RX 锁。

② CREATE 命令自动使用 S 锁。

③ ALTER 命令自动使用 X 锁。

用户可以使用 LOCK TABLE 命令在某个事务中为表加锁,格式如下:

```
LOCK TABLE table_name IN SHARE MODE |
                         EXCLUSIVE MODE |
                         ROW SHARE MODE |
                         ROW EXCLUSIVE MODE |
                         SHARE ROW EXCLUSIVE MODE
```

在实际事务处理中,用得最多是 DML 锁。DML 锁分为行级锁和表级锁两类。

• 行级锁(Row Locks)

行级锁主要用于防止两个事务同时修改同一行,当事务需要修改行时,将获取行级锁。一个语句或事务持有的行级锁的数量没有限制,Oracle 不会将锁从行级升级到更粗糙的粒度。

行级锁定可以提供最好的粒度锁定,因此可以提供最佳的并发性和吞吐量。多级并发控意味着用户只有在访问相同的行时才竞争数据。

语句 SELECT * FROM EMP WHERE empno=7369 ;给所查询的行上加了一个行级锁。

• 表级锁(Table Locks)

表级锁主要用于执行并发 DDL 操作的并发控制,例如防止在 DML 操作中删除表。当 DDL 或 DML 语句在表上执行时,将获取表级锁。表级锁不影响 DML 操作的并发性。对于分区表,可以在表和子分区级别获取表级锁。当在以下 DML 语句,INSERT、UPDATE、DELETE、SELECT 与 FOR UPDATE 子句和 LOCK TABLE 中修改表时,事务将获取表级锁。这些 DML 操作需要表级锁的目的有两个:保持 DML 代表事务访问表,并防止与事务冲突的 DDL 操作。任何表级锁都可以防止在同一个表上获取独占的 DDL 锁,因此,防止 DDL 操作要求这样的锁。例如,如果一个表获取了表级锁,但有未提交的事务,则表不能被更改或删除。

例 8.12 在会话 1 中为 test 表加上 EXCLUSIVE 排他锁,在会话 2 中尝试向该表添加一行新数据,执行结果如图 8-4 和图 8-5 所示。

图 8-4　会话 1 窗口

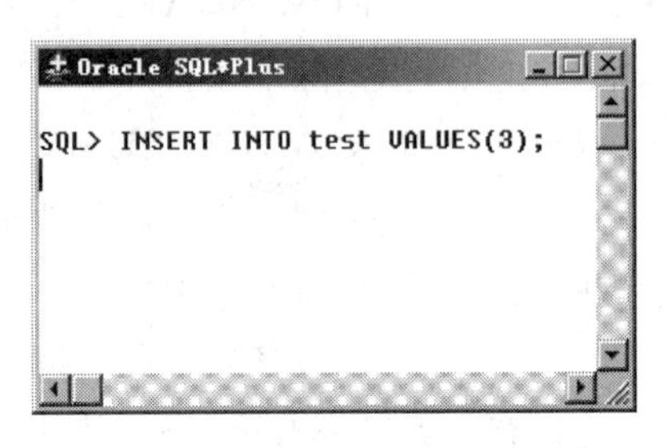

图 8-5　会话 2 窗口

8.5　习　　题

一、填空题

1. 事务的 ACID 特性包括(　　)、(　　)、(　　)、(　　)。

2. 在设置事务隔离层时,需要使用关键字(　　)。

3. 在众多的事务控制语句中,用来撤销事务操作的语句是(　　),用来持久化事务对数据库操作的语句是(　　)。

4. 对表执行 INSERT 命令时系统自动加(　　)锁,执行 CREATE 命令时系统自动加(　　)锁,执行 ALTER 命令时系统自动加(　　)锁。

二、简答题

1. 哪些情况发生后事务将终止?

2. 数据库的并发操作会带来哪些问题?

3. 要建立一个名为 savepoint1 的保存点,应使用哪个语句?

三、分析代码并回答

1. 分析以下代码,说出代码中的哪些部分体现了事务的语句级原子性、过程级原子性和事务级原子性。

```
CREATE TABLE book
 (bid NUMBER (4) CONSTRAINT pk_bid PRIMARY KEY
DEFERRABLE INITIALLY IMMEDIATE,
bname VARCHAR2 (30),
bprice NUMBER(4,1));
INSERT INTO book VALUES (1001, 'Oracle 数据库',35.4);
INSERT INTO book VALUES (1001, 'Java 程序设计,40);
BEGIN
INSERT INTO book VALUES (1002, 'Java 程序设计',40);
INSERT INTO book VALUES (1002, '云计算与大数据',28);
END;
INSERT INTO book VALUES (1003,'云计算与大数据',28);
COMMIT;
```

2. 使用 ROLLBACK 命令可以将事务回滚到某个保存点,分析以下代码执行的结果。

```
INSERT INTO emp(empno) VALUES(1011);
```

```
SAVEPOINT   aa;
INSERT INTO  emp(empno) VALUES(1012);
ROLLBACK to aa;
INSERT INTO  emp(empno) VALUES(1013);
COMMIT;
```

第9章 触发器及应用

触发器是 Oracle 数据库中的方案对象之一，触发器是一种在发生数据库事件时自动运行的 PL/SQL 程序块，是一个特殊的存储过程。它的执行不是由程序调用，也不是手工启动，而是由对数据库执行的各种操作触发运行的，触发器经常用于加强数据的完整性约束、提供审计和日志记录、启用复杂的业务规则等。

本章主要内容

- 触发器的概念与组成
- 触发器的分类
- 触发器的创建
- 触发器管理
- 触发器应用案例

9.1 触发器概念与组成

触发器(Trigger)是一种特殊的存储过程，它不同于一般的存储过程。一般存储过程通过名称调用，而触发器是通过事件触发后被系统自动调用的。如图 9-1 所示为含有一些 SQL 语句的数据库应用程序隐含的触发数据库中存储的几个触发器的示意图。触发器是一个功能强大的工具，与表、视图、用户或整个数据库紧密连接，可以看作数据库对象的一部分。当用户对表或视图中的数据进行 DML 操作，或者在数据库中执行 DDL 或 DCL 操作时，相应的触发器就会自动执行。触发器是一个独立的事务，被当作一个整体执行，在执行过程中如果发生错误，则整个事务会自动回滚。

触发器可以帮助用户完成许多特殊的功能，例如：

- 启用复杂的业务逻辑。用户可以根据业务需要在触发器中制定对表或其他数据库对象的操作限制。例如，可以根据客户当前的账户状态，控制是否允许插入新订单。
- 强制数据的完整性和一致性。通过触发器可以在多个具有关系的表中正确地实现添加、修改和删除操作，同时还保留这些表之间的关系。
- 提供审计和日志记录。管理员可以利用触发器自动记录曾经对数据库及其对象执行过的各种操作。例如，数据库的登录用户和登录时间。
- 自动生成派生列。
- 防止某些无效的事务处理。

在数据库中约束和触发器都可以用来强制执行业务规则和保证数据的完整性，但二者各具优势。触发器可以包含由 PL/SQL 语言编写的更复杂的处理逻辑，触发器可以支持约

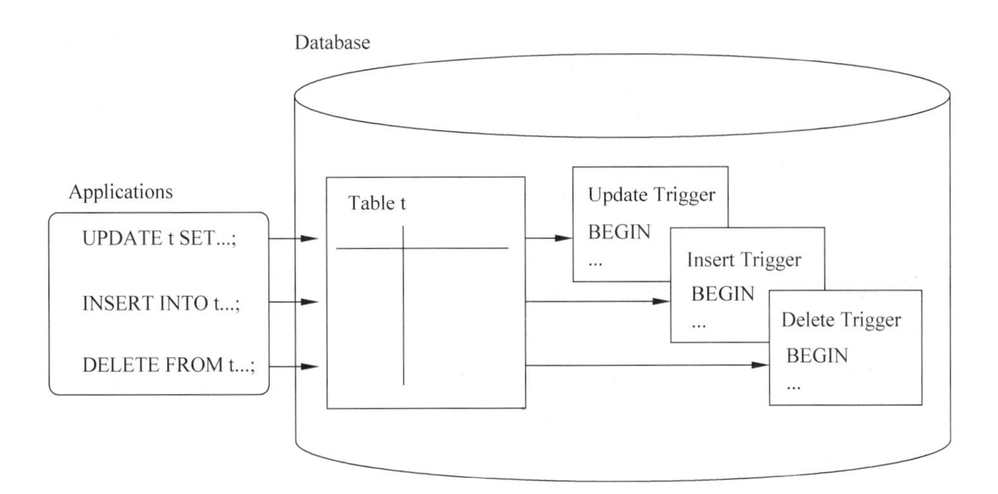

图 9-1　SQL 应用程序触发相应的触发器

束的所有功能。但一般情况下使用约束比使用触发器效率更高。

在 Oracle 系统中，触发器包括以下几个组成部分：

- 触发器名称。它是在创建触发器时为触发器起的名称，理论上只要符合 Oracle 数据库对象的命名规则即可。但为了使用方便，一般触发器的名称包括触发器执行的时间、执行的操作、涉及的表、涉及的列等。
- 触发语句。触发语句是导致 Oracle 执行触发器操作的诱因，它包括对触发时间、触发事件和触发对象的定义。只有用户对数据库执行的操作满足触发语句中定义的所有内容后，触发器才有可能被系统自动调用。
- 触发限制条件。触发限制条件是决定触发器是否被系统自动调用的另一个因素。当用户的操作满足触发语句时，触发器不一定被调用，此时，系统还要检查触发器中是否定义了触发限制条件，如果存在，还要检查当前的操作是否满足限制条件。
- 触发器操作。触发器操作是触发器的主体，是被系统自动执行的 PL/SQL 程序块。当触发语句和触发限制条件都满足时，系统将自动执行触发器操作部分的代码。

9.2　触发器的分类

根据触发器的触发时间、触发事件、影响范围等因素，可以将触发器划分为多种类型。

按照触发的时间划分，可以将触发器分为以下类型：

(1) BEFORE 触发器：指事前触发器，在触发语句执行前被触发，触发器中指定的操作被运行。此类触发器可以在以下情况使用：

- 由触发操作决定触发语句是否可以执行。使用 BEFORE 触发器可以避免触发语句因异常而被最终回滚，因此可以减少数据库中不必要的操作。
- 在执行 INSERT 或 UPDATE 触发语句前，触发器可以通过 new 表修改将要添加到某列的新值。其中 new 表和 old 表是触发器操作中可以访问的两个特殊表。

(2) AFTER 触发器：指事后触发器，在触发语句执行后被触发，触发器中指定的操作被运行。此类触发器常用于记录日志，可以作为跟踪和审计数据库的依据。

(3) INSTEAD OF 触发器：指替代触发器，触发语句被触发器操作替代，也就是说 Oracle 只运行触发器操作而不再运行触发语句。该类触发器只能基于视图创建，而不能基于表创建，并且主要用于不可修改的视图上。例如，若视图是基于多个表创建的，那么不能直接在该视图上执行 DML 操作，这时就可以使用 INSTEAD OF 触发器完成对基表的修改。

按照触发的事件划分，可以将触发器分为以下类型：

(1) DML 触发器：对表或视图执行 DML 操作(INSERT、DELETE、UPDATE)时触发的触发器，可以在触发事件之前触发(即事前 DML 触发器)，也可以在触发事件之后触发(即事后 DML 触发器)。按照触发时 DML 操作影响的记录的范围，DML 触发器又可分为：

- 行级触发器：在创建 DML 触发器时，如果使用了 FOR EACH ROW 选项，则表示该触发器是行级触发器。用户的 DML 语句每操作一行，行级触发器就会被调用一次。当一个 DML 语句的操作影响多少行数据时，行级触发器就会被调用多少次。
- 语句级触发器：在创建 DML 触发器时，如果未使用 FOR EACH ROW 选项，则表示该触发器是语句级触发器。用户的 DML 语句不论影响多少行数据，语句级触发器只被调用一次。

(2) DDL 触发器：在数据库中执行 DDL 操作(CREATE、ALTER、DROP)时触发的触发器。可以在触发事件之前触发(即事前 DDL 触发器)，也可以在触发事件之后触发(即事后 DDL 触发器)。同样，DDL 触发器又可以分为：

- 数据库级 DDL 触发器：数据库中任何用户执行了相应的 DDL 操作，该类触发器都被触发。
- 用户级 DDL 触发器：只有在创建触发器时指定方案的用户执行相应的 DDL 操作时触发器才被触发，其他用户执行该 DDL 操作时触发器不会被触发。

(3) 用户事件触发器：这类触发器是指与用户执行的 DCL 操作或 LOGON/LOGOFF 操作相关的触发器，有些允许事前触发，有些允许事后触发。该类触发器可以定义在数据库级被所有用户触发，也可以定义在用户级被指定用户触发。

(4) 系统事件触发器：是指由数据库系统事件触发的触发器。有些系统事件只能定义事前触发器，而有些系统事件只能定义事后触发器。该类触发器也可以分为用户级和数据库级两种。

通常情况下使用的触发器都是组合类型的触发器，如事前行级触发器、事前语句级触发器、事后行级触发器和事后语句级触发器等。但并不是任何类型的触发器都可以组合在一起，如 LOGON 和 STARTUP 事件的触发器只能选择事后触发，而 LOGOFF 和 SHUTDOWN 事件的触发器只能选择事前触发。

9.3 触发器的创建

创建触发器的用户要在自己的方案下创建触发器，必须具有 CREATE TRIGGER 系统权限；要在其他用户方案下创建触发器，必须具有 CREATE ANY TRIGGER 系统权限。除了上述权限之外，要在 DATABASE 上创建触发器，必须具有 ADMINISTER

DATABASE TRIGGER 系统特权。如果触发器发出 SQL 语句或调用过程或函数，那么触发器的创建者，必须具有执行这些操作所需的权限。这些权限必须直接授予所有者，而不是通过角色获得。

9.3.1 DML 事件触发器的创建

用户对表或视图执行 DML 操作时触发的触发器称为 DML 触发器，此类触发器是针对触发表或视图创建的，与执行触发操作的用户无关。创建 DML 触发器的格式如下：

```
CREATE [OR REPLACE] TRIGGER [schema.]trigger_name
{BEFORE | AFTER}
{INSERT | UPDATE | UPDATE OF column1[,column2[,...]] | DELETE}
ON [schema.]table_name | [schema.]view_name  [FOR EACH ROW]
[WHEN (logical_expression)]
[DECLARE]
declaration_statements;
BEGIN
  execution_statements;
END [trigger_name];
```

其中各参数的意义如下：

- trigger_name：表示触发器的名称。触发器名称必须符合标识符规则，并且在数据库中必须唯一。可以在触发器名称前用 schema 指定它所属的方案，若省略方案名则默认为当前连接用户的方案。
- BEFORE：表示 DML 命令执行前触发器就被触发，该类触发器被称作事前触发器。
- AFTER：表示 DML 命令执行后触发器才被触发，并且要求所有的引用级联操作和约束检查也必须成功完成后，才能执行此触发器。该类触发器被称作事后触发器。
- INSERT | UPDATE | UPDATE OF column1[,column2[,...]] | DELETE：表示在触发对象上执行的 DML 命令，这将作为触发器被触发的事件。当选择 UPDATE 命令时，还可以将触发器应用到一个或多个列。
- table_name | view_name：表示触发对象，它是 DML 命令操作的对象，又称为触发表或触发视图。可以选择是否指定表或视图的方案名称。
- FOR EACH ROW：表示对每一行记录执行 DML 命令之前或之后，触发器就被触发一次。DML 命令操作多少行记录，触发器就被触发多少次。具有该选项的触发器被称为行级触发器。不具有该选项的触发器被称为语句级触发器，即整个 DML 命令执行之前或之后触发器只被触发一次。
- WHEN (logical_expression)：表示触发器被触发的条件。只有当触发语句和触发条件都满足时触发器才能被触发。
- declaration_statements：表示被定义的变量，可以在触发器的操作部分使用该变量。
- execution_statements：表示触发器被触发后要执行的操作，是触发器的主体部分，它在由 BEGIN 和 END 组成的匿名块中。

关于触发器的一些注意事项：

虽然触发器对于自定义数据库很有用，但只在必要时使用它们。过度使用触发器可能导致复杂的相互依赖关系，这在很大的应用程序中可能难以维护。例如，触发器触发时，其触发器动作中的 SQL 语句可能会触发其他触发器，导致级联触发器。这可能产生无意的影响。图 9-2 说明了级联触发器。

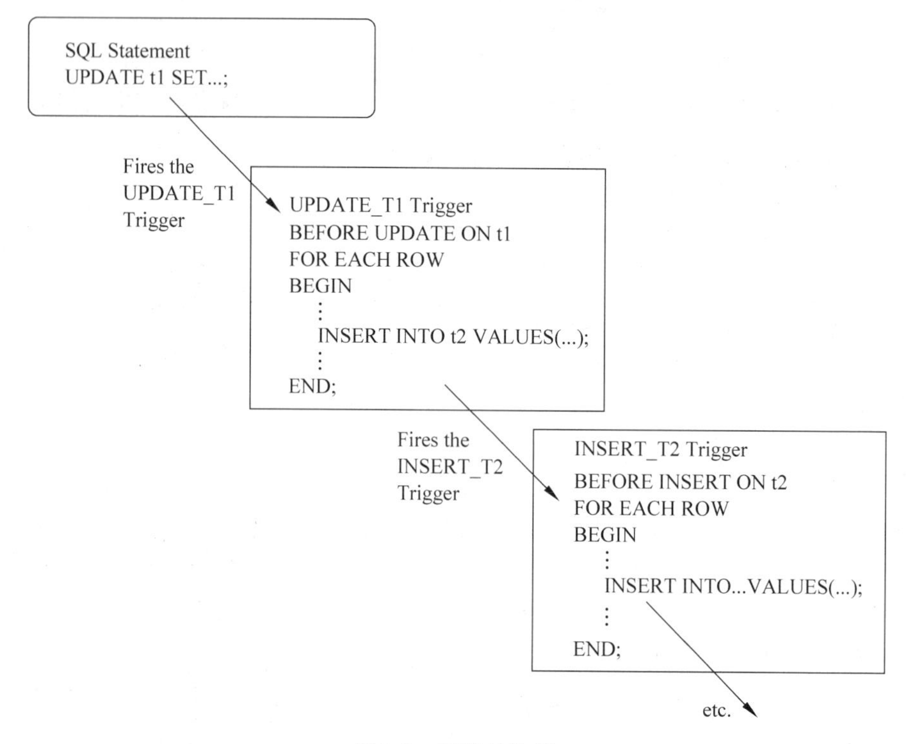

图 9-2　级联触发器

1. 语句级触发器

在创建触发器时若未使用 FOR EACH ROW 子句，则该触发器称为语句级触发器。在 DML 命令执行之前或之后，触发器只被触发一次。

例 9.1　为 emp 表创建一个事后语句级触发器。当用户向 emp 表中插入新数据后，该触发器将统计 emp 表中的行数并输出。

```
CREATE OR REPLACE TRIGGER tri_insert_emp        --触发器以 tri_开头命名
AFTER INSERT ON emp
DECLARE
  rows NUMBER;
BEGIN
  SELECT count( * ) INTO rows FROM emp;
  dbms_output .put_line('emp 表中当前包含'||rows||'条记录');
END;
```

当用户对 emp 表执行 INSERT 操作时，该触发器被触发，执行结果如图 9-3 所示。从该例子中可以看出：在语句级触发器中可以访问触发表。如本例中在触发器的操作部分查询并统计触发表 emp 中的记录数。但在后面要讲的行级触发器中不允许访问触发表，这时会产生触发器使用不当引起表变异。

```
SQL> CREATE OR REPLACE TRIGGER tri_insert_emp  --触发器以tri_开
  2  AFTER INSERT ON  emp
  3  DECLARE
  4  rows NUMBER;
  5  BEGIN
  6  SELECT count(*)  INTO rows FROM emp;
  7  dbms_output .put_line('emp 表中当前包含'||rows||'条记录')
  8  END;
  9  /

触发器已创建

SQL> INSERT INTO emp(empno) VALUES(8902);
emp 表中当前包含16条记录

已创建 1 行。
```

图 9-3　事后语句级触发器的执行结果

例 9.2　创建一个事前语句级触发器 tri_update_emp，当用户对表 emp 中的 sal 字段进行 UPDATE 操作时该触发器被触发。

```
CREATE OR REPLACE TRIGGER tri_update_emp
BEFORE UPDATE OF sal ON emp
BEGIN
dbms_output .put_line('您正在修改表 emp 的 sal 列');
END tri_update_emp;
```

执行结果如图 9-4 所示。

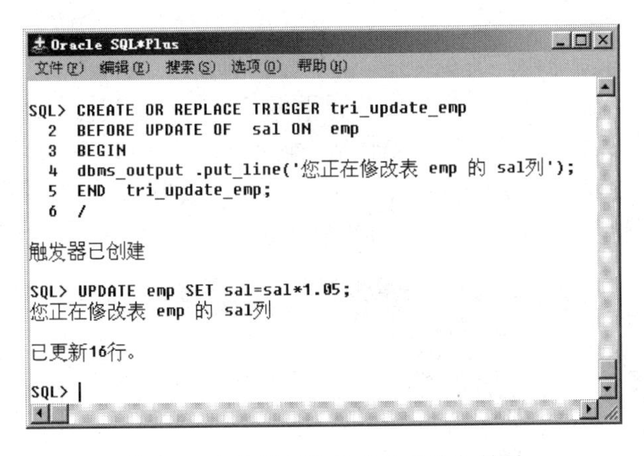

图 9-4　事前语句级触发器的执行结果

2. 行级触发器

在创建触发器时若使用了 FOR EACH ROW 子句，则该触发器称为行级触发器。DML 命令每操作一行记录，触发器就被触发一次，当 DML 命令影响多少行记录时行级触发器就被触发多少次。

行级触发器有一个重要的特点就是可以在触发器中引用当前 DML 命令正在操作的行值，包括新值或旧值。这样用户就可以查看、编辑或判断这些值。这些值被保存在 Oracle 中的两张临时表中，它们是 new 表和 old 表。这两张表的结构和 DML 命令正在操作的表结构完全相同，但只有一行记录。在 new 表中包含 INSERT 语句要插入的新数据或

UPDATE 语句修改后的新数据，可以在行级触发器中更改它们的值。在 old 表中包含 DELETE 语句删除以前的旧数据或 UPDATE 语句修改之前的旧数据，不允许在触发器中修改它们的值。

new 表和 old 表实际上是内存中的两张逻辑表，只能在行级触发器中引用，不能在语句级触发器中引用。当用户添加数据或修改数据时，系统先将这些新数据写到内存的 new 表中，再将 new 表中的数据写到数据库的物理表中。当用户删除数据或修改数据时，系统先将这些旧数据写到 old 表中，再更新物理表中的数据。

在触发器的操作部分（即 BEGIN 和 END 组成的匿名块）引用 new 表或 old 表中的字段的格式如下：

```
:new.column_name | :old.column_name
```

在触发限制条件中引用 new 表或 old 表中的字段的格式如下：

```
new.column_name | old.column_name
```

例 9.3 为 emp 表创建一个带有触发条件的行级触发器。当用户向 emp 表中插入新记录时，如果新插入的员工工资是空值，那么触发器将该工资改为 0。

```
CREATE OR REPLACE TRIGGER insert_emp
BEFORE INSERT ON  emp
FOR EACH ROW
WHEN(new.sal is null)
BEGIN
 :new.sal: = 0;
END;
```

假如用户向 emp 表中插入一行只包括职工编号（empno）字段值的记录，上面的触发器在 INSERT 语句完成之前被触发。首先在触发限制条件中检查新插入的 sal 值是否为空值，如果是空值，那么触发器被触发并将要插入的 sal 的新值改为 0。触发器执行完成后，INSERT 语句继续执行，此时将 new 表中新的 sal 值添加到 emp 表中，执行结果如图 9-5 所示。

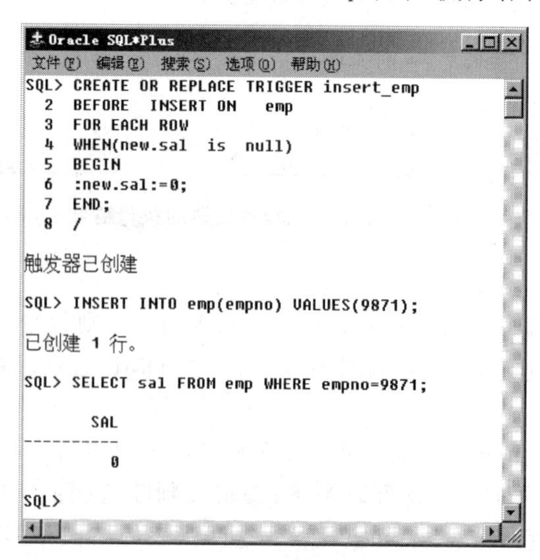

图 9-5　事前行级触发器的执行结果

从图中的执行结果可以看出触发器已经将新插入的员工编号为9871的工资值改为0。

另外，在某些特殊情况下可以使用行级触发器解决特殊问题。比如有两张表存在外键约束关系，如果想直接删除父表中被子表引用的记录，外键约束将起不允许删除的作用。但是，如果确实需要实现这样的操作该怎么办呢？在下例中将介绍使用触发器解决这一问题。

例9.4 首先创建两张有外键约束关系的表：category代表产品种类信息表，product代表产品信息表。

```
CREATE TABLE category (cid NUMBER (4 ) PRIMARY KEY,
                       cname VARCHAR2 (20) NOT NULL);
CREATE TABLE product (pid NUMBER(8) PRIMARY KEY,
                       pname VARCHAR2 (20) ,
                       cid NUMBER (4)   REFERENCES category(cid));
```

向两张表中分别插入新记录：

```
INSERT INTO category(cid,cname) VALUES(1100, '手机');
INSERT INTO product(pid,pname,cid) VALUES (11001,'华为 P6Plus',1100);
COMMIT;
DELETE   FROM   category;
```

将出现错误：0RA-02292：违反完整约束条件(SYSTEM. SYS_C005590)-已找到子记录为父表category创建行级触发器，代码如下：

```
CREATE OR REPLACE TRIGGER delete_category
BEFORE DELETE ON category
FOR EACH ROW
BEGIN
  DELETE FROM product WHERE cid  =  :old.cid;
END;
```

该触发器表示：在删除父表category中的记录之前，首先删除子表product中引用该记录的相关行，然后再删除父表中的记录即可。

注意：在触发器中执行对表或视图的插入、修改或删除操作时，要求触发器的创建者对该表或视图具有显式的操作权限，隐式权限无效。这一点和建立存储过程时需要的权限相同。

3. 多事件触发器

在创建触发器时可以指定多个触发事件，在触发操作内部使用if语句进行判断，再分别选择不同的操作执行。格式如下：

```
CREATE [OR REPLACE] TRIGGER [schema.]trigger_name
BEFORE|AFTER INSERT OR UPDATE OR DELETE ON [schema.]table_name
BEGIN
  execution_statements;
END;
```

对于多事件触发器，在触发器内部需要使用条件谓词进行判断。条件谓词是由IF关键字和谓语INSERTING、UPDATING、DELETING构成的。如果激发触发器的操作是INSERT，则INSERTING为真；如果激发触发器的操作是UPDATE，则UPDATING为真；如果激发触发器的操作是 DELETE，则 DELETING 为真。

例 9.5 在 emp 表中创建一个具有三种事件的触发器，实现不同的触发操作。

```
CREATE OR REPLACE TRIGGER tri_idu
BEFORE INSERT OR UPDATE OR DELETE ON emp
FOR EACH ROW
BEGIN
IF inserting THEN
dbms_output.put_line(:new.empno||'的记录将被插入!');
ELSIF updating THEN
dbms_output.put_line(:old.empno||'的记录将被更新!');
ELSIF deleting THEN
dbms_output.put_line(:new.empno||'的记录将被删除!');
END IF;
END tri_idu;
```

当用户向 emp 表中执行这三种操作时，执行结果如图 9-6 所示。

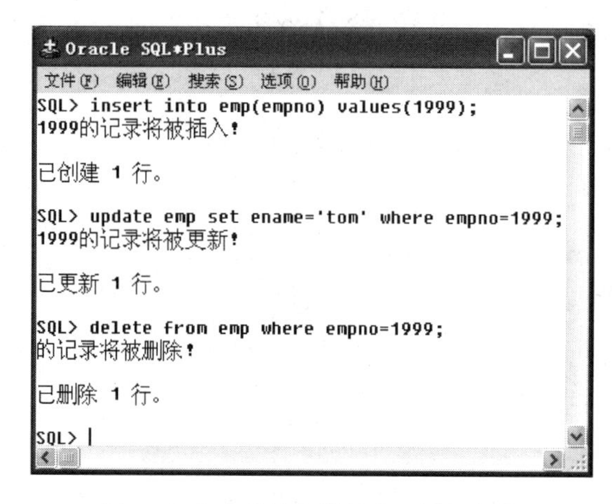

图 9-6 多事件触发器触发不同的操作

从执行结果可以看出，对多事件触发器执行不同的 DML 操作，可以运行不同的触发器代码。

9.3.2 DDL 事件触发器的创建

用户在数据库中执行 DDL 操作时触发的触发器称为 DDL 触发器。创建 DDL 触发器的格式如下：

```
CREATE [OR REPLACE] TRIGGER [schema.] trigger_name
{BEFORE | AFTER}
{DDL |CREATE | ALTER | DROP | ...}
ON (schema|database} trigger_body;
```

其中各参数的意义如下：

- DDL | CREATE | ALTER | DROP |…：表示在触发对象上执行的 DDL 命令，作为触发器被触发的条件，其中 DDL 是数据库定义语言的统称。除了在此列出的几个常用事件外，还有其他的 DDL 事件，常用的 DDL 事件参见表 9-1。

表 9-1　常用的 DDL 事件

DDL 事件	说　　明
ALTER	用来修改数据库中某些对象的属性，如修改表的结构或约束、修改用户的表空间或权限等
ANALYZE	用来计算基于代价的优化器的统计信息
ASSOCIATE STATISTICS	关联统计信息，用来将统计类型链接到列、函数、包、类型、域索引或索引类型
AUDIT	用来启用对象或系统上的审核
COMMENT	注释，用来说明列或表的作用
CREATE	在数据库中创建对象，比如权限、角色、表、用户和视图等
DDL	用 DDL 事件来表示任意主要数据定义事件，它有效地说明了 DDL 事件可以作用于任何事情
DISASSOCIATE STATISTICS	取消统计信息的关联，用来取消统计信息类型与列、函数、包、类型、域索引或索引类型之间的链接
DROP	用来删除数据库中的对象，例如对象、权限、角色、表、用户和视图
GRANT	用来向数据库中的用户授予权限或角色
NOAUDIT	禁用审核，可以禁用对对象或系统的审核
RENAME	重命名数据库中的对象，例如列、约束、对象、权限、角色、同义词、表、用户和视图等
REVOKE	取消数据库用户的权限或角色
TRUNCATE	清空表，它物理地删除表中的所有行，不能用 ROLLBACK 命令恢复

- schema | database：表示触发对象。其中 schema 表示触发器是基于方案级别的，只有当触发器的创建者执行了触发器中指定的 DDL 操作时此类触发器才被触发；database 表示触发器是基于数据库级别的，任何数据库用户执行了触发器中指定的 DDL 操作此类触发器都被触发。
- trigger_body：表示触发器的主体，是定义触发器操作的部分，与前面的 DML 触发器相同。

1. 数据库级 DDL 触发器

在创建触发器时，若触发对象选择了 database，则该 DDL 触发器就是数据库级的，任何用户执行 DDL 操作，触发器都会被触发。

例 9.6　首先创建一个记录 DDL 事件的表 event_table，字段包括事件名称 event、事件的操作者 usemame、被操作对象的所有者 owner、被操作对象的名称 objname、被操作对象的类型 objtype、操作的时间 opertime。

```
CONNECT system/a12345;        - 切换到 system 用户
CREATE TABLE event_table(event VARCHAR2(20),username VARCHAR2 (10),
              owner VARCHAR2(10),objname VARCHAR2 (30),objtype VARCHAR2(20),
              opertime TIMESTAMP);
```

然后创建一个数据库级的事后 DDL 触发器，一旦有 DDL 事件发生，则将该事件的信息记录到上面的 event_table 表中。

```
CREATE OR REPLACE TRIGGER tri3_ddl_database
```

```
AFTER DDL ON DATABASE
BEGIN
INSERT INTO event_table
VALUES(ora_sysevent,ora_login_user,ora_dict_obj_owner,ora_dict_obj_name,
      ora_dict_obj_type,sysdate);            --各事件属性函数的定义见表 9-2
END;
```

接下来，我们执行 DDL 命令，让触发器"点火"执行。

```
CONNECT scott/a12345;              --切换到 scott 用户
CREATE table t1(id NUMBER);        --创建表 t1
DROP table t1;                     --删除表 t1
CONNECT system/a12345;
SELECT EVENT,USERNAME,OWNER,OBJNAME,OBJTYPE,
TO_CHAR(OPERTIME,'YYYY-MM-DD HH24:MI:SS') EVENTTIME
FROM event_table;
```

运行结果如图 9-7 所示。从运行结果可以看出，在 system 用户下创建事件记录表 event_table 和数据库级触发器，在 scott 用户下进行 DDL 操作，结果引起了触发器被触发，操作数据记录在了 event_table 表中了，这充分说明了在数据库级创建 DDL 触发器，任何用户执行 DDL 操作都会被触发。

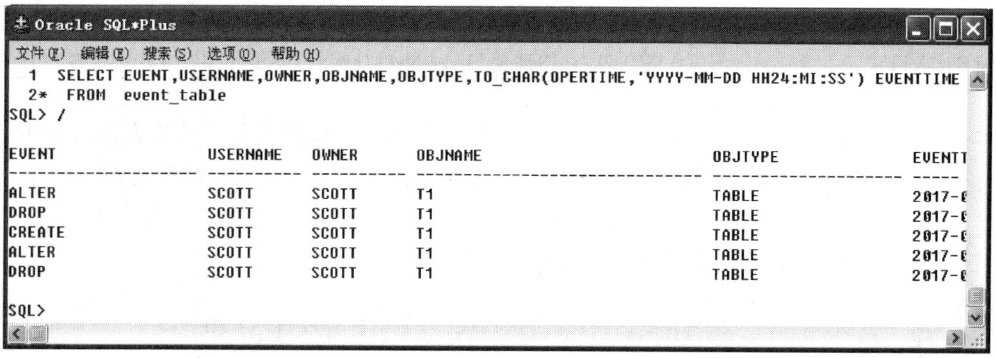

```
Oracle SQL*Plus
文件(F) 编辑(E) 搜索(S) 选项(O) 帮助(H)
  1  SELECT EVENT,USERNAME,OWNER,OBJNAME,OBJTYPE,TO_CHAR(OPERTIME,'YYYY-MM-DD HH24:MI:SS') EVENTTIME
  2*  FROM  event_table
SQL> /

EVENT                USERNAME   OWNER      OBJNAME                         OBJTYPE              EVENTT
-------------------- ---------- ---------- ------------------------------- -------------------- -----
ALTER                SCOTT      SCOTT      T1                              TABLE                2017-0
DROP                 SCOTT      SCOTT      T1                              TABLE                2017-0
CREATE               SCOTT      SCOTT      T1                              TABLE                2017-0
ALTER                SCOTT      SCOTT      T1                              TABLE                2017-0
DROP                 SCOTT      SCOTT      T1                              TABLE                2017-0

SQL>
```

图 9-7　数据库级 DDL 触发器运行效果

2. 方案级 DDL 触发器

在创建触发器时，若触发对象选择了 schema，则该 DDL 触发器就是方案级的，只有当创建触发器的用户执行 DDL 操作时，触发器才被触发(特别注意：是创建触发器的用户执行 DDL 时)。

例 9.7　创建一个基于 CREATE 命令的方案级事后触发器。

```
CONNECT system/a12345;              --以 system 用户连接数据库
CREATE OR REPLACE TRIGGER tri4_create_schema
AFTER CREATE ON schema              --当 system 用户执行 CREATE 命令之后触发器被触发
BEGIN
  dbms_output.put_line('新对象被创建了!');
END;
```

创建触发器后，system 用户执行了 CREATE 命令，执行结果如图 9-8 所示。从图 9-8

中可以看出，当 system 用户执行 CREATE 命令时，触发器被触发。接下来以 scott 用户连接数据库并执行 CREATE 命令，试验触发器是否被触发，执行结果如图 9-9 所示。

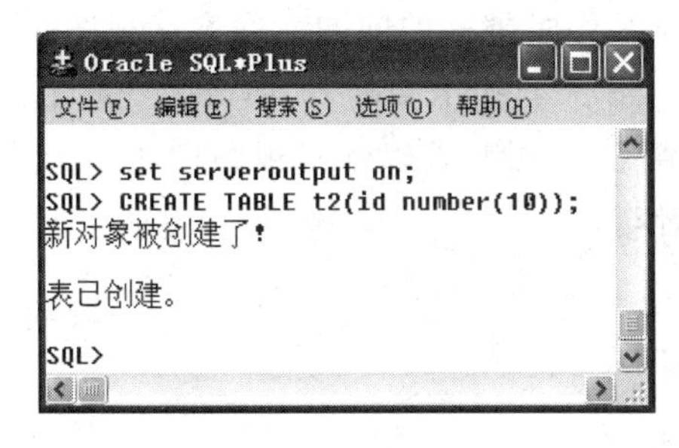

图 9-8　方案级 DDL 触发器运行效果

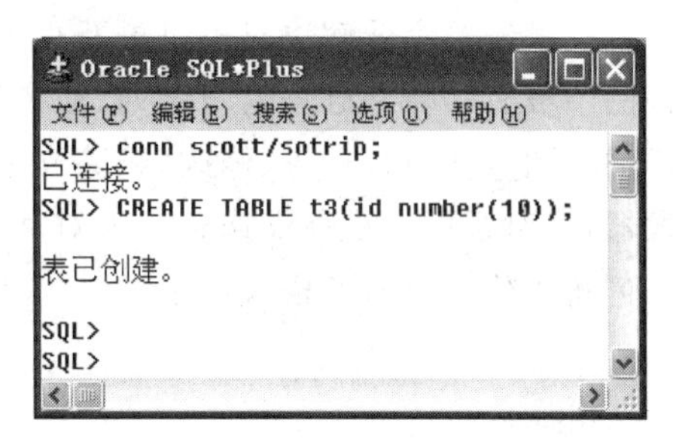

图 9-9　方案级 DDL 触发器未被触发

如图 9-9 所示，当 scott 用户执行 CREATE 命令时，tri4_create_schema 触发器没有被触发。

在创建 DDL 触发器时，除了以上列出的 CREATE、ALTER，DROP 事件外，还可以是表 9-1 中所列的其他 DDL 事件。

当这些事件被执行的时候，系统提供了一些可用的事件属性函数，用这些函数可以获取事件发生时的详细信息，参见表 9-2。

表 9-2　系统定义的获取事件属性的函数

事件属性函数	说　明
Ora_client_ip_address	返回客户端的 IP 地址
Ora_database_name	返回当前数据库名
Ora_des_encrypted_password	返回 DES 加密后的用户口令
Ora_dict_obj_name	返回 DDL 操作所对应的数据库对象名
Ora_dict_obj_name_list(name_list out ora_name_list_t)	返回在事件中被修改的对象名列表
Ora_dict_obj_owner	返回 DDL 操作所对应的对象的所有者
Ora_dict_obj_owner_list(owner_list out ora_name_list_t)	返回在事件中被修改的对象的所有者列表
Ora_dict_obj_type	返回 DDL 操作所对应的数据库对象的类型
Ora_grantee (user_list out ora_name_list_t)	返回授权事件的授权者
Ora_instance_num	返回数据库的实例名
Ora_is_alter_column(column_name in VARCHAR2)	检测特定列是否被修改
Ora_is_creating_nested_table	检测是否正在建立嵌套表
Ora_js_drop_column (column_name in VARCHAR2)	检测特定列是否被删除
Ora_is_servererror (error_ NUMBER)	检测是否返回了特定的 Oracle 错误
Ora_login_user	返回登录用户名
Ora_sysevent	返回触发器的系统事件名

9.3.3　替代触发器的创建

创建触发器时若选择了 INSTEAD OF 子句，那么该触发器就是替代触发器。替代触发器和 DML 触发器是不同的。替代触发器只能在视图上创建，而不能在表上创建；用户在视图上执行的 DML 操作将被替代触发器中的操作截获(代替)，也就是说原来要执行的

DML 命令不再被执行，而是执行替代触发器中指定的操作，触发器体中的内容是具体操作的实现者(枪手)。

替代触发器主要解决对不可更新视图执行更新操作时带来的问题。在定义视图时，如果视图中没有选择基础表的主键列，或者视图中的数据来自多个基础表，那么用户将无法对这样的视图直接执行插入、修改、删除操作。这种情况下，用户可以针对视图创建一个替代触发器，将对视图的更新操作转换为对基础表的操作。

创建替代触发器的格式如下：

```
CREATE [OR REPLACE] TRIGGER [schema.] trigger_name
INSTEAD OF {INSERT | UPDATE | DELETE}
ON [schema.]view_name
[FOR EACH ROW]
trigger_body;
```

其中各参数的意义如下：

- INSTEAD OF：是替代触发器的关键字，代表触发器的类型。
- FOR EACH ROW：表示行级触发，在替代触发器中可以省略。也就是说，即使省略此项，替代触发器也是行级触发的，也能够访问 new 或 old 表，这一点和 DML 触发器不同。
- 其他参数同上。

例 9.8　首先在 scott 方案下利用 emp 表创建一个查询 ename 和 sal 字段值的视图，然后在该视图上建立一个插入操作的替代触发器，从而允许用户对视图执行插入操作。

```
-- 以 scott 用户连接数据库,完成以下操作
CONNECT scott/a12345
-- 创建基于 emp 表的视图 emp_view1
CREATE VIEW emp_view1 AS SELECT ename, sal FROM emp;
-- 创建替代触发器
CREATE OR REPLACE TRIGGER insert_view1
INSTEAD OF INSERT ON emp_view1        -- 省略了 FOR EACH ROW,默认为行级触发器
DECLARE
v_empno NUMBER(4);
BEGIN
 SELECT max(empno) + 1 INTO v_empno FROM emp;
 INSERT INTO emp(empno, ename, sal) VALUES (v_empno, :new.ename, :new.sal);
END insert_view1;
```

应用以上视图和触发器完成 INSERT 操作，执行结果如图 9-10 所示。

说明：如果向视图中直接插入雇员信息将会发生错误，因为 emp 表的 empno 字段是主键，它不允许为空，但视图中并没有该字段。创建替代触发器以后，将对视图的插入操作转换为对基础表 emp 表的插入操作，并且在插入 ename 和 sal 字段值的同时插入 empno 字段值(当前最大 empno 字段值加 1)。从图 9-10 中可以看出，为视图创建了替代触发器后，对视图的插入操作能够成功完成。

例 9.9　首先在 scott 方案下利用 emp 表和 dept 表创建一个视图，然后在视图上创建一个替代触发器，允许用户利用视图修改基础表中的数据。

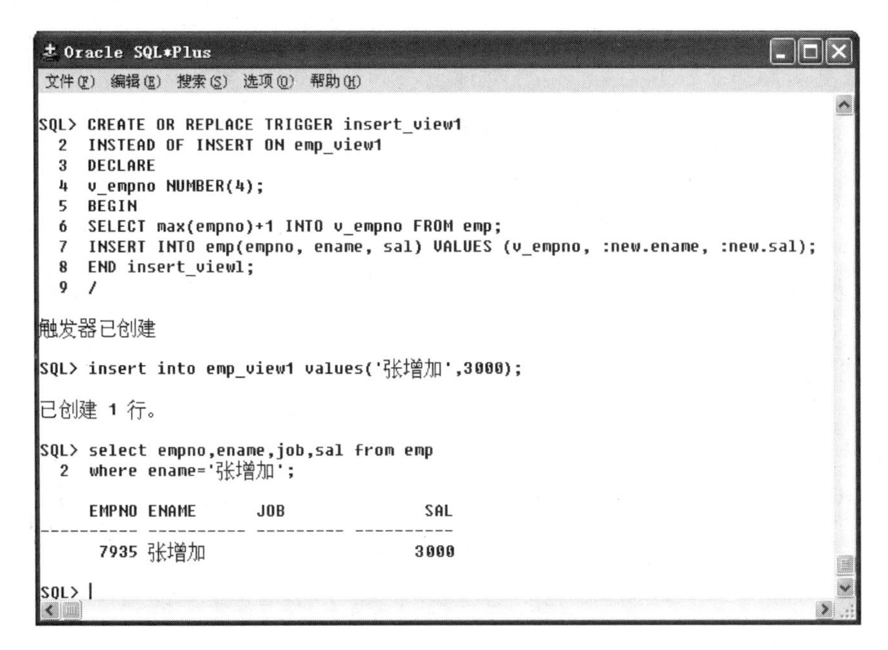

图 9-10　替代触发器的执行效果

```
--以 scott 用户连接数据库,完成以下操作
CONNECT scott/a12345;
--创建基于 emp 表和 dept 表的视图 emp_dept_view2
CREATE VIEW emp_dept_view2
AS SELECT empno,ename,sal,dname FROM emp e,dept d
WHERE e.deptno = d.deptno;
```

如果用户直接利用视图修改 empno 为 7369 的职工部门为 SALES,语句如下:

```
UPDATE emp_dept_view2 SET dname = 'SALES'
WHERE empno = 7369;
```

修改将失败。如果创建一个替代触发器,则可完成上述需求。

```
--创建替代触发器
CREATE OR REPLACE TRIGGER update_view2
INSTEAD OF UPDATE ON emp_dept_view2
DECLARE
id dept.deptno%TYPE;
BEGIN
SELECT deptno INTO id FROM dept WHERE dname = :new.dname;
UPDATE emp SET deptno = id WHERE empno = :old.empno;
END;
```

为视图创建 UPDATE 操作的替代触发器后,再利用视图修改 empno 为 7369 的职工部门为 SALES,下列语句:

```
UPDATE emp_dept_view2 SET dname = 'SALES'
WHERE empno = 7369;
```

执行后，数据修改成功。从上例看出，使用替代触发器可以对不可更新的视图或不可更新的列完成更新操作。

9.3.4 用户事件触发器

在 Oracle 数据库中，类似于用户登录或退出数据库这样的操作被称为一个事件。用户事件触发器是指和所有用户或某一用户的登录/注销事件相关的触发器。注销事件（LOGOFF）只可以指定触发时间 BEFORE，登录事件（LOGON）只可以指定触发时间 AFTER。

1. 数据库级用户事件触发器

在创建触发器时，若触发对象选择 database，则任何用户执行登录/注销操作时，触发器都会被触发。

例 9.10 首先创建一个记录用户事件的表 userevent_table，然后再创建两个数据库级用户事件触发器，任何用户登录到数据库后或从数据库中注销前都会将相关信息记录到 userevent_table 表中。

```
-- 创建用户事件表 userevent_table
CREATE TABLE userevent_table
(username VARCHAR2 (10),
 logtime DATE, onoff CHAR(6),
 IP_address VARCHAR2 (30));
-- 创建登录后的触发器
CREATE OR REPLACE TRIGGER tri7_logon
AFTER LOGON ON database
BEGIN
 INSERT INTO userevent_table
 VALUES(ora_login_user, sysdate, 'logon', ora_client_IP_address);
END;
-- 创建注销前的触发器
CREATE OR REPLACE TRIGGER tri8_logoff
BEFORE LOGOFF ON database
BEGIN
INSERT INTO userevent_table
VALUES(ora_login_user, sysdate, 'logoff', ora_client_IP_address);
END;
-- 执行以下命令，运行结果如图 9 - 11 所示
CONNECT scott/a12345;
CONNECT system/a12345;
SELECT * FROM userevent_table;
```

2. 方案级用户事件触发器

在创建触发器时，若触发对象选择 schema，则只有当创建触发器的用户执行登录/注销操作时，触发器才被触发。

例 9.11 创建一个 system 方案的登录事后触发器，当该用户登录到数据库后将登录信息记录到表 user_logon 中。

```
-- 以 system 用户登录
```

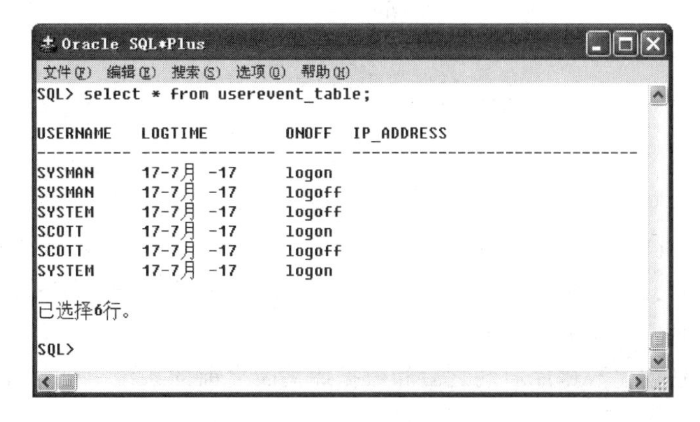

图 9-11　数据库级用户事件触发器

```
CONNECT system/a12345;
-- 创建表 user_logon
CREATE TABLE user_logon(username VARCHAR2 (10), logtime TIMESTAMP);
-- 创建登录后的触发器
CREATE OR REPLACE TRIGGER tri9_logon
AFTER LOGON ON schema
BEGIN
INSERT INTO user_logon VALUES (ora_login_user,sysdate);
END;
-- 执行以下命令,运行结果如图 9 - 12 所示
CONNECT scott/sotrip;              -- 用户密码根据实际环境不同而变化
CONNECT system/sotrip;             -- 用户密码根据实际环境不同而变化
SELECT username,to_char(logtime,'YYYY - MM - DD HH24:MI:SS')
FROM user_logon;
```

图 9-12　方案级用户事件触发器

从图 9-12 中可以看出方案级的用户事件触发器只对创建触发器的方案(用户)起作用。

9.3.5　系统事件触发器

系统事件触发器是指由数据库系统事件触发的数据库触发器。数据库系统事件包括如下几种：

- 数据库的启动(STARTUP)。
- 数据库的关闭(SHUTDOWN)。
- 数据库服务器的出错(SERVERERROR)。

创建系统事件触发器的语法格式如下：

```
CREATE OR REPLACE TRIGGER trigger_name
{BEFORE | AFTER}
{DATABASE_EVENT_LIST}
ON [ DATABASE | SCHEMA]
trigger_body;
```

其中 STARTUP 和 SERVERERROR 事件只可以创建 AFTER 触发器，而对于 SHUTDOWN 事件只可创建 BEFORE 触发器。

例 9.12 分别创建数据库启动之后和数据库关闭之前的系统事件触发器，用来将相关信息记录到 sysevent_table 表中。

```
--创建表 sysevent_table
CREATE TABLE sysevent_table
(username VARCHAR2(10),
eventname VARCHAR2(30),
opertime TIMESTAMP);
--创建数据库启动之后的触发器
CREATE OR REPLACE TRIGGER tri5_startup
AFTER STARTUP ON DATABASE
BEGIN
 INSERT INTO sysevent_table VALUES(ora_login_user,ora_sysevent, sysdate);
END;
--创建数据库关闭之前的触发器
CREATE OR REPLACE TRIGGER tri6_shutdown
BEFORE SHUTDOWN ON DATABASE
BEGIN
  INSERT INTO sysevent_table VALUES (ora_login_user, ora_sysevent, sysdate);
END;
--执行以下命令,运行结果如图 9-13 所示
CONNECT sys/sotrip as sysdba;
SHUTDOWN IMMEDIATE;
STARTUP OPEN;
CONNECT system/sotrip;
SELECT * FROM sysevent_table;
SELECT username, eventname ,to_char(opertime, 'YYYY-MM-DD HH24:MI:SS')
FROM sysevent_table;
```

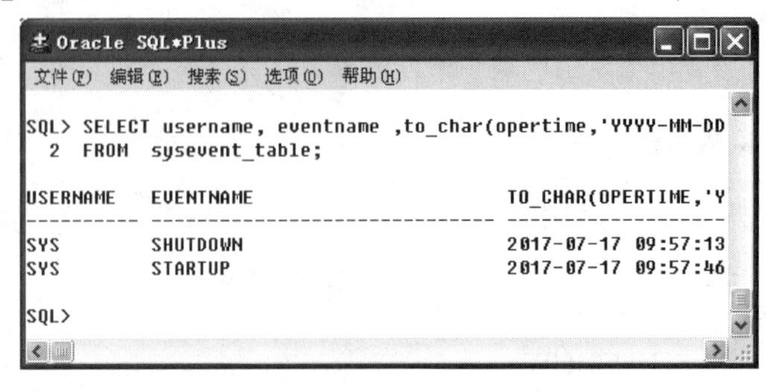

图 9-13 系统事件触发器运行结果

9.4 触发器管理

触发器被创建后，可以对触发器中的内容、状态进行修改，也可以从数据库中删除一个不再使用的触发器，本节将介绍如何实现这些操作。

1. 修改触发器中的内容

对触发器中的内容进行修改或重新编写后，可以使用 CREATE OR REPLACE TRIGGER trigger_name 命令将原来的触发器替换掉。

2. 修改触发器的名字

可以对 DML 触发器重新命名，但不能对系统触发器执行重命名操作。重新命名触发器的格式如下：

```
ALTER TRIGGER trigger_name RENAME TO new_trigger_name
```

例 9.13 将系统中的 DML 触发器 i_u_d 重命名为 tri9。

```
ALTER TRIGGER i_u_d RENAME TO tri9
```

3. 重新编译触发器

若在触发器的操作部分调用了数据库中某个存储过程或函数，那么当该存储过程或函数被修改后，触发器的状态将被标识为 INVALID（无效）。当触发一个无效的触发器时，Oracle 将重新编译触发器代码，如果重新编译时发现错误，这将导致触发语句执行失败。因此，可以在被调用的存储过程或函数修改后，对触发器执行重新编译操作，以避免上述情况的发生。重新编译触发器的命令格式如下：

```
ALTER TRIGGER trigger_name COMPILE;
```

用户可以通过视图 USER_OBJECTS，查询触发器的状态，检查触发器的状态，对于无效的触发器进行重新编译。

```
SELECT substr(object_name,1,30) object_name,status FROM user_objects
WHERE object_type = 'TRIGGER'
```

例 9.14 将触发器 tri6_shutdown 重新编译。

```
ALTER TRIGGER tri6_shutdown COMPILE;
```

4. 启用和禁用触发器

当系统中的触发器暂时不使用，而又不删除时，可以将该触发器禁用，以后需要的时候，再启用触发器，这样可以节省操作的时间。在实际工程中，当有大量的数据要恢复到某数据表中，但这个数据表上又有触发器时，数据插入会导致触发动作的产生，消耗系统时间，故一般在插入数据之前先禁用触发器，插入完成后再激活触发器。启用和禁用触发器的命令格式如下：

```
ALTER TRIGGER trigger_name  ENABLE | DISABLE;
```

例 9.15 将触发器 tri6_Shutdown 禁用。

```
ALTER TRIGGER tri6_shutdown DISABLE;
```

如果想要启用或禁用一个表的所有触发器，可使用如下的 ALTER TABLE 语句：

```
ALTER TABLE table_name DISABLE | ENABLE ALL TRIGGERS;
```


例 9.16 将 emp 表中的所有触发器禁用。

```
ALTER TABLE  emp  DISABLE ALL TRIGGERS;
```

5. 删除触发器

当数据库中的一个或多个触发器不需要时，可以使用如下命令将其删除：

```
DROP TRIGGER  trigger_name[,...n]
```

9.5 触发器应用

触发器是实现主动数据库的途径之一，触发器在工程项目中的应用一般用来完成业务规则要求的一些隐式的动作，如触发器和序列相结合，完成数据库表主键的自动生成等。

9.5.1 数据库表主键自动填入

在 4.8 节，我们介绍了一个借助于 ERwin 建模工具，以 Oracle 数据库为物理数据库平台生成数据库物理模型的过程。在所生成的数据库表中，有一些表的主键是一个自动增长的自然数。例如，开关量历史采集数据存储表 T_SwitchMsgDataLog 的主键 LogID 就是自增型数值字段，其表结构如下：

```
CREATE TABLE T_SwitchMsgDataLog (
  LogID           NUMBER(32) NOT NULL,
  SensorUUID       NUMBER(20) NULL,
  ChangeTime       DATE NULL,
  SwitchCurrentVAL   NUMBER(10) NULL,
  ChangeBeforeTime   DATE NULL,
  CreateDateTime     DATE NULL,
  ChangeLongitude   NUMBER(11,5) NULL,
  ChangeLatitude     NUMBER(11,5) NULL,
  MsgtypeID          NUMBER(3) NULL,
  CarID              NUMBER(20) NULL,
  CONSTRAINT XPKT_SwitchMsgDataLog PRIMARY KEY (LogID));
```

要达到在操作该表的非主键字段时自动生成主键值的目的，可采用如下步骤：

• 创建一个序列 seq_Logid

```
CREATE SEQUENCE seq_Logid
START WITH 1
INCREMENT BY 1
NOMAXVALUE
CACHE 10
NOCYCLE;
```

• 在 T_SwitchMsgDataLog 表上创建 BEFORE 行级触发器

```
CREATE OR REPLACE TRIGGER tri_bi_logid
BEFORE INSERT ON T_SwitchMsgDataLog
FOR EACH ROW
DECLARE
v_logid NUMBER(32);
BEGIN
SELECT seq_Logid.NEXTVAL INTO v_logid FROM dual;
:new.LogID: = v_logid;
END;
```

9.5.2 触发器变异表处理

在例 9.1 中，我们创建了一个 DML 语句级触发器 tri_insert_emp，这个触发器定义在 emp 表上，触发体中本身又操作了 emp 表。这样的操作在语句级触发器(表级)中是可行的。然而在行级触发器中，触发器的操作代码部分是不能操作触发表的，否则，会引起触发表变异。变异表是指激发触发器的 DML 语句所操作的表。

需要明确的是触发器中 SQL 语句不能进行如下操作：

(1) 读或修改触发语句的任何变异表，其中包括触发表本身。

(2) 读或修改触发表的约束表中的主关键字、唯一关键字和外部关键字列。除此之外的其他列都可以修改。

例如，有这样一个需求，在更新员工所在部门或向部门插入新员工时，部门中员工人数不超过 10 人，为了满足这样的需求，我们编写了一个触发器：

```
CREATE OR REPLACE TRIGGER tri_biu_emp
BEFORE INSERT OR UPDATE ON EMP
FOR EACH ROW
DECLARE
 v_num NUMBER;
BEGIN
SELECT count( * ) INTO v_num FROM emp
WHERE deptno  =  :new.deptno;
IF (v_num > 10) THEN
  RAISE_APPLICATION_ERROR( - 20001, '员工数多于'||v_num);
END IF;
END tri_bu_emp;
```

然后执行下列 SQL 语句：UPDATE emp set deptno=30 WHERE ename=' SMITH ';

系统报错如下：

```
ORA - 04091: 表 SCOTT.EMP 发生了变化, 触发器/函数不能读它
ORA - 06512: 在 "SCOTT. TRI_BU_EMP ", line 4
ORA - 04088: 触发器 'SCOTT. TRI_BU_EMP ' 执行过程中出错
```

很显然，对于行级触发器(FOR EACH ROW)，触发体操作部分是不能再操作触发器定义在其上的数据表的。为了解决这样的问题，可采用如下方案：

- 将行级触发器与表级触发器结合起来，在行级触发器中获取要修改的记录的信息，存放到一个软件包的全局变量中。

- 然后在事后语句级触发器中利用软件包中全局变量信息对变异表查询，并根据查询的结果进行业务处理。

例如，为了实现前面的需求，可以在 emp 表上创建两个触发器，同时创建一个共享信息的包 mutate_pkg，在行级触发器中将部门编号保存起来，在表级触发器中再修改。这样充分利用了行级触发器先触发(多次)，表级触发器后触发一次的特点。

```
--创建一个包,存放行级触发器要更新的雇员的部门编号
CREATE OR REPLACE PACKAGE mutate_pkg
AS
  v_deptno NUMBER(2);
END;
--创建一个行级触发器把要更新的雇员的部门编号存放在包中
CREATE OR REPLACE TRIGGER tri_biu_emp
BEFORE INSERT OR UPDATE OF deptno ON EMP
FOR EACH ROW
BEGIN
  mutate_pkg.v_deptno: = :new.deptno;
END;
--创建一个表级触发器根据计算结果决定是否更新
CREATE OR REPLACE TRIGGER tri_tab_emp
AFTER INSERT OR UPDATE OF deptno ON EMP
DECLARE
  v_num number(3);
BEGIN
 SELECT count( * ) INTO v_num FROM emp
WHERE deptno  =  mutate_pkg.v_deptno;
 IF v_num > 10 THEN
   RAISE_APPLICATION_ERROR( - 20003,'这部门的员工太多了: '||mutate_pkg.v_deptno);
 END IF;
END;
--执行更新语句:
UPDATE emp set deptno = 30 WHERE ename = ' SMITH ';
```

语句执行成功。

这只是一个简单的解决方案。如果一个表中有多行变异表数据更新，可以在包中采用 PL/SQL 记录类型。用记录表类型变量记录下行级触发器更新过的所有数据，然后在表级触发器中循环查询变更过的行做进一步的处理。

在前面的程序中，我们用到了 RAISE_APPLICATION_ERROR()这个函数，它的作用是将应用程序专有的错误从服务器端转达到客户端应用程序。它的语法格式如下：

```
RAISE_APPLICATION_ERROR(err_num IN NUMBER, err_msg IN VARCHAR2);
```

里面的错误代码和内容，都是自定义的。err_num 可取值范围：－20000 到－20999 之间，这样就不会与 Oracle 的任何错误代码发生冲突。err_msg 的长度不能超过 2KB，否则截取 2KB。

9.6 习　　题

1. 简述 Oracle 数据库中触发器的类型及触发条件。
2. 简述一个触发器的组成部分及其作用。
3. 简述替代触发器的作用。
4. 行级触发器和表级触发器在使用上有何区别?
5. 触发器是怎样实现数据库主键自增功能的?
6. 怎样克服触发器使用时的变异表问题?
7. RAISE_APPLICATION_ERROR()函数的作用是什么?
8. 当给有触发器的表上大批量插入数据时应注意哪些问题?
9. 试创建一个触发器,记录某用户什么时候登录到数据库,执行了什么样的操作。

第10章 Oracle安全策略、数据库备份与恢复

数据库安全(DataBase Security)是指采取各种安全措施对数据库及其相关文件和数据进行保护。数据库系统的重要指标之一是确保系统安全,以各种防范措施防止非授权用户使用数据库,这主要通过DBMS来实现。数据库系统中一般采用用户标识和鉴别、存取控制、视图以及密码存储等技术进行安全控制。数据库安全的核心和关键是其数据安全。数据安全是指以保护措施确保数据的完整性、保密性、可用性、可控性和可审查性。由于数据库存储着大量的重要信息和机密数据,而且在数据库系统中大量数据集中存放,供多用户共享,因此,必须加强对数据库访问的控制和数据安全防护。

数据库的备份与恢复(Backup and Recovery)技术是指为防止数据库受损或在受损后进行数据重建的各种策略、步骤和方法。数据库备份几乎是任何计算机系统中必要的组成部分。意外断电、系统或服务器崩溃、用户操作失误、磁盘损坏等都有可能造成数据文件的丢失或破坏,而这些文件正是数据库的物理组成部分,包含着数据库中所有的数据。数据库的备份与恢复是减少数据损失的有效手段。备份是一个长期的过程,而恢复只在事故发生后进行。恢复可以看做是备份的逆过程,恢复程度的好坏很大程度上依赖备份的情况。

本章主要内容

- Oracle安全策略
- Oracle数据库备份与恢复机制
- 数据库备份的种类与策略
- 数据库的脱机冷备份和联机热备份
- 数据库逻辑备份(Export/Import)
- 闪回处理技术

10.1 Oracle安全策略

Oracle是多用户数据库管理系统,它允许多个用户共享资源。为了保证数据库系统的安全,数据库管理系统配置了良好的安全机制。

1. 建立系统级的安全保证

系统级特权通过授予用户系统级的权利来实现。系统级的权利(系统特权)包括:建立表空间、建立用户、修改用户、删除用户等。系统特权可授予用户,也可以随时回收。Oracle系统特权有80多种。

2. 建立对象级的安全保证

对象级特权通过授予用户对数据库中特定的表、视图、序列等进行操作(查询、增加、删改)的权利来实现。

3. 建立用户级的安全保证

用户级安全保证通过用户口令和角色机制(一组权利)来实现。角色机制的引入简化对用户的授权的管理。在前面的3.5节我们已详细地讨论了角色相关的问题。

10.1.1 Oracle数据库访问的身份验证

每个用户访问Oracle数据库之前,都必须经过两个安全性检验阶段。第一个阶段是身份验证,验证用户是否具有连接权,即用户是否能够访问Oracle服务器,身份验证成功,用户才可以连接到Oracle数据库,但此时用户还不能对数据库执行任何操作。第二个阶段是访问控制,即验证连接到服务器上的用户是否对数据库具有相应的操作权限,只有获得数据库的操作权限,该用户才能够对数据库执行操作。

在Oracle中有两种身份验证模式:

- 数据库身份验证。数据库身份验证是指在创建用户的时候为其指定相应的密码,密码以加密的方式存储在数据库中,用户可以在任意时候修改自己的密码。当连接数据库的时候要求用户输入用户名和密码,由Oracle验证账号的有效性。

为了加强数据库的安全性,Oracle建议使用口令管理,如用户账户锁定、口令过期等方式来管理用户的密码。

采取这种验证方式,由数据库控制用户账号和所有验证,不涉及数据库以外的任何东西,并且Oracle自身提供强大的管理功能以加强安全性。

- 外部身份验证。外部身份验证是指由外部服务验证用户身份的有效性,而不使用Oracle系统进行验证。这些外部服务一般是指客户操作系统,这种身份验证模式允许用户通过操作系统账号直接连接数据库,也就是说Oracle完全信任操作系统,一旦用户通过了操作系统验证,Oracle就允许该用户连接数据库(生产环境下,这种方式未必安全)。

10.1.2 Oracle数据访问安全的保障

Oracle数据库用户对数据安全访问的实现是通过权限和角色来实现的。我们在第3章已讨论了权限和角色的概念及操作。权限是用户对一项功能的执行权利。在Oracle中,根据权限影响的范围,将权限分为系统权限和对象权限两种。

系统权限是指用户在整个数据库中执行某种操作时需要获得的权利,如连接数据库、创建用户、创建表等系统权限。可以在数据字典视图SYSTEM_PRIVILEGE_MAP上执行SELECT操作,查看完整的系统权限(大约有160多项权限)。

对象权限是指用户对数据库中某个具体对象操作时需要的权利,主要针对数据库中的表、视图和存储过程而言。

Oracle系统权限和对象权限都对用户的操作起到了限制作用,这也在很大程度上保护了数据库中数据的安全访问。

10.2 Oracle 数据库备份与恢复机制

10.2.1 数据库备份的重要性

从计算机系统问世以来就有了备份这个概念。计算机以其强大的运算能力取代了许多人工操作。但是,计算机系统很脆弱,如主板上的芯片、主板电路、内存、电源等任何部件受到损坏时,都会导致计算机系统不能正常工作。这些部件的损坏可以修复,通常不会导致应用和数据受损。但是,如果计算机的存储设备受到损坏,将直接导致数据受损或丢失,因此对存储设备进行备份是人们一直以来非常重视的工作。

在计算机系统的日常应用中,已经出现了许多备份策略和备份技术,如 RAID 技术、双机热备、集群技术等。有时候,系统的硬件备份的确能解决数据库备份的问题,如磁盘介质的损坏,可以从镜像上做简单的恢复或切换机器。但是,对硬件的备份是需要付出昂贵代价的。通常,选择备份策略的依据是:丢失数据的代价与确保不丢失数据的代价之比。例如,在数据库中误删了一个表,但执行整个硬件设备的恢复又显得浪费,因此对数据库单独进行备份与恢复就显得尤为重要了,特别是 Oracle 数据库的闪回技术对解决数据表误删恢复所付出的代价是相当小的。Oracle 数据库管理系统中提供了强大的备份与恢复策略。

所谓备份,就是把数据库复制到转储设备的过程。其中,转储设备是指用于放置数据库拷贝的磁带或磁盘。能够执行什么样的恢复依赖于已有的备份集,作为数据库管理员有责任从以下三个方面维护数据库的可恢复性:

- 使数据库的失效次数减到最少,从而使数据库保持最大的可用性。
- 当数据库不可避免地失效后,要使恢复时间减到最少,从而使恢复的效率达到最高。
- 当数据库失效后,要确保丢失的数据尽量少或不丢失,从而使数据具有最大的可恢复性。

10.2.2 数据库备份的内容

Oracle 备份数据库时,主要备份数据库中的各类物理文件,如数据文件、控制文件、服务器参数文件(SPFILES)和归档日志文件。数据文件中存放了系统和用户的数据,主要指表空间中包含的各个物理文件。控制文件中包含了维护和验证数据库完整性的必要信息,它向 Oracle 指明了数据文件和重做日志文件的列表信息,以及数据库名称、数据库创建的时间戳等。在数据库启动时,Oracle 会读取控制文件中的内容以验证数据库的状态和结构。控制文件在数据库的使用过程中由 Oracle 自动维护,该类文件很重要,因此对它的备份一般要求在不同的物理磁盘上进行。如果丢失或损坏了控制文件,用户也可以手工创建。参数文件中包含了对 Oracle 数据库及其实例的性能和功能的参数设置,另外还记录了控制文件和归档日志文件的一些信息,它是数据库启动时首先被读取的文件。归档日志文件是重做日志文件的备份,用于执行数据库的恢复。

10.2.3 数据库备份的种类

Oracle 提供了各种各样的备份方法,根据不同的需求可以选择不同的备份方法。下面介绍几种不同的备份方法。

1. 物理备份和逻辑备份

物理备份是指转储 Oraclc 数据库中所有的物理文件(包括数据文件、控制文件、归档日志文件等),也就是将实际组成数据库的操作系统文件从一处复制到另一处的备份过程。一旦数据库存储介质发生故障,可以利用这些备份文件进行还原。物理备份方法实现数据库的完整恢复,但数据库必须运行在归档模式下(业务数据库在归档模式下运行),而且需要极大的外部存储设备,例如磁带库。物理备份又可分为冷备份和热备份,也称低级备份,它只涉及组成数据库的文件,不考虑逻辑内容。

逻辑备份是指利用 SQL 语言从数据库中抽取数据并存于二进制文件的过程,通常是指利用 EXPORT 和 IMPORT 命令对数据库对象(如用户、表、存储过程等)进行导出和导入的工作。业务数据库采用逻辑备份方式,此方法不需要数据库运行在归档模式下,操作简单,而且不需要额外的存储设备。

2. 全数据库备份和部分数据库备份

全数据库备份是将数据库内的控制文件和所有数据文件备份。全数据库备份不要求数据库必须工作在归档模式下,在归档和非归档模式下都可以进行全数据库备份,只是方法不同。而归档模式下的全数据库备份又分为两种:一致备份和不一致备份。

部分数据库备份是指备份数据库的一部分,如表空间、数据文件、控制文件等。其中对表空间的备份就是对其包含的数据文件的备份。

3. 一致备份和不一致备份

一致备份是指备份过程中没有数据被修改,一般先将数据库切换到脱机状态,然后进行一致备份。在该方式下,所有的数据文件和控制文件都是同一个系统改变号(SYSTEM CHANGE NUMBER, SCN)。如果数据库处于打开或异常关闭状态,数据库内部各文件的 SCN 是不一致的,所以不能进行一致备份。SCN 是 Oracle 数据库的内部时钟,它定义了数据库在某个确切时刻提交的版本,这对于数据库的恢复操作至关重要。

不一致备份是指备份过程中仍有数据被修改,并且保存在归档的重做日志文件中。在进行不一致备份时,数据库可以继续进行操作。数据库从不一致备份恢复后,应该置于脱机状态,再进行一致备份,因为此时不会有数据被更改。数据库使用不一致备份恢复的时候,由于备份的数据文件或控制文件的 SCN 号不一致,所以必须提供一个归档的重做日志文件。从日志中恢复可以选择全部恢复,也可以只恢复到某时间点。

4. 联机和脱机备份

在数据库打开状态下进行的备份叫作联机备份。联机备份的数据库只能运行在归档模式下。使用备份时要避免出现数据裂块,数据裂块是指当联机备份数据库时,Oracle 可能正在更新某个数据块中的数据,这时有可能导致该数据块中一部分是旧数据,一部分是新数据。

脱机备份是指在数据文件或表空间脱机后进行的备份。使用 ALTER TABLESPACE OFFLINE 命令可以将表空间处于脱机状态。脱机备份能有效确保数据的一致性。

10.2.4 数据库备份中的保留策略

数据库备份中的保留策略(retention policy)包括基于备份冗余的策略和基于恢复时间窗的策略。

- 基于备份冗余的策略是指定一个要保留的备份文件个数，当备份达到一定个数的时候开始删除前面多余的备份。
- 基于恢复时间窗的策略是指保留的备份必须可以恢复到用户指定的一段时期内的任意时间点。如保留策略指定为 7 天，那么必须保留备份，使数据库可以恢复到从今天往前的 7 天内任何时间点。至于被保留的备份文件，这是和用户所选择的备份策略相关的。

10.3 数据库冷备份

10.3.1 冷备份概述

物理备份有两类，分别是冷备份(cold backup)与热备份(hot backup)。物理备份与逻辑备份有本质的区别。逻辑备份是提取数据库中的数据进行备份，而物理备份是复制整个数据文件进行备份。

冷备份是将数据库关闭之后，备份数据库中所有的关键文件，包括数据文件、控制文件、联机重做日志文件，将它们复制到其他的位置。此外冷备份也可以包含对参数文件和口令文件的备份，但是这两种备份是可以根据需要进行选择的。

冷备份的优点：

- 只复制物理文件，备份速度快。
- 恢复操作简单，只需将文件再复制回数据库，就可以恢复到某一时间点。
- 与数据库归档模式相结合可以使数据库恢复得更好。
- 维护量较少，而且安全性相对较高。

冷备份的缺点：

- 数据库冷备份必须在数据库的关闭状态下进行，若处于打开状态冷备份无效。
- 单独使用冷备份，数据库只能完成基于某一时间点上的恢复。
- 若磁盘空间有限，冷备份只能将备份数据复制到磁带等其他外部存储设备上，速度会减慢。
- 冷备份不能按表或按用户进行恢复。

为了提高效率，可以在进行冷备份时先将数据备份到磁盘上，然后启动数据库使用户可以工作，再将备份的数据从磁盘复制到磁带上，这样既提高了备份效率，又减少了数据库关闭的时间。

10.3.2 冷备份操作步骤

根据备份的物理文件的多少，冷备份又可以分为全数据库冷备份和表空间冷备份两种。

1. 全数据库冷备份

全数据库备份是指将数据库内的所有数据文件、控制文件和日志文件等进行备份。冷备份前数据库管理员需要了解数据库中各物理文件的存储位置，并将整个数据库关闭。

具体操作如下：

(1) 检查数据文件、控制文件和日志文件的物理位置。以 DBA 用户或特权用户登录，使用 SQL 语句查询物理文件的位置。图 10-1 是通过查询视图 v $ datafile、v $ controlfile、v $ logfile 来获取各类物理文件的位置。

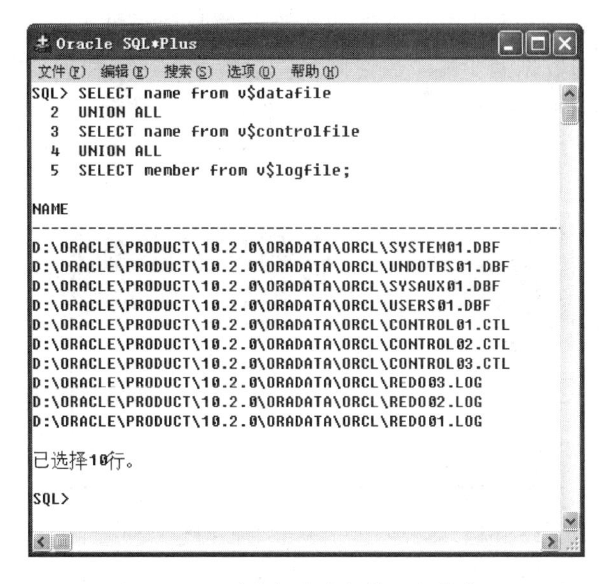

图 10-1 查看数据库中的物理文件位置

(2) 以 DBA 用户或特权用户关闭数据库。如果数据库是打开的,需要将数据库关闭后再备份。如图 10-2 所示使用 SHUTDOWN 命令关闭当前数据库。

(3) 复制数据文件和控制文件。可以根据文件的路径在操作系统环境下进行复制,可以在 SQL * Plus 环境下进行复制,也可以在操作系统下通过具体的复制命令进行。另外在进行备份时,也对“$ORACLE_HOME\NKTWORK\ADMIN”目录中的 listener. ora、sqlnet. ora、tnsnames. ora 三个文件进行备份。例如,使用 DOS 操作系统的 COPY 命令:

```
COPY D:\oracle\product\10.2.0\oradata\orcl\ * . *    E:\orabackup
COPY D:\oracle\product\10.2.0\db_1\NETWORK\ADMIN\ * .ora E:\orabackup
```

(4) 启动实例打开数据库。数据库备份完成后,使用 STARTUP 命令重新启动数据库,使之正常工作,如图 10-3 所示。

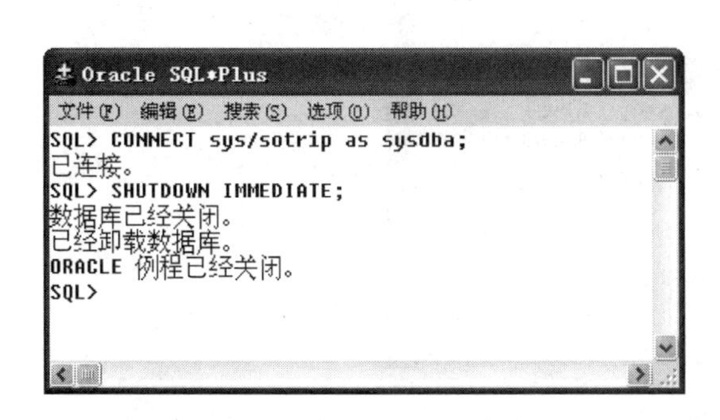

图 10-2 关闭数据库

图 10-3 启动数据库

2. 表空间冷备份

冷备份还可以针对数据库中的部分数据进行备份，在这种情况下，要先将备份数据所在的表空间置于脱机状态，然后再进行备份，此时其他表空间仍可正常工作。具体步骤如下：

(1) 确定要备份的数据属于哪个表空间。一般情况下用户数据处于 users 表空间，系统数据处于 system 表空间，临时数据处于 temp 表空间，回滚数据处于 undotbs 表空间。

(2) 使用 ALTER TABLESPACE 命令使表空间置于脱机状态。如图 10-4 所示是将 users 表空间置于脱机状态。

图 10-4　将 users 表空间置于脱机状态

(3) 查询要进行备份的表空间中包含哪些数据文件，如图 10-5 所示，然后使用 DOS 的 COPY 命令(如果是 Linux 操作系统用 cp 命令)进行复制。

```
COPY D:\ORACLE\PRODUCT\10.2.0\ORADATA\ORCL\USERS01.DBF   E:\orabackup
```

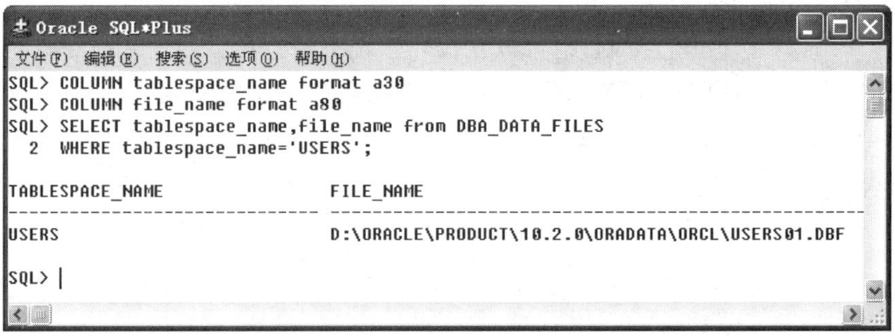

```
SQL> COLUMN tablespace_name format a30
SQL> COLUMN file_name format a80
SQL> SELECT tablespace_name,file_name from DBA_DATA_FILES
  2  WHERE tablespace_name='USERS';

TABLESPACE_NAME                FILE_NAME
------------------------------ --------------------------------------------------
USERS                          D:\ORACLE\PRODUCT\10.2.0\ORADATA\ORCL\USERS01.DBF

SQL>
```

图 10-5　查询要备份的表空间的部分文件

(4) 备份完成后，使用 ALTER TABLESPACE 命令将脱机的表空间置于联机状态，使之正常工作，如图 10-6 所示。

图 10-6　将 users 表空间置于联机状态

10.3.3 冷备份恢复步骤

当数据库被破坏或出现异常时，需要进行恢复。数据库冷备份的恢复过程和备份过程正好相反，具体操作如下：

（1）以 DBA 用户或特权用户的身份执行 SHUTDOWM 命令，关闭数据库。

（2）使用操作系统的 COPY 命令执行逆向复制，用备份文件覆盖数据库原有的物理文件，如果必要也可以复制回所备份的网络配置文件。

（3）恢复完成后，再执行 STARTUP 命令重启数据库使其正常工作。

10.4 数据库热备份

10.4.1 热备份概述

热备份又称联机备份，是在数据库打开的状态下进行的备份操作。由于备份时数据库还在运行，所以热备份是不一致的备份。数据库使用热备份进行恢复时，需要使用归档日志文件，因此此热备份只能在数据库的归档模式下进行。

热备份不必备份联机日志，但当前联机日志一定要被保护好或处于镜像状态。若当前联机日志损坏，将对数据库造成巨大的损失，即使进行数据库恢复还会有部分数据丢失。对于临时表空间中的数据，在热备份时可以不考虑，即使临时文件发生故障，可以删除后重建临时表空间和临时文件。

热备份的优点：

- 可在表空间或数据文件级备份，备份时间短。
- 备份时数据库仍可使用。
- 数据恢复更准确，可恢复到某一时间点。
- 可对几乎所有数据库的实体进行恢复。
- 恢复速度快，大多数情况下在数据库工作时就可以完成恢复。

热备份的缺点：

- 不能出错，否则后果严重。
- 若热备份不成功，所得结果不可用于时间点的恢复。
- 困难在于维护，所以要特别小心，只许成功、不允许“以失败告终”。

10.4.2 热备份操作步骤

数据库热备份的操作步骤如下：

（1）将数据库置为归档模式。在进行热备份之前，应将数据库设置为归档模式。该操作必须以 DBA 的角色重启数据库进入 MOUNT 状态，然后再执行 ALTER DATABASE 命令修改数据库的归档模式。

```
CONNECT sys/a12345 as sysdba;
SHUTDOWN IMMEDIATE;
STARTUP MOUNT;
```

```
ALTER DATABASE ARCHIVELOG;
```

(2) 将数据库置为备份模式。设置完数据库的归档模式后,再将数据库打开,将数据库置为备份模式,这样数据库文件头在备份期间不会改变。

```
ALTER DATABASE OPEN;
ALTER DATABASE BEGIN BACKUP;
```

(3) 将数据文件、控制文件等备份到目的地。对数据文件的备份仍使用在冷备份过程中介绍的操作系统的 COPY 命令,这里就不再重复介绍。而对于控制文件的备份有多种方式,这里介绍使用 ALTER DATABASE BACKUP CONTROLFILE TO destination_file 命令备份控制文件。

```
ALTER DATABASE BACKUP  CONTROLFILE TO 'E:\backup\CTRLBAK.CTL'
```

(4) 备份完成后,结束数据库的备份状态。

```
ALTER DATABASE END  BACKUP;
```

(5) 对当前的日志文件组归档。

```
ALTER  SYSTEM  ARCHIVE  LOG  CURRENT;
```

10.5 用 EXP/IMP 进行逻辑备份

在 $ORACLE_HOME\BIN 目录下有两个程序 exp.exe 和 imp.exe,它就是 Oracle 数据库的逻辑备份 EXP/IMP (导出/导入)工具,是 Oracle 较早出现的两个命令行工具,其实它们并不是一种好的备份方式,确切地说它们只是一种好的转储工具,特别适用于小型数据库转储、表空间的迁移、表的抽取、检测逻辑和物理冲突等。当然,我们也可以把它们作为小型数据库物理备份后的一个逻辑辅助备份。但对于大型数据库的备份,EXP/IMP 显得力不从心,通常都会使用 RMAN 或第三方工具来完成。

EXP 是 EXPORT 的缩写,表示从数据库中导出数据。IMP 是 IMPORT 的缩写,表示将数据导入到数据库中。Oracle 支持三种方式的导出/导入操作:

- 表方式(T 方式):是指导出/导入一个指定的基本表,包括表的定义、表中的数据,以及在表上建立的索引、约束等。
- 用户方式(U 方式):是指导出/导入属于一个用户的所有对象,包括表、视图、存储过程、函数、序列等。
- 全库方式(FULL 方式):是指导出/导入数据库中的所有对象。

10.5.1 EXP 导出数据

使用 EXP 命令可以将数据库中的数据导出到文件中,从而实现数据库的备份或复制。用户可以在命令窗口中直接输入 EXP 命令,然后根据提示输入或选择参数值来完成导出操作;也可以在命令窗口中输入 EXP 命令以及它的各种参数,这样在导出过程中就不需要人为的干预了。

1. 交互式执行 EXP 命令

用户在操作系统下，直接执行 EXP 命令，直接进入命令窗，系统将提示一系列的选项让用户输入或选择，完成数据导出的过程，如图 10-7 所示。

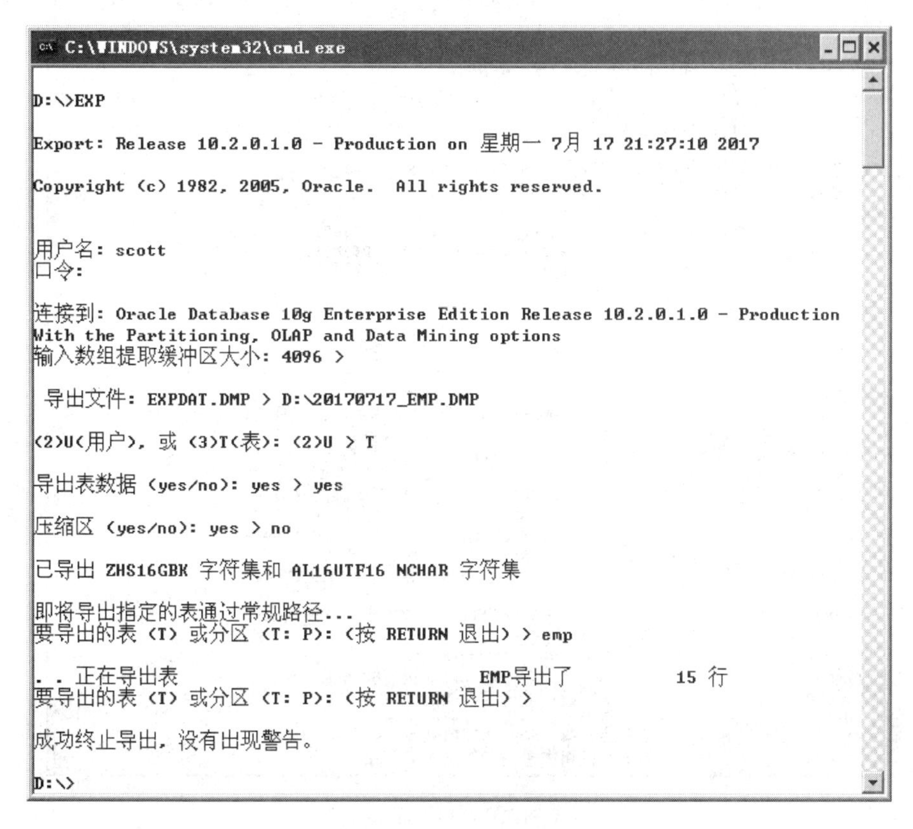

图 10-7 交互式执行 EXP 命令

用户在 DOS 窗口中输入 EXP 命令，系统首先提示输入执行导出操作的用户名和密码，验证成功后，系统再提示选择或输入各种导出时需要的参数值，其中包括缓冲区大小、导出文件名、导出类型、是否导出表中的数据、是否压缩、被导出的表名或用户名等信息。如果以上参数选择正确，系统将开始执行数据的导出过程。

注意：如果当前执行 EXP 命令的用户具有 DBA 角色，那么可以选择三种导出方式，即：完整的数据库、用户、表，而且可以导出任意用户的数据。但如果是普通用户执行导出操作，那么只可以选择后两种方式，而且只能导出自己的数据。如图 10-7 中的 scott 用户只是普通用户，所以只能选择用户方式和表方式。

2. 预先指定参数执行 EXP 命令

除了采用交互方式执行 EXP 命令外，还可以在 EXP 命令后面直接给各参数赋值，这样在执行导出操作时，就不需要人为干预了。EXP 命令包含的参数可以在命令窗口中执行 EXP HELP= YES 获取帮助信息，如图 10-8 所示。

EXP 命令中包含的常用参数如表 10-1 所示。

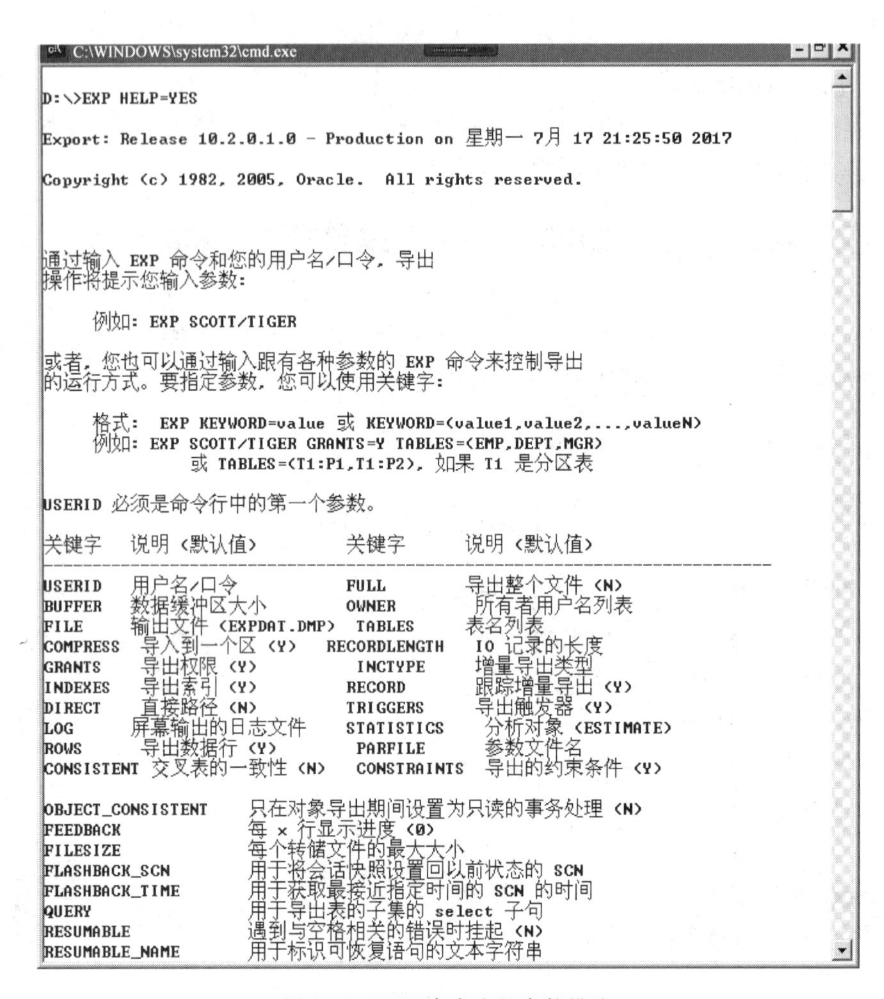

图 10-8 EXP 命令中的参数描述

表 10-1 EXP 命令常用参数

参 数	描 述
USERID	执行导出操作的用户名及口令
FULL	导出整个数据库
BUFFER	导出数据时使用的数据缓冲区大小
OWNER	需要导出的用户名列表，当需要导出多个用户的对象时使用此参数。例如：OWNER =(user1,user2)
FILE	导出的文件名，默认为 EXPDAT. DMP
TABLES	要导出的表名列表，例如：TABLES=(table1,table2)
TABLESPACES	要导出的表空间列表
TRANSPORT_TABLESPACE	导出可传输的表空间元数据，默认 N
COMPRESS	导出数据时是否进行压缩，默认为压缩
RECORDLENGTH	I/O 记录的长度，一般不需要指定
GRANTS	指定是否导出对象的授权信息
INCTYPE	增量导出类型，一般不采用增量导出
INDEXES	导出表时，是否一同导出基于该表的索引

续表

参　数	描　述
RECORD	是否将导出信息记录到数据字典的日志导出表中
ROWS	是否导出数据行，Y 表示导出数据行，N 表示只导出表结构
PARFILE	参数文件名
CONSTRAINTS	是否导出该表的约束
CONSISTENT	保证表之间数据的一致性
LOG	导出信息是否写到日志文件
STATISTICS	是否导出对表的分析
DIRECT	是否按直接路径导出
TRIGGERS	是否导出表的触发器
FEEDBACK	显示导出进度
FILESIZE	指出每个导出文件的最大值
QUERY	指定 SELECT 子句的查询条件，以导出表中部分数据

EXP 命令的参数设置值的语法格式如下：

```
EXP  argument = value | (argument = (value1,value2,...valueN); -- 参数的大小写均可以
```

例 10.1　以 DBA 用户的身份导出整个数据库，将 FULL 参数设置为 y，并设置导出文件位于 E:\201 7_07_18_full. dmp，日志文件为 E:\201 7_07_18_full. log，其余参数为默认值。

```
EXP userid = system/a12345   direct = y full = y
    file =  E:\2017_07_18_full.dmp log = E:\2017_07_18_full.log
```

例 10.2　以 DBA 用户的身份导出 scott 用户中的所有对象。除 FILE 和 LOG 参数外，其余参数为默认值，导出文件为 E:\2017_07_18_scott. dmp，日志文件为 E:\2017_07_18_scott. log。

```
EXP userid  =  system/a12345 direct = y owner = scott
    file =  E:\2017_07_18_scott.dmp log = E:\2017_07_18_scott.log
```

例 10.3　以 scott 用户的身份导出表 emp 和 dept 中的数据。

```
EXP userid = scott/tiger direct  =  y tables = (emp,dept)
    file =  E:\2017_07_18_emp.dmp log = E:\2017_07_18_emp.log
```

例 10.4　以 scott 用户的身份导出表 emp 中工资大于 3000 的雇员的数据。

```
EXP userid = scott/tiger tables = emp query  = \"where sal < 3000\"
    file =  E:\2017_07_18_empq.dmp log = E:\2017_07_18_empq.log
```

例 10.5　以 SYSDBA 用户的身份导出表空间 ts_erp、ts_crm 中的数据。

```
ALTER TABLESPACE ts_erp   READ ONLY;  -- 导出前，设置要导出的表空间只读状态
ALTER TABLESPACE ts_crm READ ONLY;
EXP transport_tablespace = y tablespaces = ts_erp, ts_crm
    file =  E:\2017_07_18_ts.dmp log = E:\2017_07_18_ts.log
用户名回答: sys/a12345 as sysdba         -- 导出表空间只能回答认证信息
... -- 进入导出过程
```

```
ALTER TABLESPACE ts_erp  READ WRITE;     --导出后,设置要导出的表空间可读写状态
ALTER TABLESPACE ts_crm READ WRITE;
```

这里参数 transport_tablespace 搬移表空间选项,Y 表示导出表空间信息。

10.5.2 IMP 导入数据

用户可以使用 IMP 命令将 EXP 导出的数据再导入到数据库中。该命令的操作方式也分为交互式操作和命令式操作两种,其形式和 EXP 命令相同,在此就不重复介绍了。下面重点说明一下 IMP 命令的专用参数,如表 10-2 所示,而其他的多数参数与 EXP 的参数相同,如 USERID 表示用户名和密码。

表 10-2 IMP 命令的专用参数

参　数	描　述
FROMUSER	要导入的源用户名
TOUESR	要导入的目标用户名
SHOW	仅查看 DMP 文件里的表结构及存储参数,不导入数据
TABLES	导入的表名列表
TABLESPACES	将要传输到数据库的表空间
IGNORE	导入数据时是否忽略遇到的错误
RECORDLENGTH	记录的长度
INDEXES	导入表时,是否导入表的索引
COMMIT	插入每组数据后是否提交
INDEXFILE	将创建表和索引的信息写到文件中
DESTORY	按表空间方式导入时,指定是否覆盖原来表空间及数据文件
SKIP_UNUSABLE_INDEXES	跳过不可用索引的维护
TOID_NOVALIDATE	跳过指定类型 ID 的校验
TTS_OWNERS	按表空间方式导入时,要导入表空间的用户名
DATAFILES	按表空间导入时,指定要导入到数据库的数据文件
COMPILE	导入时重新编译存储过程、函数和包

导入方式由导出方式决定,也就是说如果以表方式导出,则必须以表方式导入;如果以用户方式导出,则必须以用户方式导入,以此类推。

例 10.6 以 DBA 用户的身份导入整个数据库。

```
IMP userid=system/a12345 ignore=y  full=y  file=E:\2017_07_18_full.dmp
```

例 10.7 以 DBA 用户的身份将 scott 用户的 emp 表及其数据导入到 hr 用户中。

```
IMP userid=system/a12345 ignore=y rows =y file=E:\2017_07_18_emp.dmp  tables =emp
    fromuser=scott  touser=hr
```

10.6 Oracle 闪回技术

闪回技术是 Oracle 强大数据库备份恢复机制的一部分,在数据库发生逻辑错误的时候,闪回技术能提供快速且最小损失的恢复(多数闪回功能都能在数据库联机状态下完成)。

需要注意的是，闪回技术旨在快速恢复逻辑错误，对于物理损坏或是介质丢失的错误，闪回技术就回天乏术了，还是得借助于 Oracle 一些高级的备份恢复工具如 RAMN 去完成。

在第 2 章介绍 Oracle 数据库逻辑结构时，我们介绍了回滚段，它也被称为撤销段（UNDO SEGMENT）。大部分闪回技术都需要依赖撤销段中的撤销数据。撤销数据是反转 DML 语句结果所需的信息，只要某个事务修改了数据，那么更新前的原有数据就会被写入一个撤销段（事务回滚也会用到撤销段中的数据）。事务启动时，Oracle 会为其分配一个撤销段，事务和撤销段存在多对一的关系，即一个事务只能对应一个撤销段，多个事务可以共享一个撤销段（不过在数据库正常运行时一般不会发生这种情况）。为了实现闪回操作，Oracle 提供了四种可供使用的闪回技术（闪回查询、闪回删除、闪回归档、闪回数据库），每种都有不同的底层体系结构支撑，但其实这四种不同的闪回技术部分功能是有重叠的，使用时也需要根据实际场景合理选择最合适的闪回功能。

10.6.1 闪回查询（Flashback Query）

1. 基本闪回查询

基本闪回查询是可以查询过去某个时间段的数据库状态。Oracle 会提取所需要的撤销数据（前提是撤销是可用的，即撤销数据还没被覆盖）进行回滚，但这种回滚是临时的，仅针对当前 session 可见，如图 10-9 所示。

```
SQL> SELECT * from DEPT as of timestamp
        to_timestamp('2017-07-19 09:17:00','yyyy-mm-dd hh24:mi:ss');
```

2. 闪回表

可将某个表回退到过去某个时间点。Oracle 会先去查询撤销段，提取过去某个时间点之后的所有变更，构造反转这些变更的 SQL 语句进行回退，闪回操作是一个单独的事务，所以若由于撤销数据过期之类的原因导致无法闪回，整个操作会回滚，不会存在不一致的状态。

（1）启用表闪回首先要在表上支持行移动（在数据字典中设置标识来标识该操作可能会改 ROWID，即同一条数据闪回成功后主键都一样，但行 ID 其实已经发生变化了）。

```
SQL> alter table dept1 enable row movement;      -- 设置数据库可移动 dept1 的行，改变 ROWID
```

（2）闪回表操作

```
SQL> select * from dept1;
SQL> insert into dept1 values(80,'sss','xian');
SQL> select * from dept1;
SQL> commit;
SQL> flashback table dept1 to timestamp
        to_timestamp('2017-07-19 11:32:00','yyyy-mm-dd hh24:mi:ss');
SQL> select * from dept1; -- 经查询可验证数据表恢复到插入之前的状态
```

闪回表也可能会失败，存在以下几种情况：

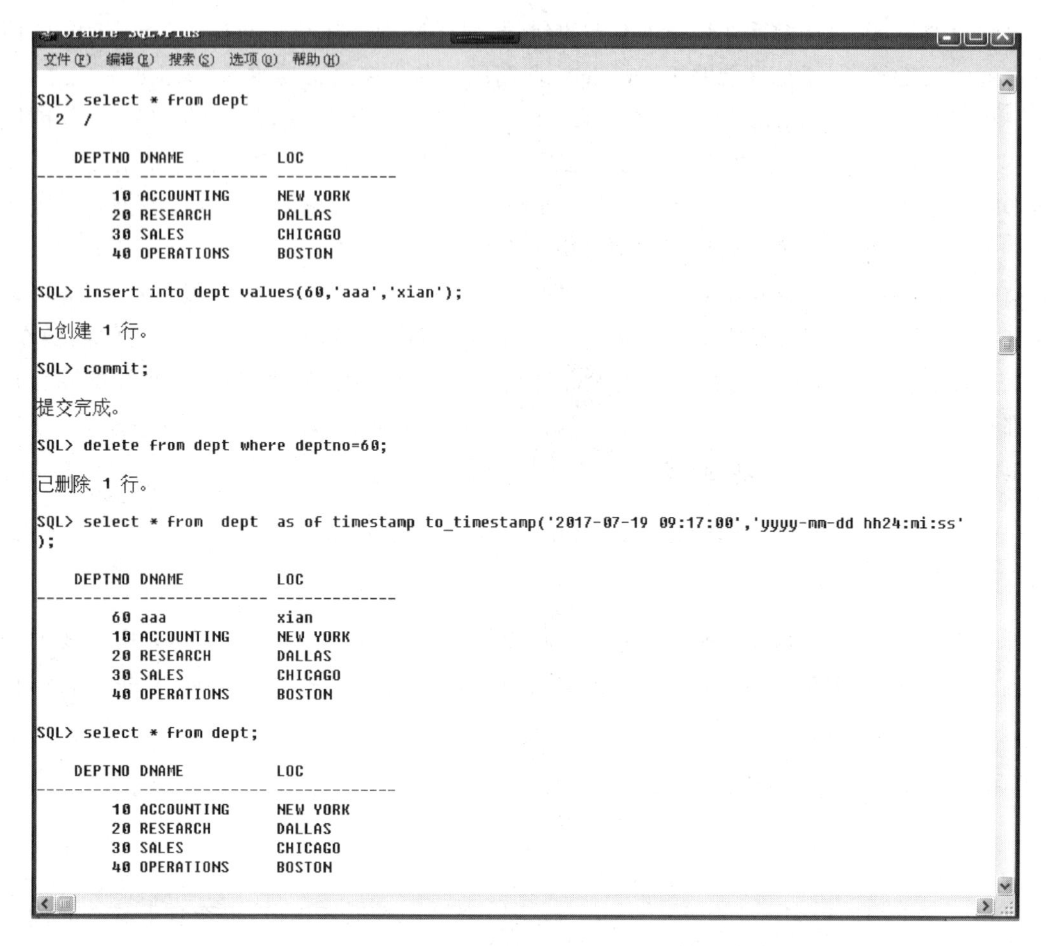

```
文件(F) 编辑(E) 搜索(S) 选项(O) 帮助(H)

SQL> select * from dept
  2  /

    DEPTNO DNAME          LOC
---------- -------------- -------------
        10 ACCOUNTING     NEW YORK
        20 RESEARCH       DALLAS
        30 SALES          CHICAGO
        40 OPERATIONS     BOSTON

SQL> insert into dept values(60,'aaa','xian');

已创建 1 行。

SQL> commit;

提交完成。

SQL> delete from dept where deptno=60;

已删除 1 行。

SQL> select * from  dept  as of timestamp to_timestamp('2017-07-19 09:17:00','yyyy-mm-dd hh24:mi:ss'
);

    DEPTNO DNAME          LOC
---------- -------------- -------------
        60 aaa            xian
        10 ACCOUNTING     NEW YORK
        20 RESEARCH       DALLAS
        30 SALES          CHICAGO
        40 OPERATIONS     BOSTON

SQL> select * from dept;

    DEPTNO DNAME          LOC
---------- -------------- -------------
        10 ACCOUNTING     NEW YORK
        20 RESEARCH       DALLAS
        30 SALES          CHICAGO
        40 OPERATIONS     BOSTON
```

图 10-9　基本闪回查询

- 违反了数据库约束，例如用户不小心删除了子表中的数据，现在想利用闪回表技术进行回退，恰好在这中间，父表中与该数据对应的那条记录也被删除了，在这种情况下，由于违反了外键约束，导致闪回表操作失败了。
- 撤销数据失效，例如用于支撑闪回操作的撤销数据被覆盖了，这种情况闪回表操作自然会失败。
- 闪回不能跨越 DDL，即在闪回点和当前点之间，表结构有过变更，这种情况闪回操作也会失败。

注意：上述闪回功能都是基于撤销数据的，而撤销数据是会被重写的（失效数据会被重写，活动数据则不会被重写），所以，在需要使用这几种闪回功能去恢复数据的时候（确切地说，是需要使用基于撤销数据的闪回功能时），最短时间发现错误，第一时间执行闪回操作，才能最大程度地保证闪回功能的成功。

10.6.2　闪回删除（Flashback Drop）

功能描述：闪回删除可以轻松将一个已经被 DROP 的表还原回来。相应的索引、数据库约束也会被还原（除了外键约束）。DROP 命令其实是 RENAME 命令，早期的 Oracle 版本(10g 之前),闪回删除意味着从数据字典中删除了该表的所有引用,虽然表中数据可能还存在,但已成了孤立对象了,没法进行恢复了,10g 版本之后,DROP 命令则仅仅是一个 RENAME 操作,所以恢复就很容易了。如图 10-10 所示为闪回恢复数据表的事例。

闪回删除操作执行命令很简单。

```
SQL> drop table dept1;                          -- 删除 dept1 表
SQL> flashback table dept1 to before drop       - 闪回恢复 dept1 表
```

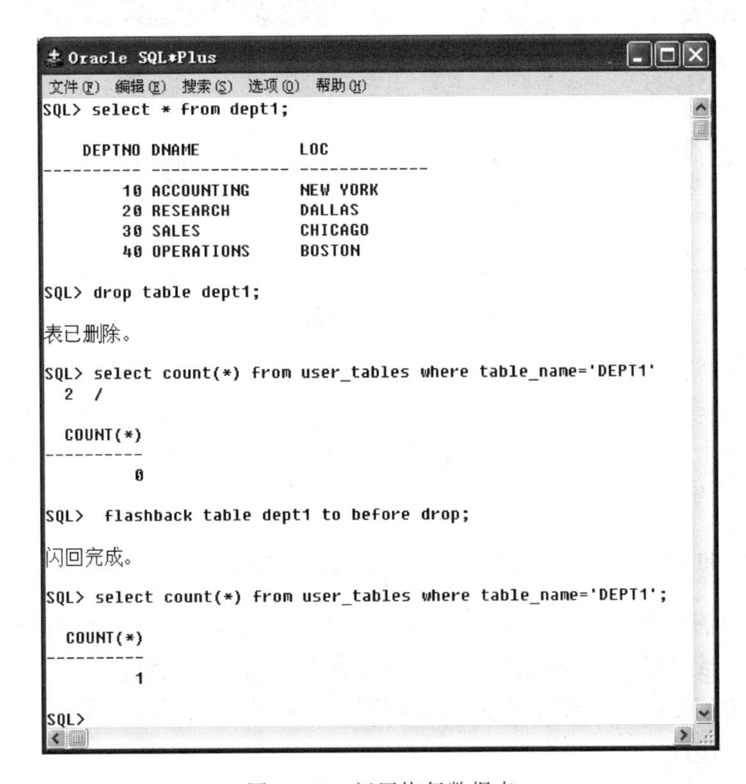

图 10-10 闪回恢复数据表

如果要还原的表名在当前系统中已经被占用,也可以在闪回删除的时候对表重命名。

```
SQL> flashback table emp to before drop rename to emp_new
```

也可以通过回收站查看当前用户哪些表被删除了,每个用户都有一个回收站,这个回收站是个逻辑结构,它不是一块独立的存储空间,它存在于当前表空间内,所以如果有别的操作需要空间,例如现在需要创建一张表,没有足够空间可用,回收站中的数据就会被清理,这也常常是导致闪回删除失败的原因。

```
SQL> SHOW RECYCLEBIN;        -- 查看回收站的内容,如图 10 - 11 所示
```

也可以查询用户数据字典视图 USER_RECYCLEBIN,查询当前用户下回收站内有哪些被删除的对象。语句如下:

```
SQL> SELECT OBJECT_NAME, ORIGINAL_NAME, OPERATION, DROPTIME,
            CAN_UNDROP, CAN_PURGE   FROM USER_RECYCLEBIN;
```

如果彻底删除了回收站的表，闪回删除也无能为力，清空回收站的命令如下：

```
SQL > PURGE RECYCLEBIN;
```

如果要删除表，同时不把其放入回收站，可用下列命令：

```
SQL > DROP TABLE dept1 PURGE;      -- 删除 dept1 表，不把其放入回收站，无机会恢复
```

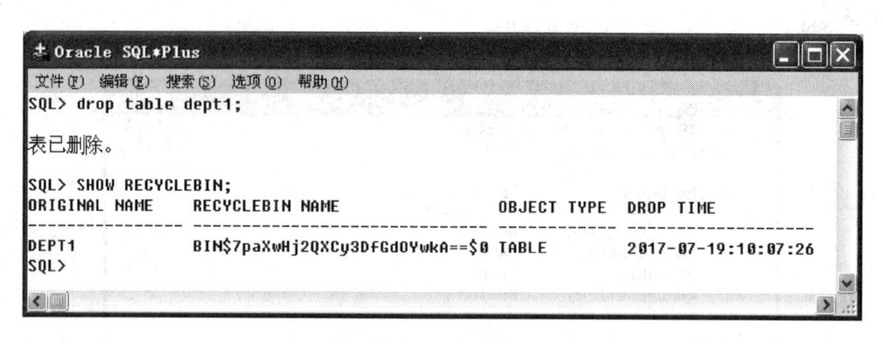

图 10-11　回收站的内容

注意：闪回删除只针对 DROP 命令，要区分 TRUNCATE 操作和 DROP 操作，TRUNCATE 称为表截断，会清空表中数据，表结构不受影响，速度很快；缺点是此过程不会产生任何撤销数据或是重做日志，如果误删，恢复异常麻烦，要慎重使用。而 DROP 则会删除数据＋表结构，闪回删除仅针对 DROP 操作。

10.6.3　闪回数据归档(Flashback Data Archive)

闪回数据归档可使表具有回退到过去任何时间点的能力，前面提到的闪回查询，闪回表都会受限于撤销数据是否失效，如果撤销数据被覆盖重写了，闪回操作自然会失败，闪回删除则受限于表空间是否有足够可用空间，而闪回数据归档，则没有这些限制。

- 创建闪回归档

(1) 创建一个用户闪回数据归档的表空间，当然，也可以使用已经存在的表空间。

```
SQL > CONNECT system/a12345;
SQL > CREATE TABLESPACE test_tb  DATAFILE 'test.dbf' SIZE 20M;
```

(2) 创建一个保留时间为 2 年的闪回归档。

```
SQL > CREATE FLASHBACK ARCHIVE test_fa
TABLESPACE test_tb RETENTION 2 YEAR;
```

- 为用户下的表启用闪回归档，以 scott 用户下的 emp 表为例。

(1) 赋予用户归档的权限。

```
SQL > CONNECT system/a12345;
-- 授予 scott 用户闪回归档的权限
SQL > GRANT FLASHBACK ARCHIVE on test_fa TO scott;
```

(2) 连接用户。

```
SQL > CONNECT scott/tiger;
```

(3) 为 emp 表启用闪回归档。

```
SQL > ALTER TABLE emp FLASHBACK ARCHIVE test_fa;
```

至此,emp 表就拥有了可以查询或回退到过去 2 年任意时间点的能力。

10.6.4 闪回数据库(Flashback Database)

闪回数据库可将整个数据库回退到过去某个时间点,闪回表是某张表的时空穿梭,闪回数据库则是整个数据库的时空穿梭。当然,闪回点之后的所有工作就丢失了,其实就相当于数据库的不完整恢复,所以只能以 RESETLOGS 模式打开数据库。闪回数据库会造成停机时间,当然相比于传统备份恢复机制,恢复过程会快很多。

闪回数据库不使用撤销数据,使用另外一种机制来保留回退所需要的恢复数据,当启用了闪回数据库,发生变化的数据块会不断从数据库缓冲区缓存中复制到闪回缓冲区,然后,称为恢复写入器(Recovery Writer)的后台进程会将这些数据刷新到磁盘中的闪回日志文件中。闪回的过程,则是一个提取闪回日志、将块映像复制回数据文件的过程。

- 配置闪回数据库(闪回数据库要求数据库为归档模式)

(1) 指定闪回恢复区,也就是存放闪回日志的位置,但闪回恢复区不仅仅是为了存放闪回日志,Oracle 的很多备份恢复技术都用到这个区域,例如控制文件的自动备份等都会存放到此区域。

```
SQL > CONNECT sys/a12345 as sysdba;
SQL > ALTER SYSTEM SET db_recovery_file_dest = '/flash_recovery_area';
```

(2) 指定恢复区。

```
SQL > ALTER SYSTEM SET db_recovery_file_dest_size = 4G;
```

(3) 指定闪回日志保留时间为 2 小时,即通过闪回操作,可以将数据库回退到前两小时内的任意时间点。

```
SQL > ALTER SYSTEM SET db_flashback_retention_target = 120;  -- 以分钟为单位
```

(4) 有序关闭数据库→MOUNT 模式下启用闪回数据库→打开数据库。

```
SQL > SHUTDOWN IMMEDIATE;                  -- 立即关闭数据库服务
SQL > STARTUP MOUNT;                       -- 以 MOUNT 方式打开数据库
SQL > ALTER DATABASE FLASHBACK ON;         -- 设置数据库工作在闪回模式
SQL > ALTER DATABASE OPEN;                 -- 打开数据库
```

至此,闪回数据库配置完成。

- 使用闪回数据库功能

```
SQL > CONNECT sys/a12345 as sysdba;
SQL > SHUTDOWN IMMEDIATE;
SQL > STARTUP MOUNT;
-- 闪回恢复数据库到 60 分钟前状态
SQL > FLASHBACK DATABASE TO TIMESTAMP sysdate - 60/1440;
SQL > ALTER DATABASE OPEN RESETLOGS;  -- 设置日志序号为 1
```

```
-- 注意: Oracle 中一天 24 小时 = 24 * 60 = 1440 分钟,1/1440 表示一分钟
```

10.7 习　　题

1. 简述数据库备份的重要性以及备份的种类。
2. Oracle 支持哪三种方式的导出/导入操作?
3. Oracle 安全认证方式有几种?
4. 什么是闪回技术? 它有什么特点?
5. 怎样查看当前用户下有哪些可恢复的被删除的表?

第11章 数据库部署、访问接口与调优

Oracle 数据库系统是应用程序存储业务数据的平台，用户通过对具体业务环节进行分析建模，最终在数据库中实现了相关的数据库方案对象。例如表、索引、存储过程、函数、序列等。用户选择的开发工具通过相关接口对数据库进行访问。例如：ODBC、JDBC 等。除此之外，无论是基于 B/S 模式的系统架构还是基于 C/S 模式的系统架构，客户端应用程序要得到数据库访问的快速响应是用户的基本要求。随着程序部署后业务数据日积月累地存储到数据库中，数据表中的数据量在不断增长，数据库响应速度有可能下降，为了使数据库系统能较好地对应用程序的访问进行响应，数据库调优、优化 SQL 语句等是数据库系统运维面临的问题，本章以具体的案例出发，详细介绍数据库的部署、ODBC 接口、JDBC 接口访问数据库、基于 Oracle 数据库的应用性能优化。

本章主要内容

- 数据库部署
- ODBC 接口访问 Oracle
- JDBC 接口访问 Oracle
- OLEDB 接口访问 Oracle
- 数据库应用性能优化

11.1 数据库部署

数据库部署是 Oracle 数据库开发的一个重要环节，所谓的数据库部署就是在正确安装了 Oracle 数据库服务器环境与客户端工具 SQL * Plus 等，正确配置了网络环境后，DBA (system)用户为应用程序所使用的数据库分配用户账户、创建表空间、授权、执行数据库创建脚本并进行初始化的过程。

我们以 4.8 节的危化品运输过程监控平台的开关量管理为案例，全面阐述数据库部署的事项和步骤。

11.1.1 表空间规划与用户授权

1. DBA 合理规划磁盘空间为应用程序创建表空间

DBA 是数据库系统的管理者，对于数据库所安装的服务器上的磁盘空间的管理、用户账号管理等负有完全的责任。一般应选择空白空间较多的非系统磁盘作为数据库物理文件的存放盘。

```
SQL> CONNECT system/a12345;
SQL> CREATE  TABLESPACE  ts_swdata  DATAFILE 'F:\APPL\SWITCH\HISDATA01.DBF'
        SIZE 100M AUTOEXTEND ON NEXT 5M MAXSIZE UNLIMITED;
```


2. 创建用户账户并授权

为应用程序访问数据库建立一个账户,授予适当的权限。所创建的账户是应用程序中连接数据库的用户名和密码。用户名：uiot,初始密码：s6fg5x。

```
SQL> CREATE USER uiot  IDENTIFIED BY  s6fg5x
     DEFAULT TABLESPACE ts_swdata QUOTA UNLIMITED ON ts_swdata;
SQL> GRANT CONNECT, RESOURCE TO uiot;
SQL> GRANT CREATE ANY TABLE TO uiot;
SQL> GRANT CREATE ANY PROCEDURE TO uiot;
SQL> GRANT CREATE ANY VIEW TO uiot;
SQL> GRANT CREATE ANY INDEX TO uiot;
SQL> GRANT CREATE ANY SEQUENCE TO uiot;
SQL> GRANT CREATE ANY TRIGGER TO uiot;
```

11.1.2 安装用户数据库对象

DBA 为应用程序创建用户账户,授予适当权限后,就可以切换到用户账户下,安装支撑用户应用程序的方案对象。主要涉及创建表、视图、触发器、存储过程、函数等。

在 4.8 节的案例中,共有 6 张数据表,其中 4 张表用来存储不断增长的业务数据,它们的主键均为自增型数据。这里我们可以创建 4 个序列,4 个触发器来实现这些数据表的主键值的自增。

```
SQL> CONNECT uiot/s6fg5x;
SQL>@ E:\Switch_DB.SQL                -- 执行 4.8 节中生成的 SQL 脚本创建数据库表与索引
-- 创建 4 个序列,生成 4 个表的主键
SQL> CREATE SEQUENCE seq_EnterpriseID
       START WITH 1 INCREMENT BY 1 NOMAXVALUE
       CACHE 10 NOCYCLE;             -- 表 T_Enterprise 主键增序列
       CREATE SEQUENCE seq_CarID
       START WITH 1 INCREMENT BY 1 NOMAXVALUE
       CACHE 10 NOCYCLE;             -- 表 T_Car 主键自增序列
       CREATE SEQUENCE seq_LogID
       START WITH 1 INCREMENT BY 1 NOMAXVALUE
       CACHE 10 NOCYCLE;             -- 表 T_SwitchMsgDataLog 主键自增序列
       CREATE SEQUENCE seq_dataID
       START WITH 1 INCREMENT BY 1 NOMAXVALUE
       CACHE 10 NOCYCLE;             -- 表 T_RealTimeData 主键自增序列
-- 创建 4 个触发器,实现主键值填写
SQL> CREATE OR REPLACE TRIGGER tri_bi_EnterpriseID
       BEFORE INSERT ON T_Enterprise
       FOR EACH ROW
       DECLARE
        v_id NUMBER(32);
       BEGIN
        SELECT seq_EnterpriseID.NEXTVAL INTO v_id FROM dual;
```

```
:new.EnterpriseID: = v_id;
END;                          -- 表 T_Enterprise 上的事前行级触发器
CREATE OR REPLACE TRIGGER tri_bi_CarID
BEFORE INSERT ON T_Car
FOR EACH ROW
DECLARE
 v_id NUMBER(32);
BEGIN
 SELECT seq_CarID.NEXTVAL INTO v_id FROM dual;
:new.CarID: = v_id;
END;                          -- 表 T_Car 上的事前行级触发器
CREATE OR REPLACE TRIGGER tri_bi_LogID
BEFORE INSERT ON T_SwitchMsgDataLog
FOR EACH ROW
DECLARE
 v_id NUMBER(32);
BEGIN
 SELECT seq_LogID.NEXTVAL INTO v_id FROM dual;
:new.LogID: = v_id;
END;                          -- 表 T_SwitchMsgDataLog 上的事前行级触发器
CREATE OR REPLACE TRIGGER tri_bi_dataID
BEFORE INSERT ON T_RealTimeData
FOR EACH ROW
DECLARE
 v_id NUMBER(32);
BEGIN
 SELECT seq_dataID.NEXTVAL INTO v_id FROM dual;
:new.dataID: = v_id;
END;                          -- 表 T_RealTimeData 上的事前行级触发器
```

至此，4.8 节的危化品运输过程监控平台的开关量管理案例的数据库部署全部完成。数据库部署完毕后，在 Windows 平台下开发的应用程序可通过 ODBC、OLEDB、JDBC 等接口访问数据库；在 Linux 平台下开发的应用程序可通过 JDBC，以及基于 JDBC 的连接池访问数据库。

11.2 ODBC 接口访问 Oracle

ODBC(Open Database Connectivity)是由微软公司提出的一个用于访问数据库的统一接口标准，随着客户机/服务器体系结构在各行业领域广泛应用，多种数据库之间的互连访问成为一个突出的问题，而 ODBC 成为一个强有力的解决方案。ODBC 之所以能够操作众多的数据库，是由于绝大部分数据库(包括桌面文件)全部或部分地遵从关系数据库概念，ODBC 看待这些数据库时正是着眼了这些共同点。虽然支持众多的数据库，但这并不意味 ODBC 会变得复杂，ODBC 是基于结构化查询语言(SQL)，使用 SQL 可大大简化其应用程序设计接口(API)，由于 ODBC 思想上的先进性，而且没有同类标准或产品与之竞争，因而越来越受到众多厂家和用户的青睐。目前，ODBC 已经成为客户机/服务器系统中的一个重要支持技术。当然，也有一些基于 ODBC 思想改进后的专用数据库访问中间件。

在 1994 年时 ODBC 有了第一个版本，这种名为 Open DataBase Connection（开放式数据库互连）的技术很快通过了标准化并且得到各个数据库厂商的支持。ODBC 在当时解决了两个问题，一个是在 Windows 平台上的数据库开发，另一个是建立一个统一的标准，只要数据厂商提供的开发包支持这个标准，那么开发人员通过 ODBC 开发的程序可以在不同的数据库之间自由转换。

ODBC 参照了 X/OpenData Management：SQL Call-Level Interface 和 ISO/ICE1995 Call-Level Interface 标准，在 ODBC 版本 3.X 中已经完全实现了这两个标准的所有要求。所以本节所有内容都基于 ODBC 3.0 以上版本。

最开始时支持 ODBC 的数据库只有 SQL Server、ACCESS、FoxPro，这些都是微软的产品，它们能够支持 ODBC 一点也不奇怪，但是那时候 Windows 的图形界面已经成为客户端软件最理想的运行环境，所以各大数据厂商也在不久后发布了针对 ODBC 的驱动程序。Windows 操作系统下，ODBC 不需要另行安装了，因为它已经成为操作系统的一部分。这对很多拒绝 ODBC 的人来说又少了一个借口。作为一个程序开发者，没理由不为 ODBC 点赞。此外 ODBC 的结构很简单清晰，是一个访问数据库的通用的接口，学习和了解 ODBC 的机制和开发方法，对学习 ADO 等其他的数据库访问技术会有所帮助。本节在 Windows 操作系统下，以 C 语言开发一个用 ODBC 机制访问 Oracle 数据库的例子，全面阐述对 Oracle 数据库的存取接口技术。

11.2.1 ODBC 体系结构

如图 11-1 所示，ODBC 的结构由 ODBC 驱动程序管理器、ODBC 标准函数、ODBC 标准所规定的接口组成。

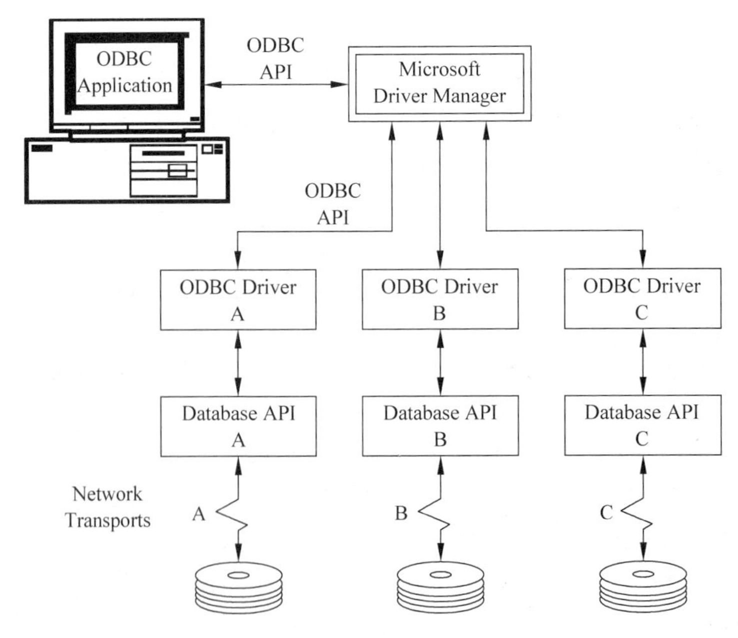

图 11-1 ODBC 的结构图

- 应用程序(Application)

应用程序本身不直接与数据库打交道,主要负责处理并调用ODBC函数,发送对数据库的SQL请求及取得结果。

- 驱动程序管理器(Driver Manager)

驱动程序管理器是一个含有输入程序的动态链接库(DLL),主要目的是加载驱动程序,处理ODBC调用的初始化调用,提供ODBC调用的参数有效性和序列有效性。

- 驱动程序(Driver)

驱动程序是一个完成ODBC函数调用并与数据库相交互的DLL,这些驱动程序可以处理对于特定数据的数据库访问请求。对于应用驱动程序管理器送来的命令,驱动程序再进行解释形成自己的数据库所能理解的命令。驱动程序将处理所有的数据库访问请求,对于应用程序来讲不需要关注所使用的是本地数据库还是网络数据库。

ODBC接口的优势之一是互操作性,程序开发者可以在不指定特定数据源情况下创建ODBC应用程序。从应用程序角度方面,为了使每个驱动程序和数据源都支持相同的ODBC函数调用和SQL语句集,ODBC接口定义了一致性级别,即ODBC API一致性和ODBC SQL语法一致性。SQL一致性规定了对SQL语句语法的要求,而API一致性规定了驱动程序需要实现的ODBC函数。一致性级别通过建立标准功能集来帮助应用程序和驱动程序的开发者,应用程序可以很容易地确定驱动程序是否提供了所需的功能,驱动程序可被开发以支持应用程序选项,而不用考虑每个应用程序的特定请求。

11.2.2 Oracle ODBC数据源配置

1. 建立ODBC DSN

DSN(Data Source Name)是用于指定ODBC与相关的驱动程序相对应的一个入口,所有DSN的信息由系统进行管理,一般来讲当应用程序要使用ODBC访问数据库时,就需要指定一个DSN以便于连接到一个指定的ODBC驱动程序。在控制面板→管理工具中打开ODBC管理器,会看到如图11-2所示的ODBC数据源管理器界面。

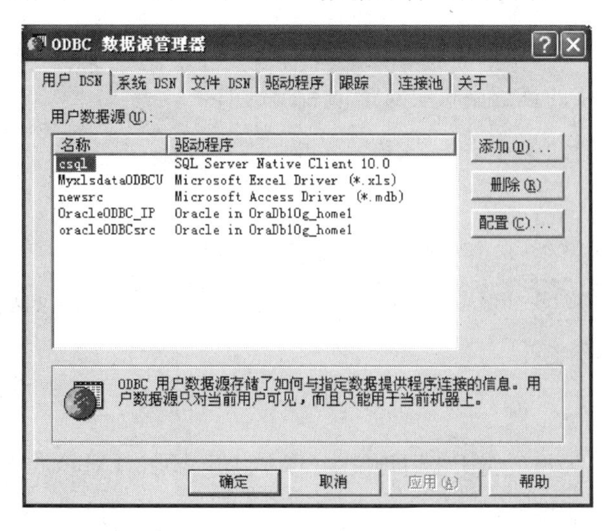

图11-2 ODBC数据源管理器

DSN 共分为三类：

① 用户 DSN：只作用于当前登录用户，只能够用于当前计算机。

② 系统 DSN：作用于系统中所有用户，包括 NT 中的服务。

③ 文件 DSN：DSN 信息存放在文件中，作用于能够访问到该文件的用户。

对于文件 DSN 来讲这些信息存放在文件中，对于用户 DSN 和系统 DSN 来讲这些信息存放在注册表内。用户可以通过创建文件 DSN 来查看每种 DSN 对应的信息内容。

在如图 11-2 所示的界面上，单击"添加"按钮创建一个用户 DSN，出现如图 11-3 所示界面。

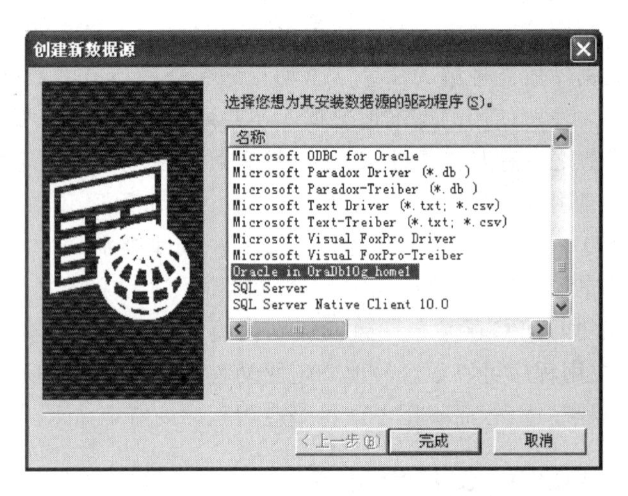

图 11-3　选择 Oracle ODBC 驱动程序

要注意的是，在本机上以 ODBC 方式访问 Oracle 数据库，必须要在本机上安装 Oracle 的 ODBC 驱动程序，最好在本机上仅安装 Oracle 数据库软件（图 1-27 所示中的"仅安装数据库软件"）。安装成功后，Oracle 的 ODBC 驱动程序自动安装在你的系统中了。另外，要正确地通过 ODBC 连接到 Oracle 数据源，还应配置操作系统环境变量和本机连接的远程主机字符串的名称。

- 用文本编辑器编辑 $ORACLE_HOME\NETWORK\ADMIN\tnsnames.ora 文件，增加要连接的远程主机字符串的名。例如：

```
-- 表示要连接的远程主机字符串的名称
ORCLIP =
 (DESCRIPTION =
  (ADDRESS = (PROTOCOL = TCP)(HOST = 127.0.0.1)(PORT = 1521))
  (CONNECT_DATA =
   (SERVER = DEDICATED)
   (SERVICE_NAME = orcl)
  )
 )
```

- 配置操作系统环境变量 PATH，使 $ORACLE_HOME\bin 位于 PATH 串的前面。例如：

```
Path = C:\WINDOWS\system32;F:\oracle\product\10.2.0\db_1\bin;C:\jdk1.6.0\bin;...
```

在图 11-3 所示的界面中，选择 Oracle ODBC 驱动程序 Oracle in OraDb10g_home1，然后单击“完成”按钮，出现如图 11-4 所示的 OracleODBC 驱动程序配置界面窗口。

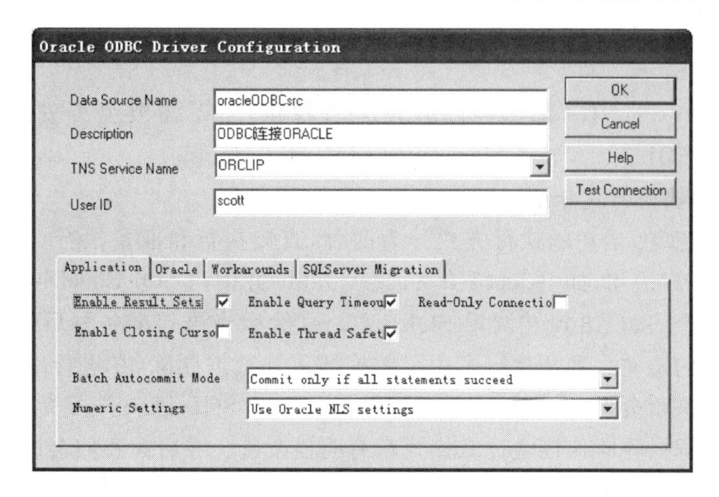

图 11-4　Oracle ODBC 驱动程序配置窗口

在图 11-4 所示的窗口中，回答下列信息：

- 数据源名(Data Source Name)：自定义数据源名，例如：oracleODBCsrc。
- 描述(Description)：对数据源的描述，例如：“ODBC 连接 ORACLE”。
- 连接的(远程)主机字符串名(TNS Service Name)：下拉框中会出现已在本地配置的主机字符串名，当然用户也可以直接在此输入数据库服务器的 IP 地址、端口号和实例名，例如：123.58.121.67:1521/orcl。
- 用户名(User ID)：连接 Oracle 数据库的账户，例如：scott。

对于普通的数据库存取应用来说，图 11-4 中的其他几个页签中的内容，取默认值就可以了。回答完前面四项信息后，单击 Test Connection 按钮测试配置信息是否可正确连接到 Oracle 数据库，系统弹出图 11-5 所示的 Oracle ODBC Driver Connect 窗口，回答密码并单击 OK 按钮，如果配置信息正确，连接 Oracle 数据库成功，系统弹出图 11-6 所示窗口。

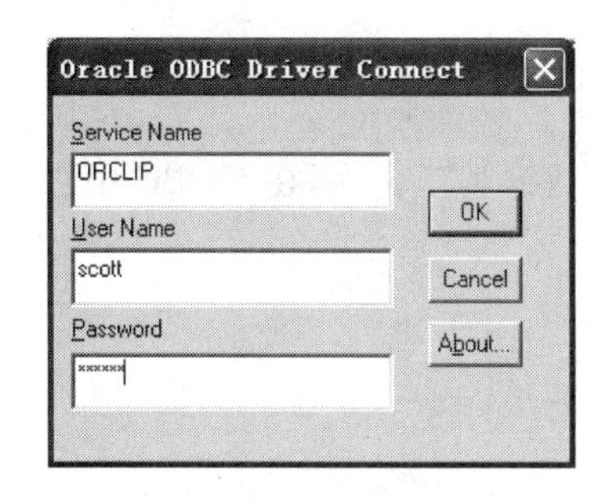

图 11-5　ODBC Driver Connect 窗口

图 11-6　连接成功窗口

11.2.3　ODBC 所需文件与执行流程

1. C 语言下使用 ODBC 所需文件

在 C 语言下开发 ODBC 接口访问数据库需要下面几个文件：

① sql.h：包含有基本的 ODBC API 的定义。

② sqlext.h：包含有扩展的 ODBC 的定义。

③ sqltypes.h：SQL 数据类型定义。

④ odbc32.lib：库文件。

这些文件在 VC6、VC7 都已经随开发工具提供了，不需要另外安装。此外所有的 ODBC 函数都以 SQL 开始，如 SQLExecute、SQLAllocHandle。

2. SQL 语句执行方式介绍

在 ODBC 中 SQL 语句的执行方式分为两种，直接执行和准备执行。直接执行是指由程序直接提供 SQL 语句，如 Select * from test_table 并调用 SQLExecDirect 执行；准备执行是指先提供一个 SQL 语句并调用 SQLPrepare，然后当语句准备好后调用 SQLExecute 执行前面准备好的语句。准备执行多用于数据插入和数据删除，在进行准备时将由 ODBC 驱动程序对语句进行分析，在实际执行时可以避免进行 SQL 语句分析所花费的时间，所以在进行大批量数据操作时速度会比直接执行有明显改善。在后面我们会详细介绍准备执行与行列绑定与参数替换的用法。

3. 获取 SQL 语句执行的结果

对于 SQL 查询语句，ODBC 会返回一个光标，与光标对应的是一个结果集合(可以理解为一个表格)。开发人员利用光标来浏览所有的结果，用户可以利用 ODBC API 函数移动光标，并且获取当前光标指向的行、列字段的数值。此外还可以通过光标来对光标当前所指向的数据进行修改，而修改会直接反映到数据库中。对于数据更新语句，如插入、删除和修改，在执行后可以得到当前操作所影响的数据的行数。

4. 程序执行的基本流程图与 ODBC 句柄

图 11-7 是基本的使用 ODBC API 的一个流程，从中我们可以领略开发过程中所涉及的 ODBC API 函数。

ODBC 中的句柄分为三类：环境句柄，数据库连接句柄，SQL 语句句柄。通过图 11-7 看出，在使用 ODBC 功能时必须先申请环境句柄，然后在环境句柄的基础上创建数据库连接，最后在数据连接的基础上执行 SQL 语句。

11.2.4 ODBC 数据类型与转换

在使用 ODBC 开发时一个重要的问题就是数据类型转换，在 ODBC 中存在下面的几类数据：

① 数据库中 SQL 语言表达数据的类型。

② ODBC 中表达数据的类型。

③ C 语言中表达数据的类型。

在程序运行过程中数据需要经历两次转换：

C 语言的数据或结构类型与 ODBC 的数据类型的转换；ODBC 与 SQL 间数据类型的转换。ODBC 所定义的数据类型起到了中间桥梁的作用，在 ODBC 的驱动程序调用自己的 DBMS 数据库访问接口时就需要对数据类型进行转换。我们所需要关注的是 C 语言的数据类型和 ODBC 数据类型间的转换关系。

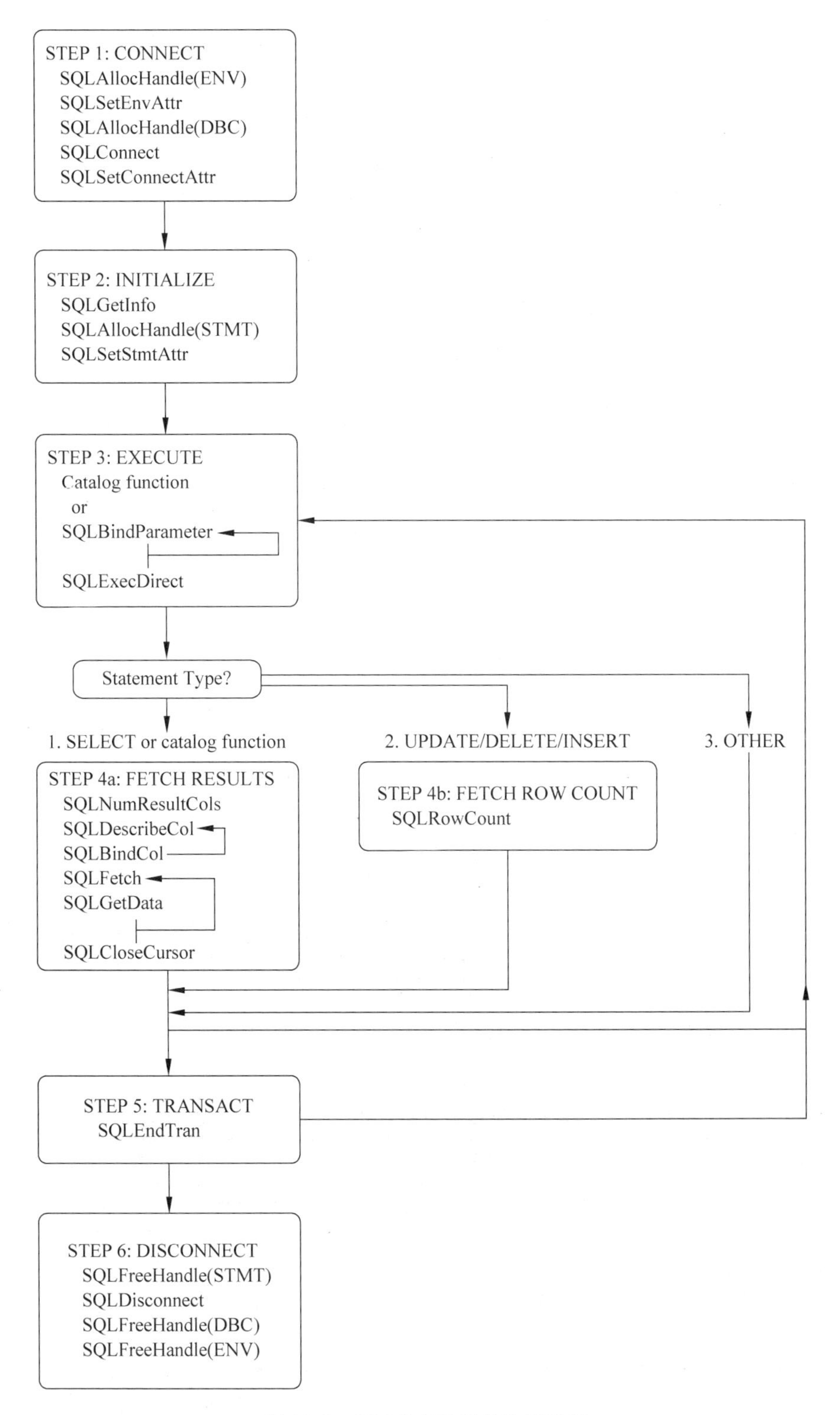

图 11-7　ODBC API 程序执行流程

从表 11-1 中可以看到 ODBC 中定义的数据类型和 SQL 语言中数据类型的对应关系，表 11-1 中抽象了 SQL 数据类型定义，各数据库厂商提供的 ODBC 驱动程序实现了这些抽象的 SQL 数据类型和自己数据库的具体数据类型之间的映射。通过表 11-1 我们可以将 ODBC 和 SQL 语言间的数据一一对应。在使用 C/C++语言开发时,客户端程序与 ODBC 语言间存在数据转换的问题,因为 ODBC 所存在的一些数据类型在 C 语言中是不存在的。

表 11-1　ODBC 中的数据类型和 SQL 语言中数据类型

ODBC 数据类型	SQL 数据类型
SQL_CHAR	CHAR(n)
SQL_VARCHAR	VARCHAR(n)
SQL_LONGVARCHAR	LONG VARCHAR
SQL_WCHAR	WCHAR(n)
SQL_WVARCHAR	VARWCHAR(n)
SQL_WLONGVARCHAR	LONGWVARCHAR
SQL_DECIMAL	DECIMAL(p,s)
SQL_NUMERIC	NUMERIC(p,s)
SQL_SMALLINT	SMALLINT
SQL_INTEGER	INTEGER
SQL_REAL	REAL
SQL_FLOAT	FLOAT(p)
SQL_DOUBLE	DOUBLE PRECISION
SQL_BIT	BIT
SQL_TINYINT	TINYINT
SQL_BIGINT	BIGINT
SQL_BINARY	BINARY(n)
SQL_VARBINARY	VARBINARY(n)
SQL_LONGVARBINARY	LONG VARBINARY
SQL_TYPE_DATE	DATE
SQL_TYPE_TIME	TIME(p)
SQL_TYPE_TIMESTAMP	TIMESTAMP(p)
SQL_GUID	GUID

在 ODBC 中以宏定义的方式定义了 C 语言和 ODBC 中使用的数据类型,如表 11-2 所示。

表 11-2　C 语言常用数据类型和 ODBC 数据类型之间的转换

C 语言数据类型名	ODBC 数据类型名	C 语言实际类型
SQL_C_CHAR	SQLCHAR *	unsigned char *
SQL_C_SSHORT	SQLSMALLINT	short int
SQL_C_USHORT	SQLUSMALLINT	unsigned short int
SQL_C_SLONG	SQLINTEGER	long int
SQL_C_ULONG	SQLUINTEGER	unsigned long int
SQL_C_FLOAT	SQLREAL	float
SQL_C_DOUBLE	SQLDOUBLE, SQLFLOAT	double
SQL_C_BIT	SQLCHAR	unsigned char
SQL_C_STINYINT	SQLSCHAR	signed char
SQL_C_UTINYINT	SQLCHAR	unsigned char

续表

C 语言数据类型名	ODBC 数据类型名	C 语言实际类型
SQL_C_SBIGINT	SQLBIGINT	_int64
SQL_C_UBIGINT	SQLUBIGINT	unsigned _int64
SQL_C_BINARY	SQLCHAR *	unsigned char *
SQL_C_BOOKMARK	BOOKMARK	unsigned long int
SQL_C_VARBOOKMARK	SQLCHAR *	unsigned char *
SQL_C_TYPE_DATE	SQL_DATE_STRUCT	struct tagDATE_STRUCT { SQLSMALLINT year; SQLUSMALLINT month; SQLUSMALLINT day; } DATE_STRUCT;
SQL_C_TYPE_TIME	SQL_TIME_STRUCT	struct tagTIME_STRUCT { SQLUSMALLINT hour; SQLUSMALLINT minute; SQLUSMALLINT second; } TIME_STRUCT;

11.2.5 ODBCAPI 函数

ODBC 常用 API 函数如表 11-3 所示。

表 11-3 ODBC 常用 API 函数

API 函数	描 述
SQLRETURN SQLAllocHandle(SQLSMALLINT HandleType, SQLHANDLE InputHandle, SQLHANDLE * OutputHandlePtr);	第一个参数 HandleType 的取值可以为: ① SQL_HANDLE_ENV:申请环境句柄。 ② SQL_HANDLE_DBC:申请数据库连接句柄。 ③ SQL_HANDLE_STMT:申请 SQL 语句句柄。 每次执行 SQL 语句都申请语句句柄,并且在执行完成后释放。第二个参数为输入句柄,第三个参数为输出句柄,也就是用户在第一参数指定的需要申请的句柄。 在使用 ODBC 功能时必须先申请环境句柄,然后在环境句柄的基础上创建数据库连接,最后在数据连接的基础上执行 SQL 语句。所以可能的调用方式有三种。 请注意,在创建环境句柄后请务必调用: SQLSetEnvAttr(henv, SQL_ATTR_ODBC_VERSION, (SQLPOINTER) SQL_OV_ODBC3, SQL_IS_INTEGER); 将 ODBC 设置成为版本 3,否则某些 ODBC API 函数不能被支持
SQLSetEnvAttr(henv, SQL_ATTR_ODBC_VERSION, (SQLPOINTER) SQL_OV_ODBC3, SQL_IS_INTEGER);	创建环境句柄后,将 ODBC 设置成为版本 3,否则某些 ODBC API 函数不能被支持

续表

API 函数	描　述
SQLRETURN SQLConnect(SQLHDBC ConnectionHandle, SQLCHAR * ServerName, SQLSMALLINT NameLength1, SQLCHAR * UserName, SQLSMALLINT NameLength2, SQLCHAR * Authentication, SQLSMALLINT NameLength3);	ConnectionHandle：为 ODBC 句柄，也就是 SQLAllocHandle(SQL_HANDLE_DBC,hEnv,&hDBC);申请的句柄。 ServerName：为 ODBC 的 DSN 名称。 NameLength1：指明参数 ServerName 数据的长度。 UserName：数据库用户名。 NameLength2：指明参数 UserName 数据的长度。 Authentication：数据库用户密码。 NameLength3：指明参数 Authentication 数据的长度。 关于 ServerName、UserName、Authentication 参数的长度可以直接指定也可以指定为 SQL_NTS 表明参数是以 NULL 字符结尾
SQLDisconnect(SQLHDBC ConnectionHandle)	断开与数据库的连接
SQLFreeHandle(arg1,arg2)	释放数据库连接句柄 SQLFreeHandle(SQL_HANDLE_DBC,hdbc); 释放数据库环境句柄 SQLFreeHandle(SQL_HANDLE_ENV,henv);
SQLRETURN SQLPrepare(SQLHSTMT StatementHandle, SQLCHAR * StatementText, SQLINTEGER TextLength);	准备需要执行的 SQL 语句 StatementHandle：STMT 句柄。 StatementText：包含 SQL 语句的字符串。 TextLength：SQL 语句的长度，或者使用 SQL_NTS 表示 SQL 语句以 NULL 字符结尾
SQLExecute(SQLHSTMT StatementHandle)	执行经过准备的 SQL 语句
SQLRETURN SQLBindParameter(SQLHSTMT StatementHandle, SQLUSMALLINT ParameterNumber, SQLSMALLINT InputOutputType, SQLSMALLINT ValueType, SQLSMALLINT ParameterType, SQLUINTEGER ColumnSize, SQLSMALLINT DecimalDigits, SQLPOINTER ParameterValuePtr, SQLINTEGER BufferLength, SQLINTEGER * StrLen_or_IndPtr);	StatementHandle：执行 SQL 语句 STMT 句柄。 ParameterNumber：指明要将变量与第几个参数绑定，从 1 开始计算。 InputOutputType：指明是输入还是输出参数。可以取值的范围为：SQL_PARAM_INPUT，SQL_PARAM_OUTPUT,SQL_PARAM_INPUT_OUTPUT。 ValueType：指明用于和参数绑定的 C 语言数据类型；ParameterType：指明在程序中 ODBC 数据类型；ColumnSize：指明接收数据的宽度，对于字符串和结构需要指明数据的宽度，而对于普通的变量如 SQLINTEGER、SQLFLOAT 等设置为 0 就可以了；DecimalDigits：当数据类型为 SQL_NUMERIC、SQL_DECIMAL 时指明数字小数点的精度，否则填 0；ParameterValuePtr：当为输入参数指明参数的指针，当为输出参数时指明接收数据的变量指针；BufferLength：指明参数指针所指向的缓冲区的字节数大小。对于字符串和结构需要指明大小，而对于普通的变量如 SQLINTEGER、SQLFLOAT 等设置为 0 就可以了；StrLen_or_IndPtr：作为输入参数时指明数据的字节数大小，对于普通的定长变量如 SQLINTEGER、SQLFLOAT 等设置为 0 就可以了，对于字符串需要在此参数中指定字符串数据的长度，或者设置为 SQL_NULL_DATA 表明此参数为空值，或者设置为 SQL_NTS 表明字符串以 NULL 字符结尾，对于结构需要指明结构的长度。当作为输出参数时，SQL 执行完毕后会在这个参数中返回存放输出数据在内存区占据的字节数

续表

API 函数	描　述
SQLRETURN SQLExecDirect(SQLHSTMT　StatementHandle, SQLCHAR *　StatementText, SQLINTEGER　TextLength);	StatementHandle：SQL 语句句柄，也就是利用 SQLAllocHandle(SQL_HANDLE_STMT, hDBC,&hSTMT);申请的句柄。 StatementText：SQL 语句。 TextLength：参数 StatementText 的长度，可以使用 SQL_NTS 表示字符串以 NULL 字符结尾。 如果函数执行成功，将会得到一个结果集，否则将返回错误信息。SQLExecDirect 函数除可以执行 Select 语句外，还可以执行 Insert、Update、Delete 语句，在执行修改 SQL 语句后可以利用 SQLRowCount 函数来得到被更新的记录的数量
SQLRETURN SQLRowCount(SQLHSTMT　StatementHandle, SQLINTEGER *　RowCountPtr);	用 SQLExecDirect 行数直接执行 SQL 语句后，用 SQLRowCount 返回 DML 语句影响的行数
SQLRETURN SQLBindCol(SQLHSTMT　StatementHandle, SQLUSMALLINT　ColumnNumber, SQLSMALLINT　TargetType, SQLPOINTER　TargetValuePtr, SQLINTEGER　BufferLength, SQLLEN *　StrLen_or_Ind);	StatementHandle：STMT 句柄。 ColumnNumber：列的位置，从 1 开始计算。 ValueType：用于和参数绑定的 C 语言数据类型。 TargetType：* TargetValuePtr 在 ODBC 中的数据类型。 TargetValuePtr：绑定变量的地址。 BufferLength：参数指针所指向的缓冲区的字节数大小，也就是 TargetValuePtr 的字节数。对于字符串和结构需要指明大小，而对于普通的变量如 SQLINTEGER、SQLFLOAT 等设置为 0 就可以了。 StrLen_or_Ind：返回存放在缓冲区的数据的字节数
SQLRETURN SQLFetch(SQLHSTMT StatementHandle);	在用户调用 SQLExecDirect 执行 SQL 语句后，需要遍历结果集来得到数据。StatementHandle 是 STMT 句柄，此句柄必须是被执行过
SQLCloseCursor(SQLHSTMT StatementHandle);	关闭执行语句打开的游标
SQLRETURN SQLGetDiagRec(SQLSMALLINT　HandleType, SQLHANDLE　Handle, SQLSMALLINT　RecNumber, SQLCHAR *　Sqlstate, SQLINTEGER *　NativeErrorPtr, SQLCHAR *　MessageText, SQLSMALLINT　BufferLength, SQLSMALLINT *　TextLengthPtr);	RecNumber：指明需要得到的错误状态行，从 1 开始逐次增大。 Sqlstate、NativeErrorPtr、MessageText：返回错误状态、错误代码和错误描述。 BufferLength：指定 MessageText 的最大长度。 TextLengthPtr：指定返回的 MessageText 中有效的字符数。函数的返回值可能为：SQL_SUCCESS、 SQL_SUCCESS_WITH_INFO、QL_ERROR、SQL_INVALID_HANDLE、SQL_NO_DATA。 在没有返回错误的情况下用户需要反复调用此函数，并顺次增大 RecNumber 参数的值，直到函数返回 SQL_NO_DATA，以得到所有的错误描述

续表

API 函数	描　述
SQLRETURN SQLGetData(SQLHSTMT　StatementHandle, SQLUSMALLINT　ColumnNumber, SQLSMALLINT　TargetType, SQLPOINTER　TargetValuePtr, SQLINTEGER　BufferLength, SQLINTEGER *　StrLen_or_IndPtr);	StatementHandle：STMT 句柄。 ClumnNumber：列号，以 1 开始；TargetType：数据缓冲区（TargetValuePtr，数据值）的 C 语言数据类型；TargetValuePtr：目标数据值存放开始地址；BufferLength：数据缓冲区（TargetValuePtr）的长度；StrLen_or_IndPtr：返回当前得到的字段的字节长度（所读的字段值占多少字节） SQLGetData 的另一个用处就是用于得到一些变长字段的实际长度，如 VARCHAR 字段、TEXT 字段。当用户将 BufferLength 参数设置为 0，则会在 StrLen_or_IndPtr 参数中返回字段的实际长度。但请注意第四个参数必须是一个合法的指针，不能够为 NULL
SQLRETURN	在成功时返回值为：SQL_SUCCESS， SQL_SUCCESS_WITH_INFO；在失败时返回错误代码。有一点需要注意的是，如果 ODBC 返回值为 SQL_SUCCESS_WITH_INFO，并不表明执行完全成功，而是表明执行成功但是带有一定错误信息。当执行错误时 ODBC 返回的是一个错误信息的结果集，用户需要遍历结果集合中所有行

11.2.6　C 语言环境 ODBC 访问 Oracle 案例

在纯 C 语言的环境下，我们开发基于 ODBC 接口访问 Oracle 数据库的程序 crwora.c。程序的主要功能是维护雇员基本信息，包括雇员编号、姓名、薪水这三个数据项。

1. 创建雇员信息数据表

```
CREATE TABLE testc
(
  EMPNO NUMBER(4) NOT NULL PRIMARY KEY,       -- 雇员编号
  ENAME VARCHAR2(10),                         -- 雇员姓名
  SAL   NUMBER(7,2)                           -- 雇员薪水
);
```

2. 开发 C 程序，用 ODBC 读写 Oracle 数据库

程序命名：crwoa.c，整个程序由一个主函数 main()和两个子函数 Insert_ Emp()、Select_all()组成。main()函数的主要功能是产生环境句柄、连接句柄等一些公共变量；Insert_ Emp()函数的功能是从界面接收用户输入的雇员信息并将其插入雇员表中；Select_all()函数的作用是将雇员信息表 testc 中的数据全部显示出来。程序完全代码如下：

```
/*
功能描述：这是一个 C 语言程序，它通过 ODBC 访问 Oracle 数据库.
程序名：crwora.c
作者：  岳国华
操作系统：Windows
```

```
开发日期: 2017-07-20 */
#include <stdio.h>
#include <string.h>
#include <windows.h>
#include <sql.h>
#include <sqlext.h>
#include <sqltypes.h>
#include <odbcss.h>
void Insert_Emp();
void Select_all();
SQLHENV henv = SQL_NULL_HENV;
SQLHDBC hdbc = SQL_NULL_HDBC;
SQLHSTMT hstmt = SQL_NULL_HSTMT;
SQLRETURN retcode;
int main()
{
  SQLCHAR szDSN[SQL_MAX_DSN_LENGTH + 1] = "oracleODBCsrc";
  SQLCHAR szUID[MAXNAME] = "scott";
  SQLCHAR szAuthStr[MAXNAME] = "tiger";
  SQLRETURN retcode;
  //1.环境句柄
  retcode = SQLAllocHandle(SQL_HANDLE_ENV,SQL_NULL_HANDLE,&henv);
  retcode = SQLSetEnvAttr(henv, SQL_ATTR_ODBC_VERSION, (SQLPOINTER)SQL_OV_ODBC3, SQL_IS_
INTEGER);
  //2.连接句柄
  retcode = SQLAllocHandle(SQL_HANDLE_DBC,henv,&hdbc);
  retcode = SQLConnect(hdbc,szDSN,(SQLSMALLINT)strlen((char *)szDSN),szUID,
      (short int)strlen((char *)szUID),szAuthStr,(short int)strlen((char *)szAuthStr));
  if(retcode != SQL_SUCCESS && retcode!= SQL_SUCCESS_WITH_INFO)
  {
    printf("C连接Oracle失败 By ODBC!\n");
  }
  else
  {
  printf("C连接Oracle成功 By ODBC!\n");
  Insert_ Emp();
  system("pause");
  printf("\n------------------------------------\n");
  Select_all();
  printf("\n------------------------------------\n");
  }
  //释放数据源
  SQLDisconnect(hdbc);
  SQLFreeHandle(SQL_HANDLE_DBC,hdbc);
  SQLFreeHandle(SQL_HANDLE_ENV,henv);
  return 0;
}
void Insert_Emp()
{ printf("\n输入雇员信息...\n");
  SQLCHAR pre_sql[32] = "insert into testc values(?,?,?)";
  SQLCHAR vename[10] = "";
```

```
    SQLINTEGER vempno = 0;
    SQLFLOAT vsal = 0;
    int veid;         //用标准 C 的输入输出时,定义纯 C 变量,然后再对 ODBC 数据类型定义变量赋值
    float tmpsal;
    //连接
    retcode = SQLAllocHandle(SQL_HANDLE_STMT, hdbc, &hstmt);
    SQLINTEGER cb1 = 0, cb2 = SQL_NTS, cb3 = 0;
    printf("请输入雇员编号:");
    scanf("%d", &veid);
    printf("请输入雇员名:");
    scanf("%s", (char *)vename);       -- ODBC 字符数组类型在此要转换成 C 的字符数组类型
    printf("请输入雇员薪水:");
    scanf("%f", &tmpsal);
    vempno = veid;
    vsal = tmpsal;
    SQLPrepare(hstmt, pre_sql, (SQLINTEGER)strlen((char *)pre_sql)); //准备 SQL 语句
    //绑定参数
    retcode = SQLBindParameter(hstmt, 1, SQL_PARAM_INPUT, SQL_C_LONG, SQL_INTEGER, 0, 0, &vempno, 0,
&cb1);
    retcode = SQLBindParameter(hstmt, 2, SQL_PARAM_INPUT, SQL_C_CHAR, SQL_VARCHAR, 10, 0, &vename,
10, &cb2);
    retcode = SQLBindParameter(hstmt, 3, SQL_PARAM_INPUT, SQL_C_DOUBLE, SQL_FLOAT, 0, 0, &vsal, 0,
&cb3);
    //执行准备好的 SQL 语句
    retcode = SQLExecute(hstmt);
    if(retcode!= SQL_SUCCESS && retcode!= SQL_SUCCESS_WITH_INFO)
      printf("操作失败!\n");
    else
      printf("操作成功!\n");
    //释放
    SQLCloseCursor(hstmt);                                 //关闭执行语句打开的游标
    SQLFreeHandle(SQL_HANDLE_STMT, hstmt);                 //释放连接句柄资源
}
void Select_all()
{
    char ci[10] = "", lo[11] = "", la[11] = "";
    SQLCHAR vename[10] = "";
    SQLINTEGER vempno = 0;
    SQLFLOAT vsal = 0;

    SQLINTEGER cb1 = 0, cb2 = SQL_NTS, cb3 = 0;            //保存数据长度
    char *sqlx = "select * from testc";
    //创建数据库连接
    retcode = SQLAllocHandle(SQL_HANDLE_STMT, hdbc, &hstmt);
    //直接执行
    SQLExecDirect(hstmt, (SQLCHAR *)sqlx, strlen(sqlx));
    //绑定(字段)参数

    SQLBindCol(hstmt, 1, SQL_C_LONG, &vempno, 0, &cb1);
    SQLBindCol(hstmt, 2, SQL_C_CHAR, vename, 10, &cb2);
    SQLBindCol(hstmt, 3, SQL_C_DOUBLE, &vsal, 0, &cb3);
```

```
    do
    {
    //移动游标
    retcode = SQLFetch(hstmt);
    if(retcode == SQL_NO_DATA)
    break;
    printf("%5d %-20s %7.2f\n",vempno,vename,vsal);
    //printf("%d,%d,%d\n",cb1,cb2,cb3);
    }while(1);
    //释放游标、释放语句句柄
    SQLCloseCursor(hstmt);
    SQLFreeHandle(SQL_HANDLE_STMT,hstmt);
  }
```

上述程序经编译、链接后，在磁盘的工作目录下生成了一个 crwora.exe 文件，程序执行后的效果如图 11-8 所示。

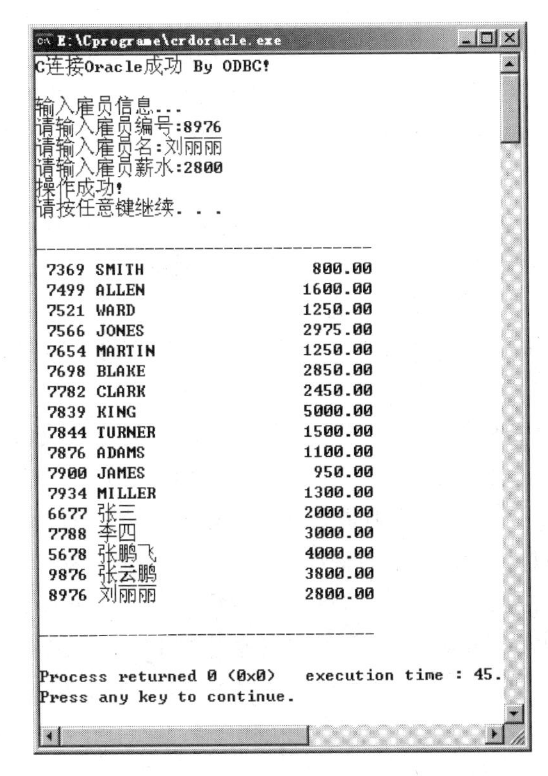

图 11-8　程序 crwora.c 执行效果图

11.3　JDBC 接口访问 Oracle

JDBC(Java Data Base Connectivity)是一种用于执行 SQL 语句的 Java API，可以为多种关系数据库提供统一的访问接口，它由一组用 Java 语言编写的类和接口组成。JDBC 提供了一种标准，根据这个标准可以构建更高级的工具和接口，使数据库开发人员编写数据库应用程序变得容易。

有了 JDBC API，就不必为访问 Oracle 数据库专门编写一个程序，为访问 MySQL 数据库又专门写一个程序，或为访问 Informix 数据库又编写另一个程序等，程序员只需用 JDBC API 写一个程序就够了，它可向相应数据库发送 SQL 调用，将 Java 语言和 JDBC 结合起来，使程序员只需写一遍程序就可以让它在任何平台上运行，这也是 Java 语言"编写一次，处处运行"的优势。

JDBC 是 Java 应用程序连接数据库的标准方法。JDBC 对 Java 程序员而言是 API，对实现与数据库连接的服务提供商而言是接口模型。作为 API，JDBC 为程序开发提供标准的接口，并为数据库厂商及第三方中间件厂商实现与数据库的连接提供了标准方法。

JDBC 使用已有的 SQL 标准并支持与其他数据库连接标准，如 ODBC 之间的桥接。JDBC 实现了所有这些面向标准的目标并且具有简单、严格类型定义且高性能实现的接口。

11.3.1 JDBC 体系结构

如图 11-9 所示，JDBC 的体系结构包含 4 个组件。

- JDBC 应用程序(Application)。JDBC 应用程序负责用户与用户接口之间的交互操作，以及调用 JDBC 的对象方法以给出 SQL 语句并提取结果。
- JDBC 驱动程序管理器(JDBC Driver Manager)。JDBC 驱动程序管理器为应用程序加载和调用驱动程序。
- JDBC 驱动程序(xxx JDBC Driver)。JDBC 驱动程序执行 JDBC 对象方法的调用，发送 SQL 请求给指定的数据源，并将结果返回给应用程序。驱动程序也负责与任何访问数据源的必要软件层进行交互。
- 数据源(Database)。数据源由数据集和与其相关联的环境组成，主要指各数据库厂商的数据库系统。

与 ODBC 一样，JDBC 提供给程序员的编程接口由两部分组成，即：面向应用程序的编程接口 JDBC API 和供底层开发的驱动程序接口 JDBC Driver API。JDBC API 是为应用程序员提供的，而 JDBC Driver API 则是为各个商业数据库厂商提供的。各个商业数据库厂商的 JDBC 驱动程序是由 JDBC 驱动程序管理器自动和统一管理的。

通常，Java 程序首先使用 JDBC API 来与 JDBC Driver Manager 交互，由 JDBC Driver Manager 载入指定的 JDBC drivers，以后就可以通过 JDBC API 来存取数据库。

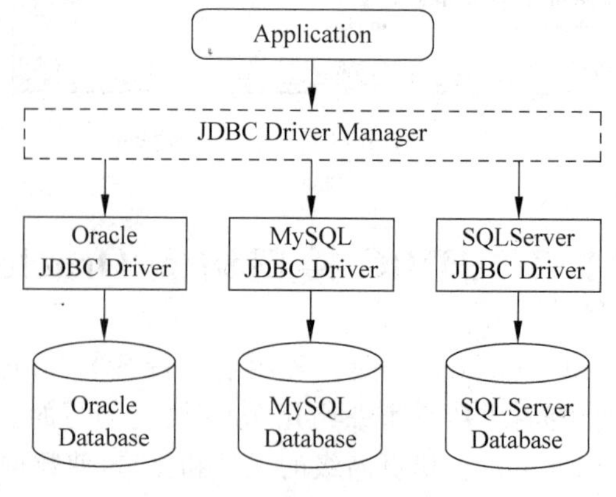

图 11-9　JDBC 体系结构

11.3.2 JDBC 常用接口介绍

1. Driver 接口

Driver 接口由数据库厂家提供，作为 Java 开发人员，只需要使用 Driver 接口就可以了。在编程中要连接数据库，必须先装载特定厂商的数据库驱动程序，不同的数据库有不同的装载方法。如：

装载 Oracle 驱动：Class.forName("oracle.jdbc.driver.OracleDriver")；

装载 MySql 驱动：Class.forName("com.mysql.jdbc.Driver")；

2. Connection 接口

Connection 与特定数据库建立连接（会话），在连接上下文中执行 SQL 语句并返回结果。建立连接的方法是：DriverManager.getConnection(url, user, password)。

getConnection 方法中 url 是数据库的连接串，user 是访问账户，password 是密码。

- 连接 MySql 数据库：

```
Connection conn =
DriverManager.getConnection("jdbc:mysql://127.0.0.1:3306/dbname", "root", "f6es9");
```

这里的 dbname 是要连接的数据库的名称。

- 连接 Oracle 数据库：

```
Connection conn =
DriverManager.getConnection("jdbc:oracle:thin:@127.0.0.1:1521:orcl", "scott", "tiger");
```

这里的 orcl 是数据库实例的名称，也就是数据库的 SID。

连接 SqlServer 数据库：

```
Connection conn = DriverManager.getConnection("jdbc:microsoft:sqlserver://127.0.0.1:1433;
      DatabaseName = database", "sa", "admin");
```

常用方法有：

① createStatement()：创建向数据库发送 sql 的 statement 对象。

② prepareStatement(sql)：创建向数据库发送预编译 sql 的 PrepareSatement 对象。

③ prepareCall(sql)：创建执行存储过程的 CallableStatement 对象。

④ setAutoCommit(boolean autoCommit)：设置事务是否自动提交，取值：true、false。

⑤ commit()：在链接上提交事务。

⑥ rollback()：在此链接上回滚事务。

3. Statement 接口

用于执行静态 SQL 语句并返回它所生成结果的对象。

三种 Statement 类：

- Statement：由 createStatement 创建，用于发送简单的 SQL 语句（不带参数）。
- PreparedStatement：继承自 Statement 接口，由 preparedStatement 创建，用于发送含有一个或多个参数的 SQL 语句。PreparedStatement 对象比 Statement 对象的效率更高，并且可以防止 SQL 注入，所以一般都使用 PreparedStatement。
- CallableStatement：继承自 PreparedStatement 接口，由方法 prepareCall 创建，用于

调用存储过程。

常用 Statement 方法：

① execute(String sql)：运行语句，用于执行返回多个结果集，一般较少使用。

② executeQuery(String sql)：运行 select 语句，返回 ResultSet 结果集。

③ executeUpdate(String sql)：运行 Insert/Update/Delete 操作，返回更新的行数。

④ addBatch(String sql)：把多条 sql 语句放到一个批处理中。

⑤ executeBatch()：向数据库发送一批 sql 语句执行。

4. ResultSet 接口

ResultSet 提供检索不同类型字段的方法，常用的有：

- getString (int index)、getString (String columnName)：获得在数据库里是 varchar2、char 等类型的数据对象。
- getFloat(int index)、getFloat(String columnName)：获得在数据库里是 Float 类型的数据对象。
- getDate(int index)、getDate(String columnName)：获得在数据库里是 Date 类型的数据。
- getBoolean(int index)、getBoolean(String columnName)：获得在数据库里是 Boolean 类型的数据。
- getObject(int index)、getObject(String columnName)：获取在数据库里任意类型的数据。

ResultSet 还提供了对结果集进行滚动的方法：

- next()：移动到下一行。
- previous()：移动到前一行。
- absolute(int row)：移动到指定行。
- beforeFirst()：移动 resultSet 的最前面。
- afterLast()：移动到 resultSet 的最后面。

上面接口使用后依次关闭的对象及连接是：ResultSet→Statement→Connection。

11.3.3 使用 JDBC 的步骤

使用 JDBC 的步骤是：加载 JDBC 驱动程序→建立数据库连接 Connection→创建执行 SQL 的语句 Statement→处理执行结果 ResultSet→释放资源。

1. 注册驱动(只做一次)

方式一：Class. forName(“oracle. jdbc. driver. OracleDriver”)；

这种方式，不会对具体的驱动类产生依赖。

方式二：DriverManager. registerDriver(com. mysql. jdbc. Driver)；

会造成 DriverManager 中产生两个一样的驱动，并会对具体的驱动类产生依赖。

2. 建立连接

```
String url = "jdbc:oracle:thin:@127.0.0.1:1521:orcl"
String user = "scott";
String password = "tiger"
```

```
Connection conn = DriverManager.getConnection(url, user, password);
```

URL 用于标识数据库的位置，通过 URL 地址告诉 JDBC 程序连接哪个数据库。

3. 创建执行 SQL 语句的 statement

```
String sql = "insert into user (name,pwd,age) values(?,?,?)";
PreparedStatement ps = conn.preparedStatement(sql);
ps.setString(1,"ygzy");          //占位符顺序从 1 开始
ps.setString(2,"123456");        //也可以使用 setObject
ps.setInt(3,25);
ps.executeQuery();
```

推荐使用 PreparedStatement 对象，有效防止 sql 注入(SQL 语句在程序运行前已经进行了预编译，当运行时动态地把参数传给 PreareStatement 时，即使参数里有敏感字符如 or '1=1'数据库也会作为一个参数一个字段的属性值来处理而不会作为一个 SQL 命令的组成部分。

4. 处理执行结果(ResultSet)

```
ResultSet rs = ps.executeQuery();
While(rs.next()){
  rs.getString("name");
  rs.getString("pwd");
  rs.getInt("age");
  ...}
```

5. 释放资源

由于数据库连接(Connection)非常耗资源，尽量晚创建，尽量早释放。另外要加上 try catch 以防前面关闭出错，后面的就不执行了。实际工程中，可采用连接池技术，以避免过度打开、关闭连接引起数据库连接负荷过重的现象。

```
try {
    if (rs != null) {
      rs.close();                              //关闭 ResultSet
    }
} catch (SQLException e) {
    e.printStackTrace();
}finally {
        try {
            if (st != null) {
              st.close();                      //关闭 Statement
            }
        } catch (SQLException e) {
            e.printStackTrace();
        } finally {
                try {
                    if (conn != null) {
                      conn.close();            //关闭 Connection
                    }
                } catch (SQLException e) {
                    e.printStackTrace();
```

```
            }
        }
    }
```


11.3.4 Java 语言环境 JDBC 访问 Oracle 案例

Oracle 数据库软件安装成功后在 $ORACLE_HOME\jdbc\lib 目录下已安装了 Oracle 的 JDBC 驱动程序包，在文件 $ORACLE_HOME\jdbc\Readme.txt 中对相关版本的 JDBC 驱动程序有进一步的说明，具体如下：

1. classes12.jar (JDK 1.2 和 JDK 1.3 下使用)

(1) classes12_g.jar：和 classes12.jar 相同，但是包中的类使用"javac -g"命令编译，包含调试信息。

(2) classes12dms.jar：和 classes12.jar 相同，但是包含一些附加的代码支持 Oracle Dynamic Monitoring Service。

(3) classes12dms_g.jar：和 classes12dms.jar 相同，但是包中的类使用“javac-g”编译，包含调试信息。

2. ojdbc14.jar (JDK 1.4 和 JDK 5. 0 下使用)

(1) ojdbc14_g.jar：和 ojdbc14.jar 相同，但是包中的类使用“javac-g”编译，包含调试信息。

(2) ojdbc14dms.jar：和 ojdbc14.jar 相同，但是包含一些附加的代码支持 Oracle Dynamic Monitoring Service。

(3) classes14dms_g.jar：和 classes14dms.jar 相同，但是包中的类使用“javac-g”编译，包含调试信息。

根据 Oracle 数据库版本的不同，用户可阅读这个 Readme.txt 文件选择符合自己实际情况的 Oracle JDBC 驱动程序包。作为通用的开发，建议采用 ojdbc14.jar。在编译、执行 Java 程序之前，要正确安装 JDK(可以从 Oracle 官网上下载)。另外，还要进行下面几项工作：

- 将 JDK 安装目录的 bin 子目录设置在操作系统环境变量 PATH 中。
- 将 Oracle JDBC 驱动程序包文件(ojdbc14.jar)复制到 JDK 安装目录的 lib 子目录下。
- 正确配置操作系统环境变量 CLASSPATH，将 Java 程序所在的当前目录路径放在前面。
- 将 Oracle JDBC 驱动程序包文件(ojdbc14.jar)配置在 CLASSPATH 中，目的是让 Java 运行时能感知 Oracle JDBC 驱动程序的存在(在 MyEclipse 中要将 jar 加入 Build Path 中)。

配置完成后，操作系统环境变量 CLASSPATH、PATH 的内容如下：

```
CLASSPATH = .;C:\Program Files\Java\jdk1.5.0_04\lib\tools.jar;C:\Program Files\Java\jdk1.5.
0_04\lib\dt.jar;C:\Program Files\Java\jdk1.5.0_04\lib\ojdbc14.jar
PATH = D:\oracle\product\10.2.0\db_1\bin;C:\Program Files\Java\jdk1.5.0_04\bin; C:\WINDOWS;
       C:\WINDOWS\system32;...
```

我们开发一个 Java 程序 JDBC_Test.java，给数据表 staff 中写入员工信息数据、查询数据、更新数据、删除数据。数据表结构如下：

```
SQL> desc staff
名称                                是否为空? 类型
-------------------------------- -------- ----------------------
NAME                                      VARCHAR2(20)
AGE                                       NUMBER(3)
SEX                                       VARCHAR2(2)
ADDRESS                                   VARCHAR2(100)
DEPART                                    VARCHAR2(50)
WORKLEN                                   VARCHAR2(3)
WAGE                                      VARCHAR2(6)
```

```
/*
功能描述：这是一个 Java 程序，它通过 JDBC 访问 Oracle 数据库，实现 DML 操作。
程序名：JDBC_Test.java
作者：岳国华
操作系统：Windows
开发日期：2017-07-21 */
//Java 程序 JDBC_Test.java 存放在"E:\Javarwora"目录下
import java.sql.Connection;
import java.sql.DriverManager;
import java.sql.ResultSet;
import java.sql.SQLException;
import java.sql.Statement;
import java.sql.*;
public class JDBC_Test{
//创建静态全局变量
    static Connection conn;
    static Statement st;
    public static void main(String[] args) {
      String vname = "李博士";
      int vage = 33;
      String vsex = "男";
      String vaddress = "西安市雁塔路中段 58#";
      String vdepart = "计算机学院";
      String vworklen = "2";
      String vwage = "3500";
      insert(vname, vage, vsex, vaddress, vdepart, vworklen, vwage);    //插入添加记录
      update();                                                         //更新记录数据
      delete();                                                         //删除记录
      query();                                                          //查询记录并显示
      }
 /* ----------- 以下是 insert, update, delete, query 函数 ------------ */

   /* 插入数据记录，并输出插入的数据记录数 */
   public static void insert(String p1, int p2, String p3, String p4, String p5, String p6, String p7) {
    conn = getConnection();                     //首先要获取连接，即连接到数据库
    try {
      String sql = "INSERT INTO staff(name, age, sex, address, depart, worklen, wage) ";
```

```
            sql = sql + "VALUES('" + p1 + "','" + String.valueOf(p2) + ",'" + p3 + "','" + p4 + "','"
+ p5 + "','";
            sql = sql + p6 + "','" + p7 + "')"; //组成插入数据的 sql 语句
            st = (Statement) conn.createStatement();
                                          //创建用于执行静态 sql 语句的 Statement 对象
            int count = st.executeUpdate(sql); //执行插入操作的 sql 语句,并返回插入记录行数
            System.out.println("向 staff 表中插入 " + count + " 条数据");
                                          //输出插入操作的处理结果
        conn.close();                     //关闭数据库连接
      } catch (SQLException e) {
        System.out.println("插入数据失败" + e.getMessage());
      }
  }

  /* 更新符合要求的记录,并返回更新的记录数目 */
  public static void update() {
   conn = getConnection();                //同样先要获取连接,即连接到数据库
   try {
      String sql = "update staff set wage = '4200' where name = '赵老师'"; //更新数据的 sql 语句
      st = (Statement) conn.createStatement(); //创建用于执行静态 sql 语句的 Statement 对象
      int count = st.executeUpdate(sql); //执行更新操作的 sql 语句,返回更新记录的行数
       System.out.println("staff 表中更新 " + count + " 条数据"); //输出更新操作的处理结果
      conn.close();                                          //关闭数据库连接
    }catch (SQLException e) {
      System.out.println("更新数据失败");
    }
  }
  /* 查询数据库,输出符合要求的记录的情况 */
  public static void query() {
  conn = getConnection();                 //同样先要获取连接,即连接到数据库
  try {
     String sql = "select * from staff"; //查询数据的 sql 语句
     st = (Statement) conn.createStatement();//创建用于执行静态 sql 语句的 Statement 对象
   ResultSet rs = st.executeQuery(sql);      //执行 sql 查询语句,返回查询数据的结果集
     System.out.println("最后的查询结果为: ");
     System.out.println("姓名   年龄 性别    地址     系部    工龄 工资");
     System.out.println("------------------------------------------------");
     while (rs.next()) {                     //判断是否还有下一个数据
      //根据字段名获取相应的值
      String name = rs.getString("name");
      int age = rs.getInt("age");
      String sex = rs.getString("sex");
      String address = rs.getString("address");
      String depart = rs.getString("depart");
      String worklen = rs.getString("worklen");
      String wage = rs.getString("wage");
      //输出查到的记录的各个字段的值
      System.out.println(name + " " + age + " " + sex + "  " + address + " " + depart +
```

```
" " + worklen + " " + wage);
        }
        conn.close();                    //关闭数据库连接
      } catch (SQLException e) {
        System.out.println("查询数据失败");
        }
    }
    /* 删除符合要求的记录,输出情况 */
    public static void delete() {
    conn = getConnection();                   //同样先要获取连接,即连接到数据库
    try {
        String sql = "delete from staff where name = '朱老师'";        //删除数据的 sql 语句
        st = (Statement) conn.createStatement(); //创建用于执行静态 sql 语句的 Statement 对象
        int count = st.executeUpdate(sql);       //执行 sql 删除语句,返回删除记录的行数
        System.out.println("staff 表中删除 " + count + " 条数据\n"); //输出删除操作的处理结果

        conn.close();                           //关闭数据库连接
      }catch (SQLException e) {
      System.out.println("删除数据失败");
      }
    }
    /* 获取数据库连接的函数 */
    public static Connection getConnection() {
    String IPaddress = "127.0.0.1";            //数据库服务器的 IP 地址
    String Port = "1521";                      //数据库监听端口号
    String SID = "orcl";                       //数据库实例名
    String url = "jdbc:oracle:thin:@" + IPaddress + ":" + Port + ":" + SID;
    String user = "scott";                     //scott 为登录 oracle 数据库的用户名
    String password = "sotrip";                //sotrip 为用户名 scott 的密码
    Connection con = null;                     //创建用于连接数据库的 Connection 对象
    try {
        Class.forName("oracle.jdbc.driver.OracleDriver");      //加载 Oracle 数据驱动
         con = DriverManager.getConnection(url,user,password); //创建数据连接
      } catch (Exception e) {
         System.out.println("数据库连接失败!" + e.getMessage());
      }
     return con;                               //返回所建立的数据库连接
    }
} //class JDBC_Test 结束
```

对上述的 JDBC_Test.java 程序在 DOS 环境下进行编译,然后运行。步骤如下:

- E:\Javarwora>javac JDBC_Test.java: 编译 java 程序,在当前目录下产生 JDBC_Test.class。
- E:\Javarwora>java JDBC_Test: 执行编译后生成的 JDBC_Test.class,如图 11-10 所示。

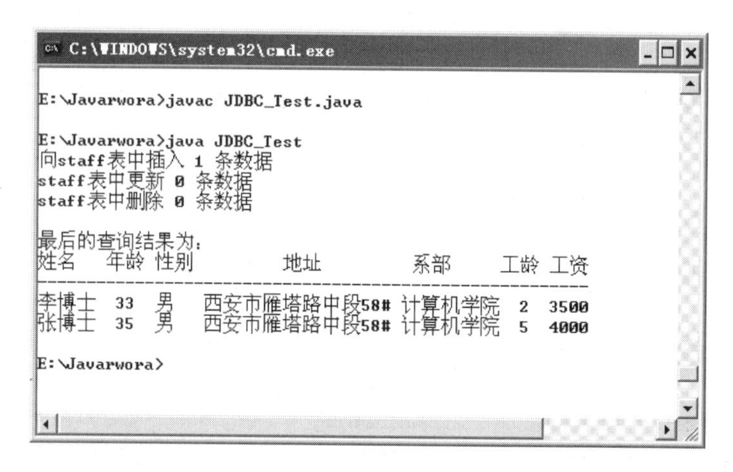

图 11-10 Java 通过 JDBC 访问 Oracle

11.4 OLEDB 接口访问 Oracle

OLEDB(Object Linking and Embedding Database)是微软的战略性的连通不同的数据源的低级应用程序接口,它将传统的数据库系统划分为多个逻辑组件,这些组件之间相对独立又相互通信。这种组件模型中的各个部分被冠以不同的名称。例如,数据提供者(Data Provider)是指提供数据存储的软件组件,小到普通的文本文件,大到主机上的复杂数据库,或者电子邮件存储,都是数据提供者的例子。有的文档把这些软件组件的开发商也称为数据提供者。

OLEDB 为一种开放式的标准,被设计成 COM(Component Object Model,一种对象的格式。凡是依照 COM 的规格所制作出来的组件,皆可以提供功能让其他程序或组件使用。)组件。OLEDB 最主要是由三个部分组合而成:

1. Data Providers 数据提供者

凡是通过 OLEDB 将数据提供出来的,就是数据的提供者。如 Oracle 数据库中的数据表,或是文件名为 mdb 的桌面数据库 Access 等,都是数据提供者(Data Provider)。

2. Data Consumers 数据使用者

凡是使用 OLEDB 所提供数据的程序或组件,都是 OLEDB 的数据使用者。换句话说,凡是使用 ADO 的应用程序或网页都是 OLEDB 的数据使用者。

3. Service Components 服务组件

数据服务组件用来完成数据提供者与数据使用者之间数据传递的工作,数据使用者要向数据提供者请求数据时,是通过 OLEDB 服务组件的查询处理器执行查询的工作,而查询到的结果则由指针引擎来管理。

OLEDB 为用户提供了一种统一的方法来访问所有不同类型的数据源。OLEDB 可以在不同的数据源中进行转换。利用 OLEDB,客户端的开发人员在进行数据访问时只需把精力集中在很少的一些细节上,而不必弄懂大量不同数据库的访问协议。OLEDB 是一套通过 COM 接口访问数据的 ActiveX 接口。这个 OLEDB 接口相当通用,足以提供一种访问数据的统一手段,而不管存储数据所使用的方法如何。同时,OLEDB 还允许开发人员继续利用基础数据库技术的优点，以通用的 SQL 语言访问数据库，为程序在多种数据库之间的可移植性提供一定的支撑。

11.4.1 OLEDB 体系结构

如图 11-11 所示是 OLEDB 体系结构图。OLEDB 位于 ODBC 层与应用程序之间。其中 ADO 是位于 OLEDB 之上的应用程序接口。应用程序对 ADO 的调用先被送到 OLEDB，然后再交由 ODBC 处理。当然，也可以直接连接到 OLEDB 层。

值得注意的是，OLEDB 对 ODBC 的兼容性，允许 OLEDB 访问现有的 ODBC 数据源。其优点很明显，由于 ODBC 相对 OLEDB 来说使用得更为普遍，因此可以获得的 ODBC 驱动程序相应地要比 OLEDB 的多。这样不一定要得到 OLEDB 的驱动程序，就可以立即访问原有的数据系统。

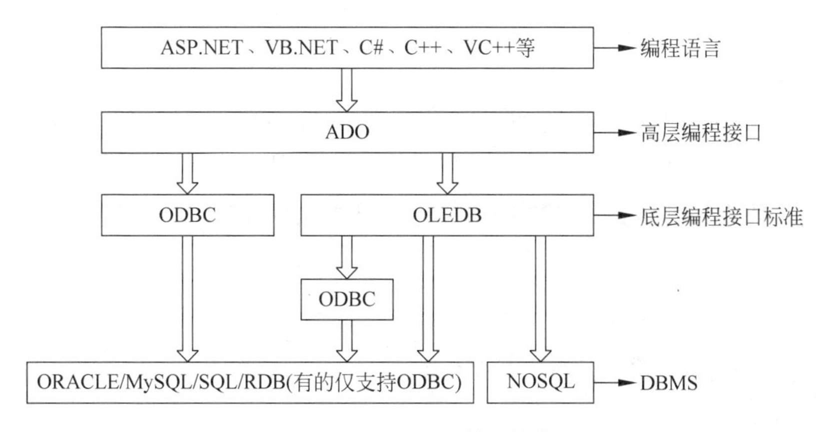

图 11-11 OLEDB 体系结构

提供者位于 OLEDB 层，而驱动程序位于 ODBC 层。如果想使用一个 ODBC 数据源，需要使用针对 ODBC 的 OLEDB 提供者，它会接着使用相应的 ODBC 驱动程序。如果不需要使用 ODBC 数据源，那么可以使用相应的 OLEDB 提供者，这些通常称为本地提供者（Native Provider）。

可以清楚地看出使用 ODBC 提供者意味着需要一个额外的层。因此，当访问相同的数据时，针对 ODBC 的 OLEDB 提供者可能会比本地的 OLEDB 提供者的速度慢一些。

11.4.2 C++通过 OLEDB 访问 Oracle

为了实现 OLEDB 方式访问 Oracle 数据库，我们设计了这样一个案例，就是在 C++语言环境下，开发一个程序，用 OLEDB 技术访问 Oracle 数据库中的数据表 t_userinfo，实现对用户信息的存取。

- 基础环境配置

① 必须在客户端安装 OracleOLEDB 驱动程序。当在本地装 Oracle 数据库软件时，Oracle 的 OLEDB 驱动程序已安装在本地了，在 $ORACLE_HOME\BIN 下有相关的程序 OraOLEDB10.*。

② 在本地计算机上安装微软的 ADO 组件，以 WindowsXPSP3 为例，这些组件位于 C:\Program Files\Common Files\System\ado 目录下，其中文件 msado15.dll 就是 ADO 的动

态库。

③ 以 scott 用户登录 SQL * Plus 创建数据表，其结构如下：

```
SQL> desct - userinfo;
 名称                     是否为空? 类型
 ------------------ -------- ------------------------------
 SNO                         NUMBER(10)
 NAME                        VARCHAR2(30)
 SEX                         VARCHAR2(2)
 AGE                         NUMBER(3)
 EMAIL                       VARCHAR2(100)
 PHONE                       VARCHAR2(30)
 LOC                         VARCHAR2(100)
```

④ 正确配置 Oracle 主机连接字符串。在文件 $ORACLE_HOME\NETWORK\ADMIN\tnsnames.ora 中正确配置主机连接字符串，内容如本章 11.2.2 中的“ORCLIP”。

- 程序设计与实现

以 VC++ 6.0 IDE 为开发工具，建立工程项目。例如，建立一个名为“testcpp1”的工程项目，如图 11-12 所示，建立一个 Win32 Console Application 项目(项目名：testcpp1)。

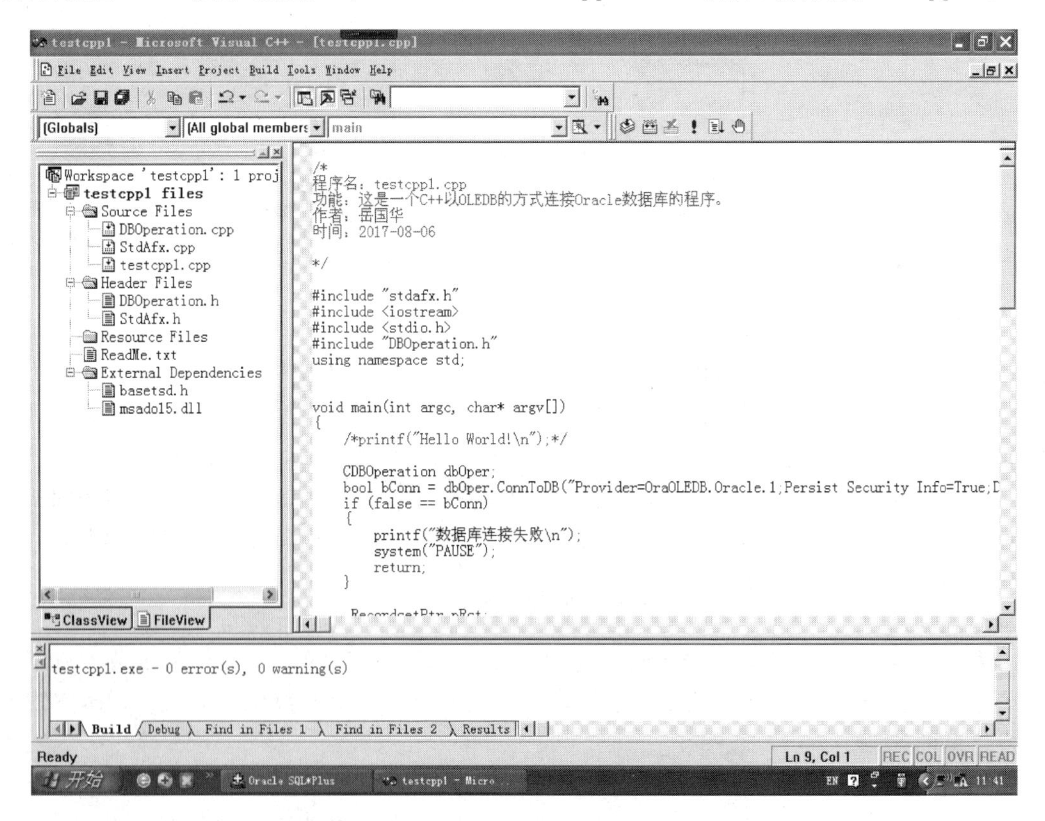

图 11-12　VC++ 6.0 建立工程项目 testcpp1

① 数据库操作类定义

设计一个数据库操作类 CDBOperation，将其保存为“DBOperation.h”文件，代码如下：

```
//DBOperation.h
```

```
#pragma warning (disable:4146)
#import "C:\Program Files\Common Files\System\ado\msado15.dll" no_namespace
                        rename("EOF","adoEOF") rename("BOF","adoBOF")
class CDBOperation
{
public:
    CDBOperation(void);                         //初始化数据库操作需要的数据库对象
  ~CDBOperation(void);                          //析构函数
  bool ConnToDB(char * ConnectionString, char * UserID, char * Password); //连接到数据库
  _RecordsetPtr ExecuteWithResSQL(const char * ); //数据库操作函数:查询、增加、删除、修改
private:
  void PrintErrorInfo(_com_error &);
private:
  _ConnectionPtr CreateConnPtr();               //初始化数据库链接
  _CommandPtr CreateCommPtr();                  //命令
  _RecordsetPtr CreateRecsetPtr();              //结果集
private:
  _ConnectionPtr m_pConnection;                 //数据库连接
  _CommandPtr m_pCommand;                       //命令操作对象
};
```

② 数据库操作类接口实现

设计接口实现 CDBOperation 类中定义的方法,将其代码保存到文件 DBOperation.cpp 中。

```
//DBOperation.cpp
#include "DBOperation.h"
#include "stdio.h"
CDBOperation::CDBOperation(void)
{
  CoInitialize(NULL);
  m_pConnection = CreateConnPtr();
  m_pCommand = CreateCommPtr();
}
CDBOperation::~CDBOperation(void)        //析构函数用来销毁由对象创建的任何动态变量
{
  m_pConnection->Close();                //关闭数据库连接
}
bool CDBOperation::ConnToDB(char * ConnectionString, char * UserID, char * Password)
{
  if (NULL == m_pConnection)
  {
    printf("Failed to create connection\n");
    return false;
  }
  try
  {
    HRESULT hr = m_pConnection->Open(ConnectionString, UserID, Password, NULL);
    if (TRUE == FAILED(hr))
    { return false; }
    m_pCommand->ActiveConnection = m_pConnection;
    return true;
```

```
    }
    catch(_com_error &e)
    {
        PrintErrorInfo(e);
        return false;
    }
}
_RecordsetPtr CDBOperation::ExecuteWithResSQL(const char * sql)
{
    try
    {
        m_pCommand->CommandText = _bstr_t(sql);
        _RecordsetPtr pRst = m_pCommand->Execute(NULL, NULL, adCmdText);
        return pRst;
    }
    catch(_com_error &e)
    {
        PrintErrorInfo(e);
        return NULL;
    }
}
void CDBOperation::PrintErrorInfo(_com_error &e)
{
    printf("Error infomation are as follows\n");
    printf("ErrorNo: %d\nError Message: %s\nError Source: %s\nError Description: %s\n", e.
Error(), e.ErrorMessage(), (LPCTSTR)e.Source(), (LPCTSTR)e.Description());
}
_ConnectionPtr CDBOperation::CreateConnPtr()
{
    HRESULT hr;
    _ConnectionPtr connPtr;
    hr = connPtr.CreateInstance(__uuidof(Connection));
    if (FAILED(hr) == TRUE)
    {
        return NULL;
    }
    return connPtr;
}
_CommandPtr CDBOperation::CreateCommPtr()
{
    HRESULT hr;
    _CommandPtr commPtr;
    hr = commPtr.CreateInstance(__uuidof(Command));
    if (FAILED(hr) == TRUE)
    {
        return NULL;
    }
    return commPtr;
}
_RecordsetPtr CDBOperation::CreateRecsetPtr()
{
    HRESULT hr;
    _RecordsetPtr recsetPtr;
    hr = recsetPtr.CreateInstance(__uuidof(Command));
```

```
    if (FAILED(hr) == TRUE)
    {
        return NULL;
    }
    return recsetPtr;
}
```

③ 设计主程序 testcpp1.cpp

```
/*
程序名: testcpp1.cpp
功能: 这是一个 C++以 OLEDB 的方式连接 Oracle 数据库的程序.
作者: 岳国华
时间: 2017-08-06 */
#include "stdafx.h"
#include <iostream>
#include <stdio.h>
#include "DBOperation.h"
using namespace std;
void main(int argc, char * argv[])
{
    CDBOperation dbOper;
    bool bConn = dbOper.ConnToDB("Provider = OraOLEDB.Oracle.1;Persist Security Info = True;Data
    Source = ORCLIP", "scott", "sotrip");    // OLEDB 连接 Oracle 数据库
    if (false == bConn)
    {
        printf("数据库连接失败\n");
        system("PAUSE");
        return;
    }
    _RecordsetPtr pRst;
    char sql[255] = {0};
    strcpy(sql, "select * from t_userinfo");
    pRst = dbOper.ExecuteWithResSQL(sql);    //执行查询语句
    if (NULL == pRst)
    {
        printf("数据查询出现错误!\n");
        system("PAUSE");
        return;
    }
    if (pRst->adoEOF)
    {
        pRst->Close();
        printf("There is no records in this table\n");
        return;
    }
    _variant_t vSno, vName, vsex, vAge, vEmail, vPhone, vLoc;
    while (!pRst->adoEOF)
    {
        //pRst->MoveFirst();                    //记录集指针移动到结果集的前面
        vSno = pRst->GetCollect(_variant_t((long)0));
        vName = pRst->GetCollect(_variant_t("name"));
        vsex = pRst->GetCollect(_variant_t("sex"));
```

```
        vAge = pRst -> GetCollect(_variant_t("age"));
        vEmail = pRst -> GetCollect(_variant_t("email"));
        vPhone = pRst -> GetCollect(_variant_t("phone"));
        vLoc = pRst -> GetCollect(_variant_t("loc"));
        printf("%s\t%s\t%s\t%d\t%s\t%s\t%s\n", (LPSTR)(LPCSTR)(_bstr_t)vSno,
                (LPSTR)(LPCSTR)_bstr_t(vName), (LPSTR)(LPCSTR)_bstr_t(vsex),
                vAge.intVal,(LPSTR)(LPCSTR)_bstr_t(vEmail),(LPSTR)(LPCSTR)_bstr_t(vPhone),
                (LPSTR)(LPCSTR)_bstr_t(vLoc));
        pRst -> MoveNext();
    }
    sprintf(sql, "insert into t_userinfo(sno, name,sex, age) values('%s', '%s', '%s', %d, '%
s', '%s', '%s')", "2","特朗普", "男", 70,"trump@american.com","001 - 12345","The White
House 101#");
    printf("插入 SQL:%s\n",sql);
    strcpy(sql, "insert into t_userinfo(sno, name,sex, age,email,phone,loc) values('2', '特朗
普', '男', 70,'trump@american.com','001 - 12345','The White House 101#')");
    pRst = dbOper.ExecuteWithResSQL(sql); //执行插入语句
    if (NULL != pRst)
    {
        printf("数据插入成功\n");
    }
    sprintf(sql, "delete from t_userinfo where sno = '%s'", "3");
    pRst = dbOper.ExecuteWithResSQL(sql); //执行删除语句
    if (NULL != pRst)
    {
        printf("数据删除成功\n");
    }
    system("PAUSE");
    //pRst -> Close();
}
```

程序在微软 VC++ 6.0 IDE 环境下编辑、调试完毕后是如图 11-12 所示的呈现形式，编译并构建工程后执行之，结果如图 11-13 所示。

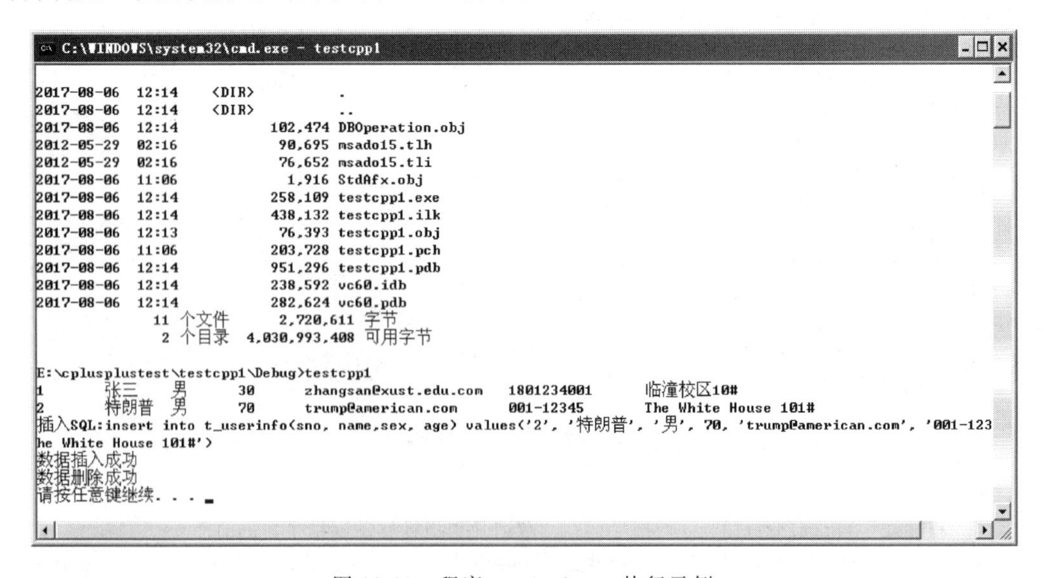

图 11-13 程序 testcpp1.exe 执行示例

11.5 Oracle 数据库应用性能调优

许多人都一致认为一个数据库应用系统的性能瓶颈最容易出现在数据的操作方面，而数据库应用系统的大部分数据操作都是通过数据库管理软件所提供的相关接口来完成的。所以数据库管理软件也就很自然地成为了数据库应用系统的性能瓶颈所在，这是当前业界比较普遍的一个看法。但我们的应用系统的性能瓶颈真的完全是因为数据库管理软件和数据库主机自身造成的吗?

我们将通过本节的内容来进行一个较为深入的分析，让大家了解到一个数据库应用系统的性能到底与哪些地方有关，让大家寻找出应用系统出现性能问题的根本原因，而尽可能清楚地知道该如何去优化自己的应用系统。Oracle 数据库系统是市场占有率最高的商品化数据库系统软件，我们以一个 Web 应用系统为例，结合笔者多年从事 Oracle 数据库系统 DBA 工作以及开发、教学经验，总结分析出数据库应用系统中系统架构、查询语句设计对性能的影响以及相关的优化。

11.5.1 系统架构及实现差异对系统性能的影响

应用系统的实现差异对数据库应用系统整体性能有一定的影响。我们以 Web 系统应用为例。一个 Web 应用系统，自然离不开 Web 应用程序(Web App)和应用程序服务器(App Server)。关于应用程序服务器(如 Tomcat、WebLogic)我们能控制的内容不多，大多都是使用已经久经考验的成熟产品，大家能做的也就只是通过一些简单的参数设置调整来进行调优，不做细究。而对于 Web App，大部分都是各自公司根据业务需求自行开发，可控性较强。所以我们从 Web 应用程序着手分析一个应用程序架构的不同设计对整个系统性能的影响将会更合适。

在构架系统时具体的业务需求告诉我们一个系统应该有什么不应该有什么，而系统架构则决定了我们系统的构建环境。就像修建一栋房子一样，在清楚了这栋房子的用途之后，会先有建筑设计师来画出一张基本的造型图(蓝图)，然后还需要结构设计师为我们设计出结构图。系统架构设计的过程就和结构工程师设计结构图一样，需要为整个系统搭建出一个尽可能最优的框架，让整个系统能够有一个稳定高效的结构体系来实现具体的商业需求。

谈到应用系统架构的设计，可能有人会说，一个 DBA 有什么资格谈论人家架构师(或者程序员)所设计的架构? 其实大家完全没有必要这样去考虑，我们谈论架构仅仅是对各种情形下性能高低的分析比较，只是根据自己的专业特长来针对相应架构给出可行的建议及意见，并不是要评判架构整体的好坏，更不是为了推翻某个架构。而且我们所考虑的架构大多数时候也只是数据层面相关的架构(往往系统架构师和 DBA 一身兼多职)。

在业务程序运行过程中，无论是系统的基本支持数据还是不断产生的业务数据，对这些数据不加区分地全将设计数据结构存放在数据库中合适吗? 下面我们就来讨论这个问题。

对于开发人员来说，数据库就是一个操作最方便的万能存储中心，希望什么数据都存放在数据库中，不论是需要持久化的数据，还是临时存放的过程数据，不论是普通的纯文本格式的字符数据，还是多媒体的二进制数据，都喜欢全部塞入数据库中。因为对于应用服务器来说，数据库很多时候都是一个集中式的存储环境，不像应用服务器那样可能有很多台；而且数据库有专门的 DBA 去进行维护，而不像应用服务器很多时候还需要开发人员去做一些维护；还有一点很关键的就是数据库的操作非常简单统一，不像文件操作或者其他类型的存储方式那么复杂。其实我个人认为，现在的数据库为我们提供了太多的功能，功能是否丰富是数据库产品商业利益的主要考量。但作为开发者，一定要从实际的硬件环境与必要性出发，合理地使用这些新功能。有些功能有其有利的一面也有其不利的一面，不太了解数据库的人很容易错误地使用数据库中不太擅长的或对性能有影响的功能，结果导致系统性能不理想，最后数据库成了影响系统性能提升的罪人。

- 并非所有数据都要存放在数据库中，以下几类数据都是不适合在数据库中存放的。

1. 二进制多媒体数据

Oracle 数据库虽然有 BLOB 这样的大对象数据类型，可以将二进制多媒体数据存放在数据库中。然而，这样带来的一个问题是数据库空间资源耗用非常严重，另一个问题是这些数据的存储很消耗数据库主机的 CPU 资源。这种数据主要包括图片、音频、视频和其他一些相关的二进制文件。这些数据的处理本不是数据库的优势，如果我们硬要将它们塞入数据库，肯定会造成数据库的处理资源消耗严重，因为从数据库中将这些 LOB 数据提取出来比直接从操作系统的文件系统中读取速度要慢。

2. 独立的 Word、Excel 等文件

Oracle 数据库虽然有 CLOB 这样的大对象数据类型，可以将结构化或非结构化字符文件存放在数据库中。然而，这样带来的一个问题是数据库空间资源耗用非常严重，另一个问题是这些数据的存储很消耗数据库主机的 CPU 资源。对于这类文件上传后，建议保存在操作系统文件中的固定位置，而将数据文件名存放在数据库中，这样处理效率比存放成 CLOB 数据到数据库表中高。

- 合理地利用应用层 Cache 机制

对于 Web 应用，活跃数据的数据量总是不会特别的大，有些活跃数据更是很少变化。对于这类数据，我们是否有必要每次需要的时候都到数据库中去查询呢？例如，将今天的日期缓存到内存中，不必要每次都执行 SELECT sysdate FROM DUAL，这样可减少 DBMS 的访问频度。如果我们能够将变化相对较少的部分活跃数据通过应用层的 Cache 机制缓存到内存中，对性能肯定是成数量级的提升，而且由于是活跃数据，对系统整体的性能影响也会很大。

当然，通过 Cache 机制成功的案例为数不少，但是失败的案例也同样有案可稽。如何合理地通过 Cache 技术让系统性能得到较大的提升也不是通过寥寥几笔就能说明清楚的，这里笔者仅根据以往的经验谈一下什么样的数据适合通过 Cache 技术来提高系统性能。

1. 系统各种配置及规则数据

由于这些配置信息变动的频率非常低，访问概率又很高，所以非常适合使用 Cache。

2. 活跃用户的基本信息数据

虽然我们经常会听到某某网站的用户量达到成百上千万，但是一般不会有一个 Web 应用系统的活跃用户数量能够达到这个数量级。也很少有用户每天没事干去将自己的基本信息改来改去。更为重要的一点是用户的基本信息在应用系统中的访问频率极高。例如，当人们在京东商城上购物时，他们的用户名、电子邮箱、联系电话、登录验证数据等均处于活动状态。所以用户基本信息的 Cache，很容易让整个应用系统的性能出现一个质的提升。

3. 活跃用户的个性化定制信息数据

虽然用户个性化定制的数据从访问频率来看，可能并没有用户的基本信息那么频繁，但相对于系统整体来说，也占了很大的比例，而且变更频率一样不会太多。例如，可以创建内存临时表，在当前会话中保存用户定制化的信息。

4. 其他一些访问频繁但变更较少的数据

除了上面这三种数据之外，在我们面对的各种系统环境中肯定还会有各种各样的变更较少但是访问很频繁的数据。只要合适，我们都可以将对它们的访问从数据库移到Cache中。

• 数据层实现对整体性能的影响

从以往的经验来看，一个合理的数据存取实现和一个低效的实现相比，在性能方面的差异经常会超出一个甚至几个数量级。我们先来分析一个非常简单且经常会遇到类似情况的示例。

在一个Web网站系统中，现在要实现每个用户查看各自照片相册列表（假设每个列表显示10张相片）的时候，能够在相片名称后面显示该相片的留言数量。这个需求大家认为应该如何实现呢？笔者猜想90%的开发开发工程师会通过如下两种方案来实现该需求。

第一种方案：

（1）通过“SELECT id，subject，url FROM photo WHERE user_id = ? and rownum <= 10；”得到第一页的相片相关信息；

（2）通过第1步结果集中的10个相片id循环运行十次查询语句，统计每张照片的留言数量：

SELECT COUNT（ * ）FROM photo_commentWHERE photh_id = ?；来得到每张相册的留言数量然后再拼装成展现对象。

第二种方案：

（1）和第一种方案中的第一步完全一样；

（2）通过程序拼装上面得到的10个photo的id，再通过in查询：

```
SELECT photo_id,count( * ) FROM photo_comment
WHERE photo_id in (?)
GROUP BY photo_id ;一次得到 10 个 photo 的所有回复数量,再组装两个结果集得到展现对象。
```

我们来对以上两个方案做一下简单的比较：

（1）从Oracle执行的SQL数量来看，第一种解决方案为11（1+10=11）条SQL语句，第二种解决方案为2条SQL语句（1+1）；

（2）从应用程序与数据库交互来看，第一种为11次，第二种为2次；

（3）从数据库的I/O操作来看，简单假设每次SQL为1个I/O，第一种最少11次I/O，第二种小于等于11次I/O，而且只有当数据非常离散的情况下才会需要11次；

（4）从数据库处理的查询复杂度来看，第一种为两类很简单的查询，第二种有一条SQL语句有GROUP BY操作，比第一种解决方案增加了排序分组操作；

（5）从应用程序结果集处理来看，第一种11次结果集的处理，第二中2次结果集的处理，但是第二种解决方案中第2次结果处理数量是第一次的10倍；

(6) 从应用程序数据处理来看,第二种比第一种多了一个拼装 photo_id 的过程。

我们先从以上 6 点来做一个性能消耗的分析:

(1) 由于 Oracle 对客户端每次提交的 SQL 不管是相同还是不同,都需要进行完全解析,这动作主要消耗的资源是数据库主机的 CPU,那么这里第一种方案和第二种方案消耗 CPU 的比例是 11:2。SQL 语句的解析动作在 SQL 语句执行过程中整体消耗的 CPU 比例是较多的;

(2) 应用程序与数据库交互所消耗的资源基本上都在网络方面,同样也是 11:2;

(3) 数据库 I/O 操作资源消耗为大于或者等于 1:1;

(4) 第二种解决方案需要比第一种多消耗内存资源进行排序分组操作,由于数据量不大,多出的消耗在语句整体消耗中所占用比例会比较小,大概不会超过 20%,大家可以针对性测试;

(5) 结果集处理次数也为 11:2,但是第二种解决方案第 2 次处理数量较大,整体来说两次的性能消耗区别不大;

(6) 应用程序数据处理方面所多出的这个 photo_id 的拼装所消耗的资源是非常小的,甚至比应用程序与 Oracle 做一次简单的交互所消耗的资源还要少。

综合上面的这 6 点比较,我们可以很容易得出结论,从整体资源消耗来看,第二种方案会远远优于第一种解决方案。而在实际开发过程中,程序开发人员却很少选用。主要原因其实有两个:

① 第二种方案在程序代码实现方面可能会比第一种方案略为复杂,尤其是在当前编程环境中面向对象思想的普及,开发工程师可能会更习惯于以对象为中心的思考方式来解决问题。

② 程序员可能对 SQL 语句的使用并不是特别的熟悉,并不一定能够想到第二条 SQL 语句所实现的功能。

对于第一个原因,我们可能只能通过加强软件开发工程师的性能优化意识来让大家能够自觉纠正,而第二个原因的解决就需要 DBA 协助了。SQL 语句正是我们的专长,定期对开发工程师进行一些相应的数据库知识、包括 SQL 语句编写方面的技巧与优化培训,可能会给大家带来意想不到的收获。

这里我们只用一个很常见的简单示例来说明数据层架构实现的不同对整体性能的影响,实际上可以简单归结为过度依赖循环嵌套的使用或者说是过度弱化 SQL 语句的功能而造成系统资源消耗过多、引起性能下降的实例。

下面笔者将进一步分析一些因为(数据)架构实现差异所带来的性能方面的不同。

- 过度依赖数据库 SQL 语句的功能造成数据库操作效率低下

前面的案例是开发工程师过度弱化 SQL 语句的功能造成的资源浪费案例,而这里我们再来分析一个完全相反的案例:在网站论坛的群组简介页面中需要显示群名称和简介,每个群成员的 nick_name(昵称),以及群主的个人签名信息。如图 11-14 所示是该案例的物理模型。

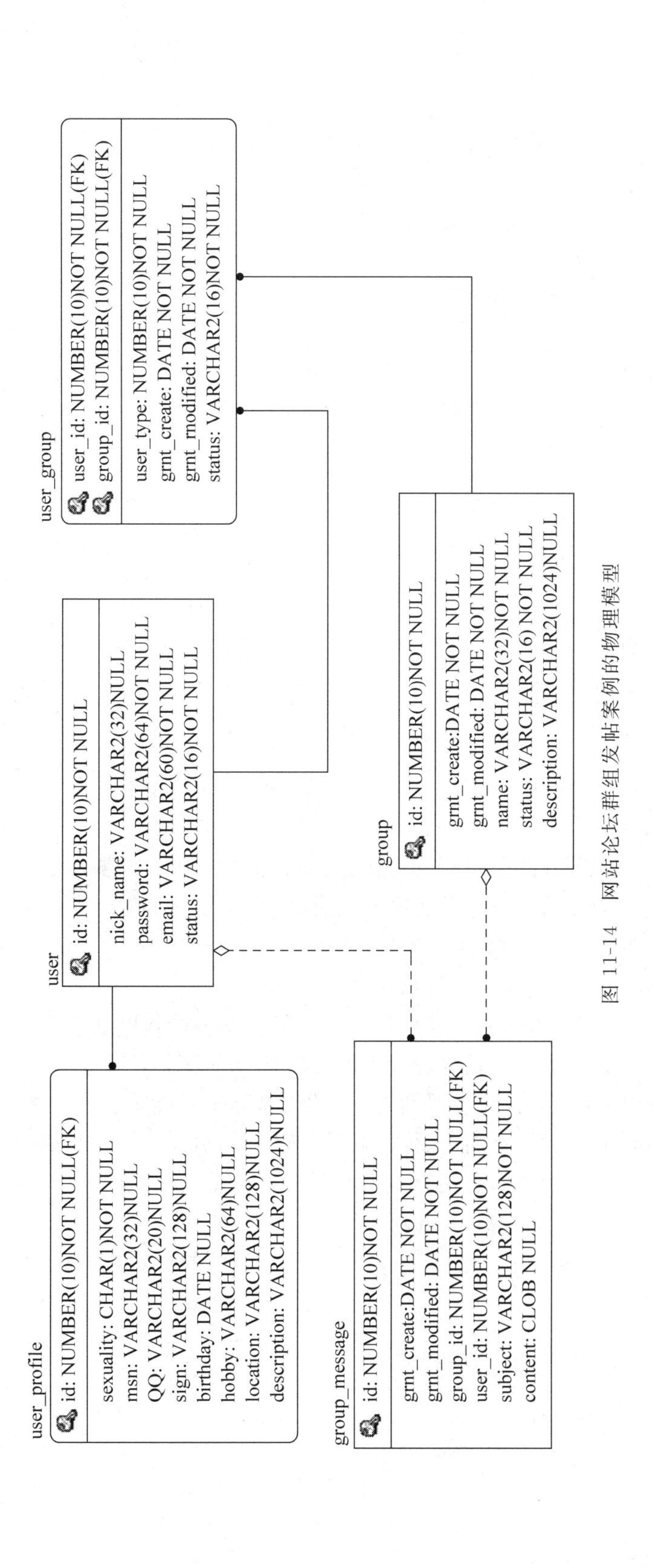

图 11-14　网站论坛群组发帖案例的物理模型

需求中所需信息存放在以下四个表中：user、user_profile、group、user_group。user 是用户主要信息表，user_profile 是用户扩展信息表，group 是群组表，user_group 是用户所属群组关系表。

我们先看看最简单的实现方法，一条 SQL 语句搞定所有事情：

```
SELECT name, group.description description,user_type,nick_name,sign
FROM group,user_group,user ,user_profile
WHERE groups.id = ?
AND group.id = user_group.group_id AND user_group.user_id = user.id
    AND user_profile.user_id = user.id
```

当然我们也可以通过如下稍微复杂一点的方法分两步搞定：

首先取得所有需要展示的 group 的相关信息和所有群组员的 nick_name 信息和组员类别：

```
SELECT name,description,user_type,nick_name
FROM group,user_group,user
WHERE group.id = ? AND groups.id = user_group.group_id
      AND user_group.user_id = user.id
```

然后在程序中通过上面结果集中的 user_type 找到群主的 user_id 再到 user_profile 表中取得群主的签名信息：

```
SELECT sign FROM user_profile WHERE user_id = ?
```

两种解决方案最大的区别在于交互次数和 SQL 复杂度。而带来的实际影响是第一种解决方案对 user_profile 表有不必要的访问(非群主的 profile 信息)，造成 I/O 访问直接增加了 20%左右。而大家都知道，I/O 操作在数据库应用系统中是非常消耗系统时间的。尤其是当这个功能的 PV 较大的时候，第一种方案造成的 IO 损失是相当大的。

• 重复执行相同的 SQL 造成资源浪费

这个问题其实是每个人都非常清楚也完全认同的一个问题，但是在应用系统开发过程中，仍然会常有这样的现象存在。究其原因，主要还是开发工程师思维中面向对象的概念太过深入，以及为了减少自己代码开发的逻辑和对程序接口过度依赖所造成的。

笔者曾经在一个性能优化项目中遇到过一个案例，某个功能页面一侧是“项目分组”列表，是一列“项目分组”的名字。页面主要内容则是该“项目分组”的所有“项目”列表。每个“项目”以名称(或者图标)显示，同时还有一个 SEO 相关的需求就是每个“项目”名称的链接地址中需要有“项目分组”的名称(< A href="http://vgps.dhechina.com" title="硬件开发组">液位开关</A >)。所以在“项目”列表的每个“项目”的展示内容中就需要得到该项目所属的组的名称，如图 11-15 所示。

图 11-15 左侧展示分组、右侧展示各组项目列表

按照开发工程师开发思路，非常容易产生取得所有“项目”结果集并映射成相应对象之后，再从对象集中获取“项目”所属组的标识字段，然后循环到“分组”表中取得需要的“组名”。最后再拼装成 HTML 对象进行展示。

看到这里，我想大家应该已经知道这里存在的一个最大的问题就是多次重复执行了完全相同的 SQL 得到完全相同的内容。同时还犯了前面第一个案例中所犯的错误。或许大家看到之后会不相信有这样的案例存在，笔者可以非常肯定地告诉大家，事实就是这样。同时也请大家如果有条件的话，认真地检查自己所在的系统的代码，非常有可能同样存在上面类似的情形。

上面这样的处理方法有必要吗？肯定不是！因为我们最多一次访问就可获得所需要的“分组”名称。首先，侧栏中的“分组”列表是需要有名称的，我们为什么不能直接利用到呢？

当然，可能有些系统的架构设计决定了侧栏和主要内容显示区来源于不同的模板（或者其他结构），例如，使用开源内容管理 OpenCMS，那么我们也完全可以在进入这个功能页面的链接请求中通过参数传入我们需要的“分组”名称。这样我们就可以完全不需要根据“项目”相关信息去数据库获取所属“分组”的信息，便完成这个需求了。

前面列举了一些我们平常所见的一些实现差异对数据库应用系统性能所带来的影响，除了这些实现方面所带来的问题之外，应用系统的整体架构设计、实现对系统性能的影响可能会更严重。

下面大概列举了一些较为常见的架构设计、实现不当带来的性能问题和资源浪费情况。

（1）Cache 系统的不合理利用导致 Cache 命中率低下，造成数据库访问量的增加，同时也浪费了 Cache 系统的硬件资源投入。

（2）过度依赖面向对象思想，对系统整体性能造成的影响（面向过程的思想并非完全不好）。

（3）对可扩展性的过度追求，促使系统设计的时候将对象拆得过于离散，造成系统中大量的复杂 Join 语句，而一个 SQL 语句中过多的数据表连接导致大量的 I/O 开销、索引机制不能很好地利用，对系统整体性能造成的影响。

（4）对数据库的过度依赖，将大量更适合存放于文件系统中的数据存入了数据库中，造成数据库资源的浪费，影响到系统的整体性能，如各种日志信息。

（5）过度理想化系统的用户体验，使大量非核心业务消耗过多的资源，如对大量不需要实时更新的数据做了实时统计计算，如实时预警、大量的频繁 JOB 事件机制使用导致 DBMS 无暇快速响应用户的 SQL 请求。

以上仅仅是一些比较常见的症结，在各种不同的应用环境中肯定还会有很多不同的性能问题，可能需要大家通过仔细的数据分析和对系统的充分了解才能找到，但是一旦找到症结所在，通过相应的优化措施，所带来的收益也是相当可观的。

11.5.2 查询语句对系统性能的影响

前面我们介绍了应用系统的实现差异对数据库应用系统整体性能的影响，这一节我们将分析 SQL 语句的差异对系统性能的影响。

这里我们要明确的是 SQL 语句的优劣对性能是肯定有影响的，但是到底有多大影响可能每个人都会有不同的体会，每个 SQL 语句在优化之前和优化之后的性能差异也是各不相同，所以对于性能差异到底有多大这个问题我们这里就不做详细分析了。我们重点分析实现同样功能的不同 SQL 语句在性能方面会产生较大的差异的根本原因，并通过一个较为典型的示例来对我们的分析做出相应的验证。

为什么返回完全相同结果集的不同 SQL 语句，在执行性能方面存在差异呢？这里我们先从 SQL 语句在数据库中执行并获取所需数据这个过程来做一个大概的分析了。

当 Oracle Server 的监听进程和客户端（Client）程序建立会话后，后台服务进程接收到 Client 端发送过来的 SQL 请求之后，会经过一系列的解析（Parse），进行相应的分析。然后，Oracle 会通过查询优化策略（Optimizer）根据该 SQL 所涉及的数据表的相关统计信息进行计算分析，然后再得出一个 Oracle 认为最合理最优化的数据访问方式，也就是我们常说的“执行计划”，然后再根据所得到的执行计划通过后台读写进程来获取相应数据，将数据存放在系统的 SGA 中进行加工处理，并以 Client 端所要求的格式作为结果集返回给 Client 端的应用程序。

我们知道，在 DBMS 中，最大的性能瓶颈就是在于磁盘 I/O，也就是数据的存取操作上面。而对于同一份数据，当我们以不同方式去寻找其中的某一点内容的时候，所需要读取的数据量可能会有天壤之别，所消耗的资源也自然是区别甚大。所以，当我们需要从数据库中查询某个数据的时候，所消耗系统资源的多少主要就取决于数据库以什么样的数据读取方式来完成我们的查询请求，也就是取决于 SQL 语句的执行计划。

对于某个 SQL 语句来说，经过 Oracle Parse 之后的结构都是固定的，只要统计信息稳定，其执行计划基本上都是比较固定的。而不同写法的 SQL 语句，经过 Oracle Parse 之后分解的结构有可能完全不同，即使优化器使用完全一样的统计信息来进行优化，最后所得出的执行计划也可能完全不一样。而执行计划又是决定一个 SQL 语句最终的资源消耗量的主要因素。所以，实现功能完全一样的 SQL 语句，在性能上面可能会有差别巨大的资源消耗。当然，如果功能一样，而且经过 Oracle 的优化器优化之后的执行计划也完全一致的不同 SQL 语句在资源消耗方面可能就相差很小了。当然这里所指的消耗主要是 I/O 资源的消耗，并不包括 CPU 的消耗。

下面我们将通过一两个具体的示例来分析写法不一样而功能完全相同的两条 SQL 在性能方面的差异。

示例一

需求：在图 11-14 所示的模型中，取出某个群组 group（假设 id 为 100）下的用户编号（id）、用户昵称（nick_name）、用户性别（sexuality）、用户签名（sign）和用户生日（birthday），并按照用户加入该群组的时间（user_group. gmt_create）来进行倒序排列，取出前 20 个。说明：在图 11-14 所示的模型中，我们在 user_group 表上创建了一个索引：user_group_gid_ind。即：

```
CREATE INDEX user_group_gid_ind ON user_group(group_id, user_id);
```

解决方案一：

```
SELECT R.id,R.nick_name,R.sexuality,R.sign,R.birthday
FROM (SELECT id,nick_name, sexuality, sign, birthday
        FROM user,user_profile,user_group
```

```
        WHERE   user_group.group_id = 100 and user_group.user_id  =  user.id
              and user.id =  user_profile.id
        ORDER BY user_group.gmt_create DESC ) R
WHERE ROWNUM <= 20;
```

解决方案二：

```
SELECT user.id,user.nick_name,B.sexuality,B.sign,B.birthday
FROM (SELECT A.user_id, A.gmt_create
        FROM (SELECT user_id, gmt_create
        FROM user_group
        WHERE user_group.group_id = 100
        ORDER BY gmt_create DESC) A
        WHERE ROWNUM <= 20) t,user, user_profile B
WHERE t.user_id  =  user.id and user.id =  B.id
ORDER BY t.gmt_create DESC
```

解决方案二的 SQL 语句利用到了两个内联视图，方案一用到了一个内联视图。从视图使用方面，两个方案都利用了 user_group 上的索引。对于一个大型 BBS 来说，少则数万条用户多则达数百万用户，热点群组的用户数量也可达总用户数量的 80%以上，从查询的数据量规模来看方案二比方案一有优势，效率应该高些。这是因为，方案二的内联视图“t”中，很快过滤了需求条件中的 20 条记录，这 20 条记录再和 user 表进行连接，然后再利用 user、user_profile 表上的索引(PRIMARY KEY)，使得总体 I/O 资源消耗较方案一低。因此，方案二虽然 SQL 编写复杂但效率高。

11.5.3 合理设计并利用索引

索引是数据库 SQL 级优化，特别是在 Query 优化中最常用的优化手段之一。但是很多人学习了数据库后只是大概了解索引的用途，知道索引能够使 Query 执行得更快，但并不清楚在什么样的情况情况下需要建立、设计索引来最大幅度地提升 Query 的执行效率。

- 索引的利弊与如何判定是否需要索引

相信大多数据库应用的开发者都知道索引能够极大地提高我们数据检索的效率，让我们的 Query 执行得更快，然而，我们要知道索引在极大提高检索效率的同时，也给我们的数据库带来了一些负面的影响。下面我们就分别对 Oracle 数据库中索引的利与弊做一个简单的分析。

① 索引的益处

大多数程序开发者对数据库中的索引的认识只局限于“索引能够提高数据检索的效率，降低数据库的 I/O 成本”这样的简单概念上。确实，在数据库中相关表的某个字段上创建索引，所带来的最大益处就是将该字段作为检索条件的时候可以极大地提高检索效率，加快检索时间，降低检索过程中所需要读取的数据量。那么，索引给我们带来的益处只是提高数据表的检索效率吗？当然不是，索引还有一个非常重要的用途，那就是减少数据的排序时间。

我们知道，在每个索引表中数据都是按照索引键的键值进行排序后存放的，所以，当我们的 Query 语句中包含排序、分组操作的时候，如果我们的排序字段和索引键字段刚好一致，Oracle 查询优化器(Query Optimizer)就会告诉 Oracle 后台计算进程在取得数据之后不用排序了，因为根据索引取得的数据已经满足客户的排序要求。那如果是分组操作呢？分组操作没办法直接利用索引完成。但是分组操作是需要先进行排序然后才分组的，所以当我们的 Query 语句中包含分组操作，而且分组字段也刚好和索引键字段一致时，Oracle 同样可以利用到索引已经排好序的这个特性而省略掉分组中的排序操作。

排序、分组操作主要消耗的是内存和 CPU 资源，如果我们能够在排序、分组操作中利用好索引，将会极大地降低 CPU 资源的消耗。

② 索引的弊端

索引的益处我们都已经清楚了，但是我们不能只看到索引给我们带来的益处之后就认为索引是解决 Query 优化的不变法宝，只要发现 Query 运行不够快就将 WHERE 子句中的条件全部放在索引中。

确实，索引能够极大地提高数据检索效率，也能够改善排序分组操作的性能，但是我们不能忽略的一个问题就是索引是完全独立于基础数据之外的一部分数据。假设我们在数据表 tab 中的 cola 列创建一个索引 idx_tab_cola，那么任何更新 cola 列的操作，Oracle 都需要在更新表中 cola 列的同时，也更新 cola 列的索引数据，自动维护因为更新所带来键值变化后的索引信息。而如果我们没有对 cola 列进行索引，Oracle 所需要做的只是更新表中 cola 列的信息。这样，所带来的最明显的资源消耗就是增加了更新所带来的 I/O 量和调整索引所导致的计算量。另外，cola 列的索引 idx_tab_cola 是需要占用表空间的，而且随着表 tab 中数据量的增长，idx_tab_cola 所占用的磁盘空间也会不断增长。所以索引还会带来存储空间资源消耗的增长。

- 如何判定是否需要创建索引

在了解了索引的利与弊之后，我们知道了索引并不是越多越好，知道了索引也是会带来副作用的。那么该如何来判断某个索引是否应该创建呢？

实际上，并没有一个非常明确的定律可以清晰地定义出什么字段应该创建索引、什么字段不该创建索引。因为我们的应用场景实在是太复杂，存在的差异太大。当然，我们还是能够找到几点基本的判定策略来帮助我们分析是否需要创建索引。

① 使用很频繁的作为查询条件的字段应该创建索引

提高数据查询效率最有效的办法就是减少需要访问的数据量，通过前面的介绍我们了解到索引正是我们减少查询的 I/O 量的最有效的手段。所以一般来说我们应该为较为频繁的查询条件字段创建索引。

② 唯一值太少的字段不适合创建 B 树索引，可创建位图索引

唯一值太少的字段主要是指哪些呢？如状态字段、类型字段、性别字段、颜色字段等。可通过语句 SELECT count(distinct colname) from tablename；得到列 colname 的取值个数。这些字段中存放的数据可能总共就是那么几个、几十个值重复使用，每个值都位于成千上万或是更多的记录中。对于这类字段，我们完全没有必要创建单独的索引。因为即使我们创建了默认的 B 树索引，Oracle 优化器大多数时候也不会去选择使用，如果什么时候 Oracle 查询优化器错误地选择了这种索引，那么非常遗憾地告诉你，这可能会带来极大的性能问题。由于索引字段中每个值都含有大量的记录，那么后台读写进程在根据索引访问

数据的时候会带来大量的随机 I/O,甚至有些时候可能还会出现大量的重复 I/O。这主要是由于数据基于索引扫描的特点所引起的。当我们通过索引访问表中的数据的时候,Oracle 会按照索引键的键值的顺序来依序进行访问,获得某个键值对应的一些列 ROWID。然而,通过索引表获取的 ROWID 却被分布在非常离散的数据块中。

假如有以下场景,我们通过索引查找键值为 A 和 B 的某些数据。当我们先通过 A 键值找到第一条满足要求的记录后,我们会读取这条记录所在的 X 数据块,然后我们继续往下查找索引,发现 A 键值所对应的另外一条记录也满足我们的要求,但是这条记录不在 X 数据块里,而在 Y 数据块,这时候 Oracle 的内存管理机制有可能丢弃 X 数据块,而读取 Y 数据块。如此继续一直到查找完 A 键值所对应的所有记录。然后轮到 B 键值了,这时候发现正在查找的记录又在 X 数据块里,可之前读取的 X 数据块已经被丢弃了,只能再次读取 X 数据块。这时候,实际上已经出现重复读取 X 数据块两次了。在继续往后的查找中,可能还会出现一次又一次的重复读取。这无疑使得 Oracle 后台进程在进行大量的 I/O 访问。

不仅如此,如果一个键值对应了太多的数据记录,也就是说通过该键值会返回占整个表比例很大的记录 ROWID 的时候,由于根据索引扫描产生的都是随机 I/O,其效率比进行全表扫描的顺序 I/O 的效率要差很多,即使不会出现重复 I/O 的读取,同样会造成整体 I/O 性能的下降。很多比较有经验的查询调优专家经常说,当一条查询所返回的数据超过了全表的 15%的时候,就不应该再使用索引扫描来完成这个查询了。对于"15%"这个数字我们并不能判定是否很准确,但是至少可以说明唯一性太差的字段并不适合创建 B 树索引。当某列经常作为查询条件,但这列的基数很小时可以考虑创建位图索引。

③ 更新非常频繁的字段不适合创建索引

在前面的讨论中我们已经对索引的弊端进行了分析,索引中的字段被更新的时候,不仅仅需要更新基表中的数据,同时还要更新索引数据,以确保索引信息是准确的。这个问题所带来的是 I/O 访问量的较大增加,不仅仅影响更新操作的响应时间,还会影响整个存储系统的资源消耗,加大整个存储系统的负载。

当然,并不是存在更新的字段就不适合创建索引,从上面判定策略的用词中可以看出,是更新"非常频繁"的字段不适合创建索引。到底什么样的更新频率应该算是"非常频繁"呢?这个频率是以每秒、每分钟、还是每小时为衡量单位呢?很难定义,Oracle 公司没有给出这样的标准,业界也没有一个统一标准。很多时候还是根据经验和实际情况来决定。通过比较同一时间段内某个字段被更新的次数和利用该字段作为条件的查询次数来判断。如果通过该字段的查询并不是很多,可能几个小时或者是更长才会执行一次,而更新反而比查询更频繁,那这样的字段肯定不适合创建索引。反之,如果我们通过该字段的查询比较频繁,而且更新并不是特别多,例如,数据仓库中的某个维度值可能一个月更新一次,但查询却每天进行多次。那笔者个人认为在这个维度字段上建立索引、提高查询效率所带来的"副作用",即更新附加成本是可以接受的。

④ WHERE、ORDER BY 子句中不出现的字段不要创建索引

如果字段非查询条件或排序字段,仅仅在 SELECT 部分出现,请不要为这些字段创建索引。

- 采用单列键索引还是复合键索引

很多情况下我们发现 WHERE 子句中的过滤条件并不只是用单一的某个字段，而是经常会有多个字段一起作为查询过滤条件存在于 WHERE 子句中。在这种情况下，我们就必须要作出判断，是只为筛选结果最佳的字段建立单列键索引还是该在筛选条件中所涉及的所有字段上面建立一个复合索引呢？

对于这样的问题，很难有一个绝对的定论，我们需要从多方面来分析考虑，平衡两种方案各自的优劣，然后选择一种最佳的方案来解决。因为从前面的讨论中我们了解到索引在提高某些查询的性能的同时，也会让某些更新的效率下降。而复合索引中因为有多个字段的存在，理论上被更新的可能性肯定比单键索引要高，这样可能带来的附加成本也就比单列键索引要高。但是，当我们的 WHERE 子句中的查询条件含有多个字段的时候，通过这多个字段共同组成的复合索引的查询效率肯定比只用筛选条件中的某一个字段创建的索引要高。因为通过单键索引所能过滤的数据并不完整，和复合索引相比，后台进程需要访问更多的记录数，自然就会访问更多的数据量，也就是说需要更高的 I/O 成本。

那么我们对此种情形可以创建多个单列键索引吗？确实，我们可以为 WHERE 子句中的每一个字段创建一个单列键索引。但是这样的效果是很差的。在这样的情况下，Oracle 查询优化器大多数时候都只会选择其中的一个索引，然后放弃其他的索引。因为如果选择访问多个索引，那么，同时访问这些索引文件的 I/O 操作所带来的成本可能反而会比选择其中一个最有效的索引来完成查询要高。

在工程实践中，只要不是其中某个筛选字段在大多数场景下都能过滤出 90%以上的数据，而且其他的筛选字段可能会存在频繁的更新情况，一般更倾向于创建复合索引，尤其是在并发量较高的场景下更是应该如此。因为当并发量较高的时候，即使我们为每个查询节省很少的 I/O 消耗，但因为查询任务量很大，所节省的资源总量仍然是非常可观的。

当然，我们创建复合索引并不是说将查询条件中的所有字段都放在一个索引中，我们应该从需求出发，认真分析，尽量让一个索引被多个查询语句所利用，尽量减少同一个表上面索引的数量，降低因为数据更新所带来的索引更新成本，同时也减少了索引表文件所消耗的存储空间。

- 查询的索引选择

在有些场景下，我们的查询存在多个过滤条件，而这多个过滤条件可能会存在于两个或者更多的索引中。在这种场景下，Oracle 查询优化器一般情况下都能够根据系统的统计信息选择出一个针对该查询最优的索引完成查询，但是在有些情况下，可能是由于我们的系统统计信息不够准确完整，也可能是 Oracle 查询优化器自身功能的缺陷，会造成它并没有选择一个真正最优的索引而选择了其他查询效率较低的索引。在这种时候，我们就不得不通过人工干预，在查询中增加 Hint（/＊ + INDEX（table_name，index_name）＊/）提示 Oracle 查询优化器，告诉它该使用哪个索引而不该使用哪个索引，或者通过调整查询条件来达到相同的目的。例如：

```
SELECT /* + INDEX (employees emp_department_idx) */ employee_id, department_id
FROM employees;
WHERE department_id > 50;
```

在上面这个例子中 Hint 项“/＊ + INDEX（employees emp_department_idx）＊/”提示 Oracle 优化器利用 employees 表上的索引表 emp_department_idx 对 employees 进行查询。

• 正确书写 WHERE 中的条件表达式以利用索引

当在单列键或者复合键上创建了索引后，在书写查询语句时，字段名要写在操作符的左边并且和索引键的排列顺序一致。例如，下面语句：（假设复合索引字段顺序：user_id，group_id）

```
SELECT * FROM user where id >= 1; -- 可以利用上 user 表在字段 id 上创建的索引
SELECT * FROM user where 1 <= id; -- 利用不上 user 表在字段 id 上创建的索引
SELECT * FROM user_group  where user_id >= 1 and group_id = 10; -- 可利用上索引
SELECT * FROM user_group  where group_id = 10 and user_id >= 1 -- 利用不上索引
```

下面是笔者对于选择合适索引的几点建议，并不一定在任何情况下都合适，但在大多数场景下还是比较适用的。

（1）对于单列键索引，尽量选择针对当前查询筛选性更好的索引。

（2）在选择复合索引的时候，当前查询中筛选性最好的字段在索引字段顺序中排列要靠前。

（3）在选择复合索引的时候，尽量选择包含当前查询 WHERE 子句中更多字段的索引。

（4）尽可能通过分析统计信息调整查询语句的写法来达到选择合适索引的目的而减少通过使用 Hint 人为控制索引的选择，因为这会使后期的维护成本增加，同时增加维护所带来的潜在风险。

（5）当要删除一个数据表中的记录时，可先把索引卸掉，然后再删除记录。

（6）当给一个表中成批地插入大量记录时要先取消索引，插入完数据后再重建索引。

（7）合理地使用不同类型的索引，并非索引越多越好。

• Oracle 中索引的限制

在使用索引的同时，我们还应该了解在 Oracle 中索引存在的限制，以便在索引应用中尽可能地避开限制所带来的问题。下面总结一下 Oracle 中索引使用相关的限制。

（1）不能在 LONG、LONG RAW、LOB、REF 列上创建索引。

（2）使用不等于（!＝或者＜＞）的时候 Oracle 无法使用索引。

（3）筛选字段使用了函数运算后（如 abs（column）），Oracle 无法使用在 column 列的索引。

（4）Join 语句中 Join 条件字段类型和索引键值数据类型不一致的时候 Oracle 无法使用索引。

（5）使用 LIKE 操作的时候，如果筛选条件以通配符开始（'%abc...'）Oracle 无法使用索引。

（6）使用 IN 值查询的时候 Oracle 无法使用索引，在可枚举的情况下要改写成 OR 操作表达。

在使用索引的时候，需要注意上面的这些限制，尤其是要注意不能利用索引的几种情况，因为这很容易让我们自认为已创建了索引就万事大吉了。实际的结果是查询速度慢，从而造成极大的系统资源消耗。

11.6 习　　题

1. 常用的访问 Oracle 数据库的接口有哪几种?
2. JDBC 访问数据库主要涉及哪些接口对象?
3. OLEDB 有哪些优点,它主要适用于哪些操作系统环境?
4. 数据库性能调优要注意哪些方面?
5. 试编写一个程序,用 JDBC 接口访问 Oracle 数据库。
6. 试编写一个程序,用 OLEDB 接口访问 Oracle 数据库。

参考文献

[1] 石彦芳,李丹. Oracle 数据库应用与开发[M]. 北京:机械工业出版社,2012.

[2] 李然,林远山. Oracle 数据库实验教程[M]. 北京:清华大学出版社,2016.

[3] Oracle 编程艺术 深入理解数据库体系结构[M]. 3 版. 朱龙春,张宏伟,苗朋,等译. 北京:人民邮电出版社,2016.

[4] 杨建荣. Oracle 查询优化改写技巧与案例[M]. 北京:中国铁道出版社,2016.

[5] Oracle Database 12c 完全参考手册[M]. 7 版. 许向东,何其方,韩海,等译. 北京:清华大学出版社,2015.

[6] 张晓明. Oracle RAC 集群、高可用性、备份与恢复[M]. 北京:人民邮电出版社,2011.

[7] 明日科技. Oracle 从入门到精通[M]. 北京:清华大学出版社,2012.

[8] 丁士锋. Oracle PL/SQL 从入门到精通[M]. 北京:清华大学出版社,2012.

[9] 张峋,杨三成. 关键技术 JSP 与 JDBC 应用详解[M]. 北京:中国铁道出版社,2010.

[10] Steve Fogel,Paul Lane. Oracle Database Administrator's Guide. B14231-02,2006.

[11] Michele Cyran,Paul Lane, JP Polk. Oracle Database Concepts. B14220-02,2006.

[12] Immanuel Chan. Oracle Database Performance Tuning Guide B14211-01,2007.

[13] Diana Lorentz. Oracle Database SQL Reference B14200-02,2008.

[14] 岳国华,赵静静. 基于 Oracle 数据库的多媒体数据 SQL 级操作探究[J],计算机技术与发展,2011.

[15] 岳国华. Oracle InterMedia 技术在网站内容管理中的应用研究[J],计算机应用与软件,2008.

[16] 岳国华. Oracle InterMedia 多媒体数据存取技术与应用[J],西安科技大学学报,2007.

[17] 岳国华. 系统资源参数对 Oracle8i 数据库并行执行性能影响的研究[J],陕西师范大学学报:自然科学版,2004.

[18] 岳国华. 提高 Oracle 数据库响应速度的若干技术对策[J],计算机应用与软件,2004.

[19] 岳国华. Oracle8i 开发分布式数据库应用的若干问题[J],西安科技大学学报,2002.

图书资源支持

感谢您一直以来对清华版图书的支持和爱护。为了配合本书的使用，本书提供配套的资源，有需求的读者请扫描下方的"书圈"微信公众号二维码，在图书专区下载，也可以拨打电话或发送电子邮件咨询。

如果您在使用本书的过程中遇到了什么问题，或者有相关图书出版计划，也请您发邮件告诉我们，以便我们更好地为您服务。

我们的联系方式：

地　　址：北京海淀区双清路学研大厦 A 座 707

邮　　编：100084

电　　话：010－62770175－4604

资源下载：http://www.tup.com.cn

电子邮件：weijj@tup.tsinghua.edu.cn

QQ：883604（请写明您的单位和姓名）

资源下载、样书申请

书圈

用微信扫一扫右边的二维码，即可关注清华大学出版社公众号"书圈"。